Udo Gansloßer

Säugetierverhalten

Filander Verlag
Fürth
© 1998

Gansloßer, Udo:
Säugetierverhalten / Udo Gansloßer. - Fürth: Filander-Verl., 1997
  (Studienhandbuch Biologie)
  ISBN 3-930831-15-5

Inhalt

Vorwort

Säugetiere nehmen unter den uns beschäftigenden Tieren einen außergewöhnlich breiten Raum ein. Im Tier- wie Artenschutz, in Zoo wie Nutztierhaltung, bei Hausgenossen wie Labortieren sind sie überaus allgegenwärtig.

Im Schulunterricht stoßen Säugetierbeispiele auf das größte Interesse und wirken daher am meisten motivierend. Trotzdem finden sich Beispiele aus der Säugerwelt in Verhaltensbiologie- wie Ökologiebüchern nur selten. Seit der Übersetzung von R. F. Ewers' *Ethologie der Säugetiere* (1968) ist für den deutschsprachigen, und damit bei uns weiter zugänglichen Markt, kein Buch speziell über Säugerverhalten mehr entstanden. Seit dieser Zeit aber hat sich die Verhaltensbiologie so radikal gewandelt, daß ihre Konzepte und Methoden mit denen von damals kaum mehr vergleichbar sind.

Ich habe versucht, das vorliegende Buch entlang dieser „neuen Verhaltensbiologie" zu strukturieren, nicht zuletzt um den Lehrenden an Schulen aller Art diese Gedanken mit zu vermitteln. Bei den Beispielen dagegen konnte ich nicht immer streng dem wissenschaftlich-exakten, hypothesen- und konzeptabhängigen Vorgehen folgen. Zum einen, weil vielfach gerade für Säugetiere oft nur anekdotische Beobachtungen für Gesetzmäßigkeiten vorliegen, die bei anderen Taxa schon mit harten Daten getestet wurden, zum andern aber auch, weil gerade im Schulunterricht und in der Praxis von Tierhaltern und anderen Interessierten solche Beispiele hilfreiche Denkanstöße geben können. Aus dem gleichen Grund der Rücksicht auf außenstehende Leser/innen habe ich auch mehr Sekundärliteratur zitiert als eigentlich guter Brauch ist.

Seit Beginn der Arbeit an diesem Buch haben mich sehr viele Kolleginnen und Kollegen herzlich unterstützt, indem sie Manuskriptteile lasen, mir eigene oder fremde neue Literatur zukommen ließen, und das Gelesene kritisch diskutierten. Ihnen allen sei Dank dafür, besonders Prof. Norbert Sachser, Dr. Jürgen Engel, Dr. Dorit Feddersen-Petersen und Dipl.-Biol. Liana Geidezis. Die fleißig erstellten Literaturlisten in den vielen Arbeiten meiner studentischen Mitarbeiter/innen haben mir viel Arbeit erspart. Besonderen Dank aber schulde ich den Diskussionsgruppen, in denen ich seit Jahren anregende Zusammenarbeit erfahren durfte, vor allem anderen dem Seewiesener Workshop Gruppenmechanismen bei Prof. Jürg Lamprecht, dem EAZA Research Committee, besonders Dr. Werner Kaumanns, den australischen Freunden Prof. Peter Jarman und Dr. David Croft, sowie meiner eigenen Arbeitsgruppe.

Nicht zuletzt sei denen gedankt, die an der technischen Seite beterilgt waren: Anna Maria Seubert fürs Tippen, Isabell Moreno für die Zeichnungen, sowie Jochen Dietrich für die Betreuung beim Verlag und Herstellung.

Udo Gansloßer

1 Verhaltensbiologie – was ist das eigentlich?

Das Studium tierischen (auch einschließlich des eigenen) Verhaltens ist sicherlich eine der ältesten und traditionsreichsten Auseinandersetzungen des Menschen mit der Natur. Schon seit Jahrtausenden oder noch länger haben sich Menschen mit dem Verhalten von Tieren beschäftigt. Daß dabei von jeher sehr genaue und zutreffende Beobachtungen entstanden, zeigen z. B. die traditionellen Volksmärchen aus Afrika, in denen das Verhalten der Tiere sehr detailliert beschrieben wird. In der westlichen-europäischen Kultur finden sich Beschreibungen tierischen Verhaltens z. B. in der Bibel oder auch bei Aristoteles (s. Einführung z. B. bei Tembrock 1975). Trotzdem wird im verhaltensbiologischen Schrifttum meist die Zeit um 1900 als der Beginn der wissenschaftlich-zoologischen Verhaltensforschung genannt. Damit entsteht die Frage, was denn die speziellen Eigenschaften der zoologisch orientierten Verhaltensforschung, im Deutschen meist Ethologie im weitesten Sinne oder Verhaltensbiologie genannt, seien?

Vorher aber muß der Gegenstand, das Verhalten selbst, kurz beleuchtet werden. Man versteht darunter meist aktive und reversible Änderungen von Merkmalen, räumlichen Positionen und Stellungen eines Organismus oder seiner Teile. Die Zeiträume, in denen das „Verhalten" stattfindet und reversibel ist, sind immer wesentlich kürzer als ein Lebensabschnitt des betreffenden Organismus. Deshalb rechnen wir den Farbwechsel eines Chamäleons oder das Erröten eines Primatengesichtes zum Verhalten, das Jugendgefieder eines Vogels oder das weiße Winterfell eines Schneehasen jedoch nicht. Eine genaue Abgrenzung von physiologischen Vorgängen ist dabei natürlich weder möglich noch nötig; die Übergänge sind fließend. Daß Verhalten nicht auf Tiere beschränkt ist, zeigen z. B. bewegliche Pflanzen bzw. solche, die ihre Teile bewegen können (Sonnentau, *Drosera* spec., oder Venusfliegenfalle, *Dionaea spec.*, sind bekannte Beispiele).

Was fasziniert uns nun so am Verhalten und warum hat es so große Bedeutung? Ein Grund ist sicherlich, daß ohne zugehöriges Verhalten viele Organe und morphologische Strukturen nicht verständlich, ja sogar unnötig wären. Auch dient Verhalten oftmals in direkter Fortsetzung innerer, d. h. im engeren Sinne physiologischer, Vorgänge der Regulation von Lebensprozessen im Einklang mit der Umwelt. Ersichtlich daran, wenn störende Reize entfernt bzw. gemieden oder andere aufgesucht werden. Wir werden diese Aufgabe des Verhaltens bei der Regelung der sog. Homöostase immer wieder kennenlernen – im einfachsten Fall etwa, wenn ein Tier aus der Sonne in den Schatten geht, viel komplizierter, wenn ein Artgenosse aggressive Reaktionen auslöst. Vielfach wirkt gerade das Verhalten eines höheren Wirbeltieres bzw. vor allem Säugetieres auch deshalb faszinierend, weil wir gewisse Ähnlichkeiten mit uns entdecken oder zumindest zu entdecken glauben.

„Nothing in biology makes sense except in the light of evolution" – nichts in der Biologie hat einen Sinn, wenn man es nicht im Lichte der Evolution betrachtet. Diesen Satz des Evolutionsgenetikers Dobshansky (zitiert nach Mayr 1982) muß natürlich auch die biologische Verhaltensforschung berücksichtigen. Genauer hat das Programm der Verhaltensbiologie zum ersten Mal N. Tinbergen (1951) umrissen, als er der Verhaltensforschung seine vier berühmten Fragen aufgab. Nur wenn zu einem Verhaltensmerkmal, sei es einer Verhaltensweise oder Bewegung, oder einem komplizierten Geschehen, wie etwa der gesamten Brutpflege einer Art, zu jeder dieser Fragen Antworten existieren, könne man anfangen, das betreffende Verhalten zu verstehen.

1. Die historische Frage: „Woher kommt das Verhalten in der Stammesgeschichte, wie ist es evolutiv entstanden?"

2. Die funktionale Frage: „Wozu dient das Verhalten, welchen Selektionsvorteil hat sein Träger gegenüber solchen Individuen, die dieses Merkmal nicht (so stark) haben?"

3. Die ontogenetische Frage: „Wie entsteht das Verhalten in der Individualentwicklung, wie und woraus entwickelt es sich, reift oder wird erworben?"

4. Die kausale oder physiologische Frage: „Wie funktioniert das Verhaltensmerkmal, wie wird es ausgelöst, gesteuert und reguliert?"

Oft werden die ersten beiden Fragen als „Warum-Fragen", die anderen beiden als „Wie-Fragen" bezeichnet. Obwohl, oder gerade weil eine Antwort auf alle vier Fragen nötig ist, muß man sich davor hüten, die vier Bereiche, vor allem den kausalen und den funktionalen, zu vermischen. Besonders unsauber wird ein Argument, wenn auf eine ultimate Frage eine kausale (=proximate) Antwort gegeben wird. Alcock (1993) diskutiert dies am Beispiel des Infantizides, der Kindstötung von Langurenmännchen nach Haremsübernahme (s. Kap. 8.7). Auf die (ultimate) Frage, was denn ein Männchen davon habe, die Jungtiere zu töten, ist die (proximate) Antwort, das käme eben von dem hohen Aggressionspegel während der Gruppenübernahme, nicht passend. Nur wenn die hohe Aggression wiederum mit ultimat-evolutiven Argumenten untermauert wird, wird eine schlüssige, weil rein ultimate Antwort daraus. Es hat immer wieder Diskussionen darüber gegeben, ob denn diese strenge Trennung wirklich so wichtig sei. In letzter Zeit hat z. B. Dewsbury (1992, 1994) durchaus bedenkenswerte Argumente gegen eine Beibehaltung dieser Dichotomie vorgebracht, weil eben ein Verständnis von Merkmalen nur nach allseitigen Betrachtungen möglich ist. Trotzdem sind die meisten Autoren (Alcock & Sherman 1994, Bateson 1992) dafür, die Trennung beizubehalten, um eine Vermischung von Argumenten (s. obiges Beispiel) wenigstens nicht zu erleichtern.

Erfreulich ist dagegen, daß mittlerweile in vielen Forschungsprojekten klar wird, wie sehr die beiden Denkansätze sich gegenseitig befruchten können. In etlichen Kapiteln werden wir darauf stoßen. In einem speziellen Kongreßband (Bateson & Gomendio 1992) findet sich eine Sammlung solcher sehr beeindruckender Beispiele.

Zur Beantwortung der Fragen stehen den Verhaltensbiologen, wie anderen Biologen grundsätzlich sowohl morphologische wie physiologische Methoden zur Verfügung. Eine Langzeitstudie unter völlig ungestörten Freilandbedingungen kann ebenso wissenschaftlich exakt, wie eine experimentelle Laborstudie unsauber sein. Der entscheidende Ansatz ist nicht der experimentelle sondern der, der möglichst viele Randbedingungen so kontrolliert, daß eine zuvor formulierte Hypothese getestet werden kann. Aus Beobachtungen oder Vorstudien müssen testbare Vorhersagen abgeleitet und diese anhand von neuen Datensätzen geprüft werden. Tests können sowohl durch Experimente, d. h. gezielte Veränderungen, wie durch neue unabhängige Beobachtungen erfolgen. Paßt die Vorhersage nicht zu den nachfolgenden Beobachtungen, so wird die Hypothese nicht bestätigt. Widerlegen können wir sie grundsätzlich nicht. Paßt Vorhersage und nachfolgende Beobachtung zusammen, können wir eine (vorläufige) Theorie aufstellen. Die allgemeinen Grundsätze naturwissenschaftlicher Arbeitsweise in der Biologie hat Kötter (in Vorb) knapp umrissen – darauf sei hier verwiesen. Entscheidet sich ein Ethologe zur morphologischen Verhaltensarbeit, ist genaue, wiederholbare Beschreibung die unumgängliche Grundlage (s. Anhang I).

Häufig stößt man dabei auf das zunächst lästige Phänomen der Variabilität (auch bei physiologisch-experimentellen Studien tritt diese auf!). Diese Streuung, mehr oder weniger ausgeprägt, wurde und wird auch heute vielfach noch als störendes „Rauschen" betrachtet, dem man mit mehr oder weniger komplizierten statistischen Methoden zu Leibe rückt. Ob man dabei nun Mittelwert oder Median berechnet (Engel 1997), mag vom statistischen Standpunkt her den Unterschied zwischen falsch und richtig ausmachen, biologisch aber hat man in beiden Fällen oft zumindest wichtige Informationen verschenkt. Hinter dieser Variabilität, der Streuung um einen mittleren Wert, können sich nämlich Entwicklungsprozesse, die mit unterschiedlicher Geschwindigkeit ablaufen, ebenso verbergen, wie alters-, geschlechts-, status- oder auch individualabhängige Unterschiede. Eine Mittelwert- oder auch Medianbildung macht biologisch nur dann einen Sinn, wenn sich zeigen läßt, daß wirklich die Mehrzahl der gemessenen Werte in enger Umgebung des errechneten Mittels liegt und die Streuung selbst nicht aus irgendwelchen gesetzmäßigen, vorhersagbaren Untergruppen von Werten zusammengesetzt ist. Und selbst dann müssen wir uns noch stets darüber klar sein, daß die Variabilität eines Merkmals die Basis für selektive Vor- und Nachteile bildet. Es muß immer wieder betont werden (s. Lomnicki 1980, versch. Autoren in Sibly & Smith 1985), daß nicht der Durchschnitt einer Population, sondern die Unterschiede zwischen den Individuen und ihren auch phänotypisch unterschiedlich ausgeprägten Eigenschaften biologisch bedeutsam sind. Ob ein Individuum in einer bestimmten Situation mehr oder weniger gut adaptiert (=angepaßt) ist, als die Artgenossen und daraus die besten Fitness-Vorteile ziehen kann, entscheidet sich an seinem Phänotyp und an den Unterschieden zwischen ihm und seinen Artgenossen (s. Kaumanns & Ganslosser 1995). Die Adaptation geschieht dabei sowohl auf der genetischen Ebene, durch den sich über die Generationen ändernden Genotyp, als auch auf der phänotypischen Ebene durch adaptive Modifikation. Kummer (1971) und Parker (1985) haben neben anderen auf die wichtige Bedeutung des Lernens für solche Anpassungs- und Modifikationsprozesse bei Individuen gerade von längerlebigen Tiergruppen, wie es die Säugetiere sind, hingewiesen (s. Kap. 4). Natürlich dürfen nicht umgekehrt nun alle, in einem Datensatz auftretenden Streuungen und Schwankungen als Beispiel für individuelle Variabilität hergenommen werden. Genauso wenig ist daraus eine generelle Ablehnung statistischer oder quantitativer Datensammel- und Analyseverfahren zu rechtfertigen. Nur wer durch saubere, quantitative und oft auch geeignet statistisch abgesicherte Datensammlung seine Ergebnisse belegen und erklären kann, hat das Recht, den dann verbleibenden nicht interpretierbaren Rest als individuelle Variabilität darzustellen. Wenn Individuen sich in ihrem Verhalten unterscheiden, kann dies bei Reaktion auf andere Individuen oder auch bezüglich des eigenen Verhaltens in vergleichbaren Situationen auftreten. Diese Variabilität kann Produkt des Zufalles (=„Rauschen") oder funktional bedeutsam sein. Die Feststellung von individuellen Varianten erfolgt im Prinzip über wiederholte Beobachtung von Verhalten unter ähnlichen Bedingungen.

A. In einer Population könnte Variabilität mit wenig Bindung an Individuen auftreten, d. h. individuelles Verhalten variiert nicht konsistent oder

B. es variiert in Abhängigkeit von der aktuellen Umwelt. Diese umweltabhängige Form der Variation werden wir, z. B. in Kapitel 5 und 9, noch genauer beleuchten.

C. Individuen unterscheiden sich oftmals voneinander auf systematische Weise: Ein Individuum A ist – in einem bestimmten Rahmen – konsistent anders als ein Individuum B.

Der Persönlichkeitsbegriff der (älteren) Psychologie basiert auf dieser letzt genannten Definition. Während in der Psychologie auch über den sprachlichen Kanal abrufbare Wertsysteme, Einstellungen, Gefühle etc. einbezogen sein können, muß sich die Ethologie auf beobachtbares Verhalten beschränken. „Persönlichkeit" im obigen Sinne zeigt sich demnach in individuellen Verhaltensprofilen.

"Individuals have predispositions to respond in particular ways (traits) and one's personality should be consistent across many situations and passage of time. Individuals that rate high in a certain trait have a strong tendency to behave a certain way, and those described as low in a certain trait have a lesser tendency to respond a certain way." (Gold & Maple 1994).

„Prädisposition" dürfte hier der wichtige Begriff sein. Die Faktoren, die individuelle Variabilität beeinflussen, können auf ultimater und/oder proximater Ebene liegen. In der Evolution entstandene Dispositionen mögen einen Rahmen vorgeben (art- oder populationsspezifisch) innerhalb dessen Individuen sich unterscheiden können. Art und Ausmaß der Unterschiede können in Auseinandersetzung mit den jeweiligen Lebensbedingungen unterschiedliche Phänotypen produzieren.

Die Grenzen der Variabilität sollten dabei über ökologische und ggf. soziale Gegebenheiten gesetzt werden. Es ist zu fordern, daß ein gewisses Ausmaß an Variabilität adaptiv ist: D. h. Problemlösungen ermöglicht und zur Fitnessmaximierung beiträgt. Wenn man die Varianten als Lösungsvorschläge für anstehende (ökologische, soziale …) Probleme betrachtet, die dann in der individuellen life history geprüft und eventuell verworfen werden, so ist klar, daß gerade unter den derzeitigen, sich schnell ändernden Umweltbedingungen solche Varianten besonders große Bedeutung haben. Zugleich sei darauf verweisen, daß in den neuen ökologischen Konzepten generell von weniger statischen, mehr dynamisch-prozeßorientierten Zuständen, selbst in Ökosystemen ohne anthrogene Beeinflussung ausgegangen wird. Die Vorstellung vom Klimax-Biotop gerät immer mehr unter Kritik. Beispiele für Variabilität in den sozialen Systemen von Tieren, die auf individuelle Unterschiede oder Flexibilitäten, nicht habitatabhängige Populationsunterschiede hindeuten, sind selten. Lott (1990) führt u. a. Beispiele von Truthähnen an, die nach einmaligem Freßfeindüberfall ihre Schlafgemeinschaft aufgaben und zukünftig einzeln übernachteten. Bekannt sind die Arbeiten von Bekoff & Wells (1986) über die Abhängigkeit der Rudelbildung bei Koyoten vom Aasvorkommen, wobei Familienmitglieder bei Jungkoyoten als wichtige Verstärker sozialer Tendenzen fungieren (s. Kapitel 7). Wechsel von Territorialität zu Dominanzstrukturen unter dem Einfluß von Umweltfaktoren (austrocknende Flußabschnitte bei Flußpferden, Populationszusammenbrüche bei Pronghorns) sind ebenfalls bekannt. Zur Analyse von Variabilität in Sozialsystemen schlägt Lott folgendes mehrstufige Verfahren vor:

1. Suche Fälle mit bekannter Variabilität.
2. Ändere bekannte ökologische oder soziale Variablen und beobachte Veränderungen.
3. Entwickle und teste Hypothesen zu proximaten Mechanismen, z.B. durch Hormonimplantate.

Lott selbst führt Versuche zur Änderung des Territorialverhaltens bei Nektarvögeln durch Anbieten von Zuckerlösung, sowie Studien zur Änderungen der Distanzregulation (d. h. daraus folgender Abstände zum Nachbarn beim Grasen) bei Schneeziegen auf unterschiedlich geneigten Hängen an. Diese Beispiele betreffen allerdings allesamt Variabilität im Sinne des eingangs genannten Falles B.

Im Sinne von Kategorie C, also Individuen, die sich vorhersagbar und konstant in bestimmten Eigenschaften unterscheiden, sind allerdings in den letzten Jahren ebenfalls sehr erstaunliche Ergebnisse bekannt geworden. Besonders häufig finden sich in einer Population bzw. Art zwei gegensätzliche meist als „shy" und „bold", also zurückhaltend und draufgängerisch bezeichnete Typen (Wilson et al. 1994). In den meisten Studien zeigt sich deutlich, daß diese Eigenschaft nichts mit Rang oder sozialem Status zu tun haben. In einigen Fällen z. B. bei Ratten (Wolffgramm 1993), Weißbüscheläffchen (Saltzmann et al. 1996) und Tupaias (z. B. von Holst et al. 1983) lassen sich aber auch die späteren Rangunterschiede vorhersagen. Individuen mit bestimmten Eigenschaften, z. B. einer erhöhten sozialen Attraktivität, erhöhtem Aggressionspegel, höherer sozialer Kontaktbereitschaft, aber geringfügigerer Cortisolausschüttungen unter neuartigen Situationen werden mit höherer Wahrscheinlichkeit in Beziehungen dominant. Innerhalb der Säugetiere finden sich Persönlichkeitsunterschiede, auf die das „shy/bold"-System paßt, u. a. bei Hausschweinen (Hessing et al. 1994), Ratten (Wolffgramm 1993), Gelbbauchmurmeltieren (Armitage 1986), Tupaias (von Holst et al. 1983), Weißbüscheläffchen (Saltzmann et al. 1996) und Bürsten-Rattenkänguruhs (eig. Daten in Vorb.).

Aber auch bei Sonnenbarschen (Wilson et al. 1994) und Japanwachteln (z. B. Jones et al. 1991) finden sich solche Unterschiede. Bei Alaska-Braunbären dagegen fanden Fagen & Fagen (1996) zwar zwei Typen, die jeweils bestimmte Persönlichkeitsmerkmale vorhersagbar haben, aber keine Entsprechung mit dem „shy/bold"-System. In etlichen Fällen gibt es klare Hinweise zumindest auf erhebliche erbliche Anteile, wie bei Sonnenbarsch, Wachteln aber auch bei Rehen (Kurt et al 1993.) und bestimmten Merkmalen von Rhesusaffen (Suomi et al. 1981). In anderen Fällen – wie bei Gelbbauch-Murmeltieren, Grünen Meerkatzen (Fairbanks & Mc Guire 1988) und Rhesusaffen in anderen Tests – ist deutlich die phänotypische Plastizität, also die Beeinflussung durch Faktoren in der Individualgeschichte, sichtbar. Bei Grünen Meerkatzen waren die Kinder von besonders protektiven Müttern, die viel Kontakt zu den Kindern suchten und hielten, später weniger an der Umgebung interessiert. Bei Rhesusaffen wirkt sich vorgeburtlicher Streß aus und die regelmäßige Möglichkeit, ihre Umwelt selbst zu steuern (z. B. sich durch Hebeldruck Nahrung, Wasser und neuartige Reize zu verschaffen), hilft bei Rhesusaffen später weniger furchtsame Individuen zu erzeugen (Mineka et al.1992).

In Freilandstudien an Gelbbauchmurmeltieren (Armitage 1986) fanden sich deutliche Zusammenhänge zwischen Fortpflanzungserfolg und Abwanderung, bei den Sonnenbarschen sind die Häufigkeiten der verschiedenen Typen deutlich mit dem Vorkommen von Freßfeinden korreliert.

Diese kurze Übersicht zeigt schon, daß derartige Formen von Variabilität und Persönlichkeitsschwankungen nicht direkt mit systematischen Faktoren, Sozialsystemen oder ökologischen Bedingungen zusammen hängen sondern, daß es sich offenbar um weitverbreitete Phänomene handelt. Diese vielen Beispiele für innerartliche Variation mit mehr oder weniger starkem erblichem Anteil, sind aber trotzdem nur innerhalb eines vorgegebenen meist arttypischen Rahmens möglich. Wie eng oder weit dieser ist, macht die Flexibilität der betreffenden Art aus. Darauf wird in den späteren Kapiteln noch genauer eingegangen werden. In jedem Fall muß man sich bei Beschreibung und eventueller Interpretation solcher Phänomene immer darüber Klarheit verschaffen, welche Art von Variabilität vorliegt.

Zudem haben Buchholz & Clemmons (1997) auf die Bedeutung eines guten Verständnisses der Verhaltensvariabilität für angewandte Fragen des Natur- und Artenschutzes hingewiesen, z. B. wenn manche Schwesterarten sich äußerlich erkennbar „nur" in einigen Verhaltensmerkmalen, z. B. des Paarungs – oder Werbeverhaltens unterscheiden, oder bei lokal begrenzten oder traditionell weitergegebenen unterschiedlichen Nahrungspräferenzen eine sehr enge Anpassungsbreite aufweisen.

2 Was macht ein Säugetier aus?

Um zu verstehen, warum das Verhalten der Säugetiere in besonderen Formen und Ausprägungen auftritt, ist es nötig, zunächst einen Blick auf die Besonderheiten in der Stammesgeschichte zu werfen.

Säugetiere haben im Laufe des evolutiven Überganges aus dem Reptil- in das Säugetierstadium eine ganze Reihe von anatomischen und physiologischen Besonderheiten entwickelt, die ihrerseits wieder die Grundlage für die weitere Entwicklung spezieller Verhaltensanpassungen bilden. Diese Besonderheiten zusammen charakterisieren das „evolutive Plateau Säugetier" (Starck 1978a, 1978b, auf dem auch die folgende kurze Zusammenfassung basiert).

Vier große, z. T. auch miteinander verquickte Merkmalskomplexe sind es, die das Säugetierplateau charakterisieren:

1. Vergrößerung des Gehirnes
2. Umwandlung des Kiefer- und Kauapparates
3. Endothermie
4. Änderung der Fortpflanzungsbiologie

Ein weiterer Merkmalskomplex, nämlich die Entstehung einer drüsenreichen Haut, ist eventuell die Folge der Endothermie, sicher aber eine Voraussetzung für die Änderung der Fortpflanzungsbiologie.

Diese vier Evolutionstrends liefen natürlich parallel zueinander ab und vielfach schafft auch die Entwicklung in einem Bereich die Voraussetzungen für weitere Schritte in einem anderen. Abbildung 1 versucht in vernetzter Form diese Zusammenhänge darzustellen. Zum Verständnis sollen aber zunächst die Trends einzeln abgehandelt werden.

Die Vergrößerung des Gehirns kommt den meisten Leuten zuerst in den Sinn, wenn es um Verhalten geht. Säugetiere und ihre Vorfahren haben ein sehr gut entwickeltes Riechhirn was eine Vergrößerung des Hirnschädels nach vorn in den Schnauzenbereich hinein erforderlich macht. Außerdem werden die peripheren Teile des Riechapparates vergrößert und verbessert, was zu einer Vergrößerung des Nasenraumes sowie zu besserer Abgrenzung des Jacobsonschen Organs führt. Insbesondere ursprüngliche Säuger (s. Überblick bei Salamon 1996, Winter 1996, div. Autoren in Brown & Mac Donald 1985) sind meist durch einen Komplex von Merkmalen charakterisiert:

- nachtaktiv
- einzelgängerisch
- insekten- bzw. kleintierfressend
- geruchlich orientiert

Die Gehirne und Gebisse früherer Säugetiere, sogar der ausgestorbenen Multituberculata, zeigen, daß zumindest die olfaktorische Orientierung und Insektivorie auch damals schon vorhanden waren – wenn auch die Multituberculata bereits erste nagerartige bis bibergroße Pflanzenfresser hervorbrachten (Thenius 1979). Die große Bedeutung des Geruches spielt auch im Zusammenhang mit den Hautdrüsen eine wichtige Rolle. Die Hautdrüsen werden zunehmend auch Organe sozialer Verständigung und die Drüsensekrete nehmen spezielle Bedeutung als Duftmarken zur Partneranlockung, Mitteilung des Sozialstatuses usw. an. Ein besonderes olfaktorisches Sinnesorgan, das sog. Jacobsonsche oder Vomeronasalorgan im Munddach, nimmt bei Säugetieren vor allem die spezielle Aufgabe der Kommunikation im Sozial- und Sexualbereich an.

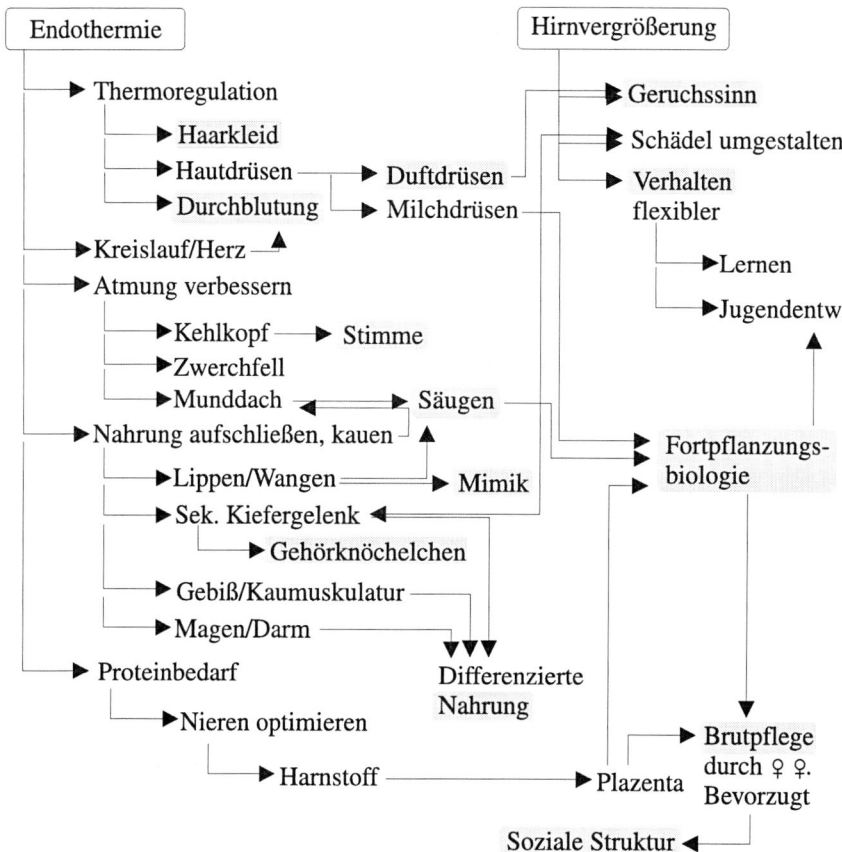

Abb. 1 Vernetzung einiger Merkmale des evolutiven Plateaus *Säugetier*. Merkmale mit direkter Verhaltensrelevanz sind grau hinterlegt.

Häufig konzentrieren sich die Drüsen an bestimmten Stellen des Körpers (s. M. Salamon 1998 für genauere Lit.). So sind häufig Duftdrüsen gehäuft in der Analregion zu finden, Schweißdrüsen besonders in der Gesichts- und Anogenitalregion. Eine besonders bei baumlebenden Arten sehr wichtige Duftdrüse liegt in der Brustgegend, zwischen Kehle und Bauchregion. Je nach Lage wird sie zwar als Kinn-, Kehl-, Sternal- oder Brustdrüse bezeichnet, auch ihre histologischen Merkmale sind nicht überall gleich. Bei Krallenaffen finden wir ein Drüsenfeld mit einem Büschel steifer Haare, bei Klammeraffen zwei hervorgewölbte apokrine Drüsenfelder, bei Orangs eine einzige Grube etc. Die Literaturübersicht bei M. Salamon zeigt das Vorkommen solcher Drüsen bei Marsupialiern (Flugbeutler, Koala, Ameisenbeutler, Känguruhs), Insektivora (Tanreks, Elephantenspitzmäuse, Maulwürfe), Spitzhörnchen, Fledertieren (Flughunde und 2 Familien der Kleinfledermäuse), Primaten (Lemuriden, Indris, Galagos, Koboldmakis, alle Neuweltfamilien, Meerkatzen, Drill, Mandrill, Dschelada, Gibbons, Orang) und Carnivora (Schleichkatzen, Wickelbär).

Abb. 2 Flehmende Mendesantilope.

Auch in der Beschaffenheit des Sekrets von Drüsen ergeben sich Unterschiede je nach Funktion : Langanhaltende, meist auch zähflüssige Sekrete geben dauerhaft gültige Botschaften, z. B. Reviermarken, kurzandauernde, flüchtige Duftstoffe geben Information über Status, Fortpflanzungssituation etc. weiter (s. M. Salamon 1998)

Arbeiten z. B. von Estes (1972), Hart (1987) und Woermann-Repenning (1991, 1993) zeigen sowohl ethologisch wie morphologisch den engen Bezug zwischen dem sog. Flehmen, einem deutlich sichtbaren Einsaugen der Luft (s. Abb) in den Mundraum hinter die Vorderzähne, und diesem Sinnesorgan. Nach neueren Untersuchungen der letztgenannten Autorin finden sich am Eingang des Jacobsonschen Organs auch Geschmacksknospen. Dadurch können beide Sinnesmodalitäten, Geruch und Geschmack, gleichzeitig angewandt werden. Mit Hilfe eines venös durchbluteten Schwellkörpers kann außerdem ein Verschlußpfropf gebildet werden, um "ungestörte" Prüfung der Geschmacksprobe zu ermöglichen.

Eine Vergrößerung erfahren aber auch die höheren, verarbeitenden Zentren des Gehirns. Eine ganze Region, der Neocortex, kommt hinzu und von dieser Neuhirnrinde entspringen später die Fasern der Pyramidenbahn als typisches Merkmal der höheren Säuger, die ohne eine einzige Synapse bis ins Rückenmark und dessen motorische Areale ziehen. Die Strukturen des Neuhirns und seiner Rinde werden ausführlich von Jerison (z. B. 1983) diskutiert. Einige besonders bemerkenswerte Tatsachen seien hier angeführt:

Die Größe bestimmter Hirnareale auch in der Hirnrinde ist abhängig von der relativen Bedeutung des von diesem Areal versorgten Körperteils. So zeigt ein Vergleich des (handtastorientierten) Waschbären mit dem (nasentastenden) Nasenbären eine viel stärkere Ausdehnung der Handareale in der seitlichen Hirnrinde des Waschbären, während dessen "Schnauzenareal" in der Seitenansicht des Gehirns kaum sichtbar ist. Die Verarbeitungseinheiten selbst in der Neuhirnrinde sind dagegen wieder sehr einheitlich bei allen Säugern. Man geht von ca. 2000 Zellen in einer säulenartigen Anordnung als einer solchen Verarbeitungseinheit aus. Eine solche Säule hat einen Durchmesser von 250–350 μm und zieht sich durch die ganze Dicke der Hirnrinde. Da diese Verarbeitungseinheiten recht einheitlich groß sind, ist nun auch klar, warum je größer das Gehirn bzw. dessen Rindenoberfläche, um so komplexer das Verhalten sein kann. Dabei muß aber ein häufig angenommener Zusammenhang etwas relativiert werden: Der Grad der Furchung eines Gehirns sagt nur im Zusammenhang mit seiner Größe etwas über dessen Organisationsgrad aus. Sicher sind glatte (= lissencephale) Gehirne i. d. R. weniger komplex als stark gefurchte (=gyrencephale). Vergleicht man aber gefurchte Gehirne von unterschiedlich großen Tierarten, so müssen die geometrisch bedingten Änderungen berücksichtigt werden. Z. B. kommt es auch darauf an, wie groß der Abstand zwischen den Furchen bei verschieden großen Arten ist. Der Furchungsgrad und -abstand muß durch eine größenabhängige Regression in Beziehung zur Körpergröße gesetzt werden bevor Vergleiche erlaubt sind: Ähnliches gilt auch für Vergleiche von Hirngrößen bei verschieden großen Arten. Die Umgestaltung des Gehirns mit Zunahme der Hirnrindenteile machte auch eine Vergrößerung des Hirnschädels nach der Seite bzw. hinten/unten nötig. Dadurch wurden jene Verlagerungen der Schädelseitenwandknochen in Gang gebracht, die auch die Voraussetzung für das sekundäre Kiefergelenk bilden.

Die vielen Änderungen im Kiefer- und Gesichtsbereich stehen primär in Zusammenhang mit der Warmblütigkeit. Endotherme Tiere, die ihre Körpertemperatur von der Umgebungstemperatur unabhängig regulieren, benötigen viel mehr Energie als exotherme (je nach Körpergröße gehen bis zu 90% des Energiebedarfes in diese Regulationsvorgänge). Daher sind gleichmäßiges Atmen, auch wenn der Mund voll ist, und gutes mechanisches Zerkleinern der Nahrung sehr wichtig. Die bedeutendste Voraussetzung für Ersteres ist der vom Mund durch das knöcherne Gaumendach abgegrenzte Nasenraum, der wiederum für Geruchssinn und Jacobsonsches Organ gute Unterbringung bietet. Die Voraussetzung für Letzteres ist die Möglichkeit zum Zahnschluß (=Okklusion), der nur bei Säugetieren vorkommt und ein Gegeneinanderarbeiten der Zähne ermöglicht. Dazu gehört weiterhin eine Umgestaltung und Verlagerung von Kiefergelenk und Kaumuskulatur aber auch der seitliche Verschluß des Mundes durch Wangen und Lippen. Diese Gesichtsweichteile und deren vielfältige Muskulatur wiederum sind wichtige anatomische Grundlagen für die differenzierte Verständigung (Mimik, Lautgebung) der Säuger aber auch notwendige Voraussetzung zum Säugen. Ohne Gaumendach, Wangen, Lippen und Zunge wäre das Unterdrucksäugen des Jungtieres an der Zitze gar nicht möglich. Zugleich geht man davon aus, daß nur wegen der Thermoregulation die drüsenreiche Säugetierhaut entstand. Aus den Schweißdrüsen entstanden schließlich auch die Milchdrüsen.

Blackburn et al. (1989) haben zur Entstehung und frühen Verbesserung der Laktation ein mehrstufiges evolutionäres „Szenario", also eine mögliche Rekonstruktion entwickelt (Begründung und Genaueres s. dort):

1. Nach Entstehung von Haarkleid, Endothermie und Hautdrüsen entstand Brutverhalten

2. Zur Bebrütung bildete sich ein gut durchbluteter Brutbeutel am Bauch

3. Verbesserung der Ei-Überlebensrate durch Sekretion anti-mikrobieller Substanzen im Brutbeutel, wobei diese dann auch als Zusatznahrung genutzt werden können.

4. Stärkere Entwicklung der Hautdrüsen im Beutel, dickflüssigeres Sekret und eventuell beginnende hormonelle Kontrolle.

5. Schrittweiser Übergang auf nahrhaftere mütterliche Sekretion, die den Dotter als Energiequelle mehr und mehr ersetzt

6. Verbesserung des Nährstoffgehaltes, der Säugefähigkeit und der Milchausschüttung (hormonelle Kontrolle, Konzentration der Drüsen auf Milchfelder) muß schon vor der Abspaltung der Kloakentiere von gemeinsamer Stammlinie erfolgt sein

7. Nach Abspaltung der Kloakentiere weitere Perfektionierung durch Ausbildung von Zitzen, komplizierter physiologische Kontrolle etc.

Einige weitere, zunächst im Zusammenhang mit der Endothermie wichtige Merkmale, die ebenfalls später verhaltensrelevant werden, betreffen die bessere Verdauungsstruktur (s. Kapitel 5), die Verbesserung der Nieren- und Exkretionsorgane. Nur der (recht kleinmolekulare und wasserlösliche) Harnstoff kann problemlos die Plazentaschranke durchqueren. Nur durch die Harnstoffexkretion ist die lange Tragzeit und Plazentation möglich, da nur so der Foetus problemlos seine Stickstoffabbauprodukte über den mütterlichen Kreislauf entsorgen kann. Als Nachteil bleibt dabei der sehr hohe Wasserverlust, der in ariden Gegenden die Verbreitung und Aktivität von Säugetieren stark beeinträchtigt, und durch besondere Anpassungen ausgeglichen werden muß (Müller 1998). Die für Säugetiere (selbst bei den eierlegenden Kloakentieren) typische lange Brutpflege und vor allem die Viviparie (=Geburt lebender Jungtiere mit vorheriger intra-uteriner Ernährung) der beiden Unterklassen der Theria (=Marsupialia und Plazentalia) hängen sehr direkt mit den genannten Änderungen in der Anatomie von Kopf, Verdauungstrakt und Exkretion zusammen. Gleichzeitig ist die Verhaltensplastizität und die differenzierte Verständigungsmöglichkeit der Säugetiere hier als wichtiger Aspekt zu nennen. In den meisten Fällen wissen wir natürlich nicht genau, was zuerst da war. Aber einige Merkmale im Gebiß und Kieferapparat sind fossil erhalten so daß wir z. B. über den Zeitpunkt der Änderung des Kiefergelenkes in der Trias und der Zähne, aber auch die Entstehung von Gesichtsweichteilen (schon bei den ausgestorbenen Pantotheria des Juras vorhanden) Bescheid wissen (Starck 1978a, 1978b).

Letztendlich steht auch das für viele Säugetiere wichtige Gehör zur Umweltorientierung wie innerartlichen Verständigung und die Fähigkeit zu differenzierter Lautgebung in engem Zusammenhang mit den genannten Funktionskomplexen. Durch Entstehung des sekundären Kiefergelenkes wird der Weg frei für die Entstehung des differenzierten Säugermittelohres mit drei Gehörknöchelchen. Durch die Umgestaltung der Kiefer- und Mundbodenmuskulatur werden Kehlkopf, Zungenbein und Stimmapparat beweglicher und leistungsfähiger. Eine Rolle spielt dabei auch die Verbesserung

der Atmungstechnik durch Änderung der Rippengelenke und Entstehung des Zwerch-
felles – wiederum eine Folge des hohen Sauerstoffbedarfes eines Endothermen. Auch
verbesserte Hautdurchblutung und deren Steuerung steht nicht nur im Zusammenhang
mit Thermoregulation, sondern bildet ihrerseits eine weitere Möglichkeit der Kommunikation durch Hautfärbung (Primaten) und Fellsträubung etc.

3 Lebensgeschichte (Life history)

3.1 Überblick und Größenabhängigkeit

Die Lebensgeschichte eines Organismus umfaßt alle diejenigen Vorgänge, die mit Wachstum, Entwicklung, Fortpflanzung etc. zu tun haben. Dazu gehören anatomische, physiologische und Verhaltensanpassungen. Wichtige Aspekte der life history sind z. B. Alter bei Geschlechtsreife, altersspezifische Mortalität und Fruchtbarkeit, Jungenzahl pro Fortpflanzungssaison etc. Säugetiere sind in diesen Bereichen sehr variabel, allein die Größen- und Gewichtsunterschiede zwischen Etruskerspitzmaus (<1,5 g) und Blauwal (130 to) bedingen eine ganze Reihe von Unterschieden. Zugleich sind aber alle Säugetiere durch ihre Art der Fortpflanzung und Jungtieraufzucht stärker eingeengt als die meisten anderen Klassen des Tierreiches. Zwei Bereiche sind bei einer vergleichenden Betrachtung besonders wichtig: Altersabhängige Geburts- und Aufzuchtdaten, wie Geschlechterverhältnis, Wurfgröße, Lebenserwartung etc. und Entwicklungsprozesse, z. B. Geburtsgewichte, Wachstumsraten, Entwicklungsstadien bei Geburt und danach. Boyce (1988) und Roff (1992) bieten ausführlichere Überblicke über die life history-Forschung. Die Variation, die auch bei den life history-Daten zu finden ist, ist sozusagen die Grundlage der Adaptationsprozesse. Jedoch findet man, daß gerade bei life-history-Daten die Einschränkung durch Stammesgeschichte und Körpergröße gut $2/3$ bis $3/4$ der beobachteten Variation erklären kann, sei es durch Größe des Geburtskanals, Plazentaform, Uterusgröße oder Wachstumsprozesse. Ein Elterntier hat normalerweise nur eine begrenzte Menge an Energie für Fortpflanzung, eigenes Wachstum und Aufrechterhaltung der Körperfunktionen. Wie diese Energievorräte auf die drei genannten Bereiche und innerhalb der Bereiche über die ganze Lebenszeit verteilt werden ist eines der wichtigsten Untersuchungsgebiete der Lebensgeschichte. Hier werden "Entscheidungen" von jedem Individuum gefordert, z. B. ob ein großer Wurf Jungtiere oder ein kleinerer Wurf schwererer Nachkommen produziert wird, wieviel Gewichtszunahme der Jungen bis zur Entwöhnung von der Mutter durch Milchproduktion finanziert wird etc.

Die altersabhängige Mortalität und andere demographische Parameter beeinflussen, ob eine frühe aufwendige oder eine stetige längerdauernde Fortpflanzungsaktivität adaptiv ist. Die energetischen Kosten der jetzigen auf Kosten zukünftiger Fortpflanzungsaktivitäten spielen ebenso dabei eine Rolle. Tiere mit hoher Jugend- aber niedriger Adultsterblichkeit können hier mehr auf Kontinuität über mehrere Fortpflanzungsjahre setzen als im umgekehrten Fall. In etlichen Studien (s. Boyce 1988) zeigt sich, daß Weibchen, sei es bei Hirschmäusen (*Peromyscus maniculatus*), Rothirschen (*Cervus elaphus*) oder Bibern (*Castor canadensis*), die Nachwuchs produziert hatten, eine höhere Sterblichkeit im nächsten Jahr z. B. haben als solche, die derzeit ohne Nachwuchs waren. Die Kosten für die Fortpflanzung müssen natürlich nicht für alle Artgenossen gleich sein und auch die zur Verfügung stehenden Ressourcen (Nahrung, Schutz, Wasser) können zwischen Individuen variieren, z. B. wenn sie Reviere unterschiedlicher Qualität besetzen. Aber auch hier, wie bei der Jungtierzahl, folgen die Kurven einem Optimierungsverlauf (s. Abb.). Oberhalb eines bestimmten Wertes ist keine weitere Steigerung des Fortpflanzungserfolges möglich, sei es aus fortpflanzungs-physiologischen Gründen, Mortalitätskonstanten oder dichteabhängigen Effekten. Die erste Reaktion auf steigende Individuendichte ist meist erhöhte Jungtiersterblichkeit, dann folgt spätere Geschlechtsreife, niedrigere Geburtenzahlen und schließlich steigt auch die Mortalität der Erwachsenen. Diese, bei zunehmender Dichte auftretenden Effekte, lassen sich als reduzierte Fortpflanzungsaktivität bei steigender Dichte zusammenfassen. In diesem Zusammenspiel wird oft die schlagwortartige – dichotome Unterscheidung in r- oder K-Selektion benutzt. r-Selektion bedeutet, daß Individuen mit hoher Fortpflanzungsrate Vorteile haben, was typischerweise bei niedriger Populationsdichte der Fall ist. K-Selektion bedeutet, daß Individuen, die das Habitat in großer Zahl ertragen kann (K=Kapazität), Vorteile haben, was typischerweise entscheidend bei hoher Dichte ist.

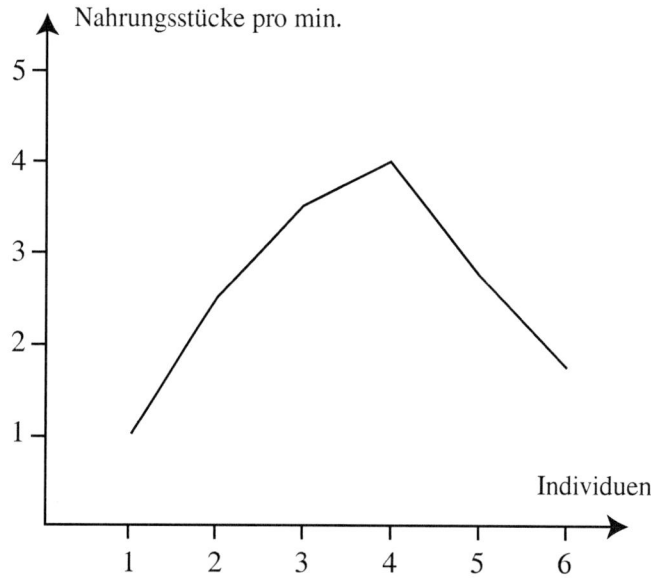

Abb. 3 Beispiel einer einfachen Optimierungskurve: Abhängigkeit der Nahrungsausbeute pro Zeiteinheit von der Gruppengröße: Bei 4 Tieren pro Gruppe wäre die Ausbeute optimal.

Viele Populationsökologen tendieren heute dazu (s. Boyce 1988), dieses Konzept gänzlich aufzugeben, weil es zu oft durch Überdehnung falsch interpretiert wurde. Eine der gebräuchlichsten Fehlinterpretationen ist die, daß das Modell etwas über unterschiedliche Anpassungsfähigkeit bei wechselnder bzw. stabiler Umwelt aussage. Umweltschwankungen beeinflussen die life-history-Anpassungen bei Säugetieren in sehr komplexer Form. Je stärker die saisonale Schwankung ist, desto schneller ist das Wachstum und desto höher ist die Fortpflanzungsfähigkeit in der guten Jahreszeit. Zugleich haben größere Arten bessere Chancen die „magere" Zeit, wie Winter- oder Trockenzeit, zu überstehen. Saisonalität in der Fortpflanzung erklärt, warum z. B. Wurfgrößen bei Säugern zwischen geographischen Regionen variieren. Schwankende Wurfgrößen und hohe Jungtierzahlen unter günstigen Bedingungen liegen offenbar auch den Populationsschwankungen von Kleinsäugern (Feldmäuse, Lemminge) zugrunde. Eine herausragende Rolle bei der Betrachtung der Lebensgeschichte von Säugetieren spielt die Körpergröße. Je saisonal-schwankender der Lebensraum ist, desto größer sind die Tiere (s. o.). Größere Tiere können nicht nur schlechte Zeiten wegen ihres relativ zum Gewicht geringeren Energiebedarfs besser überstehen, sondern auch weiter herumstreifen und, zumindest als Pflanzenfresser, schlechteres Futter besser verwerten (Zeveloff & Boyce 1988, Mc Nab 1989)

Das zeigen auch Vergleiche (Churchfield 1996, Purvis & Harvey 1996) sehr kleiner Säugerarten in verschiedensten Lebensräumen. Die meisten "Miniatursäuger" (<15 g) sind tropisch oder subtropisch, praktisch alle sind samen- oder insektenfressend. In arktischen Gegenden gibt es aber sehr wohl noch ein paar insektivore, aber keine granivoren Minisäuger mehr.

Körpergröße, Wachstumsraten und Fortpflanzungsbiologie sind auch sehr eng verwoben. Die Körpergröße ist keineswegs nur eine unerwünschte, durch Korrekturfaktoren in Datenanalysen zu beseitigende, störende Variable. Viele physiologische Vorgänge, sei es in Stoffwechsel, Fortpflanzung oder Kreislauf, sind mit sehr ähnlichen Exponenten von der Körpergröße abhängig (Lindstedt & Swain 1988). Wie komplex die Zusammenhänge sind, zeigt das Phänomen der Inselformen. Insel(unter)arten bei großen Säugern (>2 kg) sind normalerweise kleiner als ihre nächsten Verwandten auf dem Festland, während es bei kleineren Arten umgekehrt ist. Dieser scheinbare Widerspruch ist möglicherweise mit dem oftmals reduzierten Freßfeinddruck auf Inseln zu erklären. Bei großen Arten sind Jungtiere normal gefährdeter als Erwachsene. Sinkt die Bedrohung, wird mehr Energie in eine frühere Fortpflanzung gesteckt, anstatt in Wachstum. Daher geht die durchschnittliche Größe zurück. Bei kleineren Arten ist der Raubfeinddruck normalerweise altersunabhängig. In diesem Fall ist es offenbar adaptiv, etwas mehr Energie noch in eigenes Wachstum bei späterer Fortpflanzungsaktivität zu stecken (s. o.). Eine weitere Komplikation beim Verständnis der Größenabhängigkeit ist, daß Körpergröße aber auch Wurfgröße einen hohen Anteil phänotypischer Variabilität aufweisen. Die Grenzen der Anpassungsbreite wiederum sind vererbt und auf sie wirkt der Selektionsprozeß. Dort, wo genetische Mechanismen bei Lebensgeschichtsdaten eine Rolle spielen, handelt es sich fast immer um polygene, quantitative Effekte (Roff 1992). Zusätzlich verwirrend ist, daß für viele life-history Merkmale geringe Heritabilitäten gefunden wurden. Dies ist aber verständlich, wenn man betrachtet, was die Heritabilität angibt. Sie zeigt auf, wieviel Prozent der gefundenen Schwankungen genetisch bedingt sind. Definitionsgemäß sollte die Variabilität um so geringer sein, desto stärker die Selektion ist (Boyce 1988). Gerade, weil die life-history-Parameter oftmals polygen vererbt werden, spielen Mutationen dabei eventuell auch eine größere Rolle beim Erhalt der Variabilität.

Beim Versuch die Schwankungsbreite in Daten zur Lebensgeschichte zu verstehen, ist der Optimalitätsansatz (s. Kap. 5.1) derzeit meist erfolgreicher, als der quantitativ-genetische (Roff 1992). Daher soll er noch an ein paar Beispielen erläutert werden. Dabei sollen vor allem säugetiercharakteristische Bereiche behandelt werden. Eine ausführliche Darstellung der Anpassungen im gesamten Bereich findet sich bei Eisenberg (1981).

3.2 Tragzeit und Fortpflanzungssaisonalität

Die Länge der Tragzeit beeinflußt sehr stark die Entscheidung für oder gegen streng saisonale Fortpflanzung. In Gebieten mit starken saisonalen Schwankungen, sei es der Nahrung, der Temperatur oder anderer Umweltfaktoren, sind Jungtiere, die zur „falschen Zeit" geboren werden, einer erhöhten Sterblichkeit ausgesetzt. Andererseits verliert die Mutter u. U. wertvolle Zeit ihres fortpflanzungsfähigen Alters durch Synchronisation ihrer Zyklen mit den Umweltfaktoren. Es hat sich gezeigt (Kiltie 1988), daß Arten mit einem (tragzeit-/säugezeitbedingten) minimalen Geburtenabstand von knapp unter einem Jahr mit höchster Wahrscheinlichkeit streng saisonale Fortpflanzung betreiben, Arten mit viel kürzerem oder knapp über einem Jahr liegendem Minimalabstand dagegen kaum. Bei tropischen Huftieren ergab der Vergleich noch eine interessante Abhängigkeit (Kiltie 1988): Arten, die in großen bis sehr großen Herden vorkommen (Jarman 1974, Klasse D, E, z. B. Gnus, Kuhantilopen, Elen), sind stärker saisonal in ihrer Fortpflanzung – man spricht von *Freßfeindübersättigung*, d. h. sehr viele Jungtiere auf einmal überleben mit größerer Wahrscheinlichkeit (bei annähernd konstantem Raubfeinddruck übers Jahr). Interessanterweise ist der Kaffernbüffel, die Art mit der effektivsten Freßfeindverteidigung (Jarman 1974), auch die Art mit der geringsten Saisonalität unter den großherdenbildenden Arten. Eine direkte Abhängigkeit der Saisonalität von der Nahrungsart ist dagegen nicht gefunden worden. Bei der Optimierung der Saisonalität in Abhängigkeit von Tragzeit und Säugedauer sind allerdings auch andere Faktoren z. B. Wettbewerb zwischen Weibchen um bestimmte Männchen, altersabhängige Unterschiede (Je älter eine Mutter ist, desto höheres Risiko sollte sie eingehen, s. Kap.8) oder jährliche Variation der Saisonalität in der Umwelt, bedeutend.

Nach neueren Befunden unter anderem an Rothirschen und Wildschafen aus verschiedenen Gegenden (Clutton-Brock et al. 1996) zeigt sich, daß die Kosten und Nutzen der Fortpflanzung sich nicht nur mit dem Alter ändern. Oftmals sind z. B. Einflüsse unterschiedlicher Populationsdichte auf Kosten und Vorteile der Produktion leichterer oder schwerer Nachkommen oder auf andere Formen mütterlicher Investition nachweisbar. An einer Population von Wildschafen auf der Insel St. Kilda vor Schottland fanden die genannten Autoren zwar einen deutlichen Zusammenhang zwischen optimaler Fortpflanzungsstrategie und Populationsdichte. Sie konnten jedoch nicht bestätigen, daß die Schafe sich in ihrem Fortpflanzungsverhalten den jeweiligen Optima entsprechend verhielten. Statt dessen scheinen sie eine durchschnittliche, ihrem Gewicht angepaßte Strategie über etliche Jahre hinweg zu verfolgen. Trotzdem bleibt generell die Möglichkeit (bisher nicht getestet), daß die dichteabhängige Änderung der Fortpflanzungsleistung adaptiv sein kann.

Hayssen (1993) hat noch eine weitere, oft übersehene „Entscheidung" diskutiert: Die Rolle der Laktation und des Säugeverhaltens muß nicht bei allen Säugern gleich groß sein. So gibt es, vor allem bei Arten mit großen Würfen und Lagerjungen häufig eine enge zeitliche Beziehung zwischen Entwöhnug und Zeitpunkt des erstmaligen Fressens fester Nahrung. Sobald die Jungen feste Nahrung zu sich nehmen, werden sie schnell entwöhnt. Hier dient die Laktation zweifellos überwiegend der Energieversorgung. Demgegenüber, vor allem bei Arten mit Einzeljungen oder kleinen Würfen von Laufjungen, wird oft noch lange nach Aufnahme fester Nahrung weitergesäugt –

eventuell hat hier die Säugetätigkeit mehr soziale z.B. bindungsfördernde Funktion. In diesen Fällen könnte die Milch auch weniger Nährwerte enthalten, was aber noch niemand geprüft hat.

3.3 Wurfgröße und -zusammensetzung

Durch die (artspezifisch meist fest vorgegebene) Zahl der Zitzen und die Form der Ernährung der Jungtiere ist die Wurfgröße bei Säugetieren stärkeren Einschränkungen ("Constraints") unterworfen als bei anderen Vertebraten. Ein Vergleich der durchschnittlichen Wurfgröße sowohl von Nagern, Insektivoren und Marsupialia (Eisenberg 1988) zeigt, daß i.allg. Arten, die schon vor langer Zeit in ein Gebiet eingewandert sind, niedrige Wurfgröße, mehr Würfe übers ganze Leben, engere Spezialisierung in bestimmten Bereichen der Nischenbreite und oft höhere Lebensdauer haben. Arten, die ein Gebiet erst „kürzlich" erreicht haben, sind i.allg. weniger spezialisiert, haben hohe Jungenzahl pro Wurf, weniger Würfe im Leben und eine kürzere Lebensdauer. Der Extremfall einer nur einmaligen Fortpflanzung ("Semelparity") tritt u. a. bei verschiedenen australischen Dasyriden auf, bekanntestes Beispiel ist die Beutelmaus *Antechinus stuarti* (Lee & Cockburn 1985). Bei dieser Art sterben alle Männchen nach ihrer ersten, hoch saisonalen Fortpflanzungsperiode (nicht aber, wenn man sie im Labor an der Fortpflanzung hindert (s. Kap. 7.2). Auch die Weibchen zeigen nach dem ersten hoch synchron-saisonalen Östrus keine weitere Fortpflanzung in diesem Jahr mehr und überleben nur sehr selten ins nächste Jahr. Würfe sind sehr groß, Männchen sind starkem intrasexuellen Wettbewerb ausgesetzt (s. Kap. 8.2) und entsprechend größer als die Weibchen.

Die Geschlechterzusammensetzung innerhalb eines Wurfes, aber auch über das ganze Leben der Mutter betrachtet, weicht in vielen Fällen individuell von dem Verhältnis 1:1 ab. Neuere Zusammenstellungen der vorhandenen Daten (Clutton-Brock & Jason 1986, Glatston 1995) zeigen ein uneinheitliches Bild der Abhängigkeit. Mehre theoretische Modelle wurden zu dem Thema entworfen:

3.3.1 Das Trivers-Willard Modell (1973)

Es fordert, daß Weibchen in guten Bedingungen und bei guter Konstitution mehr Söhne produzieren sollten, vorausgesetzt, die Männchen unterliegen starkem intrasexuellem Wettbewerb. Wer schlechter dran ist, könnte seine Söhne ohnehin nicht kräftig genug ausstatten und sollte daher besser Töchter produzieren. Diese, meist rangabhängigen Effekte sind bei vielen Arten u. a. bei Rothirsch, Tüpfelhyäne aber auch bei uns selbst nachgewiesen (s. Ashworth 1996 und Glatston 1995).

3.3.2 Die local-resource-competition (LRC) Hypothese

Sie (Clark 1978) besagt, daß Mütter dann bevorzugt das abwandernde Geschlecht produzieren sollten, wenn die (erwachsenen) Jungen des philopatrischen Geschlechtes (s. Kap. 9.7) die Ressourcen der Mutter, wie z. B. die Nahrung, zu sehr plündern.

3.3.3 Local Resource-enhancement (LRE) Hypothese

Umgekehrt sollten Mütter dann bevorzugt das philopatrische Geschlecht produzieren, wenn diese später die Mutter unterstützen (Ashworth 1996), was durch Koalitionsbildung erfolgen kann (s. Kap. 6.3.6 bei Makaken).

Die Beeinflussung des Geschlechtes kann sowohl zum Zeitpunkt der Konzeption wie auch später erfolgen – im Extremfall durch gezieltes Töten und Auffressen der Jungen eines Geschlechts (Cockburn 1994 für *Antechinus*). Eine besondere Abhängigkeit besteht oft auch zwischen Streß und Geschlecht der Jungtiere. Zum Teil, folgend der Trivers-Willard Hypothese, werden unter Streß mehr Töchter produziert. Umgekehrt werden oft unter Streß mehr Söhne produziert wenn diese abwandern (Armitage 1987, van Schaik & van Noordwijk 1983, auch beim Menschen z. T. nachgewiesen Glatston 1995). Das wäre u. U. mit der LRC-Hypothese erklärbar.

3.4 Stoffwechselrate

Eisenberg (1981), Hume (1982), Mc Nab (1984, 1989) und andere haben die Abweichungen der Stoffwechselraten von der sog. *Kleiberformel* (Stoffwechselrate $\sim KGW^{0.75}$) diskutiert und zeigen u.a., daß niedrige Stoffwechselraten eine nahezu „uneinnehmbare" Besetzung bestimmter Nischen ermöglichen. Sowohl die Ernährung von Ameisen und Termiten wie auch die Ernährung von Pflanzen mit einem hohen Anteil an sekundären Pflanzenstoffen ist bei niedriger Basalstoffwechselrate erleichtert. Im ersten Fall, weil aus dieser Nahrung nicht sehr viel Energie gewonnen werden kann, im zweiten Fall, weil um so weniger Gifte abgebaut und entsorgt werden müssen, je weniger ein Tier zum Fressen braucht. Hat eine Art dann eine solche Spezialisation erst einmal erworben, dann kann fast kein Konkurrent sie verdrängen, da hierfür eine höhere Fortpflanzungsrate nötig wäre. Diese setzt aber vor allem bei plazentalen Säugern eine höhere Basalstoffwechselrate voraus.

3.5 Seneszenz = Vergreisung

Bei den meisten Tierarten finden sich kaum seneszente, d.h. nicht mehr fortpflanzungsfähige Individuen im Freileben (Kirkwood & Rose 1991). Eine Erklärung der Seneszenz aus dem Optimalitätsansatz besagt, daß im Laufe des Lebens weniger Energie und Ressourcen in die Aufrechterhaltung der Körperfunktionen und mehr in die Fortpflanzung gesteckt werden. Dadurch wird die körperliche Konstitution schlechter und mit der Zeit tritt die Vergreisung ein. Säugetiere haben hier eine gewisse Sonderstellung:

Bei Säugern ist eine besonders große Spanne möglicher Lebensdauer vorhanden (Eisenberg 1981 gibt Gefangenschaftsdaten von wenigen Monaten bis 700 Monate). Außerdem findet man bei vielen Sozialsystemen (Primaten, Elefanten) häufig alte, nicht mehr fortpflanzungsfähige Individuen.

Nach dem Optimalitätsansatz sind zwei Aspekte zum Verständnis dieser Erscheinungen wichtig:

Insbesondere bei geringer, umweltbedingter Sterblichkeit „lohnt" es sich, mehr Energie in die Aufrechterhaltung der Körperfunktionen zu stecken. Größere Umweltunabhängigkeit ermöglicht also offenbar ein längeres Leben.

Dazu kommt, daß insbesondere in Sozialsystemen, die auf enger Verwandtschaft der Gruppenmitglieder beruhen, eine Mithilfe z. B. bei der Aufzucht noch über die eigene Fortpflanzung hinaus gesamtfitnesserhöhend wirkt.

4 Plastizität im Verhalten

4.1 Lernen – Grenzen und Vorurteile

Lernvorgänge standen und stehen im Zentrum verhaltensbiologischer Betrachtungen. Jahrzehntelange Auseinandersetzungen zwischen Anhängern verschiedener Denkrichtungen rankten sich um die Frage, ob Verhalten in seiner Mehrheit erworben oder angeboren sei. Von R. Dawkins (1977) stammt ein Vergleich, den auch Alcock (1993) benützt: Wer würde schon von einem Kuchen sagen, er sei 65% Rezept und 35% Mehl, Eier, Milch etc.? Oder sind es doch eher 60% Zutaten und 40% Rezeptanweisungen? Wo bleibt bei dieser Rechnung das Geschick desjenigen, der rührt, knetet und mixt? Neuere Untersuchungen zum Lernen und zur Verhaltensplastizität zeigen fast immer eine gegenseitige Beeinflussung von erworbenen und angeborenen Anteilen. Wie ten Cate (1995) ausführt, muß zwischen den kausalen Mechanismen, die ein Merkmal ausbilden („genetisch determiniert, angeboren") und der Vorhersagbarkeit eines von diesen Mechanismen beeinflußten Entwicklungsablaufs wohl unterschieden werden. Auch wenn ein Merkmal unter standardisierten, mehr oder weniger künstlichen Bedingungen „normal" erscheint, können wir daraus eigentlich nur schließen, daß die Bedingungen, die wir ausgeschlossen haben, offenbar keinerlei Einfluß auf die Entwicklung haben. Dies ist von besonderer Bedeutung im Falle von Säugetieren, denn hier können vorgeburtliche Einflüsse während der Schwangerschaft noch weniger kontrolliert werden als dies bei Vogeleiern in einem Brutkasten gelingt. Solch ein schwer kontrollierbarer Einfluß kann zum Beispiel der Hormonstatus der Mutter, der durch deren Umwelt beeinflußt wird, sein. Andererseits sind gerade von Vögeln (ten Cate 1995) erstaunliche gegenseitige Beeinflussungen verschiedener Reize bekannt geworden. Die optische Stimulation mit rhythmischen Lichtreizen vor dem Schlüpfen kann z.B. die Reaktion auf den Kontaktruf der Mutter nach dem Schlüpfen beeinflussen (Wachtel *Colinus virginianus*). Oder es kann die Reaktion des Jungtieres auf Töne eines bestimmten Frequenzbereiches durch Beschallung mit ganz anderen Frequenzen vor dem Schlüpfen beeinflußt werden. Es ist sicher anzunehmen, daß ähnliche Befunde bei Säugern möglich sind. Die bereits erwähnten Einflüsse, wie mütterlicher Streß oder Umgebungskonstanz, auf Erkundung und Problemlösung bei Meerkatzen (Fairbanks & McGuire 1988) gehören bereits in diese Kategorie. Trotzdem darf nicht übersehen werden, daß viele Verhaltensabläufe (Bolles 1984 zeigt dies am Beispiel des Putzverhaltens der Ratte) ausgesprochen formstabil und nur in ganz engem Rahmen von Lernprozessen beeinflußbar sind. Es zeigt sich auch, daß entgegen der Ansicht der früheren Lernpsychologen keinesfalls alle Vorgänge und Merkmale gleich gut gelernt werden können. Dieses Phänomen wird als Lerndisposition, „biased learning", „template" (Gußform) oder ähnliches bezeichnet. Beispiele dafür aus dem Säugetierbereich sind sogar in Konditionierungsversuchen zu finden. So lernen Ratten, einem Strafreiz zu entgehen, indem sie im Laufrad rennen, nicht jedoch, indem sie sich auf die Hinterbeine aufrichten. Ebenso erlernen sie zwar Geschmack nicht aber Geräusche, als wichtige Reize für übelkeitserregendes und zu meidendes Futter zu erkennen (Alcock 1993). Die Vorgaben solcher Lerneinschränkungen entsprechen oft ökologischen Bedingungen der betreffenden Art. Auf ultimater Ebene wäre zu erwarten, daß

Allesfresser eine besondere Fähigkeit zum Verknüpfen von Geschmack und Übelkeit haben sollten, auch wenn die unerwünschte Reaktion erst einige Stunden nach dem Verzehr eintritt. Andere Beispiele betreffen räumliches Lernen bei amerikanischen *Microtus*-Arten. Dort gibt es einerseits monogame Arten, andererseits Arten, bei denen Männchen weit herumstreifen und mehrere Weibchen besuchen (s. Kap. 8.2/8.3). Männchen der letzteren Arten sind beim Erlernen komplizierter Labyrinthe besser als ihre Weibchen, während es bei monogamen Arten keinen Geschlechtsunterschied gibt (Gaulin & Fitz Gerald 1989). Auf der proximaten Ebene findet man dementsprechend den Hippocampus im Gehirn, eine für räumliches Lernen wichtige Struktur. Ist er bei den monogamen Arten wie zu erwarten gleich groß, so ist er bei den polygynen Arten geschlechtsdimorph, wobei der der Männchen größer ist. Selbst im sozialen Bereich hochflexible und lernfähige Arten, wie Grüne Meerkatzen (Cheney & Seyfarth 1992, s. u.) zeigen bemerkenswert geringe Lernfähigkeit im nichtsozialen Bereich. Sogar das Verknüpfen von Pythonspuren mit einer möglichen akuten Schlangengefahr gelingt nicht. Shettleworth (1984) hat die verhaltensökologischen Dimensionen des Lernens und die dabei auftretenden Art- und Individuumsunterschiede mit besonderem Blick auf Säugetiere zusammengefaßt. Die zu beantwortenden Fragen führen wieder zu einem Optimalitätsansatz (s. 5.1):

* Warum lernen Tiere in bestimmten Situationen, während für andere Situationen mehr oder weniger festgefahrene Lösungen existieren?

* Was muß gelernt werden und auf welche möglichst zuverlässigen Merkmale soll geachtet werden? Um z. B. einen herannahenden Feind oder ein bestimmtes Gruppenmitglied als Individuum zu erkennen sind unterschiedlich differenzierte Lernvorgänge nötig.

* Wann soll gelernt werden? Sofort beim ersten Kontakt mit einer Situation?

* Soll Wissen im Spiel so zu sagen auf „Vorrat" erworben werden (s. Kap 9.6)?

* Welche Lernform ist optimal für welche Situation (Kap. 4.2)?

* Wie schnell soll gelernt und wie lange das Gelernte gespeichert werden? Hier spielen Dauer der Jugendphase und der elterlichen Fürsorge genauso eine Rolle, wie die Ernsthaftigkeit der Konsequenzen einer bestimmten Situation.

Die Antwort auf diese und weitere Fragen liegt in den Anpassungen in Morphologie, Physiologie und Lebensgeschichte der betreffenden Arten, wobei Nahrungstyp, Streifgebietsgröße, Dauer der Jugendentwicklung, Lebensdauer und Körpergröße unter anderen wichtige Einflüsse haben.

4.2 Formen des Lernens

Die Unterscheidung verschiedener Arten des Lernens hat vor allem deshalb historisch eine große Rolle gespielt, weil in den verschiedenen „einfachen" oder „höheren" Lernformen auch eine Hierarchie gesehen wurde, die, je nach Ausrichtung der klassifizierenden Forscher, mit geistiger bzw. neuraler Entwicklungshöhe, Evolutionshöhe oder anderen Klassifikationsschemata in Einklang gebracht werden sollte. Auch, wenn diese statische Betrachtungsform gewisse Gefahren von Schein-Dichotomien birgt und die Idee einer mehr oder weniger linearen aufsteigenden Hierarchie der

Lernfähigkeit, sei es mit Gehirnentwicklung, allgemeiner Höherentwicklung o.ä. heute nicht mehr haltbar ist (Shettleworth 1984, Hodes 1982, Jenkins 1984), bleibt die Klassifikation der Lernformen doch ein praktisches, gut lern- und lehrbares Grundwerkzeug. Man muß sich jedoch hüten, zu viele auf sie gründende Schlüsse ziehen zu wollen. Noch eine weitere Warnung muß vorgeschaltet werden : Insbesondere bei den sog. höheren Lern - oder Gehirnleistungen müssen wir uns vor der leichtfertigen Übernahme von Begriffen aus der menschlichen Psyche (z.B. Bewußtsein, Einsicht, kognitive Prozesse …) hüten. Einerseits gilt auch hier das Prinzip der sparsamsten Erklärung, das in der vergleichenden Psychologie als Morganscher Satz lautet: Es darf kein Vorgang als Beweis des Auftretens einer höheren psychischen Leistung gedeutet werden, der auch durch ein tieferstehendes psychologisches Phänomen gedeutet werden kann (Manning & Dawkins 1992). Andererseits betonen Kummer et al. (1990), daß bei Alternativhypothesen, zwischen denen auf Lage der derzeitigen Erkenntnis nicht entschieden werden kann, keineswegs die sparsamere automatisch die wahrscheinlichere ist. Beide sind gleich wahrscheinlich. Das Sparsamkeitsprinzip ist hier nur ein Schutz gegen unbewußt vermenschlichte Interpretation.

4.2.1 Gewöhnung = Habituation und Sensitivierung

Als „einfachste" Form des Lernens wird die Gewöhnung häufig an den Beginn der Behandlung von Lernprozessen gestellt. Es handelt sich um einen Vorgang, bei dem die Reaktion (z.B. Schreckstarre) auf einen Reiz mit zunehmend häufigerem Anbieten des Reizes immer schwächer wird und schließlich ausbleibt. Walker (1987) diskutiert diese Reaktion ausführlich und stellt auch fest, daß ähnlich erscheinende Verhaltensabläufe nicht immer die gleichen physiologischen Gründe haben müssen. Eine Habituation kann, wenn nicht auf Erinnerungsprozessen, so auch auf Ermüdung der sensorischen wie der motorischen Komponenten oder dem neuronalen Weg dazwischen beruhen. Bei der Erinnerung wird ein ankommender Reiz mit Bekanntem verglichen und bei Übereinstimmung nicht oder nur schwach beantwortet. Diese Vergleichsprozesse wiederum können aber nicht nur zu reduzierter Aufmerksamkeit gegenüber als bekannt eingestuften Reizen, sondern auch längerfristig zu besserer Unterscheidung und genauerer Einordnung führen. Einige weitere Merkmale eines Gewöhnungsprozesses sind:

- Spontanerholung, wenn der Reiz eine Zeit lang ausbleibt. Die ursprüngliche Reaktion tritt dann wieder auf.
- Schwächere Reize führen leichter zur Gewöhnung.
- Dishabituation, d.h. Wiederherstellung der ursprünglichen Reaktion bei Zwischendurchpräsentation eines anderen starken Reizes. Nebenbei auch ein Zeichen, daß es sich nicht um physische Ermüdung handelt.

Habituationsvorgänge liegen wahrscheinlich oftmals komplexeren und keineswegs nur im Labor ablaufenden Vorgängen zugrunde. Hinde (1970), Walker (1987) und andere haben ausführlich Gründe für die Existenz eines eigenständigen Motivationssystems für Neuheit/Vertrautheit von Reizen diskutiert z.B. bei der Nahrungswahl (s. Kap. 5.4.3). In diesem Zusammenhang, aber auch an der Basis jeglichen Erkundungsverhaltens wären Habituationsvorgänge beteiligt.

Das Gegenstück zur Gewöhnung ist die Sensitivierung (sensitization, Manning &

Dawkins 1992). Nach einem neuartigen belohnenden oder bestrafenden Reiz reagieren Tiere (und Menschen) mit einer erhöhten Aufmerksamkeit und sind oft besonders schnell und erfolgreich beim Lernen neuartiger, zeitlich darauffolgender Situationen.

4.2.2 Klassische Konditionierung

Beim Vorgang der Klassischen Koditionierung wird ein ursprünglich bedeutungsloser Reiz, der wiederholt mit einem „biologisch bedeutsameren" Zusammenhang auftritt, schließlich von dem Tier mit der gleichen Bedeutung belegt. Die bekanntesten Versuche dazu stammen von I. Pawlow: Ein Hund, dem regelmäßig ein Ton oder Lichtreiz zusammen mit dem Futter angeboten wird, reagiert irgendwann auf den bedingten Reiz (Ton) mit Speichelfluß genau wie auf das Futter. Inzwischen werden Vorgänge der klassischen Konditionierung auch in vielen anderen Lernprozessen, wie bei den bereits erwähnten Vermeidungs-Lern-Versuchen, bei denen ein bestimmter Geschmacksstoff mit nachfolgender Übelkeit assoziiert und später gemieden wird, untersucht. In diesem Zusammenhang sind noch einige weitergehende Versuche interessant: Sogenannte Rückwärtskonditionierung, d. h. ein nach dem unbedingten Reiz präsentierter bedingter Reiz funktioniert vielfach nicht. Wenn im Versuch nach der Futtergabe geklingelt wird und der Hund nicht reagiert, spräche man hier von einer nicht erfolgten Rückwärtskonditionierung (s. Walker 1987). In einigen Fällen funktioniert der bedingte Reiz im Nachhinein jedoch, wie Versuche von B. Hudson (1950) an Ratten zeigten: Wurden die Ratten in einem, zunächst „harmlosen", Käfig plötzlich mit einem Strafreiz (Elektroschock) konfrontiert und gleichzeitig völlig harmlose Gegenstände in den Käfig geworfen, so vermeiden sie später diese Objekte, obwohl sie die Gegenstände erst nach dem Strafreiz sahen, da während des Einwerfens das Licht kurz ausging.

In ganz anderen Zusammenhängen treten Vorgänge, die zumindest Komponenten klassischer Konditionierung haben, sogar in komplexen Sozialbereichen auf:

- Clutton-Brock & Parker (1995) diskutieren Strafmaßnahmen, die bei Säugetieren häufig gegen rangtiefere Individuen durchgeführt werden. Auf diese Weise werden Rangordnungen aufrechterhalten, Paarbindungen etabliert (Kummer 1991 für Mantelpaviane), aber auch unerwünschte Solidarisierungsaktionen verhindert, wenn die Koalitionspartner des Gegners mitbestraft werden (de Waal für Schimpansen). Die ultimaten Aspekte dieser Aktionen werden in Kap. 6.3 und 8 weiter behandelt, auf proximater Ebene aber handelt es sich eindeutig um Konditionierungsvorgänge.

- Das Phänomen der „erlernten Hilflosigkeit" (Seligman 1992) wird ebenfalls häufig mit Konditionierungsvorgängen in Verbindung gebracht. In Versuchen mit Ratten, Rhesusaffen, Hunden u. a. zeigte sich, daß eine unvorhersehbare, unregelmäßige Gabe von Strafreizen, ohne vorherige Präsentation von bedingten Reizen, aber mit ebenso unvorhersehbar dazwischen gegebenen Licht-, Ton- oder ähnlichen Reizen, zu erhöter Cortisolausschüttung, Magengeschwüren, reduzierter Futtersuche etc. führen. Das Modell hat große Aufmerksamkeit erlangt, da es im menschlichen Bereich zur Erklärung vielerlei Verhaltens, von Verlust des Selbstbewußtseins bei mißhandelten Kindern bis zur „freiwilligen Selbstausbeutung" der Frauen im klassischen Rollenschema, herangezogen wird.

4.2.3 Operante Konditionierung

Zur operanten Konditionierung gehört, daß eine Handlung, die vom Tier ausgeführt wird, zu einer Belohnung führt. Die bekannten, historischen Versuche der operanten Konditionierung sind die in der „Skinnerbox", wobei eine Ratte durch Hebeldruck eine Belohnung erhält. Die operante Kondtionierung spielt jedoch ebenfalls eine viel größere Rolle als diese einfachen Versuche andeuten. Z.B. sind einige der oben genannten Bestrafungsvorgänge sicherlich auch mit operanten Konditionierungen verbunden. Versuch- und Irrtumslernen ist allgemein eine Form operanter Konditionierung.

Der entscheidende Unterschied zwischen den Vorgängen der klassischen und der operanten Konditionierung liegt einerseits darin, daß durch operante Konditionierungen auch völlig neues Verhalten geformt werden kann (Hayes 1994), zum anderen werden nicht nur „automatisch" reflexartige, sondern „freiwillige" Reaktionen verknüpft. Einige begriffliche Verwirrung kann entstehen, wenn zwei zentrale Maßnahmen der operanten Konditionierung verwechselt werden, nämlich negative Verstärkung und Strafreiz. Eine negative Verstärkung liegt vor, wenn durch die zu lernende Aktion eine Änderung zum Besseren bewirkt wird, z.B. ein Hebeldruck befreit das Tier aus einem engen Käfig. Ein Strafreiz ist dagegen eine Bestrafung einer falschen Handlung z.B. Stromschlag, wenn der „falsche" Hebel gedrückt wird. In vielen Laboruntersuchungen zeigt sich, daß negative Verstärkung das Lernen fördert, Strafreize dagegen oft blockieren (Hayes 1994).

4.2.4 Räumliches Lernen

Viele Lernvorgänge benötigen keinerlei Verstärkung. Das gelernte Verhalten ist sofort nach einer dafür nötigen spezifischen Erfahrung voll funktionsfähig ausgeprägt – die spezifische Erfahrung ist jedoch unumgänglich (Alcock 1993). Dazu gehören das Lernen räumlicher Zusammenhänge, z.B. die Lage der versteckten bzw. gehorteten Nahrung (Hörnchen, Füchse etc.). Grauhörnchen konnten, mit Hilfe optischer Merkmale der Umgebung, vergrabene Futterstücke nach 20 Tagen noch in über 60% der Fälle auf 5 cm genau wiederfinden (Macdonald 1997). Eichhörnchen, die im natürlichen Leben weniger auf Futterverstecke angewiesen sind, konnten es weniger gut.

Das Erlernen räumlicher Zusammenhänge und Strukturen erfordert häufig „höhere" kognitive Vorgänge und stellt somit ein Beispiel dar, bei dem sich Lernvorgänge nicht in der üblichen Weise klassifizieren lassen. So wird von sog. „kognitiven Landkarten" gesprochen, wenn Ortskenntnis, Abkürzungen, Umwege etc. z.B. bei der Rudeljagd von Raubtieren (Peters & Mech 1976) oder bei der Nahrungssuche von Primaten (Kummer 1992) auftreten (s. Kap. 5). Nicht jedes Erlernen eines Weges oder Verstecken beinhaltet notwendigerweise kognitive Landkartenbildung, um eine solche „höhere" Leistung nachzuweisen, bedarf es natürlich der Lösung spezieller Probleme, z.B., daß eben ein Jäger seinem Beutetier durch Ausweichen bei der Verfolgung, Überqueren eines Hügels o.ä. den Weg abschneidet. Dawkins et al. (1982) fordern als Voraussetzung für die Existenz einer „Landkarte" bei Tieren, daß

- irgendwo im Gedächtnis des Tieres eine „Adresse" für jedes Element vorhanden ist und

- die Fähigkeit besteht, aus den „Adressen" Schlußfolgerungen über die Beziehungen zwischen den Elementen zu ziehen.

4.2.5 Einsichtiges Lernen

Viele Versuche beinhalten Lernvorgänge, die nicht durch Versuch und Irrtum zustande kommen können. Klassische Beispiele sind die Schimpansenversuche von W. Köhler (1925), die später auch an anderen Arten wiederholt und weiterentwickelt wurden. Bei diesen Versuchen müssen die Tiere eine Lösung sozusagen durchdenken bevor sie handeln, z.B. Kistentreppe bauen, Stöcke zusammenstecken etc., bevor sie an Futter gelangen oder mehrere Kisten mit Werkzeugen verschiedener Art öffnen, wobei zum Teil sogar Irrwege zu meiden waren, d.h. einige Kästen mit Werkzeugen, die am Ende nicht in eine Kiste mit Futter führten. Als Problemlösung wird dabei (Lethmate 1977) verstanden, daß unter einer Vielzahl von Handlungsmöglichkeiten diejenige ausgewählt wird, die zum Erfolg führt, z.B. aus mehreren Werkzeugen dasjenige gewählt wird, das eine Kiste mit Futter öffnet. Mehrere Zwischenziele, d.h. Kisten mit Werkzeugen für andere Kisten werden dabei von Menschenaffen problemlos überbrückt. Schimpansen überblickten problemlos bis zu 10 Kisten. Rensch (1973) stellte eine gute Literaturübersicht zu diesem Thema zusammen. So berichten diverse Autoren (Zitate s. Rensch) auch von der Benutzung von Stöcken oder Kistentürmen zum Erreichen hochhängenden Futters durch Kapuzineraffen. In manchen Versuchen, z.B. bei einigen Labyrinthen in denen Eisenringe mit Magneten gezogen werden mußten, waren einige Studenten bis zu 58 Sekunden langsamer als Testschimpansen, wenn auch meist die menschlichen Versuchspersonen durchschnittlich nur die halbe Planungszeit benötigten (Rensch 1973).

Gillan (1982) beschreibt weitere Beispiele für höhere kognitive Leistungen bei Schimpansen: Die Herstellung der Relation „größer als", oder „mehr Futter als", konnte von mehreren Versuchstieren als sog. transitive Inferenz gelöst werden (Wenn $F > E, E > D, D > C$ etc. bekannt sind, wird $E > C$, oder $D > B$ analog erschlossen und richtig gewertet). Auch die Relation A zu A' verhält sich wie B zu B' wurde richtig erschlossen: Eine Schimpansin hatte als A eine blaue, gezähnte Plastikscheibe mit Punkt, als A' eine solche ohne Punkt. Als B hatte sie einen orangen Halbmond mit Punkt und sollte nun B' aus einem orangen Halbmond ohne und einem blauen mit Punkt wählen.

Wie Kummer (in Kummer & Goodall 1985) feststellt, wurde keine andere Dimension des Verhaltens so systematisch *nicht* im Freiland untersucht, wie die Lern- und Intelligenzleistungen. Die kritische Annahme, so Kummer, ist dabei, daß das Verhalten beim Individuum in den gleichen Situationen trainiert wird, die es auch in der stammesgeschichtlichen Entwicklung selektiert haben. Dazu gehört im Bereich Lernen und „Intelligenz", daß jedes Individuum zunächst mehrere Verhaltensvarianten „auf Lager" hat, deren Erfolge es vergleichen kann, und daß durch Training die ursprüngliche, genetisch vorgegebene Fähigkeit verbessert werden kann. Weiter nimmt Kummer an, daß sozial tiefer stehende Individuen zumindest bei Primaten diejenigen sind, die vom Gruppenleben am meisten beeinträchtigt und eingeschränkt werden. Daher sollte bei ihnen der Druck, aus ihrer Disposition für das Lernen und Problemlösen das Beste zu machen, auch am größten sein. Er zitiert mehrere Beispielstudien, vor allem an Makaken, die die Hypothese bestätigen, daß rangtiefe Individuen schneller oder fehlerfreier lernen. Außerdem spielt bei der Entwicklung komplexerer Problemlösungen, wie Dawkins et al. (1982) betonen, wieder einmal die Existenz einer möglichst großen Variabilität an Entscheidungsmöglichkeiten, Fähigkeiten etc. eine entscheidende Rolle. Nur durch Variation können bestimmte „Neuerfindungen" selektiv belohnt und gefördert werden.

Dawkins et al. (1982) empfehlen den Begriff „Intelligenz" weitgehend zu vermeiden, da er sehr schwer zu operationalisieren ist. Statt dessen sollten klar operationalisierbare Unterbereiche definiert werden. Als wichtige Komponenten des Phänomens werden gesehen:

- Diskriminations- oder Unterscheidungstypen (zwischen Individuen, Umweltfaktoren, Kategorien von Lebewesen)
- Das unterschiedliche Ausmaß bestimmter Fähigkeiten (Unterscheidung, Speicherung, Verküpfung …)

Betont werden muß auch, daß je komplexer die zu lösende Aufgabe ist, nicht nur der Nutzen wächst, sondern sich auch die Kosten erhöhen. Kosten für Lernvorgänge können nicht nur die dafür nötige Zeit sein, oder die Gefahr, die während vieler Erkundungs- und Lernvorgänge herrscht, sondern auch die „Material- und Baukosten" für größere Gehirne, bessere Sinnesorgane etc.

Was macht „Kognition" eigentlich aus? Kintsch et al. (1982) liefern eine Liste von Aspekten, die auch und gerade bei der vergleichenden Betrachtung kognitiver Leistung zwischen verschiedenen Arten, bedeutsam sind:

- Innere Repräsentation, die z.B. Verknüpfungen und Beziehungen zwischen verschiedenen Bereichen überhaupt erst herstellen kann,
- Integration verschiedener Vorgänge durch Verknüpfungen, sowohl bei Reizaufnahme wie Aktionen,
- Informationsverarbeitung,
- „Metacognition" – was wissen Tiere über ihr vorhandenes Wissen? Was wissen sie über sich selbst? Auch Probleme des „Selbsterkennens" das bestenfalls bisher Menschenaffen zugeschrieben wurde, sind noch weitgehend ungelöst.

4.2.6 Gedächtnis

Gedächtnis ist natürlich keine spezielle Lernform. Es bildet vielmehr die Grundlage nahezu aller Lernvorgänge. Da aber Gedächtnisleistungen häufig Gegenstand eigener Versuchsreihen waren und z.T. sind, soll kurz getrennt darauf eingegangen werden. Die Physiologie des Gedächtnisses und die Unterscheidung in die drei Gedächtnistypen Ultrakurz (= Shortterm), Kurz (= Intermediate) und Lang (= Longterm) soll hier nicht behandelt werden. Es sei auf die Einführung in Manning & Dawkins (1992) verwiesen.

Die ausführlichsten Versuche zum Thema Lernkapazität und Gedächtnis stammen von Rensch (1973 zusammengefaßt) und Mitarbeitern. Beide Begriffe müssen auseinandergehalten werden. Lernkapazität ist die Fähigkeit, eine bestimmte Anzahl nacheinander addressierter oder anders gelernter Aufgaben zu behalten. Gedächtnis im eigentlichen Sinne, oder besser Gedächtnisdauer, bezieht sich auf die Frage, wie lange ein bestimmtes Verhalten verankert bleibt. Maxima der Lernkapazität gibt Rensch mit je 20 gelernten Musterpaaren (danach wurde der Versuch beendet!) bei Pferd und Elefant an. Als maximale Gedächtnisdauer fand er über ein Jahr für die meisten dieser vorher gelernten Paare bei Pferd und Elefant, über 3 Jahre wurden die o.g. Werkzeugaufgaben von Schimpansen behalten.

4.2.7 Prägung

Die Prägung, als eine spezielle Form ontogenetischer Erfahrung, wird uns ausführlicher in Kapitel 9.3 beschäftigen. Da es sich jedoch auch um eine Form des Lernens handelt, soll sie hier kurz erwähnt werden. Prägung ist keineswegs auf Vögel (ten Cate 1995) beschränkt. Bei Säugetieren erfolgt Prägung wohl überwiegend geruchlich, sei es auf Beute (Apfelbach 1995), Artgenossen (für Nagetiere, Hausrinder, Ziegen s. Sambraus 1974, Lent 1974 oder Zippelius 1972 für Hausspitzmäuse) oder Verwandte, die als Aufzucht- oder Wurfgenossen erkannt werden (Holmes & Sherman 1982, 1983). Im letztgenannten Falle konnte einerseits eine deutliche Lernkomponente nachgewiesen werden: Nichtverwandte, aber gemeinsam aufgezogene Speldings Erdhörnchen waren im Test stets nett zueinander. Andererseits waren aber Wurfgeschwister, die getrennt aufwuchsen netter zueinander als zu Fremden. Da auch Halbgeschwister väterlicherseits über diesen Erkennungsmechanismus verfügten, scheiden vorgeburtlich-intrauterine Vorgänge als Grund aus. Das Beispiel zeigt aber zugleich noch einmal die enge Verknüpfung von verschiedenen Einflüssen auf das später ausgeformte Verhalten.

Prägung wird heute allgemein als nicht mehr ganz so starrer irreversibler Vorgang gesehen wie in der Anfangszeit der Ethologie. Geblieben sind aber als Kriterien:

- Zeitliche Einengung oder zumindest Erleichterung des Lernens in einer sensiblen Phase
- Langanhaltende, oft über das ganze Leben dauernde Bevorzugung des Prägungsobjektes
- Relativ invariante oder zumindest schwer zu ändernde Orientierung des Verhaltens auf bestimmte Reize sobald der Prägungsvorgang stattgefunden hat.

4.3 Soziale Kognition

Hier geht es um die Nutzung eines „Artgenossen als soziales Werkzeug" (Kummer et al. 1990). Drei Gebiete werden hierbei derzeit intensiver erforscht:

- Wissen über Gruppenstrukturen und Sozialbeziehungen
- Wissen über innere („mentale") Zustände anderer Gruppenmitglieder
- Kommunikation

Im Bereich Gruppenstrukturen und Sozialbeziehungen wurden von Dasser (1987, 1988) aufschlußreiche Versuche an Javaner-Makaken (*Macaca fascicularis*) durchgeführt, die aus Diaserien Mutter-Kind-Paare, oder andere Verwandtschaftsbeziehungen von Artgenossen heraussuchen mußten (und konnten). Im Zusammenhang mit dem Wissen über innere Zustände anderer Gruppenmitglieder wird auch von „Politik" (de Waal 1985) oder „Machiavellischer Intelligenz" (Whiten & Byrne 1988) gesprochen, denn meist geht es darum, wie Tiere (fast nur Primaten wurden hier untersucht) andere Artgenossen durch Manipulation dazu bringen, bestimmte Dinge zu tun oder zu lassen. Dies geschieht meist durch „Fehlinterpretation", z.B. wenn ein verfolgter Pavian stoppt, in einen Busch starrt (als ob ein Feind darin wäre) und der Verfolger sofort stoppt, um das gleiche zu tun (Whiten & Byrne 1988). Jarman (mdl.) berichtet über ähnliche Beobachtungen bei Impalas: Ein Impalabock, der eine Weibchenherde in sei-

nem Revier hatte, näherte sich aufmerksam mit vorgestrecktem Hals seiner Revier-
grenze (als ob ein Leopard dort wäre), worauf die Weibchenherde von der Grenze zu-
rückwich und sich in das Innere des Reviers zurückzog. Allerdings gehören, um solche Vorgänge in den Bereich „soziale Kognition" einzubringen noch einige
Voraussetzungen dazu (Kummer et al. 1990). Die wichtigste ist zugleich am schwie-
rigsten zu prüfen: Hat der Sender nicht nur selbst ein bestimmtes, generalisiertes Wissen („Wenn ich das oder jenes tue, reagiert der Andere vorhersagbar so oder so."), sondern ordnet er auch dem Anderen ein spezielles Wissen zu („Wenn jemand so in einen
Busch starrt, kann ein Feind darin verborgen sein") Gerade in diesen, methodisch
schwer zugänglichen Bereichen hat sich, wie Kummer et al. (1990) bemängeln, die in-
flationsartige Ausbreitung funktionaler statt beschreibender Terminologie (Kognition, taktische Täuschung, Politik etc.) nicht immer positiv ausgewirkt. Zugleich können diese Begriffe auch die Neugier und das Interesse breiterer Forscherkreise ge-
weckt haben, die jetzt allerdings zu klaren operationalisierten Fragen und Hypothesen
führen müßten. Außerdem wäre dringend eine Beschäftigung mit solchen Themen
auch außerhalb der Primaten nötig, da, wie z.B. Arbeiten von Nel, Packard oder Gilbert (im Druck) zeigen, ähnlich komplexe Lernvorgänge bei Carnivora und eventuell
noch bei anderen Säugetiergruppen zu erwarten sind.

4.4 Kommunikation und soziale Intelligenz

Untersuchungen über kommunikatives Verhalten werden häufig herangezogen, um
kognitive Fähigkeiten bei Säugetieren zu vergleichen (Seyfarth et al. 1982, Cheney &
Seyfarth 1990, 1992). Die von Whiten & Byrne (1988) zusammengestellten Beispiele
umfassen überwiegend Kommunikationsvorgänge. Die Übersicht von Whiten & Byrne (1988, s. Tab.1) versucht eine Klassifikation verschiedener Täuschungsmanöver.

Kategorie	Unterkategorie	Beispiel
A: Verbergen	Optisches Ver-stecken	„heimliches" Werben außer Sichtweite ranghöherer Männchen
	Akustisches Verber-gen	Unterdrücken von Rufen, die z.B. bei sozialer Körperpflege oder Werbung üblich sind, wenn man außer Sichtweite der Ranghöheren ist.
	Anwesenheit ver-hindern	Begehrtes Futter so lange ignorieren, wie (ranghöhere) Artgenossen anwesend sind
B: Ablenkung	Wegsehen	Starren in eine bestimmte Richtung als ob ein Feind dort wäre
	Wegführen	(kann auch noch mit Warnruf gekoppelt sein) Aufbruch vom Futterplatz, Versuch die restliche Gruppe mitzureißen und später heimliche alleinige Rückkehr

Tab. 1. Whiten & Byrne's (1988) Versuch einer Klassifikation von „taktischen Täuschungen" bei Primaten mit Beispielen

	Ablenken durch soziale Kontakte	Pavianweibchen groomt intensiv Männchen mit Beutetier bis sie das Beutetier ergreifen und wegnehmen kann
C: "Bild" erzeugen	Neutrales Bild erzeugen	Schimpanse hinkt nur in Sichtweite des Gegners
	Kontaktsuche vorgeben	Pavianweibchen nähern sich einem Muttertier und tun so, als wollten sie die Mutter groomen aber beschäftigen sich dann mit dem Kind
D: Manipulation eines Artgenossen über soziales Werkzeug	Täuschung des "Werkzeug-Individuums" über Verhalten des Zieltieres	Halbwüchsiger Pavian kreischt um Hilfe, als er sich fressenden Weibchen nähert. Adulter Mann vertreibt Weibchen und der halbwüchsige kann fressen.
	Täuschung von 2 "Werkzeugindividuen"	Halbwüchsiger Husarenaffe nimmt Kind, ärgert adulten Mann. Mann droht, Kind kreischt, alle adulten Weibchen jagen den Mann
	Zieltier über Beteiligung des „Werkzeugindividuums" täuschen	Jungtier darf nicht bei Mutter säugen, geht zu Mann, ärgert ihn bis er es schlägt, schreit; Mutter wird aufmerksam und läßt Jungtier „zum Trost" an die Brust.
E: Sündenbock suchen		Ein Tier greift in Sichtweite eines fressenden ein anderes eventuell mit dem fressenden assoziiertes Individuum an. Wenn der Fressende eingreift und abgelenkt ist, macht sich das täuschende Tier übers Futter her.

Tab. 1. Whiten & Byrne's (1988) Versuch einer Klassifikation von „taktischen Täuschungen" bei Primaten mit Beispielen

Eine systematische Übersicht zeigt, daß nur zwei Typen (A2, B4) bei Cebidae und zwei (A3, C1) bei Gorillas, aber alle Typen bei Cercopithecinae und ebenso alle von A bis C bei Schimpansen beobachtet werden. Halbaffen, Callitrichidae und Colobinae, Hylobatidae und Orangs wurden angeblich nie bei Täuschungsmanövern gesehen. Außerhalb der Primaten liegen Beschreibungen z.B. für A1/A2 bei Zwergmangusten (Rasa 1984), B1 bei Impalas (s.o.) und B2 bei Bibern (Wickler 1970) vor. Cheney & Seyfarth (1990, 1992) haben die kommunikationsbezogenen Täuschungen wesentlich vertieft, indem sie durch Playback-Experimente, also Vorspielen von Tonbandaufnahmen bestimmter Rufe von bestimmten Gruppenmitgliedern, gezielt in Kommunikationsvorgänge eingriffen. Diese Experimente, bzw. die Reaktionen der Affen (meist Grüne Meerkatzen) auf die Experimente, zeigen mit Glück etwas von den unterliegenden „Absichtssystemen" der Affen: Cheney & Seyfarth (1992) erklären dies in folgender Abstufung von Absichtssystemen:

- Absichtssystem 0. Ordnung: liegt vor, wenn der Affe den Alarmruf gibt, weil er Angst hat.
- Absichtssystem 1. Ordnung: liegt vor, wenn der Alarmruf gegeben wird, weil der Affe glaubt, da sei ein Feind oder, weil er möchte, daß andere Affen auf die Bäume klettern. Dazu muß er keine Vorstellung von deren inneren Zuständen oder deren Wissen haben.
- Absichtssystem 2. Ordnung: liegt vor, wenn der Affe die inneren Zustände oder das Wissen der anderen Affen abschätzen kann, denn hierbei will der Sender, daß der Empfänger *glaubt*, ein Feind wäre anwesend.

Daß es nicht um die 0. Ordnung geht, kann z.B. durch experimentelle Änderung der Intensität oder der Länge des abgespielten Alarmrufes ausgeschlossen werden. Umgekehrt gibt es keine Hinweise auf Absichtssysteme 2. oder höherer Ordnung.

Die Grünen Meerkatzen wurden noch mit einer ganzen Reihe von Versuchen getestet. So hörten sie z.B. den Warnruf „Leopard" eines bestimmten Artgenossen mehrfach ohne Grund, bis sie ihm „nicht mehr glaubten". Dann wurden vom gleichen Artgenossen Warnrufe anderer Bedeutung (z.B. Zwischengruppenkonflikt) vorgespielt. Man glaubte ihm zunächst wieder. Umgekehrt aber, wenn ein Warnruf für Zwischengruppenkonflikt durch Habituation wirkungslos geworden war, glaubte man diesem Artgenossen auch andere, normalerweise im gleichen Kontext geäußerte Rufe nicht mehr. Was den Affen nach Meinung von Cheney & Seyfarth, wohl im Gegensatz zu Menschenaffen fehlt, ist die Fähigkeit, andere Artgenossen nach deren Wissen bzw. Unwissen einzuschätzen. Dies zeigt sich unter anderem darin, daß sie ihr Kommunikationsverhalten nicht nach dem Wissensstand der anderen richten, nicht „unterrichten", und auch kaum Wissen zwischen verschiedenen Bereichen übertragen. Diese Unfähigkeit, anderen bestimmte innere Zustände zuzuerkennen, ist eine wesentliche Hinderung auf dem Weg zu noch komplexeren Sozialsystemen. So könnte Information viel selektiver nur an Verwandte oder enge Koalitionspartner gegeben werden.

4.5 Nachahmung und Tradition

Lernen durch Imitation dessen, was man bei Artgenossen gesehen hat, ist bei Säugetieren und auch Vögeln ein weitverbreitetes Phänomen. Problematisch ist häufig jedoch der exakte, eigentlich nur experimentell zu führende Nachweis, daß wirklich eine soziale Interaktion nötig war, um diesen Lernvorgang zu bewirken. Einige zumindest indirekte Hinweise auf soziales Lernen können bei Freilandstudien, aus der Kombination möglichst vieler Faktoren der folgenden Liste (Gilbert 1996, Kitchener 1996) entstehen:

- hohes Maß von Beobachtung der Mutter durch Jungtiere bei langer Mutter-Kind-Bindung
- hohes Maß manipulativer Objektspiele
- große interindividuelle Unterschiede in Nahrungspräferenz innerhalb einer Population
- spezielle individuelle Futterplätze oder Techniken

Besonders häufig findet man Nachahmung und Tradition in den Bereichen Nahrungserwerb und Feindvermeidung. Jedoch sprechen Beobachtungen an zoogeborenen höheren Primaten dafür, daß zumindest Menschenaffenmütter auch bestimmte Teile des Mutter-Kind-Verhaltens durch Beobachten erfahrener Mütter erlernen bzw. verbessern (Davenport 1979, Maple 1979, Meder 1995). Im Bereich Nahrungsaufnahme (s. auch Kap. 5.4) gibt es wiederum mehrere Aspekte sozialen Lernens:

- Nahrungsortwahl
- Nahrungsart
- Techniken des Nahrungserwerbes

Sie können alle gelernt werden, wenn man von Artgenossen abguckt. Mc Quoid & Galef (1992) sprechen von Reizverstärkung (stimulus enhancement), wenn ein Tier ein anderes bei der Nahrungsaufnahme sieht und daraufhin z. B. die Nahrungsart gelernt wird. Pearce (1997) beschreibt Versuche verschiedener Autoren, die zeigen, daß Ratten offenbar den Geruch neuen Futters am Fell oder im Atem einer anderen Ratte aufnehmen und daraus ihre Bevorzugung entsteht. Es geht auch mit betäubten Demonstratorratten aber nicht mit Wattebäuschchen und nur schwer, wenn der Futtergeruch am Hinterende statt am Kopf haftet. Bemerkenswerterweise kann die Vermeidung ungenießbaren Futters offenbar nicht auf den gleichen sozialen Lernmechanismen beruhen. Dagegen wird eine Ortsbevorzugung für bestimmte Futterplätze sehr wohl verstärkt, wenn ein anderer Artgenosse nach dem dort präsentierten Futter riecht. Auch die komplizierten Vorgänge bei der Weitergabe von Traditionen des Nahrungserwerbes, z. B. das berühmte Kartoffelwaschen von Japan-Makaken (Itani & Nihshimura 1983) oder Werkzeuggebrauch bei Schimpansen (Boesch 1991, Goodall 1986, s. Kap. 5.8) können zumindest teilweise durch Reizverstärkung beim Beobachten eines anderen Tieres verständlich werden. Zudem haben neuere Untersuchungen (Galef 1987 mdl.) gezeigt, daß die Ausbreitung der Waschtechniken bei den Japan-Makaken sehr langsam, und eventuell durch Belohnung gefördert, geschah.

Nishida (1986) hat, mit Schwerpunkt auf Primaten, das Thema kulturelle Weitergabe von Wissen und lokale Traditioinsbildunggenauer beleuchtet. Viele lokale Traditionen, sei es Nahrungserwerb oder Werkzeuggebrauch, sind durch geringfügig scheinende ökologische Unterschiede bedingt, z.B. gibt es erhebliche Unterschiede bezüglich des Auftretens von Termitenangeln bei Schimpansen je nach der dort vorkommenden Termitenart. Für echte „kulturelle" Weitergabe unterscheidet er drei mögliche Wege :

a. Ausbreitung (Propagation), von einem, oft jüngeren Erfinder auf viele übergehend. Diese Phase dauert oft sehr lang und geht recht schleppend. So dauerte es an die 5 Jahre bis das berühmte Kartoffelwaschen auf 2 von 11 Erwachsenen, und 15 der 19 Zwei- bis Siebenjährigen übergegangen war.

b. Die nächste Phase, der Tradition = Mutter – Kind – Weitergabe, führte dann im genannten Beispiel dazu daß in 4 Jahren 16 von 19 Jungtieren die neue Technik von ihren Müttern lernten, am Ende dieser Vierjahresperiode hatten insgesamt 36 von 46 Affen des Trupps die Technik gelernt, aber nur 2 der 11 über 12-jährigen.

c. Die dritte Phase, die eigentliche Kulturbildung = Enculturation ist erreicht wenn der Übergang von vielen (auch Erwachsenen) auf einen (auch Erwaxchsenen) erfolgt.

Unklar ist bisher, ob Rang- und Dominanzbeziehungen eine Rolle bei kultureller Weitergabe spielen. Die berühmte Imo, die sowohl Kartoffelwaschen wie Weizenschwemmen erfand, war Mitglied einer hochrangigen Matriline. Ob aber allgemein hochrangige Tiere eine zentrale Rolle bei Traditionsbildung spielen, oder ob sie nur, durch Monopolisieren der neuartigen Nahrungsquellen bevorzugten Zugang erreichen, ist nicht ersichtlich. Erstaunlich ist Nishidas Liste (1986), was denn bei Primaten so alles kulturell bzw. traditionsgebunden weitergegeben wird:

Neben Raumnutzung (traditionelle Streifgebiete), Nahrungswahl, Nahrungszubereitung mit und ohne Werkzeug werden auch Verhalten zum Menschen (Scheu!) sowie Kommunikationsverhalten (ein spezielles Blattpflückdisplay, spezielle Groomingverhalten, sowie Kissenmachen im Werbeverhalten) bei Schimpansen angeführt.

Vergleichsweise wenig weiß man über Traditionsbildung außerhalb der Primaten. Traditionelle Streifgebiete bei Präriehundsippen, Dickhornschafen, Wanderwege bei Elefanten, Nahrungswahl (Kap 5.4.3) bei Wanderrattensippen oder Feindvermeidung werden oft angeführt.

Laborstudien zur Imitation von Nahrungssuche oder Nahrungserwerb werden vorwiegend mit Ratten anstatt mit Primaten durchgeführt. Ratten, die einem Artgenossen beim Hochschieben einer Stange oder Drücken eines Hebels mit Futterbelohnung sahen, zeigen die gleiche Handlung sobald sie in die Testkammer kommen. Pearce (1997) erwähnt dagegen mehrere Untersuchungen, bei denen Primaten trotz genauester Beobachtungsmöglichkeiten nicht lernten, eine Futterquelle, die ein Artgenossen bereits regelmäßig nutzte, zu erschließen. Bugnyar & Huber (1997) konnten dagegen bei Weißbüscheläffchen im Experiment zeigen, daß durch Beobachtung die Erschließung einer Futterquelle erleichtert wurde. Hinweise und (meist anekdotische) Beobachtungen auf soziales Lernen im Zusammenhang mit Nahrungserwerb gibt es vielfach von Carnivoren (Nel 1996 erwähnt z.B. rudeltypische Spezialisierung auf Zebras und Gnus bei Afrikanischen Wildhunden; Leyhausen 1968 und Kitchener 1996 beschreiben das Trainieren von Beutefang bei Jungkatzen) und Cetacea (Heimlich-Boran und Heimlich-Boran 1996 erwähnen Verwundung von See-Elefanten durch erwachsene Schwertwale, an denen dann Halbwüchsige trainieren konnten).

Freßfeindlernen

Das Erlernen möglicher Freßfeinde durch soziale Traditionen wird bei der Schlangenfurcht vieler Affen deutlich, die nur dann ausgebildet wird, wenn sie einen schlangenerfahrenen Demonstratoraffen bei der Reaktion auf eine Schlange, sei sie echt oder aus Gummi, beobachtet haben. Selbst Studien an Erdhörnchen (Alcock 1993) zeigen, daß Alarmrufe oder -pfiffe gegen Schlangen eher erfolgen, wenn man soziale Vorbilder hatte. Nicht nur die Kenntnis des Freßfeindes, sondern auch die Art der Verteidigung ist z.T. sozial gelernt. Hier seien als Beispiel die Schutzformationen des Moschusochsen (Klein 1996) genannt.

5 Individuum und Umwelt –
   Auseinandersetzung und Anpassung

In diesem Kapitel werden wir sehen, wie sich Säugetiere in ihrer nichtsozialen Umwelt behaupten. Es werden also alle Bereiche zur Sprache gebracht, die Beziehung mit der unbelebten Natur, oder die die Wechselwirkungen mit anderen Arten umfassen. Dies ist klassischerweise der Bereich der Ökologie. Aber wir werden sehen, daß viele ökologische Aspekte eben über Verhalten geregelt werden. Zunächst bedarf es der grundsätzlichen Einführung einiger Begriffe aus der modernen Evolutionsökologie.

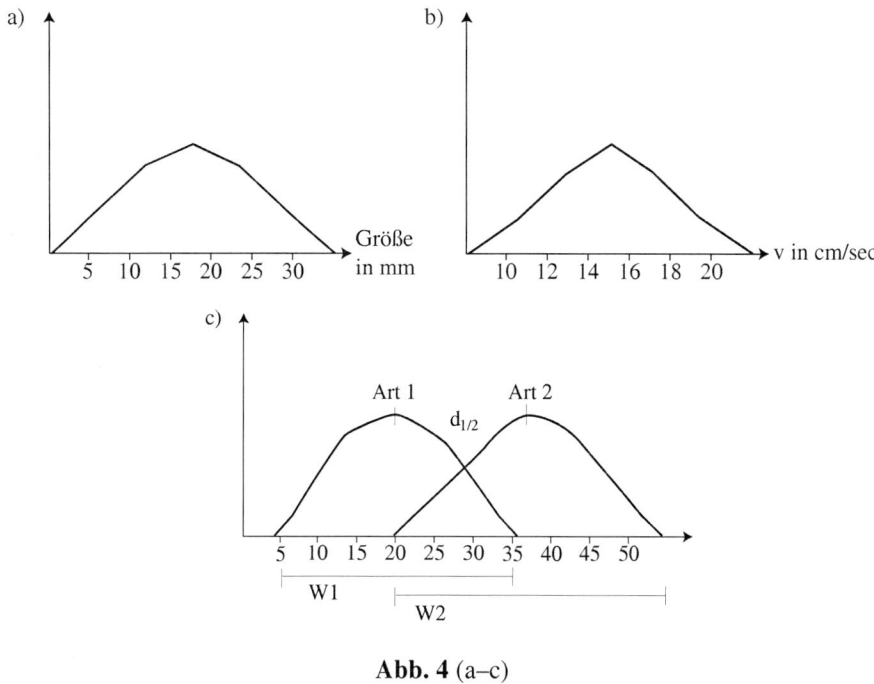

Abb. 4 (a–c)

5.1 Adaptation und Optimalität

Zunächst soll der Begriff der *ökologischen Nische* etwas näher betrachtet werden. Die modernen ökologischen Theorien gehen heute von einem ganz anderen Nischenkonzept aus als dies früher (und noch heute in vielen Lehr- und Schulbüchern) üblich war (Schoener 1989). Die auch heute noch vielfach geläufige Definition, die ökologische Nische sei der Beruf oder gar die Planstelle eines Organismus, ist auf einem statischen Konzept aufgebaut, das nicht von den aktiven Anpassungsleistungen des Nutzers, sondern von den zur Verfügung gestellten Möglichkeiten der Umwelt ausgeht. Die Änderungen und Wechsel im Nischenkonzept seit Beginn des Jahrhunderts werden in der erwähnten Arbeit von Schoener sehr detailliert besprochen. Für unsere Zwecke reicht es, wenn wir noch einen kurzen Blick auf heutige Nischenkonzepte werfen. Nischen werden heute allgemein als Nutzungsräume (Utilisation space) definiert und zwar in einem vieldimensionalen Koordinatensystem. Betrachten wir ein Beispiel (s. Abb. 4): Eine Fledermausart fängt Insekten. Abb. 4a zeigt uns, welche Größe von Beutetieren in welcher Häufigkeit gefangen wird. Das ist eine Dimension. Abb. 4b zeigt die nächste Dimension, die Fluggeschwindigkeit der Insekten. Weitere Dimensionen wären die Flughöhe über dem Boden oder die Helligkeit, bei der bevorzugt gejagt wird. Erst die Kombination aller dieser Dimensionen ergibt die Nische der Fledermausart. In diesem Konzept ist nun der nutzende Organismus, also unsere Fledermausart, die entscheidende Größe. Wie schnell kann sie fliegen oder wie gut ist ihr Ultraschallortungssystem? Nicht mehr ein Beruf oder gar eine Planstelle, die darauf warten, besetzt zu werden, sondern die Sorgen und Nöte eines Existenzgründers in einer ohnehin engen Marktsituation wären die bessere Analogie für dieses Konzept. Das zeigt auch noch ein Blick auf Wettbewerbssituationen (s. Kap. 5.6 und Abb. 4c). Zur Beschreibung einer Nische in jeder Dimension werden nach Schoener (1989) zwei Maße verwendet: Die Nischenbreite w – bei normal verteilten Daten wäre das die Standardabweichung – und die Distanz d zwischen den Gipfeln der Nutzung zweier Arten. Bilden wir jetzt den Quotienten d/w, so ist, je größer der Quotient d/w ist, desto geringer der Wettbewerb zwischen den derzeit existierenden Arten. Zugleich aber ist die Gefahr umso größer, daß eine neu zuwandernde Art sich genau dazwischen setzt.

Der zweite wichtige Begriff, den man näher erläutern muß, ist der *Anpassungs-* bzw. *Adaptationsbegriff.* Leider wird dieser Begriff in sehr vielen, auch proximaten, Zusammenhängen benutzt. Zum Beispiel sind Habituation (Kap. 4.2.1) und Coping (Kap. 7.2) ebenfalls Anpassungsprozesse. Hier interessiert uns aber speziell der funktionale Anpassungsbegriff. Diesen kann man wie Alcock (1993) definieren: Funktionale Anpassung ist diejenige Ausprägung eines Merkmals, die dem Trägerorganismus einen Vorteil bei der Weitergabe des eigenen Erbgutes gegenüber anderen Ausprägungsformen des gleichen Merkmales verschafft. Oder, wie es Dunbar (1985) ausdrückt: Adaptation bezieht sich auf ein von der Natur gestelltes Problem und schließt die Idee mit ein, daß der Organismus für dieses Problem eine effiziente Lösung hat. Es muß hier, und darauf werden wir bei den Problemen der Nahrungssuche besonders stoßen, noch betont werden, daß, obwohl wir von den genetischen Konsequenzen ausgehen, der Phänotyp, das individuell modifizierte Verhalten des Individuums, eigentlich die Ebene ist, auf dem die „Belohnung" durch Selektion erfolgt (Parker 1985, Sibly & Smith 1985). Deshalb auch die ausführliche Diskussion der Lernvorgänge im vorherigen Kapitel.

Die Vorstellung, daß bestimmte Merkmale adaptiv für ganz bestimmte Situationen seien, führt allerdings häufig zu einer recht unkritischen Akzeptanz von Plausibilitätsargumenten (Alcock 1993). Ein Merkmal ist nicht dann als Anpassung erklärt, wenn es uns logisch erscheint, daß es für diesen oder jenen Zweck gut sein könnte. Wichtig, und zugleich der Vorteil des Adaptationsansatzes ist, daß wir nun genau testbare Hypothesen aufstellen können. Wenn wir annehmen, daß eine bestimmte Gruppengröße adaptiv ist (s. Kap. 6.3.1), weil dann Jungtiere gut gegen Feinde geschützt werden können, dann können wir diese Annahme testen, indem wir Aufzuchtraten verschieden großer Gruppenzahl mit den entdeckten Raubfeindangriffen vergleichen und sogar durch kurzzeitiges Wegfangen von Gruppenmitgliedern experimentell in den Test eingreifen. Häufig wird von Kritikern wie auch von hartgesottenen Befürwortern des Adaptationsansatzes noch eine weitere Verwirrung angerichtet: Anpassung führt in der Regel nicht zu einer perfekten, sondern nur zur besten aller denkbaren Lösungen. Adaptive Merkmale sind lediglich derzeit besser als solche, die sonst noch in der Population auftreten oder traten. Es sind diejenigen, von den existierenden constraints, den morphologischen, physiologischen oder anderen Einschränkungen, am wenigsten beeinträchtigt werden (Krebs & Mc Cleery 1984). Übersieht man diese constraints, so entstehen luftige Konstruktionen, die Jarman & Kruuk (1996) als "pigs-could-fly-approach" (s. Kap. 10) bezeichnet haben, die jedoch meist in der harten Realität eines Ökosystems weit weniger erfolgreich sind, als zwischen den Buchdeckeln eines Lehrbuches. Schließlich, und vielleicht sogar am wichtigsten, haben Tiere (und wir als Beobachtende) noch ein weiteres Problem zu lösen: Ein Verhalten, ein Merkmal allgemein hat nicht nur Vorteile, je adaptiver desto mehr, es hat auch alles seinen Preis. Jedes Merkmal, jedes Verhalten ist mit Kosten für das Tier verbunden. Diese können ein Mehraufwand an Energie, erhöhte Verletzungsgefahr oder einfach nur ein Zeitverlust sein. Und was für eine Anpassung gut wäre, kann zugleich in einem ganz anderen Bereich Nachteile haben. Wer ein auffälliges Geweih oder Gefieder trägt, um damit dem Partner besser zu gefallen, fällt Feinden leichter auf. Tiere und die sie studierenden Verhaltensökologen sind also zu Kosten-Nutzen-Analysen gezwungen: Je öfter sich ein Tier beim Fressen umsieht, umso geringer wird die Gefahr vom Feind überrascht zu werden. Aber umso weniger Futter kann es in der gleichen Zeit fressen. Oder setzt ein Tier auf Abwanderung, um an bessere Futterquellen zu gelangen, trägt es gleichzeitig die Kosten eines höheren Energieverbrauches. Nutzt ein Tier die Zeit lieber, um zu fressen, so wird es kräftig und stark oder geht es in dieser Zeit besser auf Partnersuche? Diese Kosten-Nutzen-Abwägungen führen dann zu einem Optimalmodell, das uns zeigt, ob und welche derzeitige Merkmale wirklich am meisten zur Gesamtfitness, dem Anteil eigener erblicher Eigenschaften an der nächsten Generation, beitragen. Die Kurve in Abb. 3 zeigt, daß bei einer solchen Optimierung meist irgendwo im mittleren Bereich die meisten Vorteile liegen. Tiere können, je nach Verlauf der Kurven offenbar diese Optimalitätsbereiche finden und ihre Entscheidungen entsprechend treffen. Owings & Coss zeigten zum Beispiel, daß Erdhörnchen beim Angriff auf giftige Klapperschlangen vorsichtiger sind, als beim Angriff auf ungiftige Schlangen.

Ganz bedeutend ist, daß wir verstehen, daß diese Entscheidungen auch unbewußt getroffen werden können. Ob eine Entscheidung adaptiv ist, hängt nicht davon ab, ob der Merkmalsträger sie durchdacht hat. Ein Handwerker, der nie etwas von Wirtschaftswissenschaften gehört hat, kann genauso leicht Konkurs oder das große Geld machen, wie ein Topmanager mit jahrelangem einschlägigem Studium.

5.2 Klima und Rhythmus – zwei Faktoren der unbelebten Umwelt

5.2.1 Allgemein

Als endotherme Tiere sind Säuger scheinbar in starkem Maß von klimatischen Faktoren der Umwelt unabhängig. Jedoch erfordert die Aufrechterhaltung einer einigermaßen gleichbleibenden Körpertemperatur und die Regulation des sonstigen inneren Milieus erheblichen Aufwand. Zugleich besiedeln Säuger eine ganze Reihe extremer Lebensräume. An Land seien nur Kältezonen (Geiser 1998), Hochgebirge (de Lamo 1998), Wüsten (Müller 1998) oder die jahreszeitlichen Schwankungen in gemäßigten bis polnahen Gebieten (Morse 1980, Müller 1998) genannt. Oftmals werden die in den Extremlebensräumen anstehenden Probleme durch Verhaltensregulation gelöst. Zugleich wirken sich die "contraints" hier wieder sehr stark aus. Müller (1998) zeigt dies gut an der Abhängigkeit von Oberflächen/Volumen-Beziehung, Körpergröße und Hitzevermeidung bei Wüstentieren. Kleine Tiere haben eine große Oberfläche/Volumen-Relation, dadurch strömt, sobald die Körpertemperatur unter der Umgebungstemperatur liegt, Wärme in den Körper ein. Eine Känguruhratte müßte pro Stunde bei einer Umgebungstemperatur von 43 °C 10% ihres Körpergewichtes an Wasser verdunsten, um die Hitzeeinströmung zu kompensieren. Klar, daß das nicht gehen kann! Ein Ausweg für Kleinsäuger in Wüsten ist die Nachtaktivität mit tagsüber verborgenen Höhlen, die zudem nicht nur kühl, sondern auch recht feucht sind. Tagaktive Erdhörnchen besitzen in Wüsten oft die Fähigkeit, sich kurzzeitig bis fast 43 °C aufheizen zu lassen, ziehen sich dann zum Abkühlen einige Zeit in die Höhle zurück und starten nach Abkühlung erneut (Müller 1998).

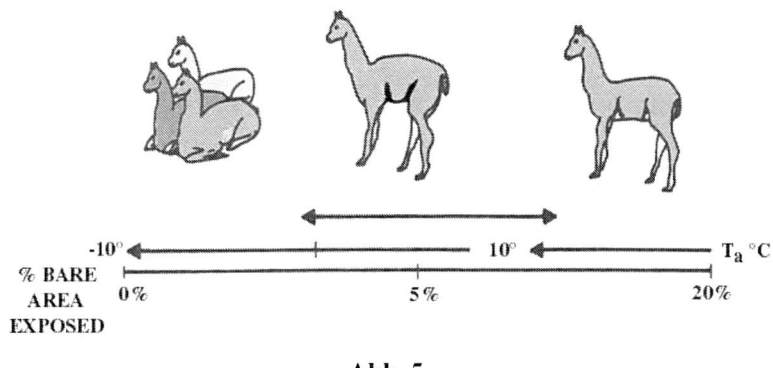

Abb. 5

Große Wüstentiere (Kamele, Oryx, Wüstengazellen) benutzen oft ihren Körper als Wärmespeicher und lösen das Problem auf physiologischem Weg. Aber auch große Arten regulieren z.T. über Verhalten. So grasen wüstenbewohnende Dorkasgazellen nahezu ausschließlich nachts, wenn der Wassergehalt des Grases wesentlich höher liegt (Müller 1998). De Lamo (1998) beschreibt, wie Verhaltensänderungen zur Regulation der Körpertemperatur bei den südamerikanischen Kamelarten (Guanaco und

Vicuna) benutzt werden. Je nach Außentemperatur wird eine gut wärmeleitfähige Kurzhaarzone an der Innenseite der Extremitäten stärker oder weniger stark verborgen und in den kalten Nächten durch zusammengekauertes Gruppenruhen völlig „abgedichtet" (s. Abb. 5). Zusammenkuscheln ist von vielen Säugern bekannt (bei Kleinsäugern ebenso, wie bei tundralebenden Huftieren). Ein besonders eindrucksvolles Beispiel, wie ökophysiologische constraints den sprichwörtlichen Schweinen, hier der Partnerwahl- und Fortpflanzungssysteme, das Fliegen austreiben, sind Robben. Die starke Isolation ihrer Körper durch dicke Fettschichten, die im Wasser sehr hilfreich ist, führt an Land zu Überhitzungsgefahr, die durch Wedeln mit den Flossen nur bedingt vermindert wird (Morse 1980). Je mehr Fett sich ein männliches Tier, sozusagen als Vorrat für lange Haremsregentschaft angefressen hat (während der sehr energieaufwendigen Haremsregentschaft fressen Seelöwenmänner nichts), desto mehr Hitzprobleme hat er, muß eventuell sogar ins Wasser zum Abkühlen was erstens die Gefahr des Haremsverlustes und zweitens die Gefahr von Angriffen durch andere Revierbesitzer beim Durchqueren von deren Revier birgt. Eine weitere bemerkenswerte Form der Anpassung an kältebedingte Probleme diskutiert ebenfalls Morse (1980). Das Durchqueren von Tiefschnee ist für große Säuger ein sehr energieaufwendiges Verfahren. Rudel von Wölfen und Karibus oder Elchgruppen ziehen im Tiefschnee meist im Gänsemarsch, wobei zumindest bei Wölfen offenbar das erste, spurmachende Tier regelmäßig abgewechselt wird.

Schließlich ist als Verhalten zur Thermoregulation auch das Wedeln mit gut durchbluteten Körperteilen (Elefantenohren, Robbenflossen) zur Kühlung oder das, allerdings sehr wasserverschwendende, Belecken und Einspeicheln des Fells bei Känguruhs (Immelmann 1965) zu nennen.

5.2.2 Biologische Rhythmen

Insgesamt vier verschiedene, rhythmisch ablaufende Umweltschwankungen sind für Organismen, je nach Lebensraum mehr oder weniger bedeutsam, zu bewältigen:

- Gezeiten
- Tag- und Nachtschwankungen
- Mondzyklus
- Jahreszeiten (Aschoff 1989)

Für jeden dieser Schwankungsprozesse haben zumindest einige Organismen auch eigene innere Uhren entwickelt. Für die Betrachtung des Säugetierverhaltens wollen wir uns auf den Tag/Nacht- und den Jahreszeitenwechsel beschränken, wenngleich die Mondphasen indirekt durch die unterschiedliche Helligkeit – zumindest bei nachtaktiven Tieren – eine Rolle spielen dürften. Erkert 1989 beschreibt, daß in tropischen Nächten die Lichtstärke zwischen 10^{-1} und 10^{-4} lux schwanken kann und daß einige nachtaktive Halbaffenarten (Mausmaki) bereits durch viel schwächeres Licht aktiv werden als andere (Buschbaby).

Tagesperiodische Schwankungen

Bei Säugetieren werden tagesperiodische Schwankungen von zentralen Schrittmachern im Nucleus suprachiasmaticus im Hypothalamus (Zwischenhirn) gesteuert. Von diesem übergeordneten Steuerzentrum werden nachgeschaltete abhängige Oszillatoren beeinflußt. Die biologischen Schwingungen erfüllen dabei alle Kriterien selbsterhaltender technischer Oszillatoren. Da der Rhythmus i. d. R. nicht genau 24 Stunden umfaßt, spricht man von circadianen, also ungefähr tagesabhängigen Schwankungen. Diese Schwankungen finden ihren Ausdruck nicht nur in Aktivität bzw. Ruheverhalten, gesteigerter Fortbewegung und tagesperidischen Schwankungen von Aufmerksamkeit, Muskelkraft etc. (Aschoff 1989, Büttner & Gansloßer 1995), sondern auch in unterschiedlicher Bevorzugung für dunkle bzw. helle Orte (bei Säugetieren wurde nachgewiesen für Riesengalagos und Hausschweine, daß sie in der Aktivitätsphase hellere Käfige bevorzugen, auch wenn ständig beide Typen nebeneinander angeboten wurden) und beim Menschen im subjektiven Zeitempfinden. Wenn man Versuchspersonen schätzen läßt, wie lange 10 Sekunden dauern, ändert sich der Durchschnittswert über den Tag. Am Tag schätzt man die Zeit kürzer als in der Nacht (Aschoff 1989). Untersuchen kann man solche rhythmischen Schwankungen natürlich nur unter konstanten Bedingungen. Hält man auch alle anderen Bedingungen konstant, so erhält man sog. freilaufende Rhythmen, die, da sie ja normal nicht exakt 24 Stunden betragen, mit der Zeit auswandern, sei es zu kürzeren oder längeren Tagen hin.

Aber statt Licht können auch andere Zeigeber wirksam werden: Auch zyklische Temperaturänderungen können einen Rhythmus mitnehmen bzw. synchronisieren, selbst bei endothermen bis homoiothermen Arten. Soziale Zeitgeber, d.h. Synchronisation durch Aktivität von Artgenossen ist bei Säugetieren z.B. von einigen Fledermäusen bekannt, aber auch bei Gleitbeutlern beschrieben (Kleinknecht 1985, aber nur bei Hell-Dunkel-Wechselbeleuchtung, nicht bei Dauerlicht). Auch regelmäßige Futterpräsentation zu bestimmter Zeit kann als Zeitgeber wirken, so daß die Tiere dann schon einige Zeit vor der Futtergabe offensichtlich darauf warten (Ratten, Kaninchen). Futterpräsentation kann offenbar nicht bei allen Tierarten gleichermaßen wirken. Erkert (1982) gibt bei fruchtfressenden Fledermäusen eine geringere Plastizität für solche Effekte an als bei insektenfressenden (aus der Lebensweise verständlich). Wenn Licht als Zeitgeber wirkt, muß keineswegs eine lange Phase der Helligkeit nötig sein. Selbst zwei kurze Lichtimpulse im Abstand von einigen Stunden können als sog. Skelettphotoperiode eine Synchronisation bewirken. Umweltreize können aber nicht nur bei gleichbleibender Beleuchtung eine Zeitgeberfunktion übernehmen. Sie können auch eine sog. Maskierung vorbereiten: Die Aktivität kann durch äußere Störung, wie Lärm, aus der bevorzugten Phase in andere Zeit verschoben werden, so daß nachtaktive Kaninchen, wenn sie nachts mit Lärm gestört werden, ihre Aktivität in den Tag verlegen. Auch können einige nachtaktive Halbaffen und Nachtaffen (Erkert 1976/1989) durch Maskierungseffekte etc. des Mondlichtes beeinflußt werden.

Gerade bei biorhythmischen Untersuchungen war häufig auch der Mensch selbst als Versuchsorganismus eingesetzt. Anders als bei den meisten verhaltensbiologischen Untersuchungen (s. Kap. 11) am Menschen ist hier aber die Zielsetzung weniger auf das Besondere, das „typisch Menschliche" unserer Art ausgerichtet gewesen. Deshalb und, weil die menschlichen Reaktionen hier wahrscheinlich nicht stark von denen anderer Säuger differieren (Aschoff 1989), sollen diese Befunde ins allgemeinen Teil des Buches stehen bleiben. Die Untersuchungen fanden meist in schall-, schwingungs- und lichtdichten unterirdischen Versuchskammern statt, die wie normale Wohnungen eingerichtet waren – allerdings ohne Uhren, Radio, Fernseher und

Fenster. Wenn den Versuchspersonen keinerlei Hinweise auf Uhrzeit gegeben wurden, liefen die Rhythmen, wie Körpertemperatur, Schlaf-/Wachrhythmus oder Cortisolausschüttung, in der Regel mit durchschnittlich 25 Stunden Phasenlänge frei. Das Erstaunliche dabei ist, daß in der überwiegenden Zahl der Versuchspersonen alle inneren Rhythmen in sich synchron sind – nur selten gibt es Fälle, bei denen der Schlaf-/Wachrhythmus anderen Rhythmen vor- oder nachlief. Bemerkenswerterweise gibt es offenbar hier Zusammenhänge mit Stoffwechselrate und Nahrungsaufnahme (Aschoff 1989): Während bei normaler innerer Synchronisation der Abstand zwischen Mahlzeiten etwa 4 Stunden beträgt (und der Gesamtzyklus auf 25 h synchronisiert ist s.o.), zeigen Personen mit extrem langem (z.T. weit über 30 h) Schlaf-/Wachrhythmus einen längeren Abstand zwischen den Mahlzeiten, essen gleich viel und nehmen nicht dabei ab.

Bei Labornagern (Büttner & Wollnick 1984, Abe et al. 1989) aber auch bei manchen freilebenden Nagetieren (Bronson 1989) sind eindeutig genetische Komponenten der Bestimmung des Aktivitätsrhythmus feststellbar – es gibt Inzuchtstämme, von Mäusen und Ratten mit unterschiedlich langen Aktivitätszyklen oder mit unterschiedlicher Fähigkeit zum Mitnehmen bzw. zur Synchronisation des Aktivitätszykluses durch Futtergabe. Bei untersuchten freilebenden Feldmausarten unterschieden sich verschiedene genetische Linien in der kritischen Tageslänge für die Auslösung fortpflanzungsbiologischer Vorgänge. Die jahreszeitlich wechselnden Rhythmen, z.B. der Fortpflanzungsaktivität, werden bei Säugetieren häufig ebenfalls durch innere circa-annuale Uhren gesteuert. Daß es sich dabei um innere Uhren handeln muß, erkennt man dann, wenn die morphologischen oder physiologischen Vorbereitungen auf die Fortpflanzung bereits vor den entsprechenden Umweltänderungen geschehen. Auch hier können aber wieder äußere Zeitgeber, meist Licht, d.h. Tageslänge, die Vorgänge synchronisieren. Temte (1994) zeigt beispielsweise, daß künstlich verlängerte Tage bei Seehunden die Einnistung der ruhenden Blastozyste im Uterus verzögern, Schafe in gemäßigten Zonen beginnen bei sich verkürzenden Tagen (short-day breeder) mit der Fortpflanzung, Goldhamster bei sich verlängernden (Bronson 1989). Bubenik & Bubenik (1990) unterscheiden selbst innerhalb der Wiederkäuer drei deutlich verschieden reagierende Typen:

- Die von der Photoperiode (Tageslänge) unabhängigen meist tropischen Arten, z.B. Muntjak oder Rusahirsch – bei letzterem ist aber nur der Geweihzyklus nicht der Prolaktingehalt im Blut photounabbängig.

- Photoperioden-abhängige Arten, meist solche in gemäßigten bis nördlichen Breiten. Bei ihnen wird durch kürzerwerdende Tage die Fortpflanzung angeregt (Ausnahme ist unser Reh, der einzige "long-day breeder" unter den gemäßigten Hirschen).

- Photoperiodisch flexible Arten, z.B. die südafrikanischen Bleß- und Buntböcke, oder der japanische Serau. Diese Arten entstanden in tropischen Gegenden passen sich aber gemäßigten Zonen an.

5.3 Habitatselektion

5.3.1 Die Wahl des richtigen Lebensraumes

In den folgenden Kapiteln werden verschiedene, für das Leben und/oder die Fortpflanzung eines Individuums wichtige Ressourcen und Aspekte der sozialen wie artfremden Umwelt beschrieben. Im Einklang mit der o. g. Optimalitätsbetrachtung soll hier einleitend zunächst auf den allgemeinen Zusammenhang eingegangen werden. Wie Jarman (im Druck) treffend bemerkte, wäre es für ein Tier sicher ein himmlischer Zustand, wenn Nahrung, Wasser, Paarungspartner, eventuell Schutzhöhlen und andere wichtige Dinge am gleichen Ort, die Freßfeinde, Parasiten und Konkurrenten dagegen ganz wo anders wären. Die Realität sieht aber anders aus – wo gutes Futter ist, gibt es oft Konkurrenten und Freßfeinde, beim Wärmen im gemeinsamen Nest besteht die Gefahr von Krankheits- und Parasitenübertragung, Jungtiere brauchen zur Entwöhnung anderes Futter als Erwachsene etc. Die Wahl des Habitats, in dem ein Individuum sich niederläßt, ist also wiederum eine Kosten-Nutzen-Frage. Häufig wirken äußere Faktoren, z.B. Nahrungskonkurrenz durch ökologisch dominante Arten (s. Kap. 5.6) und innere Faktoren, wie Prädisposition zur besseren oder schlechteren Nutzung bestimmter Ressourcen zusammen. Morse (1980) betont in diesem Zusammenhang, daß Habitatnutzung und Habitatwahl nicht synonym sein müssen. Nicht immer hat ein Tier die Wahl, wo es sich gerade aufhalten will. Ontogenetische Faktoren können unter Umständen die Habitatbevorzugung beeinflussen, jedoch zeigen Untersuchungen an Präriehirschmäusen (Morse 1980), daß zwar die Feinstruktur des Graslandes so gewählt wird, wie man in der Jugend erfuhr, aber eine Bevorzugung von Wald bei dieser Art nicht durch Aufzucht zu erzeugen war. Bei gesellig lebenden Arten spielen oft auch Traditionen eine Rolle, wenn Herden von älteren Tieren angeführt werden. Michielsen (1966) konnte zeigen, daß aktive Habitatbevorzugung den Wettbewerb zwischen Wald- (*Sorex araneus*) und Zwergspitzmaus (*Sorex minutus*) reduziert, indem die Waldspitzmaus mehr Waldgebiete, die Zwergspitzmaus Grasländer aufsucht und erstere zudem mehr unterirdisch lebt. Bei nordamerikanischen Arten der Gattung *Sorex* (Hawes 1976) wirken Bevorzugungen unterschiedlicher Bodentypen ähnlich. Dickman (1986 a, b) konnte eine unterschiedliche vertikale Bevorzugung zwischen zwei Arten der Beutelmausgattung *Antechinus* nachweisen, wobei die kleinere Art mehr baumlebend war. Noch feinere Bevorzugungsunterschiede sind von Primaten bekannt, wobei die kleinere Art die höheren, dünneren Äste der Kronenregion bevorzugt (Bärenmaki ggb. Potto in Westafrika, Schlank- ggb. Plumplori im tropischen Asien, Charles-Dominique 1977, Meerkatzenarten unterschiedlicher Größe in Westafrika, Manaster 1979).

Macchi et al. (1992) und Rodrigue et al. (1992) konnten zeigen, daß die Faktoren Sonnenexposition und Pflanzenbedeckung eine Rolle bei der Wahl der Kolonieorte des Alpenmurmeltieres spielen, wobei die bevorzugten Orte Südhänge mit 15–45% Neigung und 25–75% Pflanzendeckung darstellten. Habitatbevorzugungen beim Rothirsch im schottischen Hochland (Clutton-Brock & Albon 1989) zeigen sowohl geschlechts- wie jahreszeitenabhängige Unterschiede in der Habitatwahl, wobei Qualität des Bodens und Nährstoffgehalt der Nahrung, parasitische Insekten im Sommer und Windexponiertheit speziell im Winter eine Rolle spielen und Kühe meist „bessere"

Gegenden nutzen als Hirsche (s. 5.4, Nahrungsnutzung). Duncan (1992) zeigt bei Pferdeartigen, seien es Steppenzebras, verwilderte Hauspferde oder Bergzebras, eine Art Hierarchie der Habitatbevorzugung:

- Wichtigster Aspekt ist Nähe zum Wasser (niemals mehr als 7,5 bis 10 km von offenem Wasser).
- Wenn Wasserversorgung gesichert ist, spielt Habitatstruktur die nächst wichtige Rolle: Grasland wird aufgesucht, Wald wird gemieden, Kurzgrasland wird gegenüber Langgrasland bevorzugt.
- Innerhalb des Kurzgraslandes entscheidet dann die Nahrungsqualität: In der Regenzeit werden solche Gebiete aufgemacht, in denen das Gras nur saisonal nach Regen wächst. Der Grund dafür ist wohl, daß permanent wachsendes Gras schlechtere Qualität hat als solches, das kürzere Wachstumsperioden hat.
- Gegenden mit guter Grasqualität, die eine hohe Dichte an Stechfliegen haben, werden schließlich mehr bei Nacht als bei Tag genutzt.

Bei weiblichen Rehen fanden Tufto et al. (1996) folgende Einflußfakrtoren:

- Je größer die Habitatdurchsichtigkeit, desto größer das Streifgebiet.
- Bevorzugte Aufenthaltsorte sind Habitatränder, z.B. Waldränder, wohl wegen der Kombination von mehr verschiedenen Nahrungspflanzen, oder von Nahrung und Deckung.
- Innerhalb des Streifgebietes werden Waldtypen mit hoher Nahrungsdichte und geringer Durchsichtigkeit bevorzugt.

Fragen der Habitatbevorzugung und die verschiedenen Aspekte der Habitatqualität, sind natürlich nicht nur von theoretischem Interesse (s. Kap. 12). Sutherland (1996) zeigt anschaulich, daß die Populationsgröße einer Art bei Habitatverlust ganz unterschiedlich davon beeinflußt wird, ob die besten oder schlechtere Habitate wegfallen. Wie sehr Zu - bzw. Abwanderung sogar von der Qualität des Weges abhängen zeigten Halle et al. (1997) an der Nordischen Wühlmaus: Je nach Breite der Korridore zwischen Habitatflächen änderte sich die Zuwanderung – zu breite Korridore waren eher hinderlich, da sie zur langen Erkundung einluden.

5.3.2 Migrationen – Tierwanderungen

In vielen Lebensräumen erfordern entweder jahreszeitliche oder andere zyklische Änderungen der Umweltbedingungen einen mehr oder weniger regelmäßigen Wechsel zwischen verschieden voneinander entfernt liegenden Habitaten. Diese Wechsel werden als Migrationen oder Wanderungen bezeichnet. Im Unterschied zur Abwanderung (Dispersal, s. Kap.9.7) führen Wanderungen in der Regel die Tiere auch wieder zu ihrem Ausgangspunkt zurück. Wanderungen können großräumig über lange Strecken aber auch lokal (s.o. Hirsche!) sein. Auch Wanderungen haben Kosten und Vorteile. Sutherland (1996) bespricht anhand populationsökologischer Modelle den Einfluß der Faktoren Verteilung, Produktivität, Ausnutzung und Mortalität der Nahrungsressourcen, sowie Verteilung und Dichte von Artgenossen als Konkurrenten, auf das Migrationverhalten. Fryxell et al. (1988) sowie Fryxell & Sinclair (1988) wenden ähnliche Modelle speziell auf wandernde Huftierherden an. Viele Arten wandern nicht, oder kaum, obwohl auch ihre Ressourcen sich saisonal ändern. Allein das deutet schon an, daß Wanderungen mit Kosten verbunden sein müssen. Offenkundig sind die gesteigerten Energiekosten einer Wanderung (Pennycuick 1979).

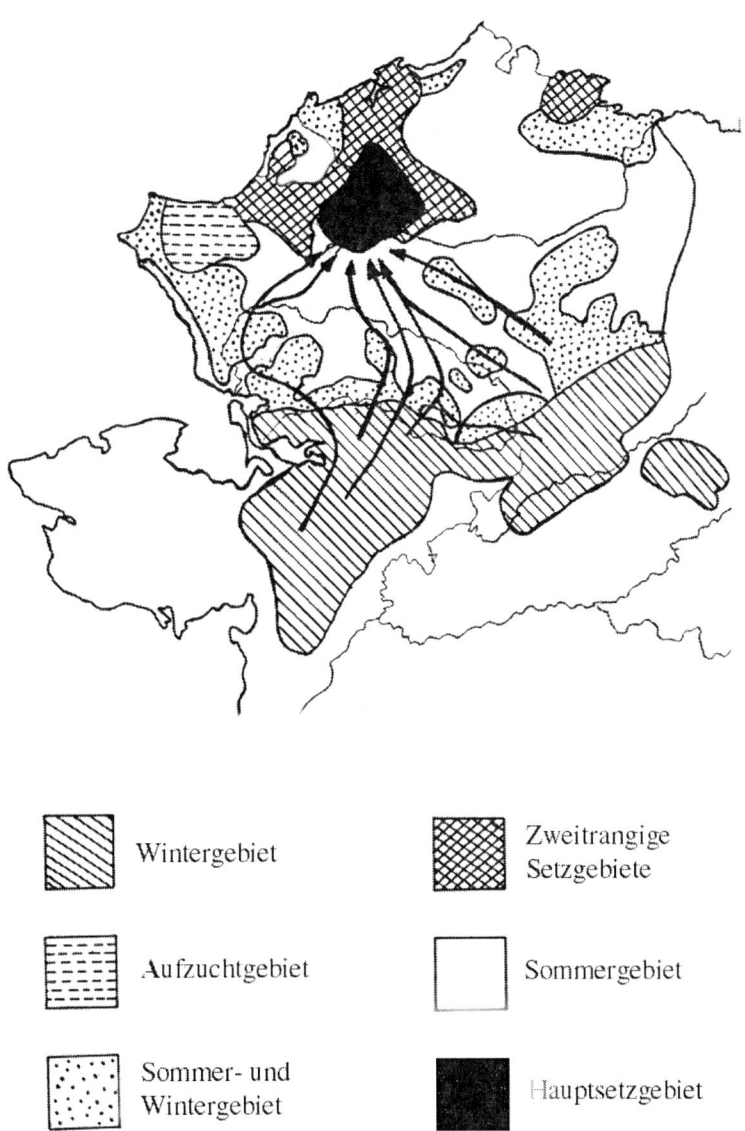

▨ Wintergebiet		▨ Zweitrangige Setzgebiete	
▤ Aufzuchtgebiet		☐ Sommergebiet	
▨ Sommer- und Wintergebiet		■ Hauptsetzgebiet	

Abb. 6. Wanderstrecken der alaskischen Karibus.

Weitere, schwerer zu quantifizierende Kosten sind gesteigerte Mortalität durch Feinde oder Klima in unbekanntem Gelände, oder der Zeitverlust beim Wiederbeginn der Fortpflanzung, wenn man auf dem Rückweg aufgehalten wird, oder ein besonders zeitiges Frühjahr die Daheimgebliebenen bevorzugen würde. Evolutionär stabile vgl. (Kap. 7.4.1) Wanderstrategien (Sutherland 1996) hängen ab von den Wanderungen anderer Artgenossen; die Überlebensrate z.B. im Winterquartier sowie der Fortpflanzungserfolg in den Paarungs- bzw. Aufzuchtgebieten sind dichteabhängig. Die Wanderungskosten sind abhängig von der Länge der zurückgelegten Strecke, oft aber auch beeinflußt von anderen Faktoren, wie Windgeschwindigkeit oder Sonneneinstrahlung. Wanderwege sind oft bemerkenswert unflexibel und zwar zumindest bei Vögeln (Berthold 1993) durch eine starke genetische Komponente. Trotzdem können Wanderungen sich schnell, innerhalb weniger Generationen ändern (Sutherland 1996, gibt Beispiele, allerdings ebenfalls für Vögel).

Innerhalb der Säugetiere sind periodische Wanderungen mit Rückkehr bekannt von Fledermäusen, Walen, Robben, Huftieren und einigen Landraubtieren z.B. Eisfuchs (Niethammer 1979). Fledermäuse wandern vielfach zwischen Sommerquartieren mit hohen Temperaturen zur Jungenaufzucht, und Winterquartieren mit gleichmäßig tiefen Temperaturen und hoher Luftfeuchtigkeit. Europäische Fledermäuse wandern z.T. gerichtet über hunderte bis über tausende Kilometern (Abendsegler,), z.T. ungerichtet (Mausohr, Abstand Sommer/Winterquartier bis zu 100 km ohne Vorzugsrichtung). Unter den nordamerikanischen Fledermäusen ist die Guanofledermaus hier ebenfalls mit Wanderungen von über 1000 km zwischen den südlichen USA und Mittelmexiko bekannt.

Bekannteste Walwanderungen sind die regelmäßigen Grauwalwanderungen zwischen den Sommergebieten im nahrungsreichen Nordmeer bis zur Packeisgrenze und den Überwinterungs- und Paarungsgebieten im Süden (bis Korea und Mexiko). Dabei wurden bis zu 18 000 km im Jahr zurückgelegt. Auch Robben (z.B. Nördlicher Seebär bis zu 5000 km vom Nordpazifik bis Kalifornien) wandern zwischen nördlich gelegenen Wurfplätzen und südlichen Überwinterungsquartieren. Bekannteste Beispiele für Huftierwanderungen sind aus tropischen Regionen die Gnu- und Kuhantilopenherden der afrikanischen Serengeti, die regelmäßig hinter der Front der Regenzeit herziehen und das frische, grüne Gras ernten. Maddock (1979) hat die Zusammenhänge zwischen den Wanderungen der Gnus (allein weit über 1 Million Tiere), Steppenzebras und Thomson-Gazellen mit dem Regen und dessen Auswirkung auf die Pflanzenwelt zusammenfassend dargestellt. Es handelt sich hier auch um ein interessantes Beispiel interspezifischer Wechselwirkungen zwischen den Herbivorenarten, man spricht von einer Grasersukzession: Zebras weiden zuerst, dann kommen die Gnus, zum Schluß die Thomsongazellen, wobei die großen Arten durch Abweiden und Zertrampeln das Wachstum des Grases für die kleineren Arten anregen. Jedes Jahr in der Regenzeit (November bis Mai) wandern die Herden in die Ebenen, die Serengeti-Grasslands ein. Am Ende der Regenzeit erfolgt der Aufbruch in die höher gelegenen mehr baumsavannenartigen „Woodlands". Zumindest beim Streifengnu ist sicher die Zeit des Aufbruchs Ende Mai nicht vom Ende der Regenzeit abhängig – sie brechen auch auf, wenn die Regenzeit mal länger dauert. Der Grund scheint zu sein, daß die anschließende, besonders enge Zusammenballung der Tiere für die Fortpflanzung bzw. Paarung (s. Kap. 8.2), speziell die Ausbildung der Paarungsterritorien vorteilhaft ist. Verzögerte sich aber die Paarung, so wäre die Geburt der Kälber nicht mehr in der günstigsten Jahreszeit. Daher ist der Aufbruchstermin wohl inflexibel einprogrammiert. Die Wanderungswege der drei Arten sind nicht identisch: Streifengnus wandern aus den Ebenen erst nach Westen, dann nach Norden, Zebras wandern direkt nach Norden, die Thomson-Gazellen nutzen den nördlichen Teil überhaupt nicht. Diese Unterschiede führen zu der o.g. Sukzession, bei der die Zebras als Nichtwiederkäuer (s. Kap. 5.4.) das (schlechteste) Gras zuerst abweiden. Zudem, vergleichbar den Karibus, werden auch hier die besonders fliegenträchtigen Gegenden (Woodlands in der Regenzeit) gemieden. Alle Arten haben ihre Geburtssaison in der Zeit, die sie auf den Ebenen mit besonders gutem Gras verbringen. Die Wanderschemata sind in den einzelnen Jahren flexibel und hängen vom Regenfall in diesem Jahr ab. Gnus nutzen beispielsweise feuchtere Gegenden in trockenen Jahren mehr. Die dafür nötige Energie – zusätzlich zum sonstigen Stoffwechsel – nur für die Fortbewegung, hat Pennycuick (1979), bei einer Annahme von 180 kg Körpergewicht für Gnus und einer Fortbewegungsrate von 10 km/Tag, auf etwa 9×10^8 J oder etwa 8% der pro Jahr aufgenommenen Energie ($1,2 \times 10^{10}$ J) geschätzt. Auffallend ist, daß der Energieverbrauch kaum von Geschwindigkeit und Gangart abhängt. Gnus benutzen hauptsächlich zwei Gangarten, den Schritt mit ca. 1 m/sec. und den Galopp mit ca. 5 m/sec. Durch die Benutzung des Galopps beim Wandern erhöhen sie ihren Aktionsradius beträchtlich, sparen zugleich Zeit, die sie dann wieder zum Grasen einsetzen können und verlieren kaum mehr Energie. In der Tat wandern Gnus meist einige Stunden im Galopp und bleiben dann wieder einige Zeit zum Grasen irgendwo. Die Zeit, in der der Magen ohnehin voll ist, nutzen sie dann wieder zum Wandern.

Aus nördlichen Gegenden kennen wir als Beispiel für Huftierwanderungen die Wanderungen der Karibus Alaskas. Bemerkenswert dabei ist, daß es neben den wandernden auch reine Waldkaribupopulationen gibt, die den Taigabereich nie verlassen, sowie Hochgebirgspopulationen, die nur kleinräumige Vertikalwanderungen vollziehen. Die weiträumigen Wanderungen der alaskischen Karibus zeigen deutlich getrennte Populationen, die als „Herden" bezeichnet werden. Craighead & Craighead (1987) haben am Beispiel von einigen mit Sendern versehenen Rentieren den Wanderweg der sog. West-Arktischen Herde mit Satellitenhilfe verfolgt. Abb. 6 zeigt die Grobrichtung der Wanderungen. Zu dieser Zeit (1986) umfaßte die „Herde" etwa geschätzte 235000 Tiere, die ein Gebiet von ca. 362000 km^2, Tundra, Sümpfe, Busch- und Waldgebiete nutzen. Der wichtigste Teil des gesamten Herdengebietes, die sog. Calving grounds (Setzgründe), umfaßt knapp 10% des Gebietes, wird nur für ganze 2 Wochen genutzt, danach ziehen die Tiere westwärts zu den sog. Aufzuchtgründen (*post-calving grounds*), wo sie sogar noch dichter zusammengeballt sind. Auch dort bleiben die dichten Ansammlungen nur einige Tage, lösen sich dann auf dem Weg zu den östlicheren Sommerweidegründen auf, um schließlich wieder zu den südlicheren Wintergründen zu ziehen. Während der Wanderungen ziehen die Tiere in kleineren, stets wechselnden Grüppchen innerhalb der großen Herde und der jeweilige Aufbruch, auch von weit entfernten Individuen erfolgt im Tages- bis sogar im Stundenabstand praktisch synchron. Auch Pausen sind ähnlich synchronisiert. Welche Umweltfaktoren (z.B. Sonnenstand oder -einstrahlwinkel) verantwortlich sind, ist noch unklar. Eine andere bemerkenswerte, noch ungeklärte Beobachtung ergab sich, als der Aufbruch in die Setzgründe durch ungewöhnlich lange tiefe Schneelage verhindert war. Die Tiere nutzten dann nicht die traditionellen Wanderwege über bequemes Terrain, sondern zogen nahezu geradlinig nordwärts quer über Berge und schwieriges Gebiet, im Gänsemarsch und durch unbekannte Gegenden (Craighead & Craighead 1987).

Ein weiteres Beispiel für jährliche Massenwanderung stellt die sibirische Saiga dar, ebenfalls eine Art mit wandernden wie nichtwandernden Populationen, wobei erstere von den südlicher gelegenen Überwinterungsgebieten in die, bis 350 km nördlicheren Setzgebiete wandern.

5.4 Nahrung

Nahrungserwerb und Nahrungsaufnahme, mit allen davor und danach ablaufenden physiologischen wie verhaltensbiologischen Prozessen, bilden einen Komplex von Abläufen, die mit dem englischen *to forage*, oder dem französischen *fourager*, sehr gut, im Deutschen aber mit keinem passenden Verb gemeinsam beschreiben werden. Daher gibt es auch keine deutsche Übersetzung für den Begriff *optimal foraging*. Das Optimal Foraging Konzept ist einer der wichtigsten Bereiche der Verhaltensökologie, mit sehr vielen theoretischen wie empirischen Studien. Fouragieren, sei es bei Tier oder Mensch, besteht immer aus einer Reihe von aufeinanderfolgenden Schritten, die alle getrennt und dann alle gemeinsam optimiert werden müssen:

- Zunächst muß potentielle Nahrung gesucht werden.
- Hat man ein potentielles Nahrungsobjekt gefunden, muß es lokalisiert und vom Hintergrund unterschieden werden.
- Danach folgt der, sehr wichtige, Schritt der Auswahl: ist es genießbar, wie nahrhaft ist es, wie groß wäre die Chance beim Weitersuchen gleich etwas Besseres zu finden, wieviel Energie wendet man auf, zu welchem Energiegewinn führt dies usw.?
- Hat das Tier sich zur Aufnahme dieses Objektes entschieden, muß es die nötigen Bewegungen zu Angriff, Zufassen, ggf. Töten, Abbeißen und Kauen vollziehen, muß dabei Abwehrmechanismen überwinden (durchaus auch bei pflanzlicher Nahrung, z.B. Dornen oder sekundäre Pflanzenstoffe).

Besonders auffallende Verteidigungsmaßnahmen von Pflanzen, die „Handling" beeinflussen, finden wir bei den afrikanischen Akazienarten. Deren lange Dornen sind keineswegs der einzige Schutz, vor allem gegen Giraffen. Zusätzlich ziehen viele Akazienarten durch besondere extraflorale Nektarien Ameisen der Gattung *Cremato-gaster* an, besonders an den frischen Triebspitzen. Das Krabbelgetier, so wird beobachtet (Foster & Dagg 1976), wirkt als recht wirksame Abschreckung – dort, wo mal zufällig keine Gallen und Nektarien stehen, wird viel länger gefressen. Zum Nahrungabpflücken und „Bearbeiten" dient die lange, extrem bewegliche Giraffenzunge. Diese ist normal so sehr beschäftigt und in Bewegung, daß Giraffen im Zoo bei normaler Fütterung offenbar an oraler Unterstimulation leiden und Stereotypien wie Zungenschlagen oder Lecken entwickeln (Kolter 1995). Cooper & Owen-Smith (1986) berichten über die Wirkung von Dornen auf Große Kudus, Impalas und Ziegen. Danach waren an bedornten Büschen die Bißraten kleiner, z.T. wird aber länger pro

Busch gefressen. Insbesondere gebogene Dornen verringern die Bißrate. Kudus mit größerer Schnauze, werden viel mehr behindert als die kleinmäuligen Impalas und Ziege. Voraussetzung für gelungene Abschreckung ist auch noch, daß die Blätter der dornigen Büsche genügend klein sind.

Danach folgt der Bereich der Verdauung, der morphologische, wie physiologische Beschränkungen der Möglichkeit und des Umfanges der Nahrungsausnutzung beinhaltet und auch die während der Verdauung für Anderes zur Verfügung stehende Energie begrenzt.

Bei alldem muß die eventuelle Anwesenheit von Feinden und Konkurrenten, der derzeitige Nahrungszustand, die Tageszeit und der derzeitige Fortpflanzungszustand des Tieres mit einbezogen werden. Das bedeutet, jeder Schritt des Fouragierens hat mit Entscheidungen und Optimierungen zu tun.

Im Bereich dieser ständig nötigen Entscheidungsschritte ist naturgemäß häufig eine erfahrungsabhängige Verhaltensänderung zu beobachten. Daher fanden auch in den letzten Jahren zunehmend gemeinsame Ansätze der (proximaten) Lernforschung und vergleichenden Psychologie mit der (ultimaten) Verhaltensökologie unter dem Optimierungskonzept statt (Kacelnik 1997, Shettleworth et al. 1993). Wenn daher im Folgenden die Daten aus proximaten und ultimaten Untersuchungen z.T. in enger Nachbarschaft stehen, ist dies kein Verstoß gegen die Regel von Kapitel 1. Es zeigt vielmehr besonders anschaulich, daß eben nur eine Antwort auf möglichst alle 4 Fragen zum Verständnis eines Verhalten führt. Aufpassen muß man nur, daß man keine proximaten Antworten auf ultimate Fragen gibt und umgekehrt, nicht, daß bestimmte Bereiche nur den „Wie-Fragen", andere den „Warum-Fragen" reserviert wären.

5.4.1 Nahrungssuche

Eine noch nicht vollständig geklärte Kontroverse zum Thema Nahrungssuche betrifft die Entwicklung sog. Suchbilder. Kann ein Tier, das mit der Zeit ein immer besseres und leichter vom Hintergrund zu trennendes Suchbild, d.h. ein besseres Unterscheidungsvermögen zwischen Nahrung und Nichtfreßbarem entwickelt, dadurch optimieren? Auf den ersten Blick erscheint dies klar so. Die Kehrseite der Medaille ist jedoch, daß ein Suchbild, auch und gerade, wenn es sehr präzise ist, die Suche verlangsamt. Die andere Strategie, nämlich schneller aber oberflächlicher zu suchen, hat auch Vorteile – dann trifft man nämlich rein statistisch häufiger auf Nahrung. Zudem ist die Verbesserung der Suchrate, also schnelleres Suchen ohne perzeptielle oder kognitive innere Verbesserungen, also mit einfacherer sensorischer und neuraler Ausstattung zu bewerkstelligen. Die von Shettleworth et al. (1993) zusammengestellten Befunde an verschiedenen Vögeln und planktonfressenden Fischen geben denn auch keine klaren Hinweise auf Suchbildentstehung. Wie aber sieht es bei Säugetieren aus? Zumindest die Befunde zur olfaktorischen Nahrungsprägung (Apfelbach 1995, s. Kap. 9.3) weisen doch in Richtung auf die Existenz möglicher Suchbilder. Bezüglich größerer herbivorer Säuger haben verschiedene Autoren (Zusammenstellung bei Croft 1996) sowohl an Huftieren wie Känguruhs zeigen können, daß zwar für Grasfresser die „Handlingzeit", der Zeitaufwand also für das Abbeißen und vorherige Freilegen brauchbarer Teile aus den Grasbüscheln, die limitierende Größe ist, für intermediäre Typen und Konzentratselektierer (s. u.) aber die Suchzeit. Croft führte dazu Versuche mit Roten Riesenkänguruhs in künstlich, entweder geklumpt zufällig oder homogen, mit Gras bepflanzten Gehegen durch. Er fand, daß die Känguruhs zwar nicht einem Weg folgten, der sie stets zur nächsten erreichbaren Pflanze führte, sich aber auch nicht zufällig kreuz und quer bewegten. Statt dessen folgten sie einem "Area-restricted search pattern", einem auf eine (kleinräumige) Gegend beschränkten Suchmuster, bis dieser Fleck einigermaßen ausgenutzt war und wechselten dann ein ganzes Stück weiter (hier spielt dann die besondere Energetik der Känguruhlokomotion eine Rolle). Leider wurde durch solche und ähnliche Untersuchen zwar die Bedeutung der Suchzeit aber nicht direkt die Existenz eines Suchbildes getestet. Bemerkenswerterweise zeigen neuere Untersuchen (s. Shettleworth et al. 1993) an Vögeln, daß, sobald das Konzept „Suchbild" bei den Forscher(inne)n weg von einem globalen Bild der Nahrung hin zu konkret diskriminierbaren Einzelcharakteristika wechselte (z.B. nur Farbe von ansonsten gleichen Körnern geändert wurde), daraus sehr wohl eine überproportionale Aufnahme eines – meist des häufigsten – Typs resultierte und die Diskriminationsfähigkeit der Tiere auch zunahm. Ein schönes Beispiel auch für die Abhängigkeit der Aussagen von den Konzepten und Hypothesen!

Reichman (1981) verglich die Nahrungssuche von mehreren Arten samenfressender Wüstennagetiere in Arizona und fand dabei ebenfalls zum Einen eine wichtige Rolle der Olfaktorik bei der Suche. Andererseits zeigt er, daß Körpergröße und Suchgeschwindigkeit nicht nur miteinander verknüpft sind, sondern auch mit der Suchstrategie: Die größeren, schnelleren Känguruhratten eilen offenbar recht zielstrebig durchs Gebiet, suchen bevorzugt größere oder stärker riechende Futteransammlungen, packen erst mal alles, was sie ausgegraben haben in ihre Backentaschen und sortieren später – wobei sogar energetisch weniger brauchbare, potentiell genießbare Körner nachträglich verworfen werden. Die kleineren Taschenmäuse dagegen sind langsamer und suchen daher gründlicher auch gleichmäßiger verstreute, nicht geklumpte Körner. Auch in einer Studie an verschiedenen Spitzmausarten (Hanski 1985) wurden deutliche Größenunterschiede im Suchverhalten gefunden. Kleine Arten, wie die 3 g schwere Zwergspitzmaus *Sorex minutus* , oder die Maskenspitzmaus (*Sorex caecutiens*, 5 g) erhöhten ihre Aktivität und intensivierten die Futtersuche, wenn ihnen durch Nahrungsverknappung ein 5%er Gewichtsverlust angetan wurde. „Große" Arten (Waldspitzmaus *Sorex araneus*, 9 g, oder *Sorex isodon*, 12 g) reduzierten dagegen unter gleichen Bedingungen ihre Suchaktivität. Die Unterschiede zeichnen sich schon etwa 5 Stunden nach Beginn der Hungerperiode ab.

Die einzige Wühlmausart in der Studie von Reichmann (1981), die keine Backentaschen hat, war bei der Suche und Prüfung der Nahrung „vor Ort" mit Abstand am gründlichsten. Die oben angeführte Behauptung, daß der Geruchssinn bei der Nahrungssuche von Säugetieren eine wichtige Rolle spielt, darf aber die Bedeutung anderer Sinne bei der Nahrungssuche, wie auch Selektion (s. Kap. 5.4.3) nicht völlig verdecken. Clark et al. (1995) fanden beim Östlichen Grauen Riesenkänguruh deutlich verlängerte Suchzeiten zwischen den einzelnen Büscheln nachts gegenüber tags – ein deutliches Zeichen für optische Beteiligung.

Der Zeitaufwand, den ein Tier für die Suche nach passender Nahrung verwendet, scheint auch, ganz im Sinne von Optimierungsüberlegungen, vom Tier selbst an die Umweltbedingungen angepaßt zu werden. Zwei Einflüsse wurden vor allem getestet: Die Häufigkeit brauchbarer und weniger brauchbarer Happen und das Zeitlimit, das den Tieren zur Verfügung steht. Untersuchungen an verschiedenen Vogelarten aber auch an Spitzmäusen (Barnard & Hughes 1987, Shettleworth et al. 1993) zeigen, daß in Laborversuchen die Nahrung selektiver genutzt und mehr Zeit auf die Suche nach möglicherweise besseren Happen verwendet wird, wenn vorherige Versuchsperioden länger waren – die Tiere müssen also eine Vorstellung der noch verfügbaren Restzeit haben. Andererseits steigt die Wahrscheinlichkeit, schlechtere Happen zu akzeptieren, wenn nach längerer Suche nichts Besseres zu finden war. (Illius & Gordon 1993 für Rinder und Schafe aber unterschiedlich stark für beide Arten).

Ein ganz anderer, zu optimierender Bereich bei der Nahrungssuche betrifft den zurückgelegten Weg. Vor allem der möglichst zielgerichtete Rückweg, ohne die auf dem Hinweg etwa gemachten Umwege ist hier gefordert. Höller et al. (1997) haben diese Fähigkeit zur "path integration", durch Einschätzung von Winkel und Distanz, bei Hausmäusen experimentell studiert und gefunden, daß die Mäuse unter Infrarotlicht, also ohne optische Hilfe zielgerichtet zum Nest zurückfanden, auch wenn sie zur Nahrungssuche etliche Umwege gelaufen waren.

5.4.2 Lokalisieren und Erkennen

Die obigen Ausführungen beziehen sich, z.T. weil die dafür verwendeten Versuchs- und Beobachtungsergebnisse nicht immer genau trennen, oft auf beide erste Schritte des Fouragierens. Trotzdem muß man sich vor Augen halten, daß hier verschiedene Dinge am Werk sind. Den Suchweg zu optimieren, oder baldmöglichst eine neue profitable Futterquelle zu finden, wird, u.a. wegen der Energetik der Lokomotion, von anders zu optimierenden Mustern geleitet als das Erkennen der Nahrung, wenn man sie erst mal vor sich hat. Besonders schwierig ist das Problem des Lokalisierens und „sensorischen Herauslösens" der Nahrung für pflanzenfressende, z.T. recht große Säuger (Illius & Gordon 1993): Viele Pflanzen oder Pflanzenteile ähneln sich äußerlich sehr stark, besitzen aber unterschiedlichen Nährwert, unterschiedlich hohe Anteile an unverdaulichen oder potentiell giftigen Stoffen etc. Ein Huftier, so schätzt man, kann bis zu 10000–40000 Bissen pro Tag nehmen. Vielfach wirkt sich eine eventuelle Fehlentscheidung wegen der langen Verdauungszeit erst sehr spät aus. Das Extrem des Koala (Eberhard 1978), der zwar nur etwa 500 Eukalyptusblätter pro Tag braucht, diese aber aus ganz bestimmten Arten und Wachstumsstadien, illustriert sehr gut, wie sehr die Pflanzenfresser auf genaues Erkennen und Unterscheiden angewiesen sind. Genau an diesem Erkennen scheint es ihnen aber teilweise zu mangeln. Illius & Gordon (1993) führen etliche Beispiele (von Schafen, Impalas, Ziegen und Rindern) an, bei denen die Tiere Büschel unterschiedlicher Qualität nicht nach rein optischen oder anderen vor dem Biß erkennbaren Kriterien einschätzen, sondern erst eine kleine Menge abbeißen und kauen mußten.

Am anderen Ende der sensorischen Möglichkeiten des Herausfilterns von Beute aus dem Hintergrundrauschen stehen sicher die Fledermäuse (Neuweiler 1989, 1990). Hier finden wir Arten, die, mit Hilfe ihres Ultraschallortungssystems, nicht nur fliegende, sondern sogar sitzende bzw. liegende Insekten vom Hintergrund filtern, die Flügelschlagzahl und Flugrichtung erkennen und so ihren Beutefang optimieren. Gerade bei Fledermäusen ist diese Optimierung auch sehr wichtig. Der Energieaufwand zum Fangen eines Insektes ist recht groß im Vergleich zu dessen recht geringem Energiegehalt und die meist kleinen Fledertierarten haben, noch dazu nachts, sehr hohen Energiebedarf. Die Abb. 7 zeigt, daß die Ortungslaute und die Hörfrequenz optimal an die Jagdtechniken angepaßt sind. Besonders diejenigen Arten (Typ 5 und 6), die ihre Beute vom Substrat aufnehmen, sowie die fischfangenden Arten (Typ 1) müssen das Echo ihres Beutetieres aus einer wahren Geräuschkulisse des Unter- bzw. Hintergrundechos herausfiltern und z.T. auch sehr hohe Echoschalldrucke hinnehmen.

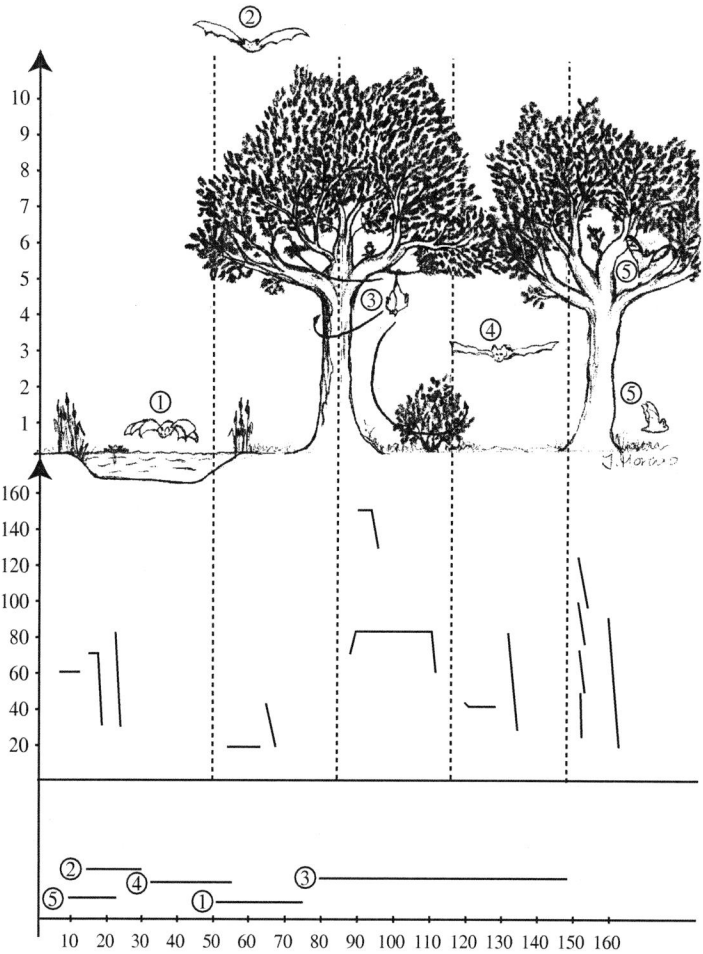

Abb. 7. Jagdweisen, Hörfrequenzen und Ortungslaute einheimischer Fledermäuse (nach Neuweiler 1990). Oberes Bild: Jagdraum und Flughöhen. Mitte: Frequenz und zeitlicher Verlauf der Ortungslaute bei Such- und Fangphase. Unten: Beute-Hörfrequenz. Artbeispiele: 1. über Wasserflächen (Wasserfledermaus), 2. offener Luftraum (Abendsegler), 3. am und im Blattwerk (Hufeisennasen), 4. Luftraum zwischen Vegetation (Mausohr), 5. Abpicken vom Substrat (Langohrfledermaus).

Arten, die im Luftraum zwischen der Vegetation jagen, sind oft in der Lage, mit Dopplereffekt ein (regelmäßig) flügelschlagendes Insekt von zufällig windbewegten Blättern zu unterscheiden. Neben den faszinierenden Leistungen des aktiven Echolotsystems wiesen viele, vor allem wirbeltierjagende Fledermäuse auch ein hervorragendes passives Hörsystem auf. Mit diesem kann z.B. die froschfressende südamerikanische Art *Trachops cirrhosus* am Balzruf verschiedene Froscharten erkennen und sich auf die „passende" (nicht zu klein nicht zu groß) stürzen, giftige von ungiftigen Fröschen unterscheiden (im Wahlversuch mit künstlichen Rufen wählt sie den, der einer giftigen Kröte unähnlich ist) etc. Die australische Gespenstfledermaus *Megaderma lyrum*, immerhin mit ca. 1,2 m Spannweite eine recht beachtliche Art, fängt kleine Echsen, Kleinsäuger o.ä. vom Boden. Neuweiler (1990) berichtet, daß bei dieser Art bestimmte Neurone immer dann feuerten, wenn sich im Nachbarraum hinter verschlossener Tür der Experimentator den Bart strich. Vampire (*Desmodus rotundus*), als Blutlecker an schlafenden Säugern interessiert, konnten normale Atemzüge eines in 5 m Entfernung ruhig stehenden Menschen orten.

Als einzigen Säugetierfall für ein ansonsten (bei Spinnen, Anglerfischen, Schnappschildkröten etc., Alcock 1993) sehr übliches Verfahren der Herausfilterung von Beute, nämlich des gezielten Anlockens mit falscher Information, könnte man das Herauslocken, und damit Erleichterung der Lokalisation, durch Termitenangeln der Schimpansen (s. Kap. 5.8) ansehen.

5.4.3 Nahrungswahl

Hat das Tier seine Nahrung gefunden, so beginnt die schwierigste und wichtigste Aufgabe – die Selektion. Soll es nun dieses Stück aufnehmen, oder besser weitersuchen? Wie groß ist die Wahrscheinlichkeit etwas besseres zu finden? Anders herum, wenn man nun eine schlechtere Qualität akzeptiert, wieviel mehr Energie (Verdauung, evtl. Entgiftung) muß man aufwenden, um diese Nahrung zu verarbeiten, wieviel Energie kriegt man dafür? Beeinflußt werden diese Entscheidungen sowohl von äußeren Faktoren (Verfügbarkeit, Verteilung, Menge und Qualität der derzeit vorhandenen Nahrung, Nahrungskonkurrenz) wie von inneren (s. Kap. 5.4.5), wie Leistungsfähigkeit des Verdauungstraktes, die wiederum von der Körpergröße mit abhängt, derzeitigem Energiebedarf etc.

Die Nahrungsqualität (Größe der Beutetiere, Altersstadien und Art der akzeptierten Pflanzenteile, etc.) ist eine der wichtigsten und die derzeit am häufigsten gemessene Dimension der Nische einer Art (s.o., Kap. 5.1). Interessant sind dabei oft auch innerartliche Vergleiche, denn die Nischenbreite kann ganz erhebliche Schwankungen aufweisen: Was tun, wenn jahreszeitlich bedingt die Nahrung knapp oder schlechter wird? Normalerweise sollte mit abnehmender Nahrungsverfügbarkeit die Nischenbreite zunehmen, d.h. wenn weniger Futter da ist, kann man sich nicht leisten so selektiv zu fressen. Sowohl bei Primaten (Wrangham 1980), Huftieren (Hofmann 1989 allgemein, Owen-Smith 1994 am Großen Kudu), wie kleinen Nagern (Partridge & Gordon 1985) zeigte sich, daß in der Winter- bzw. Trockenzeit von der "growth diet", die Wachstum und Fortpflanzung ermöglicht, zur "subsistence diet", die nur die Körperfunktionen aufrecht hält, gewechselt wird. Allerdings gilt das z.B. nicht für alle Arten der Huftiere: Die sog. Konzentrat-Selektierer, oft kleine Arten, aber auch z.B. die

Giraffe, die sich von protein- und nährstoffreicher, faserarmer, hochwertiger Kost ernähren, können praktisch nicht wechseln (s.u., interspezifische Unterschiede und 5.4.6).

Andererseits besteht auch die Möglichkeit in schlechteren Zeiten oder Gegenden die Selektivität zu erhöhen, vor allem dann, wenn weniger die Nahrungsmenge als vielmehr die Qualität der Nahrung zurückgeht. Sih (1993) hat diskutiert, daß eine Verringerung der Nischenbreite dann adaptiv ist, wenn entweder Konkurrenten um die gleiche Nahrung da sind (Kap. 5.4.6) oder die Nahrung an verschiedenen, vom gleichen Individuum erreichbaren Stellen vorkommt. Dann wird unter Umständen ein größerer Aufwand beim Suchen zwischen Wechseln von einer Stelle zur andern in Kauf genommen. Die Selektivität kann aber auch steigen, wenn die Tiere auf eine Stelle begrenzt sind: Gruber (Gruber et al. im Druck) fand bei einem Vergleich der Nahrungsselektivität dreier Kolonien des Gelbfuß-Felskänguruhs (*Petrogale xanthopus*), daß die Selektivität dort am geringsten war, wo die Qualität am höchsten war. In einigen Fällen (z.B. Feldmausarten der Gattung *Microtus*, Partridge & Green 1985) können sogar morphologische oder physiologische Änderungen am Verdauungstrakt die Nahrungsspezialisation unterstützen. Partridge & Mac Lean (1981) haben bei Rötelmäusen getestet, ob eine bestimmte, über längere Zeit angebotene Nahrung mit der Zeit stärker bevorzugt wird oder nicht. Sie fanden einen interessanten Zusammenhang: Erhielten die Rötelmäuse zusätzlich zur normalen Labormausdiät ein künstlich mit Farb- und Geschmacksstoffen versehenes Weizenkornangebot, so bevorzugten sie dies mit zunehmender Versuchsdauer immer mehr. Erhielten sie aber das gleiche Futter ohne die Labormausdiät als Grundlage, so wählten sie in Wahlversuchen lieber anderes Futter als die vorher angewöhnten Körner. Die Autorinnen erklären die Bevorzugung im Fall a mit einer wohl erfolgten morpho-physiologischen Anpassung, die Ablehnung im Fall b mit einem möglichen Fehlen bestimmter Futterkomponenten durch die einseitige experimentelle Weizenkorndiät. Ähnliche Beobachtungen gibt es bei Wiederkäuern (Hofmann 1989, Schröder 1996) im jahreszeitlichen Wechsel. Bisweilen wählen auch herbivore Säuger, wie Schafe, Rothirsche oder Antilopen, fleischliche Kost (Bazely 1989, Gansloßer 1981), um ihren Mineralhaushalt z.B. Phosphat zu decken. Es zeigte sich auch, daß Hirschkühe, die auf von Möwenkot gedüngten Weiden grasten, Vorteile bei der Fortpflanzung hatten.

Nahrungsselektivität erfordert insbesondere von Herbivoren die Lösung von Problemen, die, wie Zaherik & Houpt (1981) schreiben, jeden kompetenten theoretischen Biologen mit schweren Herausforderungen konfrontieren würden: Die Balance der vielfältigen Protein-, Mineral-, Vitamin-, Kohlenhydrat- und ggf. Faserstoffe im richtigen Verhältnis zu finden, wird oft als "nutritional wisdom" tituliert – eine Aufgabe, die jedes freilebende Tier mehr oder weniger gut lösen muß. Ein Fallbeispiel soll das demonstrieren: Die Mantel-Brüllaffen (*Alouatta palliata*), vergleichsweise große (bis 9 kg) blattfressende Primaten aus den südamerikanischen Regenwäldern. Glander (1981) beschreibt ausführlich, wie diese Tiere, obwohl scheinbar von Blättern jeglicher Art umgeben, sehr gezielt und sorgfältig auswählen. Innerhalb eines Jahres wurde von 331 verschiedenen Bäumen in ihrem Streifgebiet (das sind 19,5% der Bäume) gefressen aber 79% der gesamten Freßzeit wurde in nur 88 Bäumen verbracht. Sowohl inner- wie zwischenartlich wurden die Bäume sehr sorgfältig gewählt – in einigen Fällen fraßen die Affen reife Blätter eines benachbarten Baumes der gleichen Art. Bei chemischer Analyse zeigt sich dann, daß in den verschmähten Blättern sekundäre Inhaltsstoffe (z.B. nicht hydrolysierbare Tannine) vorhanden waren, die in den gefressenen fehlten. Zudem hatten die gefressenen Blätter mehr Nährstoffe, Proteine etc. und weniger Fasern. Durch die Kombination Früchte/Blüten/junge Blätter in der Trockenzeit wurde die Nahrung zwischen Kohlenhydraten und Aminosäuren balanciert. Da sich die Inhaltsstoffe monatlich und in Abhängigkeit von Regen wie Wachstumsprozessen ändern, müssen die Affen ständig neu das Futter bewerten. Dies geschieht offenbar durch eine regelmäßig zu beobachtende „Vorkosterlösung". Irgendein erwachsener Affe probiert etwas von dem neuen Baum, nach einiger Zeit, offenbar nach erfolgtem innerem Feedback (s. Kap. 5.4.5) kehrt er entweder zurück oder nicht. Im zweiten Fall folgen die Gruppenmitglieder nach und der neue Baum wird nun regelmäßig mitbenutzt. Bisweilen werden sogar Blätter mit einigermaßen hohen Werten an sekundären Inhaltsstoffen genommen – dies steht dann meist im Zusammenhang mit gleichzeitig dort höher konzentrierten bestimmten Aminosäuren.

„Was der Bauer nicht kennt ..."

Die Tradition spielt bei der Nahrungsauswahl eine große Rolle. Provenza & Cincotta (1993) liefern eine ganze Reihe von Beispielen wonach Wiederkäuer (z.B. Hausziegen, Hausschafe aber auch Bisons, Maultierhirsche *Odocoilus hemionus*) bevorzugt bestimmte Nahrungspflanzen und Pflanzenkategorien fressen, sogar dann, wenn diese recht schlechte Qualität haben, sofern sie mit ihren Müttern mit dieser Nahrung aufwuchsen. Auch hier wurden dabei morphologische (Pansengröße) und physiologische (bessere Detoxifikation) Anpassungen gefunden. Partridge & Green (1985) liefern vergleichbare Befunde an Hirschmäusen (Gattung *Peromyscus*), Apfelbach (1995) konnte am Iltisfrettchen sogar echte Nahrungsprägung nachweisen.

Die Einflüsse von Körpergröße, Geschlecht und Alter sind nicht immer leicht zu trennen. Jüngere Tiere nehmen häufig proteinreichere und leichter verdauliche Nahrung zu sich, z.T. auch solche (Hausratte, *R. rattus*), die weniger sekundäre Pflanzenstoffe enthält (Partridge & Green 1985). Sehr häufig findet man Geschlechtsunterschiede (Clutton-Brock et al. 1977, Rothirsch, Croft 1996, 1997 für diverse Känguruharten, Gautier-Hion 1980 für diverse Meerkatzen), wobei die männlichen Tiere oftmals schlechter verdauliche faserreichere Kost fressen. Bei all diesen Arten sind aber die männlichen Tiere, zumindest im vollerwachsenen Zustand, größer. Dies wirkt sich auf die Leistungsfähigkeit des Verdauungstraktes sehr stark aus (Kap. 5.4.5). Die Argumentation kann aber, und dafür sprechen z.B. die Daten der Rothirschstudien, auch umgekehrt werden. Weil weibliche Tiere kleiner sind, und damit absolut (nicht relativ, s.u.) weniger Energie benötigen, können sie die seltenere, hochwertiger Nahrung fressen, während deren Menge für die größeren männlichen Tiere nicht ausreicht.

„Andere Länder, andere Sitten ..."

Wer die ganze Zeit, eventuell seit Generationen, an einer Stelle sitzt, kann sich leicht an die dort vorhandene Nahrung gewöhnen und diese bevorzugen. Tardif & Gray (1978) zeigten bei der Weißfußhirschmaus *Peromyscus leucopus*, daß Individuen, die frisch in ein Gebiet zugewandert waren, eine größere Nischenbreite bezüglich Nahrungsart haben als Artgenossen, die schon länger dort leben.

Partridge & Green (1985) vermuten in diesem Zusammenhang, daß auch jüngere Individuen allgemein weniger wählerisch in der Nahrungsart (nicht Qualität s.o.) wären, um während des Abwanderns mit unbekannter Nahrung leichter klar zu kommen. Belege dafür, oder experimentelle Tests, stehen aber noch weitgehend an.

Das Feindvermeidungsverhalten einer Beutetierart ist ebenfalls ein wichtiger Aspekt der Optimierung bei der Nahrungswahl. Fischotter (Geidezis 1996) wählen offenbar Fischarten, deren Freßfeindvermeidung aus Erstarren und Bewegungslos-Verharren besteht (z.B. Flußbarsche) bevorzugt. Ebenso bevorzugt werden Hechte, möglicherweise, weil diese als Lauerjäger ebenfalls recht lange und bewegungslos verharren.

5.4.4 „Zubereiten" der Nahrung – Vorarbeiten zum Fressen

Zu diesem Schritt der Nahrungsaufnahme gehört alles, was vom Erjagen bzw. Ergreifen der Nahrung bis zum Beginn der Passage durch den Verdauungstrakt, also das Schlucken gehört. Es erscheint zunächst banal, diesen Schritt bei Kleintier- oder Pflanzenfressern einzeln zu betrachten (über Raubtiere sprechen wir weiter unten), denn scheinbar gibt es hier nicht viel im Verhalten zu entscheiden und zu optimieren. Dies ist aber keinesweg immer so einfach. Einige Beispiele:

Säugetiere, die unterirdische Pflanzenteile, aber auch dort lebende Kleintiere fressen finden die Nahrung meist olfaktorisch (Rattenkänguruh, Nager, Kleinraubtiere). Der entscheidende Schritt für dieses Kapitel ist nun aber das Ausgraben. Harter Boden oder zu tief vergrabene Nahrung bedeuten u.U. mehr Energieaufwand und Zeitverlust, als die zu findende Nahrung dann energetisch wert wäre. Tatsächlich zeigen die Arbeiten von Reichman (zusammengefaßt z.B. 1981), daß Känguruhratten und Taschenmäuse tief im Sand vergrabene Samenkörner geruchlich noch lokalisieren, ab einer bestimmten Tiefe aber nicht mehr ausgraben.

Abb. 8. Seeotter, auf dem Rücken schwimmend, legen Steine als Amboß auf die Brust.

Das Öffnen hartschaliger Früchte, Nüsse etc. stellt selbst größere Tiere oft vor besondere Probleme. Schimpansen (Boesch 1991, s.u.) benutzen dazu Werkzeuge wie Hammer und Amboß. Die klassischen Beobachtungen und Beschreibungen von Eibl-

Eibesfeldt (1987) zeigen sehr schön, wie Eichhörnchen, jedes mit einer etwas anderen Technik Nüsse durch Festklemmen und Aufnagen öffnen und auch, daß diese Technik im Laufe des Lernens optimal wird. Auch der Werkzeuggebrauch von Seeottern und das Eieröffnen von Zwerg- und Zebramangusten (5.8) werden im Laufe des Lebens optimiert.

Selbst das Abbeißen, mit der Zunge bündeln (Känguruhs, Croft 1997) und bearbeiten von grünen Pflanzenteilen bei „normalen Pflanzenfressern" ist optimierbar vor allem im Hinblick auf die dafür nötige Zeit. Dornige Pflanzen und Büsche beeinflussen die Bearbeitungszeit bei vielen herbivoren Säugern. Es dauert länger pro Bissen, aber nicht bei allen. Belovsky et al. (1991) berichten, daß bei Berg- wie auch bei Roten Riesenkänguruhs kein Einfluß festzustellen wären. Giftige Arthropoden oder stark schleimende Schnecken und Amphibien werden von insektivoren Säugern oft erst zubereitet, indem sie den Giftstachel abbeißen (z.B. Zwergmangusten bei Skorpionen, Rasa 1984), oder das unangenehm bis giftig schleimende Beutetier im Sand rollen.

Die weithin bekannten Beobachtungen an Japanmakaken (Nishida 1986), die Süßkartoffeln waschen, oder Körner zur Trennung von mitaufgelesenem Sand ins Wasser werfen, sind zwar im Hinblick auf die vielleicht doch nicht ganz so unbeeinflußte Traditionsbildung (s. Kap. 4) in den letzten Jahren etwas kritisch relativiert worden. Als Beispiel für Nahrungsvorbereitung können sie aber immer noch dienen. Zugleich, wenn die Kritiker (z.B. Galef mdl.) Recht haben, zeigen sie sehr gut die kognitiven constraints, die den Affen das Optimieren der Nahrungsbearbeitung erschweren – offenbar ist dieses Verhalten eben nicht durch Tradition und Nachahmung allein so schnell zu verbreiten.

Kleintierfressende Bartenwale umgeben ihre Beuteschwärme (Krill, kleine Krebschen) mit einem Luftblasenvorhang, ehe sie den dann schön konzentrierten, am Entkommen gehinderten Schwarm, aufsammeln. Da Bartenwale meist allein auf Nahrungssuche sind, können sie mit der Methode sicher den Fangerfolg pro Maulöffnung optimieren, andernfalls wäre ein Ausweichen der Krebschen (z.B. phototaktisch als Reaktion auf die dunkle Masse des Wals) sicher leicht möglich.

Wie Shettleworth et al. (1993) betonen, sind die Optimierungen in diesem Schritt für die Tiere sogar schwieriger als z.B. bei der Selektion oder der Verdauung, denn gerade weil durch Alter, Erfahrung, größere Kraft oder größere Mund- und Gebißgröße sich die Techniken im Laufe des Lebens ändern, ändert sich auch die Ausbeute bzw. das Kosten-Nutzen-Verhältnis. Es muß also eine ständige Einschätzung und Anpassung erfolgen. Leider gibt es experimentelle Studien davon (s. Shettleworth et al. 1993) bisher fast nur von Vögeln – sicher auch ein lohnendes Feld bei Säugern.

Bei der Jagd auf größere, eventuell sogar potentiell wehrhafte Beute werden die Möglichkeiten und auch die Notwendigkeit der Optimierung allgemein ersichtlich. Die präzisen, kraftvollen Tötungsbisse der Katzenartigen (Eisenberg & Kleiman 1977, Leyhausen 1975), die den Hundeartigen mit ihrer langen Schnauze aus biomechanischen Gründen nicht möglich sind, verdeutlichen hier gleich etliche Punkte. Zum Einen sind gerade diese Tötungsbisse offenbar erfahrungsabhängig trainierbar. Katzenmütter bringen verletzte Mäuse zu ihren Jungen, an denen diese dann üben (Leyhausen 1975). Die "constraints" der Schnauzen- und Gebißmorphologie bestehen darin, daß nur eine kurze Schnauze mit kurzer Zahnreihe einen solchen Tötungsbiß ermöglicht. Evolutiv gingen Katzen- und Hundeartige hier völlig verschiedene Wege, was Jagdtechnik und sogar die eventuellen Vorteile einer Gruppenjagd beeinflußt: Katzen können in den meisten Fällen allein genauso gut töten wie als Gruppe, genauso Hyänen, die ebenfalls über einen starken Beißdruck verfügern. Hundeartige dagegen sind beim Töten größerer Tiere zu mehreren erfolgreicher. Drittens: In kaum einem anderen Fall bei Säugern sind die Kosten einer Fehlentscheidung so hoch. Über Löwen, die von Giraffen, Kaffernbüffeln oder anderen großen Beutetieren getötet wurden, wird immer wieder berichtet.

Kawai (1975) beschreibt die Übernahme von Futtertraditionen und Futterzubereitungsarten. Die erste Form des berühmten Kartoffelwaschens erfolgte im Süßwasser, um anfallenden Sand zu entfernen. 2–3 Jahre später begannen die Affen, im Meer zu waschen und die Kartoffeln dadurch zu würzen. In ca. 3 Jahren hatten etwa 55% der über 2 Jahre alten Truppmitglieder das Kartoffelwaschen gelernt, nach weiteren 5 Jahren waren es 73%. Die zweite Erfindung, das Trennen von Weizenkörnern und Sand durch Einwerfen in Wasser, hatte sich innerhalb von 6 Jahren auf 39% der Truppmitglieder übertragen. Die Techniken wurden jeweils zuerst von den Jungtieren auf deren Mütter und Spielkameraden übertragen. Erst später erfolgte dann die Tradition von Müttern auf neue Nachkommen (s. Kap 4.5).

5.4.5 Verdauen und Verwerten

Streng genommen endet der Verhaltensbeitrag zum Fouragieren im Mund. Der Rest ist Sache der Funktionsmorphologie und Physiologie und wird von einschlägigen Lehrbüchern (z.B. Hume 1983, Langer 1988 für Herbivore) sehr ausführlich und deutlich dargestellt. Jedoch sollen hier kurz die "constraints", die Einschränkungen aus dem Verdauungstrakt auf das Verhalten an einigen Beispielen dargestellt werden. Penry (1993) hat das Ganze ausführlich im Hinblick auf Nahrungsselektion diskutiert. Die optimale Nahrung ist letztlich diejenige, die am besten und in optimaler Zeit nicht nur verdaut, sondern deren Nährstoffe auch absorbiert werden. Verdaulichkeit, Resorptionsleistung des Darmes und Passagezeit zusammen bestimmen die Leistungsfähigkeit, mit der bestimmte Nahrung aufgenommen werden kann. Zur Verdaulichkeit der Nahrung gehört auch der Aspekt eventueller Schutzmechanismen, seien es Zellwände (Gras) oder sekundäre Pflanzeninhaltsstoffe wie Alkaloide oder Tannine, die entgiftet und abgebaut werden müssen. z.B. durch große, entsprechend modifizierte Speicheldrüsen bei Kudus (Hofmann 1989). Zwei körperbauliche Vorgaben gilt es hier besonders zu betrachten: die Körpergröße und die Lage der Hauptverdauungskammer.

Die Körpergröße beeinflußt über mehrere physikalische und geometrische Größen die Nahrungswahl: Große Arten mit einer geringeren Oberflächen- zu Volumenrelation benötigen zwar absolut mehr, relativ pro kg Körpergewicht aber weniger Nahrung als kleine. Das ist die Folge der berühmten Kleiberformel, wonach der Grundstoffwechsel $\sim KGW^{0,75}$ ist und ein Ochse von 500 kg weniger Futter braucht, als 500 Kaninchen von 1 kg (Kleiber 1951). Trotzdem braucht er natürlich viel mehr als *ein* Kaninchen und die Folge davon ist, daß er mit seltenen Nahrungstypen nicht auskommen kann. Große Arten können vor allem, wenn ihre Nahrung an sich energiearm ist (also keine Wirbeltierbeute), nur häufig und gut auffindbare Nahrung nutzen. Daher sind nur diejenigen insektenfressenden Formen groß, die soziale Insekten fressen (Erdfer-

kel, Großer Ameisenbär, Riesengürteltier, Riesenschuppentier). Daher fressen Barten-
wale nur in nahrungsreichen Gewässern, leben große Huftiere von Gras, nicht von
Früchten und Knospen. Gerade bei Pflanzenfressern kommt aber mit zunehmender
Größe noch ein anderer vorteilhafter Effekt (Jarman 1974, Illius & Gordon 1993, Gordon & Illius 1996) zum Tragen: Größere Pflanzenfresser haben in ihrem Körper mehr
Platz für größere Gärkammern und können mehr Nahrung längere Zeit dort vergären.
Daher können sie auch schlechtere Nahrung besser verarbeiten. Dies ist der physiologische Hintergrund des o. g. *Bell-Jarman-Prinzips* (so genannt, weil Bell und Jarman
es an den Grasfressern der Serengeti zuerst beschrieben; Bell 1971, Jarman 1974)
nämlich, daß kleine Arten selektiv energiereiche, leicht verdauliche Pflanzenteile fressen, große Arten unselektiv schwer verdauliches Gras. Inzwischen ist dieses Prinzip
nicht nur bei anderenWiederkäuern (Ziegenartige, Schaller 1977), sondern auch bei
Känguruhs (Croft 1997, Hume 1989) und Nashörnern (s. Zusammenfassung Gansloßer 1997) beschrieben. Es gibt aber auch Ausnahmen. Zum Beispiel sind Giraffen und
Elche, die schwerste Art der Hirschfamilie, Konzentratselierer und auch manche
kleinen Arten (z.B. Oribi, *Ourebia ourebia*, mit unter 20 kg KGW) fressen reine Gras-
nahrung (Hofmann 1989). Ein Vergleich vieler Arten mit einem dazu entwickelten
Modell (Gordon & Illius 1996) zeigt aber, daß insgesamt das Bell-Jarman-Prinzip
hält.

Die Lage der Hauptverdauungskammer ist ein besonderes Merkmal bei der öko-
physiologischen Einordnung der Pflanzenfresser. Da Zellulose von Tieren nicht verdaut werden kann, benötigen Herbivore dazu Endosymbionten. Diese sitzen bei Säugern entweder in einer Magenkammer oder im Blind- bzw. Dickdarm. Erstere, z.B.
Wiederkäuer, Kamele, Känguruhs aber auch Colobus-, Kleider- und Nasenaffen,
Flußpferde, Peccaries und Faultiere (Langer 1987) bezeichnet man als Vormagenfermenter, letztere, z.B. alle Unpaarhufer, Elefanten, Wombats, Hasen, die meisten Nager sind Nachmagenfermenter. Der ökologisch wichtige Zusammenhang (Janis 1976,
Penry 1993) ist nun der, daß Nachmagenfermenter schneller größere Mengen von Futter aufnehmen und ausnützen können. Sie haben also Vorteile, wenn es zwar schlech-
tes aber viel Futter gibt. Daher die, wenn auch nur in Grenzen gültige, Faustregel, daß
man in Ostafrika keine dürren Zebras sieht, selbst wenn Hausziegen und auch Antilopen abmagern – sofern in der Savanne währen der Trockenzeit noch dürres Gras in
Mengen da ist. Dagegen können Vormagenfermenter geringere Nahrungsmengen, bei
entsprechend längerer Passagezeit, vollständiger ausnutzen. Diese Zusammenhänge
erklären jetzt auch die Sukzession der Grasfresser bei der Wanderung in der Serengeti
(s. Kap. 5.3). Wie Penry (1993) am Beispiel des blattfressenden Brüllaffen und fruchtfressenden Klammeraffen zeigt, gelten die gleichen Zusammenhänge auch bei sympa-
trischen Primaten.

Interessante Effekte bekommt man teilweise noch durch Rückkopplungsvorgänge
nach dem Fressen bzw. während des Verdauens. Sowohl bei Ratten wie diversen Wiederkäuern (Schafe, Ziegen, Rinder, Übersicht s. Provenza & Cincotta 1993) werden
im Laufe von Minuten bis Stunden oder noch größeren Zeiträumen Nahrungarten/
-pflanzen gemieden, die langsam wirkende Gifte enthalten, oder einen Mangel an bestimmten essentiellen Mineralien oder Vitaminen haben, solche immer mehr und in
zunehmend größeren Mengen gefressen, die kalorienreich sind, einen vorher vorhandenen Mangel ausgleichen oder leicht verdaulich sind.

In all diesen Fällen konnte experimentell gezeigt werden, daß Geschmack bzw. Geruch der betreffenden Nahrung der entscheidende Hinweis für die Tiere waren, nicht die Inhaltsstoffe selbst. Es mußte also ein echtes Assoziationslernen vorliegen. Sowohl bei neuem, unbekanntem, als auch bei bekanntem Futter (das künstlich oder saisonal seine chemische Zusammensetzung änderte) funktioniert das Feedbacksystem.

Die Wachsamkeit gegen Feinde kostet Zeit. Illius & Fitzgibbon (1994) haben eine bemerkenswerte Abhängigkeit gefunden: Je nach Körpergröße und Ausmaß der Nahrungsselektivität haben Herbivore unterschiedlich viel „Freizeit", d.h. Zeit, die sie z.B. für Wachsamkeit verbringen können, ohne die Nahrungsaufnehme zu behindern. Kleinere Arten können sich, aus physiologischen und nahrungsökologischen Gründen ein höheres Maß an Wachsamkeit leisten, während große Arten druch den Zeitverlust einen Energieverlust hinnehmen müssen.

5.4.6 Fouragieren bei Anwesenheit von Feinden oder Konkurrenz

„...wenn es dem bösen Nachbarn nicht gefällt"

Alle bisher angesprochenen Optimierungsmöglichkeiten haben nur das System aus dem Tier und seiner jeweiligen Nahrung betrachtet. Gründlich anders wird die Situation unter dem Einfluß anderer Tiere. Dabei gibt es drei Gruppen von beeinflussenden Tieren:

1. Artgenossen – darüber werden die Kapitel 6 und 7 berichten,
2. Nahrungskonkurrenten anderer Arten – diese werden in 5.6 genauer betrachtet,
3. Freßfeinde und Parasiten. Deren allgemeine Auswirkungen auf das Verhalten werden wir in 5.5 und 5.7 kennenlernen.

Aber es muß eben gerade bei Überlegungen zur Optimierung des Fouragierens bedacht werden, daß diese zwischenartlichen Einflüsse die Nahrungssuche stark beeinflussen. Viele Autoren (s. z.B. Hume 1983, 1989) gehen z.B. davon aus, daß die Fähigkeit zum Wiederkäuen unter dem evolutiven Druck gleichzeitig optimaler kurzer Nahrungsaufnahme (wegen der Freßfeinde) und optimaler Nahrungsverwertung entstand, sobald Pflanzenfresser zum Fressen auf offenere und damit gefährliche Weiden auszutreten begannen.

Unter dem Einfluß anwesender oder zum Teil auch drohender Freßfeinde wird:

* in sichereren Habitaten gefressen, auch wenn dort eventuell die Nahrungsqualität geringer ist,
* mehr Zeit (und Energie) für Sichern und Umsehen aufgewandt,
* leichter zu bewältigende, bzw. zu bearbeitende Nahrung und Beute bevorzugt, auch wenn diese kleiner und weniger nahrhaft ist,
* die Aktivitätszeit aus der bevorzugten Aktivität der Feinde verschoben, auch wenn man selbst dadurch länger suchen muß (s. o. nächtliche Nahrungssuche bei Känguruhs).

Die meisten dieser Befunde wurden experimentell vor allem an Vögeln und Fischen getestet, aber das allgemein bekannte Beispiel der Huftiere, die bei Bejagung durch

Menschen nachtaktiv werden, liefert gute Plausibilitätsargumente auch für Säuger.

Cowlishaw (1997) beschreibt, daß Bärenpaviane in Namibia unter Anwesenheit von Leoparden und Löwen besonders intensiv Rückzugsfelsen nutzten, insbesondere taten dies Weibchen in kleinen Gruppen. In Gegenden mit hohem Freßfeinddruck und vielen Schutzmöglichkeiten blieb man möglichst stets in deren Nähe. Wo aber die Felsschutzmöglichkeiten knapp waren, wurde auf Zeit-Minimierung, d.h. möglichst schnelles Verlassen besonders gefährlicher Genden umgeschaltet.

5.5 Freßfeinde – vermeiden und sich wehren

Der Einfluß von Feinden auf das Verhalten von Säugetieren ist erheblich und kann unmittelbar oder mittelbar den Fortpflanzungs- und Überlebenserfolg beeinträchtigen. Besonders deutlich wird das heutzutage dort, wo eingeführte Feinde binnen kürzester Zeit ganze Populationen von z.T. stark bedrohten Arten ausrotten. Für Säugetiere gilt das am meisten in der australischen Faunenregion, wo Füchse und Katzen vielen Arten kleinerer und mittelgroßer Beutetiere bis hin zu Fels- und Hasenkänguruhs den Garaus machen. Ein einziger Fuchs hat innerhalb von 1–2 Jahren eine ganze Population des hochbedrohten Zottelhasenkänguruhs *Lagorchestes hirsutus* ausgelöscht (Lundie-Jenkins et al. 1993). Heute bemüht man sich dort, durch regelrechte Trainingsprogramme mit ausgestopften Füchsen und Katzen den Fels- und Hasenkänguruhs das Fürchten zu lehren (Mc Lean et al. 1995).

Freßfeinde sind, wie Coulson (1996) sagt, die extremste Form der Selektion. Ökologische Standartmaße, wie Fouragiereffizienz, Wachstumsrate, körperliche Kondition und Wurfgröße können durch eine erfolgreiche Feindattacke sehr schnell bedeutungslos werden, selbst wenn das Beutetier überlebt, aber durch Verletzung, Desorientierung oder Flucht aus dem angestammten Streifgebiet oder gar Revier Energie mittelbar und unmittelbar verliert. Daher finden wir eine ganze Reihe von Gegenmaßnahmen, die Edmunds (1974) und Coulson (1996) in primäre und sekundäre Maßnahmen gruppierten.

5.5.1 Primäre Gegenmaßnahmen

Dazu zählt alles, was wirkt bevor der Feind einen Angriff startet, unabhängig davon, ob nun gerade überhaupt ein Feind da ist – die Primärmaßnahmen vermindern meist die Wahrscheinlichkeit einer Begegnung zwischen Räuber und Beute. Ein erfolgreiches Tier muß sich stets so verhalten, als ob ein Feind da wäre, denn so lange es ihn nicht bemerkt hat es keine Information über seine Anwesenheit bzw. die Größe der Gefahr. Dazu zählen im Wesentlichen:

Anachoresis – Höhlen bewohnen oder Rückzug in einen Unterschlupf

Viele kleinere Säuger, aber auch Arten bis zu 40–50 kg, z.B. Wombats, Erdferkel, Dachse, selbst Warzenschweine (bis zu 150 kg) verbringen zumindest die Ruhephasen in Erdhöhlen, Felshöhlen (Schliefer, Felskänguruhs), hohlen Bäumen (Hörnchen, Halbaffen) oder geschlossenen Pflanzennestern. In einigen Fällen (Murmeltiere, Kaninchen, Lesueur-Bürstenrattenkänguruhs, *Bettongia lesueur*, Löffelhunde, Warzenschweine) werden die ausgedehnten Erdbauten von mehr oder weniger festgefügten

Familien oder anderen Sozialeinheiten genutzt. Bei Erd- wie auch Baumhöhlen wählen kleine Arten oft solche Strukturen, die zumindest am Eingang ihrer Körpergröße möglichst eng angepaßt sind, sodaß Freßfeinde und größere Konkurrenten nicht hineinpassen. Bei Kletterbeutlern wurde dies auch experimentell in Wahlversuchen mit Kästen verschiedener Größe getestet (Menkhorst 1984). Hier werden wieder die engen Verbindungen zu angewandt-naturschützerischen Aspekten deutlich, wobei z.T. menschliche Aktivitäten auch positiv wirken können, wie die in Schaltkästen an Telegrafenleitungen wohnenden Zwerggleitbeutler (*Acrobates pygmaeus*) zeigen (Fanning 1980).

Abb. 9. Zottelhasenkänguruh im Nest in Grasbüscheln.

Crypsis – Verstecken

Verstecken kann durch regungsloses Verharren erfolgen (vgl. Feldhase), es kann aber auch durch Färbungen und andere Körpermerkmale unterstützt werden. Tarnfärbungen werden bei Säugetieren oft behauptet (Schneehase, Eisfuchs im Winter, Faultiere oder Grüne Ringbeutler, *Pseudocheirus archeri*, im Regenwald etc.), aber nur selten werden die Effekte auch getestet. Einer der wenigen experimentellen Tests zu diesem Thema stammt von Oliver (1986). Das regional unterschiedliche Ausmaß der Fellfärbung bei Roten Riesenkänguruhs (von rot über rotbraun bis blaugrau) paßt offenbar so mit der jeweiligen Vegetationsfärbung und dem Untergrund zusammen, daß die Sehfähigkeit bzw. Farbtüchtigkeit des Dingo, des derzeitigen Hauptfreßfeindes, möglichst wenig diskriminieren kann. Auch beim zweiten möglichen kryptischen Effekt, der sog. Somatolyse, also Auflösung der Gestalt durch Fellmuster, wird meist, zumindest was Säuger betrifft, mit Plausibilitätsargumenten, wenig mit experimentellen Tests gearbeitet. Das besonders auffallende Streifenmuster der Zebras hat in den letzten Jahren eine völlig andere Deutung erfahren (s. Kap. 5.7). Andere Beispiele, wie Tiger, Leoparden etc. im vielfältigen Licht- und Schattenspiel der Wälder bleiben vorläufig meist auf der Plausibilitätsebene. Allerdings zeigt eine Arbeit von Godfrey et al. (1987) durch Fourieranalyse der Streifenmuster, daß Tiger sehr wohl vor ihrem typischen Hintergrund verschwinden wohingegen Zebras, da die Streifen ein in der Umgebung nicht übliches Muster haben auffallend bleiben - sofern man ein dem unsrigen

Bildverarbeitungsmodell ähnliches verwenden.

Nichtvergessen werden soll auch der olfaktorische Aspekt der Krypsis – Jungtiere, die nach der Geburt eine Zeitlang abliegen, z.B. bei manchen Huftierarten, entwickeln erst mit der Zeit ihren charakteristischen Eigengeruch, und Kot sowie Urin werden anfangs nur nach Leckmassage durch die Mutter an diese direkt abgegeben (Lent 1974).

Habitatwahl (s. o.)

Die Faktoren, die bei der Wahl eines geeigneten Habitats wirken können, wurden oben schon besprochen. Oftmals sind bei kleineren Arten deckungsgebende Strukturen z.B. Gebüsche, liegende Stämme etc. wichtig (Coulson 1996), aber nur selten werden die betreffenden Faktoren eindeutig mit Freßfeindaspekten korreliert.

Aktivitätszeit (s. o.)

Nicht nur räumliche, auch zeitliche Änderungen der Habitatnutzung können zur Feindvermeidung dienen. Um ein „umgekehrtes Beispiel" zu zeigen: Manche Arten werden auch wegen der Feindaktivität tagaktiv, wie Coulson (1996) berichtet. Die Beuteldachsart *Isoodon obesulus*, normal nachtaktiv, geht dort zu Tagaktivität über, wo in dichter Vegetation guter Sichtschutz vor Taggreifvögeln besteht, nachts aber Füchse herumschleichen. Der Normalfall ist dagegen, wie in 5.4 schon erwähnt, die Nachtaktivität trotz erheblicher oft auch thermoregulatorischer Nachteile, bei starkem Feinddruck.

Wachsamkeit

Mehr oder weniger kontinuierliches Überprüfen der Umgebung kann eine erhebliche Zeit – und damit z.B. Energieeinbuße bewirken. So benötigen Huftiere, aber auch Känguruhs oft eine Stunde nach dem Eintreffen und länger, bevor sie endgültig aus der Umgebung einer Wasserstelle zum Trinken eilen. Die Wachsamkeit verschiedener afrikanischer Antilopen (Underwood 1982) nimmt ab mit Offenheit des Biotops, in dem sie gerade waren ab, etwas war die Wachsamkeit negativ korreliert mit der Körpergröße. Bei Eisgrauen Murmeltieren, *Marmota caligata* (Alcock 1993) war die Aufmerksamkeit von Jungtieren und Jährlingen wesentlich höher als bei Vollerwachsenen – ebenfalls korreliert mit Körpergröße und Angriffsrisiko.

Soziale Gruppen

Soziale Gruppen oder Zusammenschlüsse dienen oft und vornehmlich dem besseren Schutz vor Feinden. Darauf wird in Kap. 6. noch eingegangen. Die Nachteile des Gruppenlebens umgehen und trotzdem die Vorteile bezüglich Feindvermeidung erhalten, kann man z.B. durch Assoziation mit anderen Arten. Rasa (1984) konnte bei Zwergmangusten (*Helogale undulata*) einen signifikanten Rückgang der Zeit, die mit Wachsamkeit verbracht wird, mit zunehmender Zahl gleichzeitig anwesender Tokos (Hornvögel) zeigen.

67

5.5.2 Sekundäre Gegenmaßnahmen

Hat die Beute den Feind entdeckt, können ebenfalls eine ganze Reihe vor Verhaltens-antworten erfolgen:

„Passive Bewaffnung"

Einrollen oder Rückzug in den Panzer können Igel, Tanreks oder Gürteltiere wählen. Da diese Schutzpanzer oder Stachelkleider recht sperrig und unbeweglich machen, finden wir sie vorwiegend bei pflanzen- oder insektenfressenden Arten, die bei ihrer Aktivität nicht allzu mobil sein müssen (Morse 1980). Besonders häufig bilden, wie fossile Gruppen zeigen, Taxa erst mal gepanzerte Formen, wenn sie in einen neuen Lebensraum einwandern (Morse 1980). Speichelt man sich zusätzlich mit Gift ein, wirkt der Stachelpanzer umso mehr (Alcock 1993 zeigt einen Igel, der sich mit Krö-tengift schützt).

Rückzug

in Schutzstrukturen, wie unterirdische Baue oder ähnliche Versteckplätze

Ablenkung

Einige dasyuride Beuteltiere, z.B. *Phascogale tapoatafa*, besitzen auffallende Schwanzbürsten, die bei Bedrohung gespreizt werden und dadurch die Aufmerksam-keit des Feindes auf das falsche Ende des Tieres lenken können.

Abb. 10. Junger Gepard.

Warnfärbungen

wirken vor allem dann, wenn eine wirkungsvolle Verteidigung, sei es durch Stinkdrü-sen oder durch kräftige Waffen möglich ist. Ersterer Fall ist häufig bei Marderartigen (Skunks und Streifeniltisse der Gattung *Conepatus, Mephitis, Poecilogale, Spilogale, Zorilla* Streifenbeutler *Dactylopsila*), letzeres wird vom Afrikanischen Honigdachs und als mögliche Honigdachsmimikry, von nestjungen Geparden berichtet. und die

Steifenzeichnung des Erdwolfs soll Mimikry der Streifenhyäne sein, dem Raubtier mit dem stärksten Gebiß Afrikas.

Abb. 11. Kammzehenspringmaus beim Trommeln.

Alarmsignale

Viele Arten stoßen Laute aus, schwenken auffallende Schwänze, springen auffällig in die Höhe, trommeln auf den Boden oder signalisieren sonst was, sobald sie einen Feind entdeckt haben. Hier sind mindestens drei Erklärungen denkbar:

Es handelt sich um Schreck- bzw. Überraschungslaute („Huch!"), die u.U. beim kurzfristigen Ablenken des Räubers helfen könnten. Beobachtungen an Riesenkänguruhs (Coulson 1996) und Weißwedelhirschen (Bildstein 1976) widersprechen dieser Deutung: Wäre es so, so sollten mit zunehmender Intensität des Erschreckens, dh. je näher der Feind ist, wenn man ihn entdeckt, die Signale heftiger, häufiger oder wahrscheinlicher werden. Das trifft aber nicht zu, bei Weißwedelhirschen eher im Gegenteil (Bildstein 1976). Caro et al. (1995) haben einen Überblick über mögliche Kosten und Nutzen von Signalen und anderen Antifreßfeindverhalten in Form einer Tabelle (Tabelle 2) von Vorhersagen und möglichen Gründen gegeben. Diese Tabelle kann als Hilfe bei der Hypothesenfindung dienen und experimentelle Tests erleichtern.

Es handelt sich um Warnsignale, die Artgenossen warnen sollen, Dies gilt höchstwahrscheinlich für die Warnrufe von Affen (s. o. Grüne Meerkatzen haben drei verschiedene Warnrufe für Schlange, Leopard und Greifvogel, die zu ganz verschiedenen Reaktionen führen, Cheney & Seyfarth 1990, oder Pfiffe von Erdhörnchen und Murmeltieren, Tilson & Norton 1981)

Es handelt sich um Abschreckungssignale an den Feind ("Pursuit-deterrence"), mit der Botschaft „Ich hab Dich entdeckt, guck' mal, wie schnell ich rennen kann – Verfolgung zwecklos, such Dir ein anderes Opfer!" Diese Interpretation (Smythe 1970) paßt bei allen genauer analysierten Beobachtungen, seien es prellspringende

Antilopen (Caro 1986), schwanzwedelnde und rufende Weißwedelhirsche (Woodland et al. 1980) oder fußklatschende Kängeruhs (Coulson & Gansloßer 1996, s. Abb. S. 169/170 in Croft et al. 1996). Coulson zitiert auch Berichte, wonach *Phascogale*, in sicherer Entfernung auf dem Baum sitzend, bei Annäherung von bodenlebenden Feinden ein wiederholtes Trommelsignal mit den Füßen gibt - möglicher wäre auch ein Pursuit-deterrence Signal. Randall (1993) betrachtet die "Pursuit-deterrence" Funktion als die wahrscheinlichere, gegenüber der Alarmfunktion, beim Fußtrommeln, das Känguruhratten gegenüber Klapperschlangen zeigen (auch durch Experimente geprüft).

Kosten	Mögliche Überprüfung	Gründe
1. Zeit	Wird das Verhalten vor der Flucht gezeigt? Während der Flucht gezeigt?	Flucht verzögert? Flucht verlangsamt?
2. Energie	Verhalten vor der Flucht? Verhalten während der Flucht?	Ausdauer verringert? Ausdauer verringert?
3. Überlebenschancen	Überlebenschancen verringert?	Weil Freßfeind aufmerksam wird?
Nutzen		Gründe
1. Wenn Verhalten auf Artgenossen zielt	Artgenossen warnen? Bei solitären Arten nicht zu erwarten. In Weibchen- / Jungtiergruppen häufiger? Weibchen mit Jungen zeigen es mehr? Artgenossen manipulieren? alle fliehen in dichtem Pulk	Weil keiner da ist. Weil dort mehr Verwandte sind. Weil nähere Verwandte da sind. Feind wird verwirrt, selfish herd effect (s. u.)
2. Verhalten auf Freßfeind gerichtet?	a) Feind erschrecken, verwirren, Jagd wird verzögert oder beendet Pursuit-deterrence: - Jäger geben häufiger auf, wenn Signale da - Signal häufiger, wenn Feind weiter weg - Individuen, die schwächer sind, signalisieren weniger als kräftige Signal soll Feind zu Kontaktabbruch bringen - Artgenossen signalisieren mit - Signal endet plötzlich (Schwanz runter am Ende der Flucht)	Signal o. ä. überrascht den Feind Kosten-/Nutzenverhältnis für Jäger ungünstig Feind hat noch geringere Chance bei Angriff Gewinnen nicht so viel, wenn sie dem Feind was mitteilen Konfussionseffekt Verstecken
3. Verhalten ist gar kein Signal?	Tritt häufiger in unwegsamen Gelände auf	Schnauben vor Anstrengung, lautes Stampfen bei Sprung über Hindernisse o.ä.

Tab. 2.

Caro (1986 a, b) diskutiert 11 verschiedene Hypothesen über mögliche Funktionen der sog. Prellsprünge, wobei die Tiere (Gabelbock, *Antilocapra americana*, verschiedene Gazellen, Springböcke *Antidorcas marsupialis*, verschiedene Hirsche, Maras

Dolichotis etc.) mit allen Vieren gleichzeitig in die Höhe springen, der Kopf hochgehalten wird und Höhen von bisweilen über 1 Meter erreicht werden. Verschiedene theoretische Überlegungen und Tests mit Hilfe von Daten über Jagden von Geparden auf Thomsongazellen deuten auf eine Feindentdeckungsfunktion – zumindest wird diese Überlegung am wahrscheinlichsten. Zusätzlich können Jungtiere durch Prellsprünge ihre Mütter alarmieren. Der Feind aber ist der primäre Adressat – man zeigt, daß man ihn sah. Caro (1994) zeigt bei Prellsprüngen wie auch bei normalen Sprüngen, daß diese, weil zeit- und energieaufwendig, sogar „ehrliche", fälschungssichere Signale (s Kap 7.4.2) sind. Das einzige Signal das er als "promising candidate" für ein echtes, d.h. an Artgenossen gerichtetes Warnsignal ansieht, ist der Pfiff von Riedböcken, Dikdiks und Klippspringern. Auch das Schnauben richtet sich nach seinen Untersuchungen wohl eher an den Feind (hier ist bemerkenswert, daß dieser Laut bei nahezu allen Savannenbewohnern gleich bzw sehr ähnlich klingt).

Aktive Verteidigung

Zurückschlagen, Beißen etc. ist bei vielen Säugern verbreitet. Bemerkenswert sind aber besondere Verhaltensmuster, die entweder in Gruppen auftreten (gemeinsame Angriffe z.B. von Kaffernbüffeln oder Elefanten, Igelbildung mit Kurzangriff bei Moschusochsen aber auch Mobbing von entdeckten Feinden durch Affen, Gleitbeutler *Petaurus australis* gegenüber Eulen etc., Agutis gegen Schlangen, Axishirsche gegen Leoparden (Sinythe 1970) oder, die unerwartete Verteidigungsmaßnahmen darstellen wie etwa Riesenkänguruhmänner, die vor Hunden oder Dingos ins Wasser fliehen und diese dort ertränken (Wright 1993), oder Wombats, die Hunde in ihren Bauten an die Decke drücken und ihren Kiefer, Schädel o.ä. brechen. Nach Randall (1993) wird Mobbing, sogar Töten von Schlangen durch Kalifornische und Columbia Bodenhörnchen sowie Präriehunde berichtet.

Flucht

Flucht ist sicherlich die häufigste Reaktion auf einen Feind. Wiederum findet man ein merkwürdiges Verhalten bei Känguruhs. Mütter werfen u.U. ihr Junges bei der Flucht aus dem Beutel. Allerdings sind die Vorteile (Ablenkung des Räubers, leichtere Flucht mit leerem Beutel) und Kosten (Ersatz des Jungens) bisher noch nicht wirklich schlüssig verglichen und aufgerechnet worden (Coulson 1996).

Totstellen

Eine andere Strategie ist das Sich-Totstellen, wenn man ergriffen wird – das sprichwörtliche "Play Opossum", welches aber nicht nur vom Nord-Opossum *Didelphis virginiana*, sondern auch z.B. von afrikanischen Bodenhörnchen der Gattung *Xerus* gezeigt wird, aber auch vom Pampasfuchs (Langguth 1972).

5.5.3 Den Feind ignorieren

Auch diese Reaktion wird bisweilen berichtet, stellt eigentlich keine Gegenmaßnahme dar und steht daher als eigener Punkt. Berichte über Zebras und Antilopen, die Löwen oder Afrikanische Wildhunde nicht beachten (Morse 1980) betreffen meist solche Feinde, die satt, kugelrund und träge und / oder in voller Sicht und normalem Schritt an den Herden vorbeiziehen.

Auch besonders große Arten, wie z.B. Elefanten, Nashörner oder Großbären und Großkatzen, können sich zumindest dort, wo der Mensch kein Faktor ist, im Erwachsenenstadium recht „sorglos" gegenüber möglichen Freßfeinden geben (Morse 1980).

5.6 Zwischenartliche Einflüsse

Einflüsse anderer Arten können die Ressourcennutzung einer Population erschweren oder erleichtern. Erleichterte Ressourcennutzung (im Englischen als *facilitation* oder *enhancement*, Sih 1993) bezeichnet, kann z.B. daraus bestehen, daß die Beute von Art B leichter ergriffen werden kann, wenn Art A auch jagt (nach Sih bisher für Fische & Arthropoden bestätigt), daß Art B von den Grabaktivitäten von A profitiert (z.B. Elefanten graben in der afrikanischen Savanne Wasserlöcher, die auch andere Arten nutzen, oder Warzenschweine bewohnen Erdferkelbauten), oder, daß Art B z.B. als Aasfresser, von der jagenden Art A profitiert (Hyänen, Schakale, von Löwen, früher offenbar Beutelteufel von Beutelwolf, Wölfe oder Koyoten vom Fischfang der Alaska-Braunbären). Häufiger sind aber die negativen Effekte einer Art auf die andere. Morse (1980), Sih (1993) und Sutherland (1996) haben diese Effekte klassifiziert und diskutiert.

5.6.1 Wettbewerb durch Ressourcenminderung (Exploitative Competition – Sih, Depletion – Sutherland)

Hier läßt sich der Mechanismus folgendermaßen zusammenfassen: Ich kriege nichts, oder weniger, weil Du vorher gefressen hast. Es gelten ähnliche Abhängigkeiten auch für andere Ressourcen. Nahrung wird aber am meisten diskutiert und erforscht. Diese Art der Beschränkung sollte nach der Theorie entweder zu Habitatdiversifikation führen, oder zur Diversifikation und Einengung der Nahrungsnischen (Verringerung der Nischenbreite, Verbreiterung der Nischendistanz) – beide Effekte sind aber nur möglich, wenn Ausweichen (auf andere Futterplätze = Habitate, oder andere hochwertige Nahrungsarten) möglich ist. Ist ein solches Ausweichen nicht möglich, ist eine Nischenverbreiterung zu erwarten.

Viele quantitative, auch experimentelle Studien an Vögeln und Fischen belegen diese Vorhersagen. Bemerkenswert wenig dazu gibt es über Säugetiere. In Gemeinschaften von Insektivorenarten (Righetti 1996) finden wir (s.o. Habitatselektion) oft eine räumliche Trennung der konkurrierenden Arten, nur selten (Persietta 1976) eine Nahrungstrennung (die Waldspitzmaus frißt Regenwürmer, die Zwergspitzmaus nicht). Vor allem extrem kleine „Minisäuger" (mit weniger als 15 g Gewicht und weniger als 100 mm Körperlänge) reagieren auf zwischenartliche Konkurrenz mit Einengung der Nischenbreite (Churchfield 1996).

5.6.2 Interferenz – Wettbewerb (Interference competition)

Sutherland (1996) definiert Interferenz als Absinken der Ressourcennutzung, das aus dem Verhalten anderer Individuen (hier Arten) resultiert, ohne daß die Resource direkt verschwindet. Hier gibt es verschiedene Möglichkeiten:

a. Eine ökologisch dominante Art schließt eine andere von bevorzugten Habitaten aus und zwingt sie dadurch andere Nahrung (o.ä.) zu nutzen. Dickmann (1988, 1991) konnte an mehreren Artenpaaren sowohl dasyurider Beuteltiere wie auch Spitzmäusen zeigen, daß die kleinere Art jeweils den Duft der größeren aktiv meidet und Mikrohabitate mit besserer (größerer) Beute nur in Anwesenheit der anderen Art meidet. Ähnliche Befunde für Wühlmäuse, Streifenhörnchen und Taschenratten diskutiert Morse (1980).

b. Dominante Arten stehlen Futter von unterlegener Art. Als Reaktion bevorzugt die unterlegene Art Futter das weniger gestohlen wird. Diese Art des Nahrungserwerbs wird als Kleptoparasitismus bezeichnet und ist üblicher z.B. zwischen den Carnivorenarten der afrikanischen Savannen (Löwen vertreiben Tüpfelhyänen, Hyänen vertreiben Leoparden und Wildhunde, Kruuk (1972). Optimalitätsüberlegungen lassen erwarten, daß Kleptoparasitismus dann die Nahrungswahl beeinflußt, wenn bestimmte Beute häufiger gestohlen wird. Kleine Beute, die man schnell konsumieren kann und die für dominante Arten auch nicht so interessant ist, wird dann von der untergeordneten Art bevorzugt – oder Rudelbildung erfolgt (s. Kap. 6).

c. Die dominante Art ändert durch agonistisches Verhalten die Wahrscheinlichkeit des Nahrungsfindens oder unterbricht die Fouragieraktivität. Löwen (Kruuk 1972) greifen regelmäßig Tüpfelhyänen an, die sie einzeln antreffen, Löwen und Leoparden angreifen und z.T. töten Geparden etc. Etwas weniger dramatisch aber ebenfalls wirkungsvoll sind die zumeist größenabhängigen, interspezifischen Dominanzbeziehungen zwischen gemeinsam fressenden Meerkatzen – oder Antilopen bzw. Huftierarten, die sehr eindrucksvoll auf Gemeinschaftsanlagen in Zoos zu sehen sind, jedoch auch im Freiland in gleicher Weise vorkommen.

d. Aggressives Verhalten durch dominante Art reduziert den Wert der Resource. Zu dieser Art von Interferenz sind mir leider bisher keine Beispiele aus dem Säugetierbereich bekannt.

Eine weitere, aber offenbar bisher sehr wenig bearbeitete Möglichkeit von Wettbewerb, die Sih (1993) anführt, beträfe indirekte Effekte der Community, also der Lebensgemeinschaft aus mehreren Arten. Eine Möglichkeit dafür wäre, daß wegen der Aktivität mehrerer Arten von Freßfeinden die Beuteart sich stärker versteckt hält, oder wachsamer wird und dadurch jede Carnivoren- bzw. Insectivorenart eine geringere Ausbeute erzielt.

5.7 Baue, Bauten und andere aktive Umweltänderungen

Die Aufrechterhaltung einigermaßen homöostatischer Bedingungen, d.h. eine Regulation innerhalb eines gewissen, für die Lebens- und Fortpflanzungsfunktionen wichtigen Bereiches, ist für Säugetiere mit physiologischen Mechanismen allein nicht immer leicht. Vielfach sind daher Verhaltensmechanismen zur Regulation hinzugekommen. Unter diesen sind mit am auffälligsten solche, die eine aktive Veränderung der unbelebten bzw. nicht arteigenen Umwelt bewirken: die Konstruktion von Bauten und Wegen.

Auch wenn die Konstruktionen von Vögeln oder Arthropoden oft kunstvoller und auffallender sind, auch Säugetiere bauen und keineswegs nur die kleinen Arten. Die Besprechung der Baue und Konstruktionen hier weicht etwas vom Rest des Buches ab - da Bautätigkeit oft mehreren Funktionen z.B. Nahrungssuche, Jungtieraufzucht und Gruppenleben dient bzw. diese beeinflußt. Eine mögliche Gliederung der Bautätigkeit schlägt Freude (1982) vor. Die fehlenden Einträge in vielen Spalten zeigen nochmals, daß Säuger hier nicht unbedingt zu den Spitzenreitern gehören.

Im Folgenden sollen jeweils einige Beispiele, die besondere Leistungen erfordern noch einmal betrachtet werden: In den Vorratskammern körnerfressender Nagetiere, seien sie überirdisch, als Hügel mit Erde bedeckt, wie bei der Ährenmaus oder unterirdisch wie beim Feldhamster, können einige Kilo Körner gelagert sein. Freude (1982) gibt als Maximalwert für (allerdings stets von mehreren Tieren gesammelt) Ährenmäuse 5–7 kg, in einem Hügel bis 50 cm Höhe und 120 cm Durchmesser an, als großen Vorrat eines Feldhamsterweibchens betrachtet er 15 kg, bei Männchen 4–5 kg, gibt aber zu, daß es noch größere geben könnte.

Nicht nur Körnerfresser legen solche Vorräte an. Maulwürfe halten sich einen lebenden Vorrat von Regenwürmern, denen i.d.R. durch einen gezielten Biß ins Vorderende das Cerebralganglion zerstört wurde, sodaß sie nicht mehr koordiniert kriechen können. Hier gibt Freude einen angeblichen Rekord von über 1200 Regenwürmer mit über 2 kg Gesamtgewicht bei einem polnischen Maulwurf an. Auch in tropischen Gegenden werden Vorräte angelegt, so vergraben die Agutis (*Dasyprocta punctata*) im mittelamerikanischen Regenwald nußartige Früchte (Smythe 1978). Verteilt man nun seine Vorräte weiträumig oder konzentriert man sie an wenige Stellen? Hurly & Lourie (1997) fanden bei amerikanischen Rothörnchen eine Kombination von beidem – offenbar ist so das schnelle Wiederfinden am sichersten.

Bautyp	Beispiel bei Säugern
Fallen	Senkrechte Gänge als Fallgruben bei Hamster und Maulwurf
Verstecke und Vorratskammern	Ährenmaus, *Mus musculus spicelequs*, Eichhörnchen, Rotfuchs, Aguti
Wirtschaftsbauten	–
Straßen	Elefantenspitzmaus, Grastunnel vieler Mäuse, Kanäle des Bibers
Liebeslauben und Balzbauten	–
Kinderstuben	Eisbär
Wohnbauten - unter Substrat	Maulwurf, Nacktmull, Murmeltiere
Oberirdisch	Kugelnester der Zwergmaus, Eichhörnchenkobel, Biberburg, Schlafnester bei Menschenaffen

Tab. 3. Tierische Bautätigkeiten und mögliche Säugerbeispiele.

Der Straßen- und Wegebau ist bei Säugern meist nicht allzu kompliziert. Aktive Leistungen bestehen oft nur im Abbeißen und Wegtragen störender Wurzeln, Stöckchen und Halme, um freie Fahrt zu erhalten. Bei den paarweise lebenden ostafrikanischen Elefantenspitzmäusen (Rathbun 1979) geschieht dies arbeitsteilig – der Wegedienst im Revier ist Sache des Männchens. Lediglich die Flußkanäle der Biber, die eigens für den leichteren Transport von gefällten Baumteilen ausgegraben wurden, gehen über diese „Straßenreinigung" hinaus zu echten „Straßenbau". Auch beim Bau von reinen Kinderstuben, also Gebäuden in denen nur der Nachwuchs aufgezogen wird, sind Säuger nicht sonderlich herausragend. Kaninchen graben spezielle Setz- baue, abseits vom Familienbau, in denen die Jungtiere nur einmal pro 24 Stunden von der Mutter besucht werden (Hudson et al 1996, s. Kap. 7), Tupaias sind sogar noch ex- tremer: deren Mütter besuchen ihre Jungen zum Säugen in besonderen Baumnestern, die grob aus Blättern und Fasern bestehen (Emmons & Biun 1991) und dann nur für 3 Minuten. Eisbärinnen (Wiig 1998) graben Höhlen unter den Schnee bzw. Eis, in de- nen sie ihren Nachwuchs zur Welt bringen – aber die dienen schon wieder auch der Mutter über den Winter, sind also keine reinen Kinderstuben mehr.

Weibliche Wildschweine aller Arten bauen Wurf-Nester, in denen sie ihre Jung- tiere die ersten Lebenstage ablegen bzw. bewachen (Oliver 1991), nur das asiatische Zwergschwein *Sus salvanius* macht eine Ausnahme: hier bauen alle Individuen das ganze Jahr über Schlafnester für sich selbst.

Unterirdische Wohnbauten werden von einer ganzen Reihe von Säugetieren, bis hin zu Großbären, Erdferkeln und verschiedenen Hunde-, Dachs- und Schleichkatzenarti- gen gegraben. Auch Hyänen, Gürtel- und Schuppentiere, sowie Zwergflußpferde gra- ben Wohnlöcher. Besonders komplizierte Baue aber finden wir bei verschiedenen Nag- tierfamilien. Der Bau des Feldhamsters enthält neben den schon besprochenen Vor- ratskammern und Fallröhren, die sowohl als Fallen für Beutetiere bis hin zu Mäusegröße vor allem aber als Fluchtwege dienen, oft noch Toiletten und Wohnkam- mern. Sowohl beim Bau wie beim Bewohnen ist nur ein erwachsenes Tier beteiligt. Thermoregulatorische Gründe, vor allem am Tag, haben die Sandbaue wüstenlebender Nagetiere. Im Winter ebenfalls thermoregulatorisch wichtig, aber auch als Schutz- und Vorrats- sowie Wohnbaue im Sommer sind die Murmeltierbaue zu sehen. Bautiefe und Verzweigung wechseln je nach Art, Lebensraum und, zumindest bei den Hochgebirgs- arten, Jahreszeit – es gilt den Aufwand des Grabens minimal bei maximalem Witte- rungsschutz zu halten. Die Baue können mehrere Meter tief sein, bei steppenbewoh- nenden Arten in Zentralasien werden sie nach Freude (1982) nur insgesamt in 3 Mona- ten des Jahres verlassen. (Die ebenfalls weiträumigen Koloniebaue der Nackt- und Graumulle s. Kap 6.3). Die Nestbauaktivität von Nagetieren kann experimentell z.B. durch Temperaturabsenkung verstärkt werden (Morse 1980). Auch bei den oberirdi- schen Bauten sind die Nagetiere innerhalb der Säuger unbestrittene Baumeister. Sol- che oberirdischen Nester und Baue können auf Bäumen zu finden sein, etwa die kunst- voll geflochtenen Nester der Zwergmaus (s. Abb. 13), oder Kobel der Eichhörnchen. Bei der Zwergmaus werden oft die äußeren Schichten des Kugelnestes aus Halmen mit weiter bestehender Verbindung zur Pflanze gebaut – dadurch bleiben die Halme grün und tarnen das Nest. Eichhörnchen bauen ihre Kobel äußerlich aus Ästen, lehnen diese aber oft eng an den Stamm oder direkt an verhandene Vogelnester an. Beide Arten pol- stern die Nestbauten innen aus, mit Moosen, Flechten oder weicheren Grashalmen. Die Eichhörnchenkobel werden auch im Winter bewohnt – ohne Winterschlaf.

Verglichen mit diesen kunstvollen, in 2–5 Tagen erbauten Nagetiernestern sind die Schlafnester von Menschenaffen in 3–5 Minuten allabendlich neu gebaut, recht einfa- che Konstruktionen (Goodall, Schaller 1963), die durch Heranbiegen und Zusammen- knicken von Ästen und Zweigen entstehen. Jedes halb bis ganz erwachsene Tier baut sich sein eigenes Nest.

Abb. 12 Zwergmaus im Nest.

Wasserburgen, d.h. Gebäude aus Holz und anderen festen Pflanzenmaterialien, inmitten flacher Gewässer oder am Ufer, mit Einstieg i.d.R. unter dem Wasserspiegel, bauen sowohl Bisams (*Ondatra zibeticus*) wie Biber (*Castor canadensis, Castor fiber*). In beiden Fällen können die Wohnhöhlen entweder im Holzbereich oder im darunterliegenden Erdreich liegen. Einmalig ist dagegen die Regulation des Wasserspiegels durch Dämme, Überläufe und andere, stets kontrollierbare wasserbauliche Maßnahmen beim Biber. Die Dämme werden nur dort gebaut, wo der Wasserspiegel flach ist. Der Wasserstand wird dadurch stets so hoch gehalten, daß a) der Baueingang unter Wasser liegt, b) vor dem Baueingang ein Unterwasservorratslager an Ästen, Zweigen etc. für den Winter möglich ist, c) der Transport des Holzes weitgehend schwimmend erfolgen kann und d) das Allerwichtigste, all dies auch im tiefen Winter nicht durchfriert – es muß also unter der Eisdecke immer Schwimmraum sein. Die Baue und Dämme werden aus Holz gebaut und mit Schlamm, der mit Händen und Kinn festgestampft wird, wird abgedichtet.

5.8 Werkzeuge und Hilfsmittel

Auch dieses Kapitel fällt etwas aus dem Rahmen, da der Gebrauch von Werkzeugen und Hilfsmitteln bei verschiedenen Kapiteln der Umweltbewältigung eine Rolle spielen kann. Eine gute Gliederung des ganzen Komplexes,und viele Beipiele aus verschiedensten Taxa, liefert Beck (1980). Becks Einschränkungen,daß dort nur Werkzugverhalten betrachtet wird, das nicht unter Anleitung, Training oder Dressur durch Menschen entstand, soll auch für unsere Kurzübersicht gelten. Becks Definition für Werkzeuge umfaßt folgende Kritierien:

- Das Objekt muß gegenüber dem Substrat frei und unbefestigt sein,
- es muß sich außerhalb des Körpers des verwendenden Tieres befinden,
- es darf nicht am Körper des Tieres angewachsen sein, kann aber ein Körperprodukt (geworfener Kot) sein,
- es kann belebt oder unbelebt sein,
- der Benutzer muß das Objekt während oder kurz vor der Benutzung tragen und für seine richtige und effektive Ausrichtung auf den Zweck sorgen,
- der Zweck kann sein die Form, Position oder den Zustand eines anderen Objekts, Lebewesens oder des Benutzers selbst zu ändern.

Das klingt alles fürchterlich kompliziert aber nur durch solche Definitionen sind Werkzeuggebrauch und Werkzeugherstellung z.B. von der Benutzung von Kratz- und Scheuerbäumen, dem Bau von Erdhöhlen oder dem Benutzen von Schlammsuhlen ab-

zugrenzen. Besonders wichtig ist noch die Unterscheidung zwischen Werkzeuggebrauch und Werkzeugherstellung – auch wenn letzteres nicht mehr allein Vorrecht des
Menschensein ist.

Ordnung	Art	Werkzeuggebrauch
Rodentia	Taschenratten Thomomys bottae	flache Steine werden mit Vorderpfoten gehalten zum Graben
	div. Bodenhörnchen Spermophilus spec.	Sandschleudern gegen Schlangen
Proboscidea	Asiatischer Elefant (Hart & Hart 1994; Kurt 1995, Beck) Afrikanischer Elefant	Äste werden als Fliegenwedel oder zum Kratzen benutzt. Kotballen als Wurfgeschosse (nie gegen Artgenossen beobachtet)
Perissodactyla	Pferd	Stöcke in Schnauze zum Kratzen benutzt
Artiodactyla	Elen, Kaffernbüffel	Zaunpfähle zwischen Hörnern balancieren und Rücken kratzen
	Davidshirsch	Geweih mit Pflanzenmaterial, Körper mit Schlamm bedecken und bewerfen
Carnivora	Brillenbär Tremarctos americanos	Stöcke/Äste werden zum Herunterholen von Früchten benutzt
	div. Mangusten (s. Text)	
	Eisbär	bewirft Robben mit Felsbrocken, tötet Beute damit löst Fallen durch Steinwerfen aus
	See-Otter Enhydra lutris	holen Steine hoch, legen sie auf Brust und schlagen damit hartschalige Beute auf
Primates		
- Platyrrhini	Brüllaffen Alouatta spec. Kapuzineraffen Cebus spec.	werfen Äste und / oder Kot auf Menschen, die sie verfolgen
- Catarrhini	Roter Colobus, Colobus badius	dito
	div. Makaken, Macaca spec., Macaca sylvana Paviane Papio spec.	knackt Skorpione mit Steinen werfen Steine etc. nicht nur zur Feindabwehr, sondern auch um hängende Früchte zu erreichen, hämmern harte Früchte oder Skorpione mit Steinen auf , wischen Flüssigkeiten (Säfte, Blut) mit Steinen oder Pflanzenteilen ab
	Orang-Utan	wirft Äste auf verfolgende Menschen oder lärmende Affen, bedecken sich mit belaubten Ästen gegen Menschen und Regen, schlägt mit Stock auf Artgenossen und Schlangen
	Gorilla	wirft Steine und Pflanzenteile im Display
	Schimpanse (s. auch Goodall 1986, Kummer & Goodall 1985)	werfen und schwenken Stöcke und Äste beim Imponieren und gegen Feinde, werfen Objekte und Stöcke bei Kämpfen gegen Artgenossen, angeln Termiten mit Stöckchen und Halmen, benutzen Blätter als Schwämme und Waschlappen

Tab. 4. Ausgewählte Beispiele für Werkzeuggebrauch bei Säugern. Literatur, wo
nicht angegeben, bei Beck (1980).

Einige Nachträge zu dieser Liste sollen noch speziell erwähnt werden: Viele Tiere, z. B. bekannt von verschiedenen Mangustenarten, Makaken und Schimpansen, benutzen feste Strukturen oder Umgebung (Steine, Baumstümpfe) als Amboß, um Eier, hartschalige Früchte oder Arthropoden bzw. Mollusken zu knacken. Da dieser Amboß, im Gegensatz zum Verhalten des See-Otters, fest in der Erde verankert, und nicht speziell herantransportiert wurde, erfüllt das Verhalten nicht die Definition des Werkzeuggebrauches, obwohl das Verhalten selbst sicher vollständig vergleichbar ist. Auch gehört dazu oft eine besondere Geschicklichkeit, wie die Abbildung der eierwerfenden Manguste zeigt: Das Tier muß im richtigen Moment das Ei nach hinten werfen hochspringen bzw. die Hinterbeine spreitzen und dazu gezielt vor einem Stein oder Fels werfen. Rasa (1984) beschreibt denn auch anschaulich den langen Übungsprozeß junger Zwergmangusten für dieses Verhalten. Gerade bei Menschenaffen finden sich noch viel mehr Beschreibungen von Werkzeuggebrauch in Menschenobhut oder von ausgewilderten Tieren (Beck 1980). Diese Beipiele zeigen oft noch differenzierteres Geschick, werden aber wegen der unklaren Entstehung (Training oder Anleitung ist nicht immer auszuschließen) hier nicht angeführt. Um die Plastizität und Vielfalt des Werkzeuggebrauches zu zeigen, reichen obige Beispiele durchaus. Als Werkzeugherstellung werden von Beck vier nicht immer vollständig ablaufende Schritte genannt:

a. *Ablösen* (detach) des Objekts, z. B. einen Ast abbrechen, der als Werkzeug dient

b. *Entfernen* (substract) bestimmter Teile, sodaß der Rest besser verwendet werden kann, z. B. Entfernen von Blättern, damit das verbleibende Ästchen als Termitenangel verwendet werden kann.

c. *Kombinieren / Hinzufügen* (combine/add) mehrer Gegenstände, z. B. Zusammenstecken von Stöcken durch Schimpansen.

d. *Umformen* (reshape) des Materials des Werkzeuges zum besseren Gebrauch umstrukturieren, z. B. Blätter zerknüllen oder kauen, um ihre Saugfähigkeit zu erhöhen (Schimpansen, Brüllaffen).

Alle diese Formen der Werkzeugherstellung treten auch bei Tieren auf (Beck 1980 gibt nebenbei auch Beispiele für fast alle außerhalb der Säuger). Wenn überhaupt (s. Kap. 11), bleibt für den Menschen bestenfalls, daß er Werkzeuge benutzt, um Werkzeuge herzustellen. Nur in wenigen Fällen sind Beobachtungen über das Enstehen oder die Weitergabe von Werkzeuggebrauch bei freilebenden Arten vorhanden. Beck (1980) sowie Kummer & Goodall (1985) besprechen die Weitergabe von Werkzeug- und Amboßgebrauch bei Schimpansen durch Tradition. Während beispielsweise Schimpansen in Westafrika Nüsse sehr geschickt mit Steinen aufhämmern, geschieht dies in der ostafrikanischen Population höchstens durch recht unelegantes Schlagen der Nüsse gegen Bäume. Weibliche Tiere waren in der westafrikanischen Population viel geschickter - möglicherweise weil die männlichen Tiere stärker durch soziale Vorgänge abgelenkt werden. Auch das Erlernen der Termitenangeltechnik wird durch Beobachten der Mutter zumindest erleichtert, ein im Alter von 3 Jahren verwaistes Jungtier war mit 5 Jahren noch wesentlich ungeschickter als andere Fünfjährige (was aber auch auf eine allgemein schlechtere Entwicklung eines Waisen zurückzuführen wäre, Beck 1980).

Bemerkenswert ist, daß außerhalb der Menschanaffen über sicheres Nachahmungslernen bei neuem Werkzeuggebrauch noch keine Freilandbeobachtungen vorliegen (Beck 1980).

5.9 Der Einfluß von Parasiten

Hier muß, vor allem im Hinblick auf den Befall mit Endoparasiten deutlich unterschieden werden zwischen Verhalten der potentiellen Wirte vor dem Befall zur Vermeidung und Verhalten des Wirtes unter dem Einfluß von bereits vorhandenen Parasiten. Zur Vermeidung von Parasiten gehören viele bereits erwähnte Teile der Habitatwahl (Zebras 5.3.1, Karibuwanderung 5.3.2), aber auch soziale Körperpflege (z.B. bei Impalas, Hart & Hart 1992, Hart et al. 1992, auch bei Gazellen und Gnus), Schwanzschlagen (Kiley-Worthington 1976), sogar Werkzeuggebrauch (Fliegenwedel auch Pflanzenmaterial beim Asiatischen Elefanten, Hart & Hart 1994). Besonders bemerkenswert ist die Überlegung (Reichholf 1985), daß das Streifenmuster der Zebras in diesem Zusammenhang entstanden sein könnte. Es zeigt sich ja (s.o.), daß Zebrastreifen nicht als Somatolyse für Säuger funktionieren (wie auch jeder Safaritourist bestätigen kann). Stattdessen sind die Streifen aber in einem Muster, das die Bilderkennung bei Dipteren, z.B. den Tsetsefliegen erschwert. Da diese nicht nur Ektoparasiten sondern auch Krankheitsüberträger sind, wäre eine wirkungsvolle Tarnung gegen sie äußerst adaptiv. Bemerkenswerterweise sind denn auch die Pferdeartigen gerade in dem Gebiet schön gestreift, in dem Tsetse vorkommen: ganz im Norden von Afrika (Wildesel), sowie ganz im Süden (das ausgestorbene Quagga) dagegen kaum – dort gibt es keine Tsetsevorkommen.

Hart (1990, 1992) hat die Wechselbeziehung zwischen Parasiten und Krankheitserregern mit Wirtstieren von der Verhaltensseite her ausführlich diskutiert. Die Folgen einer Parasiteninfektion für das Wirtsverhalten beschreibt Thompson (1990). Vertieft Interessierte seien auf diese Autoren verwiesen. Grundsätzlich ist zu unterscheiden zwischen Verhalten des Wirtes vor der Infektion bzw. Verhalten das die Infektion bzw. deren primäre Auswirkungen zumindest mildert, und Verhalten nach Infektion. Nach Hart sind Krankheitserreger von Viren angefangen, als sog. Mikroparasiten zusammengefaßt, und „klassische" Parasiten hier Makroparasiten genannt, eigentlich nur verschiedene Punkte auf einem gemeinsamen Kontinuum. Jedes Verhalten, das ein Wirt gegen Parasitenbefall einsetzt, kostet ihn Zeit, Energie, Aufmerksamkeit oder andere fitnessrelevante Dinge. Auch hier haben wir es also wieder mit einem Optimierungsfall zu tun. Zwei Kriterien muß ein Verhalten nach Hart erfüllen, um als Parasitenkontrollverhalten gelten zu können:

1. Der fragliche Parasit muß einen nachweislichen negativen Einfluß auf die Fitness des Wirtes haben.

2. Das betreffende Verhalten muß hilfreich sein, um den Parasiten zu vermeiden oder zu entfernen.

Genau wie im Zusammenhang mit Freßfeinden gilt auch hier, daß aus der Tatsache eines gelegentlichen Parasitenbefalles oder auch weil ab und zu vielleicht sogar ein Wirt daran stirbt, nicht auf die mangelnde Adaptivität des Anti-Parasitenverhaltens geschlossen werden darf – ein Punkt, den Hart (1990) extrem betont, ebenso wie die Tatsache, daß der Parasit nicht immer anwesend sein muß. Zur Abwehr nennt Hart fünf „Strategien", die allerdings nicht immer als Strategien im Sinn der Evolutionsbiologie zu sehen sind.

1. Vermeidung
2. Kontrollierte Parasitenbelastung zur Anregung des Immunsystems
3. Verhalten bei Krankheit, z.B. Freßunlust, Abgeschlagenheit
4. Helferverhalten gegenüber kranken Artgenossen
5. Sexuelle Selektion und Partnerwahl auf möglichst resistente Paarungspartner

Punkt 4 gehört in Kapitel 6, Punkt 5 in Kapitel 9. Punkt 3 ist zwar, wie wir sehen werden oft sehr hilfreich zur Bekämpfung, ist aber eigentlich eine Folge des Befalles und wird zusammen mit den anderen Verhaltensänderungen und Folgen einer Erkrankung behandelt werden. Bleiben also noch 1 und 2. Während Punkt 1, die Vermeidung der Infektion, sowohl gegen Micro- wie Macroparasiten auftreten kann, spielt Punkt 2 fast nur bei Micorparasiten eine Rolle. Zur Vermeidung gehören beispielsweise:

- Planzenfresser, speziell bodenlebende (Huftiere!) grasen nicht in der Umgebung von Dunghaufen oder nutzen spezielle Exkretionsplätze. Auch Nest/Aufzucht-plätze werden sauber gehalten. Primaten sind hier was Nestsauberhalten betrifft weniger aufmerksam. Stattdessen gibt es aber Hinweise, daß sie ihre Schlafnest-plätze in einem Zyklus wechseln, der die Reinfektionszyklen ihres Hauptparasiten stört.

- Selbst putzen, eigene Körperpflege kann durchaus aufwendig sein: Hart (1990) führt bei Impalaantilopen je bis zu 1000 mal kratzen und oral Putzen (lecken, knabbern) am Tag an. Wird Selbstputzen im Experiment verhindert, steigt der Parasitenbefall signifikant – bei Kühen konnten ohne solche Krägen nur 9% , mit Kragen 33% der experimentell angesetzten 40–50000 Zecken ansaugen. Vergleichende Studien von Hart (1992) an Antilopen unterschiedlicher Körpergröße zeigen, daß die Putzhäufigkeit bei kleineren Arten höher, die Parasitenbelastung pro m² Körperoberfläche aber geringer ist. Offenbar sind größere Arten einerseits wegen der Oberfläche/Volumenbeziehung toleranter gegenüber Parasiten. Umgekehrt existiert eine positive Beziehung zwischen Körpermasse und Madenhackerdichte pro Flächeneinheit der Körperoberfläche.

- Putzsymbiosen z.B. von Madenhackerstaren mit afrikanischen Huftieren, vermindern enorm den Parasitenbefall – jeder Madenhacker hat durchschnittlich 400 Zecken im Magen, auf einer Rinderkoppel mit 2 bis 4 Madenhackern wurden 20% der Larven aber 100% der Imagines der Zecken entfernt. Zumindest bei Impalas ist auch die Einnahme spezieller Körperpositionen und Stellungen bekannt, die den Vögeln die Arbeit erleichtern.

- Auffallendes Abwehrverhalten z.B. gegen Rachenbremsen oder Dasselfliegen bestehend aus Bocksprüngen, galoppieren, wälzen etc., wird von vielen Huftieren gezeigt.

- Bei Vögeln ist bekannt und beim Dachs wird vermutet, daß das Eintragen bestimmter Pflanzen, z.B. Farne ins Nest dem „Ausräuchern" (fumigation) dient

– die vom Dachs verwendeten Farne enthalten Cyanoglycoside und Ecdyson-Analoga.

• Schimpansen wurden mehrfach beobachtet, wie sie (bei den Beobachtern erkennbaren) Krankheitsanzeichen bestimmte auch von der lokalen Bevölkerung verwandte Medizinpflanzen mit z. T. nachgeweisener biozider oder antibiotischer Wirkung fraßen und z. T. auch tagsdarauf wieder gesund wirkten.

Zu Punkt b) Kontrollierte „Immunisierung" d. h. langsames Heranführen von Erregern führt Hart (1990) z. B. an, daß Affenjunge nach und nach von anderen Gruppenmitgliedern betreut werden dürfen oder, daß Affenherden Fremde erst in Laufe einiger Wochen näher heranlassen. Jedoch dürfte hier die Krankheits- und Parasitenkontrolle eher ein Nebeneffekt anderer sozialer Mechanismen sein. Etliche Verhaltensweisen der Parasitenvermeidung, z. B. gegenseitiges Putzen gehören in den Bereich „Vorteile des Gruppenlebens" und werden dort behandelt. Zur Belastung von Wirten durch Parasiten, wenn denn die Infektion erst mal stattgefunden hat, gibt Hart (1990) einige eindrucksvolle Zahlen: In einer Studie an Pferden im Staat New York verloren die Tiere durchschnittlich 0,5 l Blut pro Tag. Bei Rindern ergab eine Zeckenbelastung von 48 angesaugten Zecken einen Rückgang der Gewichtszunahme gegenüber Kontrolltieren um 29 kg oder 0,6 kg pro Parasit. Mäuse mit niedrigerer Nematodenbelastung hatten im Experiment eine höhere Chance auf hohe Rangpositionen, auch wenn die Nematodenbelastung noch keine Gewichtsabnahme bewirkte. Die typischen Verhaltensänderungen nach Befall, wie Freßunlust, Mattigkeit, Bewegungsunlust sind nach Thompson (1990) ebenfalls zugleich Kontrollmaßnahmen: Sie schränken auch die Energieversorgung des Parasiten in der ersten entscheidenden Phase des Sichfestsetzens ein.

6 Individuum und soziale Gruppe

6.1 Interaktionen, Beziehungen, Strukturen

Hinde (1981) definiert den Begriff *Soziale Interaktion* so, daß ein Individuum das Verhalten eines anderen beeinflußt. Solche sozialen Interaktionen können entweder aus einem einmaligen kurzen oder einem mehrmaligen und sehr komplexen Austausch von Verhaltenselementen bestehen. Die dabei erreichte Komplexität kann, muß aber keinesfalls erheblich größer sein als bei einer einfachen Reiz-Reaktions-Abfolge auf nicht soziale Reize der Umwelt. Hinde betont auch, daß Interaktionen zwar vielfach in Form von längeren Handlungsketten (A macht X, B macht Y, A macht Z, B macht …) beschrieben werden (können), daß jedoch dabei keineswegs sicher ist, ob das Verhalten Z des A wirklich durch das Verhalten Y des B, oder nicht vielleicht durch X des A selbst ausgelöst wird. Solche Rückkopplungen sind gerade im Balzverhalten häufig (s.u. Kap. 8.1), auch gibt es die Möglichkeit eines Rückfalls oder mehrfachen Hin- und Herwechseln zwischen den Elementen.

Die Bestandteile sozialer Interaktionen und die Abfolge der Elemente in einer solchen Interaktion sind oft, selbst bei höher entwickelten Säugern bemerkenswert konstant. Selbst bei Primaten fand Kummer (1978), daß die Elemente der Interaktionen weniger von ökologischen oder sozialen Unterschieden, sondern hauptsächlich von der phylogenetischen Position der betreffenden Art abhängen. Ähnliches zeigt sich z.B. bei Wiederkäuern (Walther 1979) und Känguruhs (Gansloßer 1989, 1995). Die Basis der Beschreibung und des Vergleichs von Interaktionen ist ein möglichst differenziertes Ethogramm, möglichst unter Einbeziehung statistischer Verfahren der Sequenz- und/oder Varianzanalyse (s. Anhang I). Dadurch können dann auch kommunikative Funktionen sowie Ritualisierungen und phylogenetische Abwandlungen der Verhaltenselemente bearbeitet, und die Homologiekriterien (Remane 1952, Wickler 1967) angewandt werden. Der nächste Schritt, die nächste Ebene der Beschreibung und Untersuchung sind die sozialen Beziehungen (Relationships). Hinde (1981) und Kummer (1978) haben einen konzeptionellen Rahmen dafür geliefert. Soziale Beziehungen sind nach Hinde durch eine Reihe von Interaktionen über einen (längeren) Zeitabschnitt charakterisiert. Sie können daher in einer „Momentaufnahme" nicht, oder bestenfalls unvollständig erfaßt werden. Neben dieser, mehr methodischen Schwierigkeit gibt es aber auch noch eine im Erklärungsansatz: Wie Kummer (1978) so pointiert fragt: Welchen Wert hat eine Sozialbeziehung? Um soziale Beziehungen zu knüpfen und aufrecht zu erhalten braucht man Zeit, Energie, oft legt man sich deswegen mit anderen an – alles das tut ein Tier nur, wenn die Beziehung auch Vorteile bringt. Coe et al. (1982) fanden, als weiteren Hinweis für den „Aufwand", den die Ausbildung sozialer Beziehungen bedeutet, einen erheblichenn Anstieg des Cortisolspiegels bei allen Totenkopfaffen die mit neuen Sozialpartnern konfrontiert wurde. Wenn Individuen in eine Beziehung investieren, so können sie dadurch entweder die Qualität des Partners verbessern, oder seine/ihre Tendenz, bestimmte für das Individuum selbst vorteilhafte Dinge zu tun, oder die Verfügbarkeit des Partners verändern. Vor der Betrachtung dieser Dynamik müssen Beziehungen aber ebenfalls mit Hilfe meß- und operationalisierbarer Parameter beschrieben werden. Dies kann nach einem von Hinde (1981) vorgeschlagenen mehrstufigen Verfahren geschehen:

1. Beschreibe individuelle Beziehungen nach Inhalt (welche Interaktionsmuster), Richtung (wer zu wem), Qualität (wie werden die Interaktionsmuster ausgeführt z.B. heftig oder nur angedeutet) und zeitlicher Abfolge.

2. Generalisiere diese Beschreibung über die gesamte Gruppe oder Population.

3. Ordne und klassifiziere die entstehenden Beziehungen z.B. nach den Aspekten.

    a. Diversität – wie viele verschiedene Verhaltenselemente werden gezeigt?

    b. Qualität: Nicht nur die Interaktionen selbst, sondern auch die Art der Kopplung verschiedener Interaktionsmuster kann unterschiedliche Qualität haben. Hinde gibt ein Beispiel: Eine Mutter-Kind-Beziehung, die von seiten der Mutter nur negative oder abwehrende Elemente enthält, hat eine andere Qualität als eine, die sowohl abwehrend wie kontaktsuchend agiert (was dann als „kontrollierende" Beziehung gilt).

    c. Reziprok oder komplementär? Ist die Beziehung symmetrisch, tut A gegen B das Gleiche wie B gegen A? Dies kann die Art oder die Häufigkeit der Interaktionen betreffen. Bei Primaten ist oft die Richtung und Häufigkeit der sozialen Körperpflege statusabhängig (Ranghöhere erhalten mehr), in anderen Fällen drückt die Richtung etwas über "leadership" aus, oder wer stärker an wem hängt. Wade (1977) hat die Existenz symmetrischer oder komplementärer Beziehungsarten bei Primaten genauer diskutiert und am Beispiel von weiblichen Rhesusaffen die Verteilung der beiden Beziehungstypen untersucht. Der generelle Trend bei Primaten (für andere Säuger noch nicht untersucht) deutet auf komplementäre Beziehungen als die stabilere Art sozialer Beziehung. Zudem ist offenbar Vertrautheit der Beziehungspartner die entscheidende Variable: Unvertraute Partner zeigen eher symmetrische, vertraute mehr komplementäre Beziehungen. Bezüglich Komplementarität gibt es einige interessante Fälle von Aufgabenteilung bei paarlebenden Arten. Gibbons und Siamangs (Geissmann 1983) duettieren, wenn sie paargebunden sind (s. Kap. 8.3), bei Maras (Schiel 1994) und Klipspringern (Dunbar 1985) wechseln sich die Partner eines Paares beim Wachen gegen Raubfeinde ab. Einer frißt, einer paßt auf.

    d. Zumindest bei hochevoluierten Arten, z.B. höheren Primaten oder Elefanten, können auch kognitive Aspekte bedeutsam sein, s. Kap. 4.

Aus dem gesamten Netzwerk sozialer Beziehung ergibt sich dann die Struktur einer Gruppe bzw. Population. Die Abstraktion, die vorgenommen werden muß, um von den beobachtenden Zuständen einiger Gruppen zu einer allgemeinen Aussage über soziale Strukturen einer Population oder Art zu gelangen, ermöglicht den Schritt von einer Oberflächenstruktur zur Struktur sensu strictu (Hinde 1983). Die Struktur im eigentlichen Sinn wird jedoch durch vielerlei Einflüsse verdeckt und kann daher nur durch ausführliche Analysen dargestellt werden. Ein Hindernis bei der Aufdeckung dieser, von Kummer (1975 a, b) in ähnlichem Zusammenhang „Tiefenstruktur" genannten, Eigenschaft liegt in der Vorerfahrung, welche Mitglieder einer stabilen

Gruppe haben, während sie dem Beobachter fehlt. Außerdem kann durch das Netzwerk sozialer Beziehungen in einer Gruppe eine Einzelbeziehung zwischen zwei Individuen so beeinflußt werden, daß sie sich nicht in gleicher Weise abbildet, wie bei Einzelbetrachtung der gleichen Individuen.

Soziale Beziehungen und Strukturen unterliegen also einerseits einer Dynamik, andererseits auch stabilisierend wirkenden Faktoren (Hinde 1979 a). Als verantwortlich für die Dynamik in den sozialen Beziehungen und Strukturen nennt Hinde:

1. zeitliche Änderung durch Gewöhnung etc.

2. ontogenetische Veränderungen bei Individuen (etwa den Übergang von subadult zu adult)

3. Änderung von Umweltfaktoren, z.B. Änderung des Nahrungsangebotes kann Individualdistanz bei Futtersuche beeinflussen

4. neue Einflüsse anderer Beziehungen (sog. triadische und polyadische Einflüsse) z.B. auf die betrachtete Zweierbeziehung.

Zur Stabilität tragen nach Hindes Ausführungen bei

1. Artgemeinsamkeiten

2. Änderungen, die auf zyklische Zustandsänderungen der Umwelt zurückgehen, z.B. Fortpflanzungssaison

3. Die feste soziale Erfahrung jedes Individuums in der Gruppe, die es durch das herrschende Geschlechterverhältnis, Nahrungsangebot und andere Faktoren während seines Geburtsjahres erlebt hat. Diese Prämissen beeinflussen insbesondere bei Säugern (und wohl auch Vögeln) das Verhalten der Individuen zeitlebens (Jedoch stets innerhalb der Norm von a) (Hinde).

Für die drei letztgenannten Punkte hat Mason (z.B. 1976) den Begriff *social disposition* geprägt. Aus den Wechselwirkungen zwischen sozialen Dispositionen aller beteiligten Individuen und dem "social setting" (das sind die gegebenen sozialen Umstände wie z.B. derzeitig vorliegende Gruppengröße, -zusammensetzung etc.) mit der Umwelt resultiert nach Mason (z.B. 1978) dann das Beziehungsnetz der beteiligten Individuen, also die oberflächliche Struktur dieser betreffenden Gruppe. Gezielte experimentelle Tests stellen hier eine Möglichkeit dar, soziale Beziehungen und ihre Qualitäten zu erfassen. Eventuelle dem Beobachter unbekannte Vorerfahrung der Testpartner untereinander oder mit der Situation lassen sich vermeiden oder kontrollieren und Situationen einrichten, die je nach Fragestellung mit oder ohne Einflüsse anderer Artgenossen gestaltet werden können. Trotz kontrollierter äußerer Versuchssituation muß die Handlungsbereitschaft der beteiligten Individuen jedoch nicht identisch sein. Konfrontationsexperimente sind trotzdem ein wertvolles Instrument für viele Fragestellungen bezüglich der Qualität individueller Beziehungen, aber auch für Untersuchungen der sozialen Disposition von verschiedenen Individuen (die sich etwa in Art, Geschlecht, Alter, Aufzuchtbedingungen unterscheiden). In verschiedenen, vorwiegend primatologisch ausgerichteten Arbeitsgruppen wurden und werden Konfrontationsexperimente erfolgreich durchgeführt. Genannt seien hier vor allem Arbeiten von Mason et al. 1986, (zusammengefaßt bei Mason 1978, 1986, Anzenberger

1988, Anzenberger et al. 1986, Cubicciotti & Mason 1975,1978). Sie konnten mit Hilfe von Konfrontationsexperimenten Artunterschiede in der Qualität der Männchen/ Weibchen-Bindung zwischen monogamen Springaffen (*Callicebus*) und in gemischten Großgruppen lebenden Totenkopfaffen (*Saimiri*) nachweisen (z.B. reagieren *Saimiri* wesentlich „gelassener" auf eine Begegnung ihres Partners mit einem andersgeschlechtlichen Fremden.) Andere Mitarbeiter der Gruppe (z.B. Anzenberger 1986, Vaitl 1978) untersuchten den Einfluß von Familien- bzw. Gruppenmitgliedern auf das Verhalten in Konfrontationsexperimenten bei *Callithrix jacchus* (Weißbüscheläffchen) und *Saimiri*. Bereits ein Elterntier hinter einem Trenngitter hemmt bei *Callithrix* völlig die Ausbildung von Paarbeziehungen bei Jungadulten. Wiederholt wurden komplexe Motivationsmodelle entworfen, um die Vorgänge in einem Individuum bei der Distanzregulierung mit Artgenossen (bekannten und unbekannten) widerzuspiegeln. Ein solches Modell ist das Züricher Modell der sozialen Beziehung (Bischof 1985, Gubler & Bischof 1994), das in Kap. 9.7 eingehender beschrieben wird. Als wesentliche Variable, die das Verhalten in diesen Fällen bestimmen, wurden dabei, sowie bereits 1978 von Kummer die Folgenden herausgearbeitet:

Vertrautheit wurde überwiegend als Grad der Vorhersagbarkeit des Partners definiert. Hierfür sind Beispiele das zunehmende Einüben „richtiger" Gesangssequenzen etwa bei Siamangs, aber auch die Beobachtung, daß Rekonfrontationen bei Arten, die dem Stufenkonzept (s. Kap. 6.5) folgen, schneller verlaufen oder gleich auf höherer Stufe beginnen. Desgleichen ist das Neuauftreten bestimmter Elemente z.B. des Spieles in späteren Stadien ein Hinweis darauf – erst bei genügender Vertrautheit kann die „versehentliche Eskalation" eines ursprünglich spielerischen Ringkampfes vermieden werden.

Attraktivität des Partners wird u.a. bestimmt von dessen Fähigkeit, dem Individuum notwendige Bedürfnisse zu stillen (RHP, s.Kap. 8.1). In die Attraktivität geht auch der Status bzw. die Dominanzposition des Partners ein. (Höherer Status kann offenbar auch höhere Attraktivität bewirken, eigene Befunde zeigen, daß bei m/ww Triaden das größere A-Weibchen i.d.R. früher vom Männchen aufgesucht wird).

Ähnlich sind die Beobachtungen verschiedener Autoren an Hirschen, Bisons und eigene anekdotische Beobachtungen an Roten Riesenkänguruhs und Rotbauchfilandern, daß männliche Tiere in der Regel von 2 Weibchen (gleichen Oestruszustandes) das ältere Tier bevorzugt umwerben. Änderungen der Attraktivität eines Partners lassen sich z.B. durch Beobachtungen von Horsup (1986) am Gleichfarb-Felskänguruh *Petrogale inornata* (paarlebend) belegen, wonach die Verteilung von gegenseitigem vs. einseitigen sozialen Groomings mit dem Oestruszustand des w wechselt, aber auch Kleimans 1983 Beobachtung am Großen Panda, wonach während des Oestrus das m-Tier mehr aggressive Elemente auf das w richtet, außerhalb des Oestrus umgekehrt. Kummer (1978) hat auch beschrieben, wie der Wert, mithin die Attraktivität eines Beziehungspartners durch „gezielte Investition" eines Tieres verbessert werden kann. Verfügbarkeit wird u.a. beeinflußt durch triadische Interventionen, kann jedoch auch durch Experimente beeinflußt werden. Die hemmende Wirkung solcher, selbst potentieller Interventionen, auf den Ablauf der Beziehungsbildung wurde experimentell z.B. durch Arbeiten an Callitrichiden (z.B. Anzenberger 1983) nachgewiesen.

Die Erträglichkeit des Partners ist im wesentlichen vom Status beider Individuen abhängig. Einflüsse der Erträglichkeit oder Kompatibilität (wobei Kompatibilität als

Eigenschaft einer Dyade letztlich die gegenseitige Erträglichkeit beider Partner beschreibt) sind deutlich durch unterschiedliche Geschwindigkeiten etwa beim Durchlaufen von Stufensequenzen (s. Kap. 6.5) zu sehen, oder in den verschiedenen Ausprägungen ein- bzw. wechselseitiger sozialer Körperpflege im Artvergleich (abhängig vom Ausmaß des Sexualdimorphismus).

Die vorgenannten Überlegungen, bewußt spekulativ gehalten, zeigen, auf welche Weise aus Beobachtungsdaten Mechanismen des Gruppenverhaltens postuliert und, nach Definition entsprechender Variablen analysiert werden können.

Durch Vergleich der Daten aus Langzeitbeobachtungen etablierter Gruppen mit den Ergebnissen von Experimenten ist vor allem eine Aussage über Konsequenzen von qualitativ unterschiedlichen Beziehungen für die beteiligten Individuen, und die Möglichkeiten der Beeinflussung durch andere Gruppenmitglieder möglich. Kummer et al. (1978) konnte z.B. den Einfluß der erreichten Stufe (also Qualität) der Beziehung zweier Mantelpavianmänner auf deren aggressives Verhalten zueinander in zukünftige Konkurrenzsituationen nachweisen. Der schon genannte Artvergleich zwischen *Callicebus* und *Saimiri* bezüglich Bindungsqualität aus der Mason-Gruppe (s.o.) zeigt, daß bei solchen Untersuchungen die Bearbeitung mehrerer Arten mit unterschiedlicher sozialer Organisation von großem Wert ist.

Es gab und gibt immer wieder Versuche, „Geselligkeit", „Sozialität" oder ähnliche Eigenschaften eines Individuums oder einer Art zu definieren und hinterher mit anderen Individuen, Arten etc. zu vergleichen. Hendrichs (1978, 1996) versucht die Komplexität dieser Begriffe wenigstens etwas zu sortieren. Er unterscheidet:

- Soziale Komplexität, d.h. die sozialen Strukturen
- Physiologische Komplexität, d.h. neurale, hormonelle und immunologische Eigenschaften, die z.B. unterschiedliche Streß- und Copingreaktionen ermöglichen
- Mentale Komplexität, d.h. Fähigkeiten zum Erkennen und Differenzieren
- Verhaltenskomplexität bezieht sich bei ihm auf motorische und mimische Fähigkeiten der Lokomotion, des Nahrungserwerbs und der sozialen Interaktionen (also mehr funktionsmorphologische Aspekte).

Seiner Ansicht nach sind Unterschiede in Lokomotion, Fouragieren und Freßfeindverhalten nicht ausreichend um unterschiedliche „Geselligkeit" zu erklären. Folgende gegenseitige Abhängigkeiten gibt er zu bedenken:

- höhere mentale und verhaltensmäßige Fähigkeit bedarf physiologischer Komplexität, aber nicht notwendigerweise eine komplexe soziale Organisation
- komplexe soziale Organisationen bedürfen zwar physiologischer und verhaltensmäßiger nicht aber notwendigerweise hoher mentaler Komplexität
- dort, wo höhere mentale Kompetenz fehlt, muß dies nicht im Zusammenhang mit fehlender sozialer Komplexität verbunden sein
- fehlende soziale Komplexität ist aber eventuell die Folge fehlender physiologischer und verhaltensmäßiger Differenzierung, die eine entsprechend schnelle Regulation und Reaktion auf komplexe soziale Situationen nicht erlaubt.

Eine weitverbreitete argumentative Verwirrung, so Hendrichs, kommt aus der oftmals undifferenzierten Gleichsetzung von „Geselligkeit" oder „Höhe sozialer Organisation" mit der Zahl von Artgenossen in einer Sozialeinheit. Hier muß aber dringend zwischen offenen Aggregationen in oft wechselnder Zusammensetzung und geschlossenen Gruppen aus einander individuell bekannten Mitgliedern und Beziehungen unterschieden werden. Individuen in Aggregationen des ersten Typs brauchen Toleranz gegen Artgenossen und, wenn die Aggregation sich koordiniert verhalten soll, entspechende Wahrnehmungs- und Verarbeitungsfähigkeiten. Mit zunehmender Individuenzahl steigt die Belastung des Einzelnen nur gering (sofern die Dichtezunahme keinen Einfluß auf Ressourcenlage hat). Demgegenüber steigt potentiell die Belastung in festen Gruppen mit zunehmender Individuenzahl erheblich, vor allem, wenn mehrere reproduktiv aktive Erwachsene zugleich anwesend sind. Bei Säugetieren gilt das im stärksten Maße in Gruppen mit mehreren reproduktiv aktiven Männern. Mit stammesgeschichtlicher Entwicklung hat das Ganze dagegen recht wenig zu tun: Hendrichs (1996) nennt Beispiele sehr nah verwandter Arten (Löwe/Tiger, Zwerg-/Fuchsmanguste) mit sehr unterschiedlicher Komplexität, und andererseits finden wir in phylogenetisch recht ursprünglichen Taxa recht oft komplexe Sozialsysteme (innerhalb der Nager sind die Hörnchen mit die ursprünglichsten und trotzdem bilden Murmeltiere und Biber recht komplexe soziale Systeme aus, Gansloßer 1996), ähnliches gilt auch für Mangusten als recht ursprüngliche Carnivorenfamilie insgesamt. Dunbar (1992) diskutiert allerdings den Aspekt der Komplexität des Beziehungsnetzes aus einer, mit kognitiven Fähigkeiten offenbar korrelierten phylogenetischen Richtung, nämlich der Hirngröße. Nur wenige, und allesamt als hochevolviert geltende Taxa (höhere Primaten bei ihm, dazu kämen noch Elefanten) haben differenzierte, individualisierte Verbände von 20–40 Mitgliedern oder mehr. Die hier o. g. „primitiven", aber sozial differenzierten Arten haben i. d. R. nur bis zu 10 Mitglieder in ihren Gruppen (Ausnahme z. B. Zwergmangusten).

6.1 Führen und Folgen – eine besondere Beziehung

Der Zusammenhalt von Mitgliedern einer Sozialeinheit, ob Familie, Paar, Gruppe oder Herde, wird stets dann besonders beansprucht, wenn Richtungs- oder Aktivitätswechsel erfolgen müssen. Soll dazu die ganze Gruppe koordiniert handeln können, so sind meist Entscheidungen über die Richtung, Geschwindigkeit etc. nötig und i.d.R. haben die verschiedenen Mitglieder dazu verschiedene Handlungsbereitschaften. Die Entscheidung, wer und wie führt, ist also eine recht komplexe Angelegenheit. Lamprecht (1996) und Kummer (1988) haben in guten Übersichten Befunde zu diesem Thema an verschiedenen Tierarten diskutiert, Lamprecht legt zudem ein Modell vor, das die inneren Zustände der betrachteten Individuen zu erklären versucht. Es gibt banalerweise keine Anführer ohne Gefolgschaft. Also muß das Phänomen „Führung" als ein Zusammenwirken von mehreren Individuen mithin als Beziehung diskutiert werden. Dies bedeutet im funktionalen Sinn zugleich, daß es nicht etwa von der Selektion direkt via Genotyp beeinflußt ist, sondern wieder aus der Optimierung, dem Kompromiß der Interessen der beteiligten Individuen entsteht. Davon zu trennen wäre die individuelle Eigenschaft, die ein bestimmtes Individuum dazu prädestiniert zu führen und die z.B. bei Lamprecht als „Führungspotential" charakterisiert wird: Wie sehr vermag ein bestimmtes Individuum Art und Richtung der Gruppenaktivität zu kontrollieren? Zunächst ein paar Beispiele für Führungsbeziehungen auf unterschiedlicher Komplexität:

Die einfachste und auch noch bei Säugetieren oftmals übliche Form ist laut Kummer (1988) die sog. „Tandemführung": Einer geht voran, der andere folgt oft sogar mit direktem Körperkontakt (z.B. die Karavanenbildung der Spitzmäuse, die von der Mutter durch Anstupsen in die Flankenregion der Jungen initiiert wird), oder zumindest in dichtgeschlossener Reihe, z.B. wenn Kühe, Zebras oder Hirschherden stets mit einem bestimmten Leittier an der Spitze zum Futterplatz ziehen (bemerkenswert ist, daß z.B. bei Kühen andere Leittiere den Weg zur Weide als den zum Parasitenbad führten, Reinhardt 1984).

Das Bemerkenswerte in den Sozialsystemen vieler Tiere ist nun, daß Kooperation auch im Zusammenhang mit Führungsprinzipien vorherrscht. Dominanz hat nämlich nicht notwendigerweise automatisch Leittierfunktion zur Folge. Bei den Verbänden Afrikanischer Elefanten fand z.B. Hendrichs (1977), daß die Leitbullen, die bei Wanderungen und im Alltag die Richtung angeben, keinesfalls stets die ranghöchsten sein müssen. Ranghöhe bewirkt nur Paarungsvorrechte, für die Leitbullenrolle sind andere Eigenschaften, z.B. Ruhe, Selbstsicherheit beim Erkunden etc. wichtig. In vielen Fällen wächst bei Tieren mit zunehmendem Alter die Risikobereitschaft, entgegen den Verhältnissen bei uns (Kummer 1988). Dies ist evolutionär erklärlich, da ältere Tiere weniger zu verlieren haben – sie können ohnehin nicht mehr so viel Nachwuchs produzieren, haben aber u.U. durch Verteidigung oder Erkundung neuer Bereiche die Möglichkeit, ihren schon erwachsenen Nachkommen zu helfen. Oft ist auch die Risikobereitschaft situationsabhängig – bei den afrikanischen Zwergmangusten werden zwar jüngere, rangtiefe Tiere als erste Verteidigungslinie im Konflikt mit anderen Gruppen vorgeschickt, aber neue, potentiell gefährliche Objekte werden von den ranghohen älteren erkundet. Ein besonders gutes Beispiel für Risikobereitschaft im hohen Alter, wenn auch rein genetisch vorprogrammiert, ist die Honigbiene, bei der die gefährlichsten Aufgaben, z.B. Wächter, am spätesten im Leben ausgeübt werden. Ähnliches gilt für viele Affenarten.

Zweierlei muß geschehen, damit Gruppen koordiniert handeln können. Eine Bedürfnisangleichung muß erfolgen, und Wissen muß signalisiert und vermittelt werden. Bedürfnisangleichung, z.B. die sog. Stimmungsübertragung, kann entweder durch Mitmacheffekte gesteuert werden – sieht man, daß die andern trinken, trinkt man auch, damit man später nicht allein zum Wasserloch muß – oder durch komplizierte Abstimmungsprozesse, wie sie Kummer, Stolba und Mitarbeiter bei Mantelpavianen (Zusammenfassung bei Kummer 1988) beschrieben haben. In ähnlicher Weise erfolgt offenbar die Abstimmung über die Zugrichtung bei Kaffernbüffel (Prins 1996). Stets werden Richtungen vorgeschlagen, indem ein jüngerer Pavianmann losläuft, und sich dann durch Zurückblicken der Zustimmung (durch Folgen) der älteren, ranghöheren versichert, oder indem ein Büffel aufsteht, auffällig schnaubend stehen bleibt und sich in eine bestimmte Richtung wieder hinlegt. Mit der Zeit liegen dann alle Herdenmitglieder in irgendeine Richtung und diese zeigt genau auf die im Lauf der Nacht aufgesuchten Weidegründe, selbst wenn sie auf Umwegen zu erreichen sind, bzw. die Pavianhorde zieht in die von Haremsführern vorgeschlagene Richtung. Ähnliches Abstimmungsverhalten findet sich auch bei einigen menschlichen Nomadenvölkern. Ist bei der o. g. Pavianordnung der Rang noch mit entscheidend (dies ist die Alltagssituation), so gibt es dort aber auch Fälle, in denen nur die Erfahrung zählt. Kommt es nämlich zu keiner Einigung, oder ist z. B. durch Hochwasser, der gewohnte Weg blockiert, so übernehmen plötzlich von hinten her die alten, erfahrenen, aber längst nicht mehr ranghöchsten Männer, ohne Harem, z. T. ohne Zähne (d. h. körperliches Durchsetzungsvermögen) die Führung indem sie eine Richtung vorgeben, die sekundenschnell akzeptiert wird.

In speziell dafür ausgelegten Versuchen hat Menzel (1974) an Schimpansen den Einfluß von Wissen auf die Gruppenführung untersucht. Er zeigte jeweils einem Affen verstecktes Futter, und brachte ihn dann zur Gruppe zurück. Die anderen Mitglieder ließen sich dann von diesem Tier zum versteckten Futter führen. In einer aufbauenden Versuchsserie wurden 2 Affen genommen, jedem wurde ein anderes Futterloch gezeigt. Wem folgt nun die Gruppe? Erstaunliches ergab sich: Bekam ein Tier Obst, das andere Gemüse gezeigt, oder einer einen größeren Haufen als der andere, so folgten zunächst alle dem, der das attraktivere Futter wußte. Nur, wenn es das attraktivere Futter kannte, folgte man dem unbeliebteren Tier. Wußten beide von der gleichen Futterqualität, folgte man dem beliebteren Tier. War der eine „Kenner" der ranghöchste, so folgte ihm kaum jemand – stattdessen zog man den Anführer vor, der am längsten in der Gruppe war. Vertrautheit spielt also eine größere Rolle als Rang. Dies hat möglicherweise neben dem „Vertrauen" auch weitere Gründe: je besser man sich kennt, desto besser kann man die feinen Signale des anderen verstehen. Und noch was: Der Ranghöchste teilte kaum mit anderen! Auch Verwandten folgt man leichter als Nichtverwandten.

Möglicherweise sind noch viel mehr Tiergruppen in der Lage, Alter, Erfahrung und Kompetenz von Artgenossen einzuschätzen. Es mag nur vielfach so aussehen, als sei Ranghöhe mit Leitfunktion identisch, weil in vielen Fällen auch der Zugangsrang zu umstrittenen Ressourcen altersabhängig ist. Hier liegt dann eine Korrelation ohne Kausalzusammenhang vor.

Zum Thema Macht, Rang und Kompetenz können wir jedenfalls feststellen, daß bei Tieren hier oft andere Verhältnisse herrschen als bei uns. Kompetenz wird anerkannt, auch wenn sie ohne Rangdemonstration erfolgt. Voraussetzung dazu ist aber längeres, persönliches Kennen und Vertrautheit. Selbst wenn Gruppen aus Individuen mit verschiedenen Einzelinteressen zusammengesetzt sind, kann eine Form optimalen Kompromisses gefunden werden – vorausgesetzt das Ziel der Gruppe hilft letztlich doch allen.

Kompetenz als wichtiger Teil des Führungspotentials kann durch Wissen (s. Schimpansen), durch die Fähigkeit, bestimmte Ressourcen zu erschließen und zu erwerben, z. T. eben dann auch durch körperliche Kraft und Stärke entstehen, z. B. in Form einer Verteidigungsbereitschaft gegen Feinde. Ein anderer, bei Mantelpavianen deutlicher Aspekt des Führungspotentials ist dann noch die Fähigkeit, „Abweichler" durch Strafreize zurückzuhalten. Auf funktionaler Ebene ist das sozusagen der Gegensatz: Folgt man dem Anführer, hat man Nutzen durch zusätzlich erschlossene Ressourcen, folgt man nicht hat man noch zusätzliche Kosten. Insbesondere bei Primaten beschrieben aber möglicherweise auch bei anderen höher entwickelten Sozietäten vorhanden ist ein besonderes Attribut der Führungsbeziehung, die sog. Aufmerksamkeitsstruktur (Chance 1967, 1987). Hier geht es darum, daß die Anführer einer Gruppe meist im Zentrum der Aufmerksamkeit aller stehen, meßbar vor allem bei optisch orientierten Arten durch Feststellung der Blickrichtung in regelmäßigen Zeitabständen (s. Anh. I, Methodenüberblick). Diese Aufmerksamkeit, die dem Anführer durch häufige Hinwendung der Blicke zuteil wird, hängt sicherlich nicht nur, wie z. T. in primatologischen Studien (Hinde 1983) vermutet, mit dem „aggressiven Potential", also der von ihm ausgehenden Gefahr bei Regelübertretung, ab, sondern auch von dessen Kompetenz bei der Ressourcenerschließung.

Folgt man dem von Lamprecht (1996) vorgeschlagenen Modell, so ist mit Hilfe der o. g. Eigenschaften auch der Ablauf einer Anführerbeziehung recht einfach zu erklären: Voraussetzung ist, dabei,

a. daß ein Individuum (Anführer) einen höheren Wert hat für das andere (Gefolge) als umgekehrt, d. h., daß es eine größere Distanz vom anderen erträglich findet

b. daß der Wert dieses Anführers als Ressource für das Gefolge mit größerer Distanz zwischen Anführer und Gefolge abnimmt, und zwar i. d. R. nicht linear, sondern progressiv (weil es z. B. mit größerer Distanz die dem Gefolge drohende Gefahr nicht mehr wahrnimmt)

c. irgendeine Ressource außerhalb der Beziehung, z. B. Futter, für den Anführer einen sehr hohen Wert hat, dieser aber nur bei großer Nähe zur Ressource gilt.

Die Regelung der Distanz zwischen Gefolge und Anführer erfolgt nun (s. Abb. bei Lamprecht p. 600/601) so, daß bei einer bestimmten kritischen Distanz der Wertverlust des Partners als Ressource größer wird als der Gewinn bei Zurückbleiben (und z. B. hier am Ort fressen oder ruhen). Also kommt es zu einer Distanzverringerung, d. h. nachfolgen. Da (Voraussetzung a) diese kritische Distanz beim Anführer eben größer ist als beim Gefolge, ist auch vorhersagbar, wer nun die Distanz verringert. Je nachdem, welche Art von Ressource von welchem Wert der Anführer für das Gefolge darstellt, können auch komplexere Führungsprozesse mit diesem Modell erklärt werden. Hat der Anführer z. B. Wissen über Ort oder Art einer Nahrungsquelle (s. o. Schimpansen), so kann er die Richtung der Nahrung angeben. Zugleich kann aber das Bedürfnis des Gefolges für die Nahrung größer sein, als das Bedürfnis des Anführers (weil er z. B. größer ist und daher bessere Verdauungsleistungen hat s. Kap. 5). Daraus resultiert dann das Führen von hinten, weil die anderen Mitglieder den Anführer überholen und noch schneller laufen als er. Eine andere, aber mit dem Modell ebenfalls gut verträgliche Erweiterung ist, wenn nicht räumliche, sondern zeitliche Parameter eingesetzt werden: Nicht Abstand zur Ressource, oder zum Anführer sondern die Verfügbarkeit, gemessen in der Zeit, die ein Tier braucht, bis es die Ressource nutzen kann. Auch das kann sich auf z. B. eine Nahrungsquelle beziehen, über deren Nutzbarkeit der Anführer besondere Kenntnisse hat aber auch auf den Anführer selbst, den man sich z. B. durch soziale Körperpflege „gewogen" machen muß. Letztendlich kann es dann auch darum gehen, daß der Anführer am leichtesten und öftesten nachgeahmt wird, z. B. weil er die meiste Kompetenz hat. Hat der Anführer, bei irgendeiner Situation, mehr Erfahrung als andere, so kann er seine Handlungen besser abschätzen, und muß sich weniger anderen anpassen. Auch das kann schon reichen, um seine Führung auszumachen. Betrachtet man das Ganze evolutionsbiologisch, so ergibt sich eine Anführerbeziehung immer dann, wenn die Interessen beider dadurch optimal erfüllt sind.

90

Was das Gefolge davon hat, haben wir ausführlich diskutiert. Was der Anführer davon hat, hängt z.B. mit dem Schutz der Gruppe zusammen, den er/sie nicht verlieren will, und daher „lieber" die anderen mit zur Futterquelle bringt, als dort allein zwar satt zu werden, aber auch selbst einem Feind als Nahrung zu dienen.

6.2 Vor- und Nachteile des Gruppenlebens

6.2.1 Optimale Gruppengröße

Bevor wir uns den verschiedenen möglichen Vorteilen eines nichtsolitären Lebens widmen, noch ein paar warnende Vorbemerkungen: Als Mensch, jedenfalls wenn wir normal sozialisiert sind, ist das Leben in einer sozialen Gemeinschaft für uns so natürlich, daß wir unwillkürlich fragen: „Warum lebt ein Tier allein?" Diese Frage stellt jedoch das Problem auf den Kopf. Erstens sind, zumindest bei Säugern, ursprüngliche Arten allesamt solitär. Zweitens, wie wir gleich sehen werden, hat das Leben in einer Gemeinschaft Nachteile. Die Frage müßte also umgekehrt lauten; wenn wir eine gesellige Art finden: „Warum leben die nicht allein?" Gründe für das Nicht-allein-leben werden wir gleich im Enzelnen diskutieren. Vorher aber Einiges zu den Nachteilen:

Clutton-Brock & Albon (1985), Dunbar (1985), Kruuk & Macdonald (1985), Morvar & Bowyer (1994), Ruxton et al. (1995) und Valone (1993) haben diese aus verschiedenen Blickwinkeln diskutiert. Zusammenschlüsse von Individuen, sei es zu Aggregationen oder Gruppen sind ebenfalls optimierungsabhängig. Je mehr Mitglieder, desto häufiger stört man sich beim Fressen, die Nahrung selbst wird knapper, Aggression seitens anderer Mitglieder, seitens des/der Höherrangigen besonders, kann zum Problem werden, die Entscheidung des Anführers, diesen Nahrungsort zu verlassen, kann mit den eigenen Bedürfnissen nicht übereinstimmen etc. Für Primaten, rudellebende Carnivoren und Huftiere (Zitate bei Clutton-Brock & Albon 1985) sind nachteilige Auswirkungen der steigenden Gruppengröße auf die aufgenommene Nahrungsmenge, insbesondere der rangtiefen Mitglieder beschrieben. Der zunehmende Wettbewerb zwischen den Gruppenmitgliedern bei zunehmender Gruppengröße ist oft eine Folge der größeren Dichte – selten nur wachsen die Streifgebiete proportional zur Gruppengröße (z.B. bei Wölfen oder Koyoten). Daher steigt meist die Zahl aggressiver Akte, die Lokomotionsaktivität (durch Wechsel von einer Nahrungsquelle zur nächsten). Bei Rothirschkühen fanden Clutton-Brock & Albon (1985) zusätzlich, daß Tiere in größeren Gruppen schlechtere Nahrung fraßen. Zumindest bei weiblichen Säugetieren sinkt i.d.R. der Fortpflanzungserfolg in größeren Gruppierungen (Elefanten, Präriehunde, Rothirsche, Rotnacken-Wallaby, zumindest in den letztgenannten zwei Arten kann ausgeschlossen werden, daß es ein Effekt der Populationsdichte war, weil Clutton-Brock et al. (1982) und Johnson (1985) jeweils große und kleine Matriline der gleichen Population verglichen). Zum Teil kommt neben der Auswirkung des Wettbewerbs noch direkte Fortpflanzungsunterdrückung (Murmeltiere, Dscheladas, Krallenaffen) oder direktes Töten der Jungen rangtieferer Weibchen durch ranghöhere (Wölfe, See-Elefanten, Beldings Erdhörnchen, alle Zitate bei Clutton-Brock & Albon, 1985) dazu. Dunbar (1985) zeigt außerdem höhere Mortalität vor allem bei rangtieferen und/oder jüngeren Tieren in Gruppen während Zeiten von Nahrungsknappheit. Die Mortalität ist hier nicht nur durch Streß oder schlechtere Nahrungsmöglichkeiten bedingt, sondern auch die Übertragung von Krankheiten und Parasiten kann in größeren Gruppierungen leichter sein.

Auch die Größe von Sozialeinheiten, in denen sich Individuen aufhalten, ist also abhängig von Kosten und Nutzen für jedes einzelne Tier. Dabei können Kosten wie auch Nutzen für verschiedene Tiere insbesondere verschiedene Alters-/ Geschlechtsklassen unterschiedlich ausfallen, so daß der entstehende „Kompromiß" nicht für alle Artgenossen, selbst unter gleichen äußeren Bedingungen gleich sein muß.

Quantitative, exakte Studien zu diesem Thema „Optimale Gruppengröße" sind bisher selten. Fritz & Wichatitsky (1996) für Impalas und Skogland (1985) für Rentiere konnten zeigen, daß die Nahrungwahl deutlich von der Gruppengröße abhängt, d.h. Nahrung wird so selektiert, daß möglichst wenig Konkurrenz auftritt. Ein deutlicher Hinweis darauf, daß die genannten Kosten/Nutzenabschätzungen tatsächlich von Bedeutung sind, kommt aus der Beobachtung (z.B. Jarman & Coulson [1989] für Graue Riesenkänguruhs), daß die Rate, mit der die Tiere eine Freßgruppe verlassen, bei größeren Gruppen größer ist, die Rate mit der sich neue der Gruppe anschließen dagegen nicht (dazu muß gesagt werden, daß diese Riesenkänguruhs in Aggregationen wechselnder Zusammensetzung grasen). Die Rate, mit der sich neue Mitglieder anschließen, ist vor allem von der Populationsdichte abhängig, also offenbar davon, wie häufig man beim „Herumstreifen" zufällig jemand trifft.

Ruxton et al. (1995) haben in einem Simulationsmodell die Kosten des Gruppen-Fouragierens getestet und festgestellt, daß selbst ohne direkte (aggressive) Interaktion die durchschnittliche Nahrungsaufnahmerate beim Gruppen-Fouragieren sinkt. Die Wahrscheinlichkeit ganz leer auszugehen, d.h. keine brauchbare Nahrung zu finden, ist dagegen beim solitäten Fouragieren höher –in der Gruppe findet eher irgendjemand was und dann strömen alle darauf zu. Allein Fouragieren wäre demnach, wenn man *nur* die Nahrungsaufnahme betrachtet Energie-Maximierung, Gruppenfouragieren dagegen Risiko-Minimierung.

6.2.2 Wachsamkeit und Verteidigung

Die am häufigsten angenommene und diskutierte positive Auswirkung von Gruppierungen (außerhalb der Fortpflanzung) ist die vielfältig positive Wirkung beim Schutz vor Freßfeinden. Die ersten theoretischen Überlegungen auf individualselektionistischer Basis hat dabei Hamilton (1971) angestellt. Er diskutiert die sog. „selfish herd" als eine auf rein statistischer Wirkung beruhende Gruppierung: Wenn ein Freßfeind auf eine Herde von 10 Tieren trifft, ist die Wahrscheinlichkeit, daß er eines davon angreift, für jedes Tier nur 10% der Wahrscheinlichkeit für dieses Tier, wenn es allein angetroffen würde, bei 100 Tieren entsprechend nur 1%. Selbst ohne jede andere Wirkung hilft also der Zusammenschluß. Ebenso auf individueller Ebene erklärt Hamilton das Zusammenrotten, oder engere Zusammenrücken der Herdenmitglieder bei drohender aber versteckter Gefahr: Wenn jedes Tier versucht, zwischen zwei Nachbarn auf möglichst kurzer Entfernung zu stehen, ist die Gefahr, daß der Räuber zwischen ihm und den Nachbarn steckt und daher genau dieses Individuum angreift, entsprechend geringer. Allerdings sind die "selfish-herd" Effekte nicht die einzigen Auswirkungen einer Herdenbildung. Insbesondere bei großen Ansammlungen ist als zweites der sog. Konfusionseffekt zu nennen: Bei schneller Flucht der ganzen Herde ist es für einen Feind fast unmöglich sich für die Jagd auf ein bestimmtes Tier zu konzentrieren und dieses gezielt anzugreifen. Besonders stark wirkt sich dieser Konfusionseffekt aus, wenn die Tiere bei der Flucht in alle Richtungen auseinanderspritzen (z.B. die meisten gesellig äsenden Känguruhs) oder „wild durcheinander" rennen, wie viele Antilopenherden.

Neben den „passiven" Vorteilen gibt es aber natürlich die aktiven, bei denen sich die Mitglieder einer Gruppe, Herde, oder auch nur vorübergehenden Ansammlung gegenseitig helfen. Am häufigsten geschieht das durch Wachsamkeit (engl. *vigilance*). Diesem Thema sind in den letzten Jahren etliche Übersichtsartikel und theoretische Modelle gewidmet worden (z.B. Coulson 1996, Desportes et al. 1991, Elgar 1989, Quenette 1990). Insgesamt zeichnen sich bei fast allen bearbeiteten Arten (Säuger wie Vögel) folgende Trends ab:

- Die Wachsamkeit jedes Individuums, gemessen an Dauer und Häufigkeit des Sicherns nimmt ab, die Wachsamkeit der ganzen Gruppe aber mit wachsender Gruppengröße zu (Ausnahme z.B. Wildschwein bei ≥ 5, Springbock ≥ 10). Die Freßdauer nimmt mit abnehmender individueller Wachsamkeit zu. Diese Effekte konnten z.B. durch Reduktion der Zahl der vorhandenen Futterschüsseln sogar bei Roten Rattenkänguruhs, einer nachtaktiven recht kleinen Art im Gehege erzielt werden: Bleistein (1993) reduzierte die Zahl der Futterschüsseln, mit dem Erfolg, daß öfter 2–3 Tiere an einer Schüssel fraßen – und dann weniger sicherten.

- Individuen am Rand einer Ansammlung haben höhere Wachsamkeit und geringere Freßeffizienz als solche im Zentrum. Viele Autoren vermuten (z.B. Colagross & Cockburn), daß daher die Abnahme der durchschnittlichen individuellen Wachsamkeit bei größeren Aggregationen ein Effekt der Tatsache sei, daß eben dann weniger Rand- und mehr Zentrumstiere da wären. Das wäre aber nur dann selektionsrelevant, wenn bestimmte Individuen nicht vom Rand wegkämen. Andernfalls kann es den Tieren egal sein, aus welchem Grund sie in der Herde weniger sichern müssen. Keine Abhängigkeit von der Gruppenposition fand sich z.B. bei Kaffernbüffel oder bei Impala im offenen Gelände.

- Männliche Tiere sichern, bei Arten mit saisonaler Fortpflanzung in der Paarungzeit mehr, als weibliche – nach der Geburtssaison besteht dieser Unterschied nicht mehr.

In einigen Fällen konnten Zusammenhänge (z.B. bei Primaten) zwischen sozialen Status bzw. Rang und Wachsamkeit nachgewiesen werden: Ranghohe wachen weniger.

Der Einfluß der Vegetation auf Wachsamkeit ist unterschiedlich. Bei den meisten Arten (z.B. Impala, Riedbock, Weißwedelhirsch) ist die individuelle Wachsamkeit im geschlossenen Habitat größer. Deutliche Hinweise auf den Zusammenhang zwischen Größe der Aggregation und Raubfeindvermeidung finden sich bei Ergebnissen an Östlichen Grauen Riesenkänguruhs (Kretzschmar in Vorb.): Die Gruppengröße, in der sich die gleichen Tiere zu verschiedenen Zeiten befanden, stieg tagsüber sowohl beim Fressen wie beim Ruhen mit der Durchsichtigkeit des jeweiligen Gebietes. Bei Nacht, genauer zwischen 20.00 und 4.00 Uhr, dagegen gilt dieser Zusammenhang nicht. Der hauptsächliche Feind dieser Känguruhs, der Dingo, jagt tags und in der Dämmerung – genau dann waren die Gruppengrößen am höchsten. Noch ein Ergebnis der Dingo/ Riesenkänguruh-Beziehung paßt gut zur Demonstration: Jarman & Wright (1993) konnten zeigen, daß Dingos schneller entdeckt wurden, wenn sie versuchten, sich grö-ßeren Gruppierungen Östlicher Grauer Riesenkänguruhs zu nähern. Vielfach (s. Kap. 5) wirken die Vorteile des Zusammenschlusses auch über Artgrenzen hinweg.

Die vollendetste Form gemeinsamer Feindvermeidung ist sicherlich ein gemeinsamer Gegenangriff. Dazu sind nicht nur Großtiere in der Lage (Elefanten, Kaffernbüffel, z.T. auch Elenantilopen [Jarman 1974], Bisons, Moschusochsen s. Kap. 5.5), auch die gemeinsamen Angriffe von Primaten (Schimpansen, Paviane) und sogar kleiner Mangustenarten (Zebramanguste, Grzimek 1958, Fischbacher mdl.) können wirkungsvoll sein.

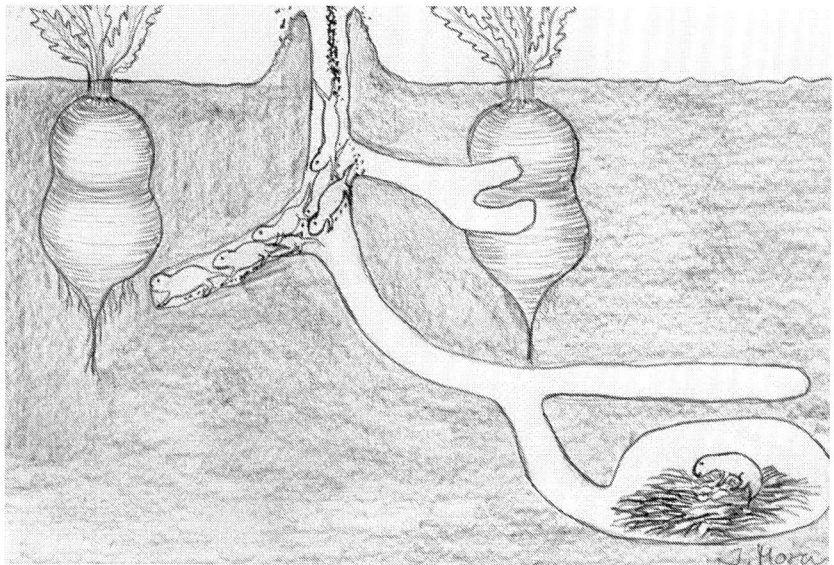

Abb. 13. Grabkette des Nacktmulls am „Fließband" – das vorderste Tier gräbt (mit den Zähnen), die hinteren entfernen den Aushub. Der Gräber wird regelmäßig abgelöst (Zeichnung nach Jarvis).

6.2.3 Gemeinsamer Nahrungserwerb

Die Hilfe, bzw. zumindest positiven Auswirkungen, des Gruppen- oder Herdenlebens auf den Nahrungserwerb können bei sehr vielen Säugetieren beobachtet werden. Die in Kapitel 5 beschriebene „Vorkosteraufgabe" einzelner Tiere bei Brüllaffen ist ein gutes Beispiel. Ruxton et al. (1995), wie bereits beschrieben zeigen deutlich, wie sich das Auffinden günstiger Nahrungsquellen für alle Individuen verbessern kann, wenn sie sich gegeseitig im Auge behalten. Auch beim Fressen gilt eben: Mehr Augen sehen mehr. Hendrichs (1971) beschreibt anschaulich das Beispiel der spezialisierten Baumstoßer unter den Afrikanischen Elefanten, deren umgeworfene Bäume von allen Mitgliedern der (Bullen-) Herde gefressen werden. Auch bei Primaten kommt es oft vor, daß rangtiefere Tiere von der selbst erschlossenen Nahrungsquelle gar nicht mehr viel abkriegen. Bei Impalas und anderen mehr laubfressenden Wiederkäuern ist auch häufig zu sehen, saß sich immer mehr Individuen an einem zunächst nur von einem Tier genutzten Busch versammeln. Soziales Lernen, Stimmungsübertragung, Vorkosterfunktion, alle diese Erscheinungen führen selbst bei Pflanzenfressern oft zu einer Erleichterung des Nahrungserwerbes, ohne, daß wirkliche Kooperation, also aktive Zusammenarbeit nötig ist.

Aktive Kooperation, außerhalb der noch zu besprechenden Rudeljagd, ist bei freilebenden Tieren schwer nachzuweisen. Ein gutes Beispiel ist sicher das gemeinsame „Fließbandgraben" des Nacktmulles, wobei immer in regelmäßigem Abstand der vorderste Mull in der Gräberkette abgelöst wird und sich ganz hinten als „Schaufler" wieder anschließt. Diese „lebenden Bohrgestänge" graben Wege zu den großen rübenartigen Knollen, die der Kolonie dann als Nahrung dienen, und die im harten Boden der Savanne für ein Tier allein nicht erreichtbar wären.

Von besonderer Wichtigkeit ist aber der gemeinsame Nahrungserwerb sicherlich bei Großraubtieren. Mitglieder dreier rezenter Carnivorenfamilien (Felidae, Canidae, Hyaenidae) schließen sich bei der Jagd regelmäßig zu Rudeln zusammen. Verschiedene Untersuchungen (Zusammenfassung bei Alcock 1993) über die Abhängigkeit von Beutetiergröße, Nahrungsmenge pro Tag und Rudelgröße ergaben nun bei Löwen die erstaunliche Tatsache, daß zwar paarweise jagende Löwen besser abschnitten als einzelne, bei drei und mehr Tieren in der Jagdgruppe dagegen galt die Beziehung nicht – jeder bekam im Durchschnitt täglich weniger. Betrachtet man den Erfolg aber nicht in kg Fleisch, sondern ob es überhaupt zum „Kill" kam, sieht die Sache schon anders aus (Bertram 1979): Eine Tüpfelhyäne allein hat bei Gnukälbern eine Erfolgsrate von 15% zwei, von 23%, drei schon 31%. Eine Löwin hat ebenfalls 15%, zwei oder mehr über 30%. Bevor wir die proximaten Aspekte der gemeinsamen Jagd betrachten, muß diese Diskrepanz geklärt werden. Eine der Funktionen gemeinsamer Jagd ist sicher die Nutzung von Beutetiergrößen, die keinem einzelnen Jäger zugänglich wären – Löwen, rudeljagende Hundearten und Tüpfelhyänen können Beutetiere erlegen, die 6 bis 12 mal so schwer sind wie einer der Jäger. Diese sehr großen und wehrhaften Beutetiere sind nur in gemeinsamer Jagd zu überwältigen. Hat man sie aber mal überwältigt, dann ist ein solch großes Beutetier nicht in kurzer Zeit zu verzehren. Da es in der Savanne auch recht gut sichtbar ist, zieht es sicher alle möglichen Nahrungskonkurrenten des Jägers an, gleicher wie verschiedener Spezies. Bevor der Jäger nun das Risiko eingeht, seine Beute an fremde oder sogar artfremde Konkurrenten zu verlieren, ist es allemal adaptiver, gleich im Rudel, noch dazu mit Verwandten zu jagen und die Beute mit diesen Rudelgenossen zu verzehren. Packer et al. (1990) haben gezeigt, daß Löwinnen in Zeiten der Futterknappheit in Rudeln von 2–4 Individuen schlechter abschneiden als allein, trotzdem bleiben sie zusammen. Eine zweite mögliche Erklärung liegt darin, daß bei Konflikten auch über die Nahrungsterritorien, i.d.R. das größere Rudel siegt. Selbst kurzzeitige Nachteile des Gruppenlebens können somit (Optimierung über Lebenszeit!) in Kauf genommen werden, wenn auf lange Sicht das Territorium gesichert werden kann. Einige weitere nicht die Jagd betreffende Aspekte sozialer Feliden werden wir im Kapitel Fortpflanzungsstrategien (Männerkoalitionen, Infantizidvermeidung) kennenlernen. Die Bedeutung der Rudelbildung auch im interspezifischen Wettbewerb hat Eaton (1979) an einigen Zahlen aus der afrikanischen Savanne gezeigt: Bei Einzeltieren ist, größenabhängig, die Rangfolge eindeutig

Löwe → Tüpfelhyäne → Leopard → Gepard → Streifenhyäne → Wildhund.

Wildhunde im Rudel von 7 bis 9 Tieren aber stehen höher als 1 Leopard und höher als 1 weiblicher Löwe (ein männlicher hält aber mehr als acht Hunde in Schach). Tüpfelhyänen im Rudel von mehr als 12 sind sogar mehr als ein männlicher Löwe, 2 bis 3 reichen aber schon für eine Löwin; 2 reichen für 1 Leoparden. Eaton vermutet, daß sogar früher, als die Hunderudel noch größer waren, Hunderudel Hyänengruppen verdrängen konnten. Viele Rudeljäger haben auch flexible Sozialsysteme, so schließen sich Tüpfelhyänen zu kleineren oder größeren Jagdtrupps zusammen, je nachdem ob sie Gazellen, Gnus oder Zebras jagen wollen. Sind sie in der für Zebrajagd nötigen „Sollstärke", so lassen sie Gazellenherden völlig unbeeindruckt stehen. Auch amerikanische Koyoten sind in unterschiedlich großen Rudeln unterwegs, je nachdem was sie jagen wollen.

In den Rudeln wird oft mit verteilten Rollen gejagt – einer (oder mehrere) lenkt den wehrhaften Hengst ab, der Rest greift eine Stute an, oder ein Jungtier, einer schneidet dem im Bogen fliehenden Beutetier den Weg ab o. ä. Hier werden auch bisweilen bemerkenswert gut Landschaftsmerkmale mit benutzt – einige Rudelmitglieder (Wölfe) erklimmen einen Hügel, um nach der Beute Ausschau zu halten beispielsweise. Daß solche Jagdtaktiken nicht immer Intelligenzleistungen sein müssen, zeigt das Beispiel der Pelikane, die im Trupp auf breiter Linie Fische in eine Bucht treiben und dann abschöpfen. Schimpansen dagegen verwenden schon eher ihre Intelligenz – bevor einer hochsteigt, um einen Affen als Beute vom Baum zu pflücken, besetzen etliche andere alle umliegenden Bäume, die als mögliche Fluchtwege in Frage kämen.

Die gemeinsame Jagd, mit ausgeklügeltem Rollenspiel wird auch als eine der wichtigen Vorbedingungen für unsere eigene Entwicklung zum sozial hochstehenden Gruppenlebewesen angesehen. Daher haben die Taktiken der Jagd auch besondere Beachtung gefunden. Peters & Mech (1975) haben das Jagdverhalten von Wolf, Afrikanischem Wildhund und Löwen mit den jagenden Primaten (Steppenpavian, Schimpanse) verglichen. Dabei wurden vier Aspekte untersucht: Ausdauer (Ausmaß an Zeit, Energie und informationsverarbeitender Fähigkeit), Kooperation (hier definiert als Verhalten eines Tieres, das die Aussicht auf Erfolg eines anderen vergrößert), Strategie (hier definiert als zukunftsorientiertes Verhalten in einer Verhaltensserie, vor der einige Elemente allein nicht zum Erfolg führen würden) und Kognitive Landkartenbildung.

Bezüglich Ausdauer sind Wölfe sicher Spitzenreiter im Suchen und Verfolgen mit bis zu 8 Stunden pro Tag Beutesuche, Verfolgung bis zu 10 km oder 15 bis 20 Minuten bei Maximalgeschwindigkeit, und bis zu 10 Minuten beschriebenen Kämpfen mit Elchen („Belagerungen" von Moschusochsenigeln können länger dauern). Wildhunde suchen nur ca. 20 Minuten durchschnittlich, und verfolgen 3 bis 5 Minuten über 2 bis 3 km, Löwen suchen zwar nur 2 Stunden pro Tag, können aber bis 8 Stunden im Hinterhalt liegen, Kämpfe bis ca. 15 Minuten wurden beobachtet. Paviane suchen offenbar nicht aktiv, verfolgen kaum, Schimpansen schleichen immerhin bis zu 1 Stunde an.

Kooperation bei der Suche ist wiederum vor allem bei Wölfen, durch Ausschwärmen, lockere Verbindung halten und, sobald Beutegeruch entdeckt wird, aufgeregtes Reagieren mit Schwanzwedeln, Anstupsen, Jaulen etc., die sog. Rudelzeremonie. Dann beginnt die Jagd, wobei durch abwechselndes Beschleunigen und Verlangsamen verschiedener Rudelmitglieder, oder Kurvenabschneiden kooperiert wird. Die meiste Kooperation findet man dann beim Angriff und Töten des Tieres. Ähnliches Verhalten zeigen Wildhunde. Bei Löwen beschränkt sich die Kooperation auf Ausschwärmen und evtl. gegenseitiges Zutreiben. Bei Schimpansen wird, wie erwähnt der Baum umstellt, alle möglichen Fluchtwege blockiert, und während der Jagd herrscht Schweigen (während sie sonst sehr laut sind).

Strategie finden wir bei den Canidenarten nur durch Benutzung von Hügeln als Aussichtspunkte, selbst, wenn dies einen Umweg bedeutet, und einfache Formen von Treibjagd, wobei einem Rudelmitglied die Beute zugetrieben wird. Peters & Mech (1975) bezeichnen auch den Abbruch von aussichtslosen Verfolgungen, lange vor Erschöpfung, als Strategie zur Energieeinsparung. Die meiste Strategie finden wir bei Löwen, die nicht nur sehr geschickt Deckungen zum Anschleichen nutzen und sofort bei Gefahr der Entdeckung erstarren, sondern gezielt, und offenbar gut abgestimmt (mit regelmäßigem Blick auf die anderen Mitglieder), die Beute einkreisen und wahrscheinliche Fluchtwege blockieren bevor ein Mitglied angreift. Ähnliches wird von Schimpansen berichtet. Kognitive Landkarten sind vor allem bei Wölfen, die Abkürzungen benutzen, Rudel teilen und sich Stunden später wieder treffen, und trotz Hindernissen gerade Kurse halten (vor allem bei der Suche) sehr wahrscheinlich.

Im Wasser ist gemeinschaftlicher Nahrungsfang bei Zahnwalen (Norris & Dohl 1980) bekannt. Delphinschulen, die oft über 1000 Tiere umfassen (Gemeiner Delphin), sind bei der Suche nach Fischschwärmen breit, oft über mehrere Kilometer, verteilt. Wird ein Fischschwarm geortet, ändert sich die Form der Schule, der Schwarm wird eingekreist, eng zusammen und möglichst gegen ein Hindernis (Küste, Steilabbruch o.ä.) getrieben und so eng konzentriert, daß später oft bei jdem Zuschnappen mehrere Fische gefangen werden. Erst dann erfolgt das gemeinsame Fangen. Auch Schwertwale nutzen solche Methoden gegen Robbenschwärme, während sie bei Großwalen eher gemeinsame Angriffe nach Wolfsart pflegen. Eine besondere Form von Strategie beschreiben Norris & Dohl (1980) ebenfalls bei verschiedenen Delphinarten. Es gibt Hinweise auf sog. Pulsfischen, d.h. eine bestimmte Gegend wird eine zeitlang intensiv bejagt, dann verlassen, bis die Bestände sich wieder erholt haben. Allerdings sind solche Überlegungen bisher nur anekdotisch, und noch nicht durch Gewinn/Verlustoptimierungsbetrachtungen geprüft. Kooperation und Arbeitsteilung hat auch immer wieder das Interesse experimenteller Studien z.B. an Labortieren herausgefordert. Als ein Beispiel dafür sei eine Rattenstudie (Kataoka et al. 1982) genannt, bei der zwei Ratten gemeinsam in einer Skinner-Box arbeiten mußten. In 67 von 179 Paaren hatte sich nach 12 Versuchssitzungen eine „Worker-Parasite" Beziehung eingestellt, wobei die „Arbeiter" i.d.R. in open-field-Tests höhere Lokomotionsaktivität und erstaunlicherweise höhere Dominanzwerte bei Auseinandersetzungen hatten. Kataoka et al. interpretieren daher den „Parasit"-Status als einen Fall von erlernter Hilflosigkeit (s. Kap 4). Es ist höchst wahrscheinlich, daß diese Kooperation andere Mechanismen hat als die o. g. Fälle der Freilandbeobachtungen.

6.2.4 Gemeinschaftsverpflegung

Nicht nur gemeinsame Jagd oder Hilfe bei Nahrungerwerb kann eine wichtige Bedeutung des Gruppenlebens sein, es geht, zumindest bei etlichen Tiergruppen noch weiter: Man füttert sich gegenseitig. Bei Säugetieren finden wir solches Verhalten (außerhalb der Eltern-Kind-Beziehung) vor allem bei rudellebenden Hundeartigen (Moehlmann 1986) und bei den Vampirfledermäusen (besonders gut untersucht *Desmodus rotundus*, Wilkinson 1988). Gegenseitiges Füttern bzw. Mitbringen und übergeben der Nahrung kann auf Dauer nur funktionieren, wenn in einer stabilen, geschlossenen Gruppe, über lange Zeit hinweg dieselben, einander persönlich bekannten Individuen zusammenleben. Nur so kann man sich einigermaßen wirkungsvoll vor Betrügern schützen, die nur immer etwas erbetteln und selbst nichts abgeben. Eine weitere Voraussetzung für das evolutive Gelingen solcher Aktionen ist, daß der Gebende einen vergleichsweise geringen Nachteil, der Nehmende dagegen einen sehr großen Vorteil von der Futterübergabe hat. Bei den Vampirfledermäusen ist dies z.B. möglich, weil hungrige Tiere einen wesentlich niedrigeren Stoffwechsel haben und daher schon mit einer relativ kleinen Menge Blut lange überleben können, wohingegen sie sterben, wenn sie 3 Nächte lang keine Mahlzeit kriegen. Je nach Gegend beliben aber jede Nacht selbst erwachsene Tiere mit 10% Wahrscheinlichkeit hungrig, d. h. sie können kein Opfer anbeißen und Blut lecken. Durch intensives gegenseitiges Beschnuppern und Mundbelecken stellen die Gruppenmitglieder fest, wer satt ist – daher wird Betrug sehr schnell entdeckt. Das Ganze funktioniert nur auf Gegenseitigkeit. Bei den rudellebenden Hundeartigen bleibt meist ein Tier am Bau bei den Welpen zurück und wird von den anderen nach erfolgter Jagd verproviantiert. Auch hier ist der Nachteil für die Spender recht gering, umgekehrt aber der Vorteil sowohl für den Helfer, als auch für Elter und Verwandte der bewachten Jungtiere sehr groß.

6.2.5 Parasitenabwehr / Krankheiten

Leben in Gruppen oder anderen sozialen Gemeinschaften ermöglicht zwar einerseits die leichtere Übertragung von Parasiten und Krankheiten, kann aber auch bei deren Abwehr förderlich sein. Hart (1990) liefert Beispiele sowohl von Primaten (Grüne Meerkatzen, Paviane, Languren) wie Huftieren (Schwarzwedelhirsch, Impala), die durch gegenseitige Körperpflege nachweislich die Parasitenbelastung (Zeckenbefall) reduzieren können. Die Groomingaktivitäten richten sich vorwiegend auf Stellen, die das Tier selbst schwer oder gar nicht erreichen kann. Einzeln oder kurzzeitig außerhalb von Gruppen lebende, vor allem männliche Tiere haben bei allen erwähnten Primatenarten einen wesentlich höheren Zeckenbefall. Im Experiment haben Mäuse, die zwar am Kratzen gehindert werden, aber mit anderen zusammen gehalten werden, wesentlich weniger Läuse. Gegenseitige Körperpflege wurde und wird oft als „bindungsstärkend" bzw. „beziehungsfördernd" angesehen. Bei solchen Argumenten ist primär Vorsicht angeraten, um Zirkelschlüsse zu vermeiden: Darf jemand, der den Ranghöheren oder den Bindungspartner öfter putzt, deshalb näher bzw. öfter bei ihm sitzen? Oder sitzt er dort öfter und hat deshalb mehr Gelegenheit zum Groomen? In einigen Fällen gibt es jedoch Hinweise, daß doch die Laushäufigkeit etwas mit wechselnder Beziehungsqualität zu tun hat. Horsup (1986) hat bei der paarweise lebenden Felskänguruhart *Petrogale assimilis* gefunden, daß jahreszeitlich bzw. mit Fortpflanzungsstatus wechselnd mal der Eine, mal der Andere mehr groomt.

Vielfach wird festgestellt, daß Groomingaktivitäten vorwiegend in der Rangordnung von unten nach oben erfolgen, also mehr von rangtieferen ausgehend – dies gilt z.B. für die meisten altweltlichen Primaten. Erstaunlicherweise zeigte sich sowohl im Freiland (di Biteti 1997) wie im Gehege (Parr et al. 1997) bei Braunen Kapuzineraffen – Weibchen das umgekehrte Verhalten, nämlich Groomimg vorwiegend von oben nach unten. Hier bildet sich offenbar die andere Sozialstruktur der Neuweltaffen auf der Beziehungsebene ab. Schino et al. (1988), an Rhesusmakaken sowie Feh & de Maizière (1993) bei Pferden konnten zeigen, daß soziale Körperpflege physiologisch beruhigend, d. herzfrequenzsenkend wirkt. In vielen Fällen müssen jedoch genauere Tests durchgeführt werden, bevor eine der beiden o. g. Alternativhypothesen bestätigt werden kann.

Durch Zusammendrängen bei extrem hoher Dichte von fliegenden Stechinsekten (Hart 1990) können offenbar mehrere Effekte erzielt werden:

a. gilt wieder der Selfish-Herd-Effekt

b. ist ein enger Knäuel von Tieren wegen seiner geringeren Oberfläche weniger anfällig.

Die Abnahme des Stechmückenbefalles bei größerer Gruppe wurde bezüglich Rentieren auch mit Attrappen gezeigt.

Gruppenleben kann sogar zu „Krankenpflege" führen (Zusammenfassung s. Hart 1990). Bei Schimpansen und Zwergmangusten haben sich andere Gruppenmitglieder wiederholt dem verlangsamten Reisetempo kranker Mitglieder angepaßt, Rotfüchse und Zwergmangusten erhielten Futter von anderen. bei Zwergmangusten hat Rasa (1984) sowohl im Labor wie im Freiland reduzierte Aktivitäten, größere Toleranz am Futter gegen Kranke und ausführliche soziale Körperpflege (vor allem seitens des α-Paares) beobachtet.

6.2.6 Allianzen und Koalitionen

Eigentlich gehört dieses Kapitel mehr zum Thema Konflikt und Kooperation, da es sich dabei um Wettbewerbssituation handelt. Jedoch Allianzen zwischen Individuen, ebenso wie die Nahrungsüberlassung können nur sicher gegen das Eindringen von Betrügern sein, wenn man sich a) gut kennt und b) langfristig zusammen bleibt. De Waal & Harcourt (1992) definieren eine Koalition ganz breit als „Kooperation in aggressivem oder kompetitivem Zusammenhang". Das kann einerseits hohes Risiko und hohe potentielle Vorteile haben (z.B. wenn ein von anderen schon besiegter ehemals Ranghöherer noch mit vertrimmt wird). Gemeinsam ist aber allen diesen Aktivitäten, daß sie sich immer gegen die Interessen Dritter richten. Eine Koalition ist „ein soziales Werkzeug, um Dritte zu besiegen". Wichtig ist noch festzuhalten, daß die Interessen der verschiedenen Partner getrennt, und nach individuellen Kosten (=Beiträgen) und Vorteilen abgestuft sein können. Grundsätzlich können solche Koalitionen entweder das Opfer einer Attacke, oder den Angreifer unterstützen. Solche Koalitionen können kurzzeitig sein, und bedürfen zunächst keiner langandauernden Beziehung. De Waal & Harcourt (1992) reservieren dagegen den Begriff Allianz für eine Beziehung, die sich durch langfristig immer wiederholte Koalitionen der selben Partner zeigt.

Aus evolutionsbiologischer Sicht muß noch unterschieden werden zwischen verwandtschaftsbezogenen Koalitionen bzw. Allianzen, bei denen die Unterstützung irgendwie die Gesamtfitness des Unterstützenden mit steigert, und Aktivitäten auf Gegenseitigkeit zwischen Nichtverwandten. In den meisten Studien an Primaten (Zusammenfassung bei De Waal & Harcourt 1992) zeigt sich, daß Verwandte, oder Näher-Verwandte, häufiger bzw. risikoreicher unterstützt werden als Nicht- bzw. Entfernt-Verwandte. Jedoch sind Beziehungen auf Gegenseitigkeit zumindest bei

Anubispavianen, Dscheladas, Rhesusaffen und Schimpansen gefunden werden, und in vielen Fällen zeigt sich zumindest ein deutlich korrelativer Zusammenhang zwischen Groominghäufigkeit und Unterstützung: Subadulte, die statushohe Tiere häufig groomen, kriegen öfter deren Hilfe. In experimentellen Studien könnte z. T. durch Entfernen ranghoher bzw. allianzbestimmender Gurppenmitglieder eine Änderung des Ressourcenzuganges gefunden werden.

Häufig kann beobachtet werden, daß die Partner einer Allianz vor Beginn des gemeinsamen Handelns durch charakteristisches Aufforderungsverhalten beruhigende Gesten, wie Kontaktsuchen, Handauflegen, Anstupsen oder geradezu Heranzerren des Partners, Handausstrecken oder ähnliche Verhaltensmuster interagieren, bevor es losgeht. Solche Beobachtungen liegen vor allem von Primaten vor, aber selbst Mutter-Tochter-Paare von Baumkänguruhs (Gansloßer 1984) verhalten sich ähnlich, bevor sie gemeinsam z.B. ein neu eingesetztes Männchen angreifen. Horsup (1986) fand bei Paaren des Felskänguruhs *Petrogale assimilis* ebenfalls ein häufigeres und heftigeres Angreifen des Gegners, nachdem vorher Groomingverhalten mit dem Paarpartner erfolgt war. Vielfach verwenden Primaten einen erheblichen Teil ihrer Zeit sozusagen auf Vorrat dafür, durch Grooming und ähnliches beziehungsförderndes Verhalten Allianzpartner bei Laune zu halten. Die Zusammenhänge mit der Ressourcenverteilung werden später noch behandelt.

Inzwischen hat sich gezeigt, daß Koalitionsbildung und Allianzen keineswegs auf Primaten beschränkt sind. Zabel et al. (1992) berichten über Allianzen bei Carnivoren im Überblick: Löwe (männlich), Gepard (männlich), Nasenbär (weiblich), Wolf (beide) und Tüpfelhyäne (beide). Die meisten der Carnivorenallianzen haben direkte Fortpflanzungskonsequenzen vor allem, wenn männliche Tiere ihre Rudel- bzw. Revierverteidigung gemeinsam betreiben. Bei Tüpfelhyänen bilden bereits subadulte Tiere Allianzen innerhalb ihrer Altersgruppe, mit dem Erfolg einer Verbesserung bzw. Festigung der Rangposition, hier wieder vorwiegend zur Regelung des Nahrungszuganges. Bei Zahnwalen beschreiben O'Conner et al. (1992) stabile, oft jahrelang kooperierende Allianzen von 2 bis 3 männlichen Großen Tümmlern (Allianz 1. Ordnung), die gemeinsam östrische Weibchen hüten und stehlen, wobei wiederum mehrere solcher Allianzgruppen gemeinsam bzw. gegeneinander kooperieren (Allianz 2. Ordnung). Allianzen von weiblichen Tieren dienen eventuell dem Schutz vor männlicher Belästigung. Es gibt Beobachtungen, daß sowohl um Allianzen 1. wie 2. Ordnung geworben und konkurriert wird.

Schilder (1990) beschreibt ein sehr komplexes System von Interventionen bei Wettbewerben, aber auch in „freundlichen Beziehungen", beim Steppenzebra. Im Überblick der Allianzbildungen schreibt Harcourt (1992), daß außerhalb der Primaten meist Koalitionen zwischen Gruppen bzw. Untergruppen gefunden würden, während innerhalb der Gruppe solche Beziehungen eher primatentypisch seien. In den verschiedenen Taxa sind die Funktionen der Koalitionsbildung ähnlich:

- Schutz anderer, vor allem Verwandter
- Anderen den Zugang zu Ressourcen erleichtern
- Den Status/Rang Verwandter erhöhen
- Eigenen Zugang zu Ressourcen erleichtern.

Primaten scheinen, zumindest auf der Basis derzeitiger Kenntnisse, die einzigen zu sein, die nicht nur gemeinsam (mutualistisch), sondern auf Gegenseitigkeit (reziprok) Unterstützung bieten, auch scheinen Primaten die einzigen, die bevorzugt Beziehungen mit ranghöheren pflegen und deren Unterstützung gewinnen und, um solche Alliierte auch in Wettbewerb liegen. Wie später (Kap. 7.4.3, 7.6) noch ausführlich besprochen, lassen sich bei Primaten die arttypisch unterschiedlichen Tendenzen zur Allianzbildung sogar im Ausdrucksverhalten (Verteilung von Lächeln und Lachen) erkennen (S. Preuschoft & v. Hooff 1997).

Im Zusammenhang mit der Anwerbung von Unterstützung können 3 Vorgehensweisen gefunden werden: Anwerben (Solicit), z.B. durch charakteristische Rufe, man kann Hilfe erzwingen (Coerce) (z. B. Schimpansen die frühere Gegner bzw. Partner als Gegner angreifen und dann später deren Unterstützung bekommen) oder durch Gegenseitigkeit demonstrieren, daß man ein wertvoller Partner ist. Harcourt (1992), aber auch ganz allgemein Rowell (1988) erteilen eine bedenkenswerte Warnung: Die Tatsache, daß hochkomplizierte soziale Mechanismen (z. B. Koalitionsbildungen) vorwiegend bei Primaten beschrieben werden, muß nicht unbedingt auf die höhere Komplexität der Primaten zurückzuführen sein. Oft wird im Zirkelschluß

1. Primaten sind komplex, weil sie ein hochevolviertes Gehirn haben.
2. Also lohnt es sich, dort das Verhalten genau zu studieren.
3. Siehe da, sie bilden Allianzen.
4. Primaten sind komplex, weil sie Allianzen bilden u.s.w.

geforscht, während andere Arten von vornherein weniger untersucht werden.

6.2.7 Soziale Unterstützung – Sozial Support

In den letzten Jahren sind aus der Verhaltensphysiologie und -endokrinologie sehr bemerkenswerte Ergebnisse gekommen, die es erstmals ermöglichten, das Konzept „Beziehung" oder sogar „Bindung" auch mit meßbaren Vorteilen zu belegen. Es zeigte sich nämlich, daß die Anwesenheit vertrauter Bindungspartner in viel stärkerem Maße belastungsmindernd wirkt als dies ein „durchschnittlicher" Artgenosse kann (s. Def. Bindung 6.4). Coe et al. (1982) brachten Totenkopfaffen allein oder mit bekanntem Sozialpartner zu einer Boa (hinter Gitter). Mit Partner sank die Frequenz von Furcht – und Erregungslauten erheblich – nicht aber der Cortisolspiegel, im Vergleich zum Test allein.

So konnten Anzenberger et al. (1986) sowie Mendoza & Mason (1986) bei einem Vergleich des monogamen Springaffen *Callicebus moloch* mit dem in Großgruppen lebenden Totenkopfaffen *Saimiri sciureus* nur bei *Callicebus*, und nur zwischen den Partnern stabiler Paare, eine streßmindernde Wirkung des Paarpartners feststellen: Brachte man die Tiere allein oder mit Partner in eine ungewohnte Umgebung, oder mit Fremden zusammen, so steigt der Cortisolspiegel (als ein Maß für die Belastung, s. 7.2) in Anwesenheit des vertrauten Partners wesentlich weniger. Firestone et al. (1991) zeigen ähnliche verminderte Streßreaktionen bei verpaarten Weibchen von *Microtus ochrogaster* in Konfrontation mit unbekannten weiblichen Tieren.

Ähnliche Phänomene fanden Sachser et al. (in press) an Meerschweinchen: Bringt man ein Meerschweinmännchen allein in eine unbekannte Umgebung, steigt der Glucocorticoidspiegel im Blut dramatisch. Ähnliche Anstiege bekommt man wenn ein vertrautes Weibchen dabei ist, noch stärkere Anstiege dann, wenn ein fremdes Weibchen dabei ist. Bringt man dagegen seine Bindungspartnerin (s. Kap. 6.4) dazu, sinken die Glucocorticoidwerte dramatisch.Vergleichbare Ergebnisse fand die Gruppe um Sachser auch bei Jungtieren: Wurden männliche Jungmeerschweine alleinin einen unbekannten Raum gesetzt, stieg der Plasma Cortisolspiegel um ca. 250%. In Gegenwart der Mutter oder zweier Wurfgeschwister, aber auch eines anderen laktierenden Weibchens aus der gleichen Kolonie gab es kaum Anstiege (gemessen nach 2h), selbst unbekannte laktierende Weibchen reduzieren den Anstieg erheblich.

Bei Tupaias (*T. belangeri*) sind die sog. harmonischen Paare beschrieben (v. Holst 1987, Petzold-Dorn 1994): in etwa 20% der im Labor verpaarten Tupaias fanden sich, praktisch sofort nach der Verpaarung, gesenkte Herzfrequenz (sowohl tags als auch vor allem nachts), eine reduzierte Aktivität des Nebennierenrindensystems, und damit „erhöhte Streßresistenz". Nur diese Paare ziehen im Labor auch Nachwuchs erfolgreich auf.

Kaplan et al. (1982) bringen eine weitere auffallende physiologische Abhängigkeit: Bei Javaneraffen (*Macaca fascicularis*) wurde experimentell, durch ständige Änderung der Gruppenzusammensetzung soziale Instabilität erzeugt und die Ausbildung von Bindungen verhindert. Fütterte man dann die Gruppe mit cholesterinreicher Nahrung, so erhielt man, vor allem bei den ranghohen Tieren, sehr schnell atherosklerotische Erkrankungen. Die gleiche cholesterinreiche Nahrung bei stabilen Gruppen führte nicht zu solchen Ergebnisse. Allerdings ist hier nicht klar zu trennen, ob fehlender Social Support oder der Streß durch soziale Instabilität der Grund sind. Auf lange Sicht, wenn auch korrelativ und ohne Hormonwerte hat erstmals Cobb (1976) die Vorteile der sozialen Unterstützung beimMenschen beschrieben – in Form von signifikant niedrigeren Erkrankungshäufigkeiten, Geburtskomplikationen etc.

6.3 Bindung und Separation – unlösbar verbunden

Der Bindungsbegriff spielt in der Verhaltensbiologie seit jeher eine große Rolle. Vielfach wird und wurde er aber sehr ungenau oder gar nicht definiert, als nahezu synonym zu Beziehung benutzt, oder ohne Hinweise auf Operationalisierbarkeit zu Interpretationen herangezogen (s. Lamprecht 1984), z.B. dieses oder jenes Verhalten „stärke die Bindung". Aus der Humanpsychologie, speziell Kinderspsychologie (Bowlby 1975, Ainsworth, Brereton & Walters, Salzen 1978) kamen mit der Zeit doch einige Versuche der Definition. Auch Wickler (1976) liefert eine zumindest weitgehend meßbare Charakterisierung: Bindungen zeichnen sich nach diesem Definitionen durch ein Bestreben nach Aufrechterhaltung der Nähe zu einem spezifischen Partner, der nicht von anderen der gleichen sozialen Kategorie ohne weiteres ersetzt werden kann, also durch Spezifität aus. Weitere Bestandteile des sog. Bowlby-Ainsworth-Konzeptes (Salzen 1978) sind:

- Innere Repräsentanz des Bindungspartners (nur, wenn eine Erinnerung an den Partner aufgebaut ist, kann Spezifität erfolgen)

- Zielgerichtetheit, d.h. durch Kontakthalten wird der Rückkopplungsmechanismus gestärkt

- Der Partner dient, vor allem für Jungtiere, als „sichere Basis" für Erkundung (s. o. social support)

Besonders klar werden die Eigenschaften einer Bindung nach der Trennung, die dann erfolgende Trennungsreaktion ist sogar das einzige wirklich sichere Kriterium für die *Spezifität* der Bindung (s. u.). Anders ist es mit der *Stärke* einer Bindung. Die Stärke oder Stabilität einer Bindung ist nach Lamprecht (1984) ein Maß für die Wahrscheinlichkeit der permanenten Trennung („Scheidungstendenz = divorce tendency") – vorausgesetzt, diese Trennung wird nicht durch äußere Einflüsse hervorgerufen. Um die „Scheidungstendenz" zu messen, müssen also äußere Einflüsse einschließlich der Anwesenheit von geeigneten Ersatzpartnern konstant gehalten werden. Dies kann natürlich nur experimentell geschehen, in dem unter den genannten Bedingungen die unterschiedliche Tendenz, einen Fremden zu folgen oder sich an ihn anzunähern, gemessen wird. Kummer (1975) bei Dscheladas und Kummer et al 1974 bei Mantelpavianen fanden unterschiedliche Wahrscheinlichkeiten von gebundenen Weibchen, sich einem fremden Mann anzuschließen, in Abhängigkeit von der Art und Häufigkeit sozialer Interaktionen mit ihrem eigenen Haremsführer. Das ist einer der wenigen nichtexperimentellen Nachweise von Bindungsqualität und Scheidungstendenz bei Säugern. Eine andere, bei Säugern offenbar bisher nicht genutzte Testmöglichkeit wäre festzustellen wieviel Anstrengung ein Parner zu unternehmen bereit ist, um die Nähe des anderen zu halten. (Lamprecht 1984 führte solche Versuche an Gänseküken durch). Die meisten Studien zur Bindung sind aber entweder korrelativ oder durch Trennungsexperimente belegt. Bevor wir uns den Trennungsexperimenten zuwenden, gibt es noch einige neue aufregende endokrinologische Daten zu berichten: Sue Carter und Mitarbeiter (Carter & Getz 1993, Carter et al. 1992) fanden bei der monogamen amerikanischen Wühlmausart *Microtus ochrogaster* eine entscheidende Mitwirkung der (an sich längst für andere Wirkungen bekannten) Hormone Oxytocin und Vasopressin. Oxytocin wird bei vielen Säugern nachgewiesenermaßen durch Dehnung des Gebärmutterhalses und durch Stimulation der Genitalregion ausgeschüttet – bei der Geburt ebenso, wie bei der Paarung. Durch Oxytocingaben bzw. Gabe von Oxytocin-Rezeptorblockern konnten Carter et al. nachweisen, daß tatsächlich die Tendenz zur dauerhaften Festverpaarung von Oxytocin gefördert wird, sofern die Rezeptoren frei sind. Diese sind übrigens bei *Microtus ochrogaster* speziell im limbischen System, dem „Emotionszentrum". Bei nicht monogamen verwandten Arten sind sie weit über das Gehirn verteilt. Das Vasopressin dagegen, so fand die Gruppe, ebenfalls durch Zusatzgaben oder Rezeptorblocker, fördert bei männlichen Individuen die Bereitschaft zur Verteidigung der Partnerin und des Reviers, und damit auch die Spezifität der Bindung von seiner Seite. Fraglich bleibt allerdings vorläufig, auf welche physiologischen Mechanismen die Ausbildung von Bindungen ohne Uterusstimulation, sei es durch Geburt oder Kopulation, zurückgehen könnte. Hier sind wir noch nicht viel weiter als Cairns (1966) – langes und evtl. exklusives Zusammensein fördert nach seinen Angaben eine Bindung und je „gewichtiger", d.h. beispielsweise auffallend – exklusiv oder vielschichtig die Reize vom Bindungsobjekt/-partner sind desto leichter geht es.

Trennung von Bindungen treten im Leben eines Tieres immer wieder auf. Die o. g. „Scheidungstendez", sowie die in Kap. 9.7 besprochene Abwanderung von Jungtieren sind Beipiele für „natürliche" Separation, über deren proximate Folgen noch nicht allzu viel bekannt ist. Im Zusammenhang mit Bindungsqualität sind dagegen die Formen und Auswirkungen „unfreiwilliger" Trennungen sehr stark untersucht. Meister (1995) hat diese Aspekte zusammengefaßt. Auf eine unfreiwillige Trennung folgen normalerweise Reaktionen in zwei Stufen:

1. Die Protestphase (State of Agitation) – hier wird heftig, mit Rufen, übermäßiger Laufaktivität, Anstieg von Herzschlagfrequenz und Streßhormonspiegel, gesucht.

2. Die Depressionsphase – beide Partner reduzieren ihre Aktivität, werden bewegungsunlustig, lethargisch und reaktionsarm auf Außenreize, während die Hormonwerte hoch bleiben.

Langzeitwirkungen auf Immunsystem, geänderte Schlaf-Wach-Rhythmik, Magen-Darm- oder Kreislauferkrankungen sowie Schäden an Neuronen im limbischen System können die Folge ausgedehnter Depressionsphasen sein.

Einige Abhängigkeiten der Schwere der Reaktionen seien noch erwähnt: Wird eine Trennung noch vor Beginn der Depressionsphase durch Wiederzusammenführung beendet, sind die Langzeitauswirkungen verhinderbar, sonst ist eine vollständige „Heilung" kaum möglich. Wiederholte Trennungen führen zwar zu einer Reduktion der Verhaltens-, nicht aber der Cortisolantwort. Je unattraktiver die Umgebung, desto stärker die Trennungsbelastung. „Stressende" Situationen während der eigentlichen Trennung (Jagen, Einfangen!) steigern die Trennungsreaktion. Statushöhere Tiere ertragen offenbar Trennungen leichter. Vollständige Trennung ist weniger belastend als Trennung mit Sicht-, Ruf- oder Geruchskontakt. Auch eine eigene Trennungserfahrung der Mutter in ihrer Jugend, oder die Zuordnung der Partner zum shy- oder bold-Typ (s. Kap. 1) scheinen Auswirkungen zu haben. Die Bedeutung dieser Befunde sowohl für den Umgang mit Kindern wie für die Tierhaltung können kaum genug herausgestrichen werden.

6.4 Ausbildung und Neuentwicklung von Beziehungen

Die Abläufe bei der Neuanknüpfung sozialer Beziehungen sind nicht nur im Hinblick auf gruppendynamische Änderungen von Interesse. Da den beteiligten Individuen dabei das Vorwissen übereinander fehlt, das sie normalerweise dem Beobachter voraushaben (Kummer 1975), können sie auch den Forschenden Einblicke in die ansonsten vor allem bei kurzzeitigeren Studien verborgene Tiefenstruktur bieten.

Kummer und Mitarbeiter (z. B. Kummer 1975a, b, 1984, Kummer et al. 1978, Sigg 1981) entwickelten ein Modell der Beziehungsbildung bei Konfrontation einander unbekannter Artgenossen bei verschiedenen altweltlichen Primaten. Dieses Modell geht von der Existenz diskreter Stufen aus, die jeweils durch Erstauftreten für sie charakteristischer Interaktionen beschrieben werden. Für die von ihnen untersuchten Primaten sind es die Stufen Kampf, Präsentieren, Aufsteigen und soziale Körperpflege. Es ergaben sich eine Reihe von Regeln, die wiederum erlauben, Vorhersagen über den Ablauf, die Dauer und die erreichte Endstufe der sich entwickelnden Beziehung zu machen und triadische Einflüsse mit einzubeziehen. Einige dieser Regeln sind in Tab. dargestellt und ihre Auswirkungen kurz erläutert. Geschwindigkeit und erreichte Endstufe einer frisch gebildeten Beziehung geben hier Möglichkeiten zum operationalen Vergleich der Qualität.

Regeln für die Beziehungsbildung von Kummer, zuerst beschrieben 1975 für Dscheladas:

1. Eine neugebildete Beziehung durchläuft 4 Stufen, Kampf, Präsentieren, Aufreiten, Grooming. Eine Stufe kann übersprungen werden, aber Inversionen sind selten. Geschlecht und Status der Beteiligten beeinflussen primär die Durchlaufgeschwindigkeit = Kompatibilität.

2. Kompatibilität wird reduziert bei hoher Statussumme

3. Kompatibilität wird gesteigert bei hoher Statusdifferenz

4. Unter dem Einfluß von Artgenossen kann eine Dyade auf eine niedrigere Stufe zurückfallen. Je weniger kompatibel ein Paar in Einzeltests, desto größer die Tendenz zur Regression.

5. Zwei Dyaden mit hoher und annähernd gleicher Kompatibilität sind in einer Triade inkompatibel. Diejenige mit der höheren Statussumme entwickelt sich zuerst und weiter.

6. Die Beobachtung eines interagierenden Paars in einer Triade hemmt i.d.R die Beziehungsbildung beim Zuschauer.

7. Beginnt eine Dyade mit starker aggressiver Motivation, dann initiiert der dominante Partner die freundlichen Stufen.

8. Ein Tier interveniert nur dann in eine Dyade wenn es wenigstens über einen der beiden dominant ist.

9. Je größer die Kompatibilität zwischen einem Außenstehenden und dem höherrangigen Teil einer Dyade, desto größer dessen Tendenz zu intervenieren.

10. Je niedriger die Kompatibilität zwischen dem Außenstehenden und dem rangtieferen Teil, desto größer die Wahrscheinlichkeit zur Intervention.

11. Je größer die Kompatibilität zwischen den beiden Partnern einer Dyade desto größer die Tendenz zu intervenieren beim Außenstehenden.

Allgemeine Beziehungsbildung bei Wirbeltieren

Ausgeklammert bleiben hier ontogenetische Aspekte (Entwicklung Eltern/Kind-Beziehung, Prägung etc. s. Kap. 9.3) sowie das spezielle Problem der Dominanzbildung (s. Kap. 7.4; Chase 1986, Chase & Rohwer 1987, Francis 1988). Die folgende Übersicht bezieht sich also überwiegend auf die Entstehung länger dauernder Paarbindungen, monogamer Beziehungen und nichtsexueller Beziehungen unter Erwachsenen – für letztere liegt allerdings das wenigste Material vor.

Grundsätzlich gibt es bei der Entwicklung neuer Beziehungen zwei Möglichkeiten des Ablaufes

a. diskret, nach dem Stufenmodell, d.h. es treten qualitative Sprünge, z.B. durch neu auftretende Interaktionsmuster auf. Belegt ist dieses Modell u.a. für diverse altweltliche Primaten (Kummer 1975), Equiden (Hofmann & Schilder 1984) und Macropodoidea (Gansloßer 1993).

b. kontinuierliche Änderungen von Frequenzen, oder Hin- und Herwechseln zwischen Interaktionsmustern ohne geregelte aufsteigende Reihenfolge, z.B. bei der Balz von diversen Fischen (s.u.), Huftieren und Raubtieren.

Abb. 14. Biberburg

Neben der Art des Ablaufens kann eine Klassifikation nach den beteiligten Komponenten des Verhaltens erfolgen.

1. Fast stets tritt soziales Erkunden der Partner gegenseitig auf, durch Beschnuppern bei Säugetieren, meist visuelle Prüfung bei Vögeln und Fischen (unterstützt durch auffällige Körperhaltungen)

2. Aggressive Elemente treten nicht in allen beobachteten Fällen auf, sie können bei manchen Arten ganz fehlen, durch Spiel ersetzt werden (Canidae, kleiner Panda), durch Umorientierung auf andere Artgenossen gerichtet werden (Lemuren, Rennmäuse), können, wenn vorhanden, von einem (viele Raubtiere, Paarhufer) oder beiden Partnern (Rhinoceros, Pinguine) ausgehen – in ritualisierter Form oder unritualisiert. Über die mögliche Funktion in der Partnerwahl s. 8.1.

3. Elemente der sozialen Körperpflege können fehlen (z.B. Antilopen), von einem (z.B. Großkänguruhs) oder beiden Partnern (Tauben, Papageien, kleinere Känguruhs) ausgehen – offenbar in Abhängigkeit vom Sexualdimorphismus (wie

erwähnt groomt nur bei wenig dimorphen Arten auch das Weibchen ihren Partner im Werbekontext).

4. Sexuelle Aktivitäten vor der Paarung treten bei Caniden sehr spät im Laufe der Beziehungsentwicklung auf, bei Krallenaffen (Callitrichidae) dagegen zu Beginn häufiger als später, desgleichen länger in der Anfangsphase von *M. ochrogaster* (Carter & Getz 1993) [um Oxytocinausschüttung zu steigern?].

5. Formen der Kooperation durch

    a. Duettgesänge, die mit dem betreffenden Partner eingeübt werden müssen (Gibbons, Siamangs, viele tropische Vögel)

    b. Verhaltenssynchronie bei Gänsen und monogamen Kleinantilopen (Klippspringer)

    c. Gemeinsame Jagd (Schakale, Wölfe, z.T. bei Schakalen mehr gemeinsame Jagd während der Paarungszeit) gefördert durch vorhergehende Gruß- und Rudelzeremonien).

Eine motivationale Gliederung des Ablaufes der Balz liefert Baerends (z.B. 1984, 1986) anhand seiner Untersuchungen an Cichliden. Dabei geht er von drei aufeinander folgenden motivationalen Zuständen aus:

- Eine erste Phase mit Überwiegen des aggressiven Verhaltens speziell beim (revierbewohnenden) männlichen Tier

- Eine zweite Phase des Konfliktes zwischen sexueller und aggressiver Motivation, charakterisiert durch ambivalentes oder umorientiertes Verhalten

- Eine dritte, rein sexuelle Phase, in der z.B. Bewegungen der Eiablage „ohne Eier" ausgeführt werden –diese Phase, so Baerends, dient wohl überwiegend der Feinabstimmung des Verhaltens der Partner aufeinander.

Obwohl der Ablauf anhand von Cichliden analysiert wurde, lassen sich diese Phasen der Werbung in ähnlicher Form auch bei vielen anderen Gruppen finden (vgl. Walthers z.B. 1981, Studien an Antilopen, Gansloßer 1993, 1995 an Macropodoidea).

Bei der Entwicklung einer sozialen Beziehung, z.B. einer Neu- Verpaarung einander bisher fremder Tiere, können häufig auch direkt meßbare physiologische Änderungen festgestellt werden. Tupaias, die mit einem neuen Partner zusammengeführt werden, entwickeln in ca. 20% der Fälle sog. harmonische Paarbeziehungen (von Holst 1994), die neben auffälligem partnerbezogenem Verhalten auch durch Absenken der Herzfrequenz, ungestörten Schlaf-Wachrhythmen und günstigere Cortisolwerte erkennbar sind (s. 6.3.7 Social support).

Die obigen Ausführung zur Beziehungsbildung lassen sich z.T. unter den Aspekten Vertrautheit, Attraktivität, Verfügbarkeit und Erträglichkeit des Gegenüber diskutieren (s 6.1).

Verfügbarkeit wird u.a. beeinfluß durch triadische Interventionen. Eigene Ergebnisse (Gansloßer 1993) zur Verteilung von weiblichen Interventionen in Männchen/ Weibchen-Interaktionen belegen ebenfalls triadische Einflüsse auf die Verfügbarkeit. Befunde an diversen paarbildenden Vogelarten, wonach bei längerer Trennung der Paarpartner eine leichtere Umverpaarung möglich ist, können jedoch auch auf abnehmende Vertrautheit zurückzuführen sein.

Die Erträglichkeit des Partners ist auch von arttypischen Faktoren z.B. deutlich in unterschiedlichen Geschwindigkeiten beim Durchlaufen von Stufensequenzen, oder in den verschiedenen Ausprägungen ein- bzw wechselseitiger sozialer Körperpflege im Artvergleich (abhängig vom Ausmaß des Sexualdimorphismus groomen bei Känguruharten mit geringen Geschlechtsunterschieden in Größe und Verhalten auch die Weibchen die Männchen, bei den sehr dimorphen Riesenkänguruhs tun dies nur Männchen gegen Weibchen).

Die Ergebnisse unserer experimentellen Rattenkänguruhstudie (Gansloßer 1993) zeigen hierbei bemerkenswerte Vorhersagemöglichkeiten: Auf Grund der Abläufe der Konfrontationen bei *Aep. rufescens* im Vergleich zu *B. penicillata* war eine nichtsolitäre Organisation von *Aep. rufescens* zu erwarten. Die Ergebnisse von Dennis (1989), Frederick & Johnson (1996) und Angaben von Jarman (mdl.) bestätigen anhand von Freilanddaten diese Vermutung. Die Aufklärung des Beziehungsnetzes und Analyse der Struktur kann also durch Experimente ähnlich den beschriebenen erfolgen.

7 Konflikt und Kooperation

7.1 Konflikte

Die weit verbreitete Gleichsetzung von Konflikten mit Wettbewerb und Aggression, wobei Wettbewerb als Ursache, Aggression als Lösungsversuch angesehen wird, engt die Betrachtung von Konflikten, zumindest bei höher evolvierten Säugern, unangemessen ein (Mason 1993, Mason & Mendoza 1993). Konflikte können entstehen, wenn zwei (oder mehr) Individuen dasselbe Ziel erreichen wollen, das nur einer erreichen kann, wenn einer etwas tut oder läßt was den anderen stört, wenn zwei Individuen schlichtweg nicht zusammenpassen, wenn Handlungen mehrdeutig, Stimmungen falsch gedeutet oder entgegengesetzt sind. Je größer die Gruppe, desto größer das Potential für Konflikte. Je dynamischer die Prozesse in den Gruppen, je mehr und feinere Beziehungen ein Individuum anknüpfen oder unterhalten muß/will, desto größer ebenfalls die Konfliktwahrscheinlichkeit oder desto öfter sind Handlungsbereitschaften ambivalent sogar bei Individuen, die sehr viele gemeinsame Interessen haben. Interessenkonflikte müssen nicht immer etwas mit Ressourcen zu tun haben, z.B. zwischen Paarpartnern oder Eltern und Kindern über das Ausmaß von Brutpflege.

Aggression ist nur eine Möglichkeit entstehende Konflikte zu lösen. Kompromisse, innere Anpassung, Rückzug sind nur einige der weiteren Möglichkeiten. Die Auswirkungen von andauernden Konflikten sind vielseitig (s. Pkt. 7.2), sie können in inneren Adaptationen (= Coping) oder in streßbedingten Krankheiten bestehen, oder in gruppendynamischen Änderungen, wie Abwanderung oder Bindungsauflösungen. Folge von Konflikten sind aber auch viele Formen der Kooperation, Bildung von Koalitionen und Allianzen.

Mason (1993) nennt sechs soziale Gründe aus denen Konflikte entstehen können:

1. Ein Individuum sucht irgendeine Art sozialer Befriedigung und erreicht diese nicht (z.B. abgewiesene Spiel- oder Groominganträge).

2. Erwartungen an ein anderes Mitglied werden plötzlich nicht mehr erfüllt, z.B. durch endogene Umstimmungen.

3. Neue Beziehungen werden etabliert.

4. Eine bestehende wichtige Beziehung wird bedroht.

5. Wettbewerb um eine Ressource.

6. Wettbewerb um sozialen Status.

Wie Mason (1993) ausführt, sind in Zusammenhang mit Konflikten auch innere Konflikte bedeutsam, also intraindividuelle. Diese inneren Konflikte klassifiziert er als:

- räumliche Konflikte (z.B. Annäherung/Ausweichen, oder zwei, die sich meiden möchten, müssen aufeinander zugehen)

- Unsicherheitskonflikte, wenn das Individuum den Ausgang einer Situation nicht abschätzen kann

- zeitliche Konflikte, wie viel Zeit und Energie soll für welches Verhalten jetzt aufgewandt werden?

Obwohl diese, in der klassischen Ethologie als Motivationskonflikt bezeichneten Konflikte, die dann oft zu sog. Übersprungshandlungen führen können (Diskussion s. Baerends 1975) scheinbar nichts mit unserem Thema zu tun haben, sind sie doch oft der Ausgang, oder die Folge eines interindividuellen Konfliktes, z.B. wenn dieser (noch) nicht gelöst ist.

Formen und Geschwindigkeiten der Konfliktlösung hängen u.a. von der Fähigkeit zur Gewinnung und Verarbeitung von Informationen (einschließlich der Kommunikation), der Erinnerung an frühere Vorgänge und anderen kognitiven Leistungen ab.

„Plumpe Hau-Drauf"-Aggression ist nur eine und recht seltene Form der Lösung – und auch bei anderen Arten als der unseren oft die schlechteste.

7.2 Konflikt und Streß

Ohne in die weitreichenden Aspekte der Streßphysiologie im Einzelnen eindringen zu wollen (ausführliche Diskussion z.B. bei Henry & Stephens 1977, Sachser 1993), müssen doch vor Betrachtung der Konfliktfolgen kurz die drei wichtigsten Streßachsen (nach Henry & Stephens) besprochen werden:

a. Die *Hypophysen-Gonaden Achse*: Viele Arten von Streß, sei er psychisch oder durch körperliche Beeinträchtigung (Verletzung, Krankheit) unterdrückt die Ausschüttung von Testosteron wie auch Östrogenen, bedingt durch die stressbedingte Opiatausschüttung, die in der Hypophyse die Sekretion von LH unterdrücken, sowie durch die Glucocorticoidwirkung auf Gonadenaktivität.

2. Die *Sympathicus-Nebennierenmark-Achse*: An diese, mit den Haupthormonen Adrenalin und Noradrenalin denkt man überwiegend beim Begriff „Streß". Adrenalin bereitet den Körper ("Fight/Flight Response") auf Belastungen durch Auseinandersetzungen oder Flucht vor, in dem es Herzrate, Atemfrequenz und Atemvolumen steigert, die Verdauungsorgane dämpft und die Durchblutung vor allem auf Gehirn und Skelettmuskulatur lenkt.

3. Die *Hypophysen-Nebennierenrinden-Achse*: mit den Glucocorticoiden, speziell Cortisol/Corticosteron, als Haupthormonen. Diese Achse wird vorwiegend bei langanhaltenden scheinbar oder wirklich unlösbaren Belastungen aktiviert. Folge sind, u.a. gesteigerte Stoffwechselraten, gesteigerte Gluconeogenese, Gewichtsabnahme und, bedingt durch die hohe Stoffwechselrate, Proteinabbau mit der Folge von Immunschädigung, erhöhter Infektionsgefahr vor allem im Lungen-, Magen/Darm- und Nierenbereich.

Einige Beispiele für die Auswirkungen von Konflikten („sozialer Streß" ist nichts andres als eine Belastung durch soziale Situationen, die Konfliktpotential haben): Henry & Stephens (1977) zeigten an Beispielen von Mäusen, Ratten, Rhesus- und Totenkopfaffen, daß die Erregung der Hypohysen-Nebennierenrinden-Achse vor allem durch Kontrollverlust, wie etwa Verlust des Territoriums, oder Unsicherheit in der Bildungsphase einer neuen Rangordnung, aber auch unerwartetes „Leerausgehen" und Übergangenwerden beim Füttern gesteigert wird. Wenn Mäuse sich experimentell über Monate in permanentem Konflikt über Territorien befinden, entwickeln sie Symptome der Atherosclerose, zusammen mit Bluthochdruck und Herzvergrößerung.

Zusätzlich treten Nierenversagen und irreversible Vergrößerung der Nebennierenrinde auf. Etliche Arten kleiner australischer Raubbeutler, vor allem der Gattung *Antechinus*, führen uns die dramatischen Wirkungen besonders deutlich vor (Lee & Cockburn 1985, Cockburn 1996): Wenn dort ein „normales" Paarungs- und Fortpflanzungsverhalten herrscht, sterben alle männlichen Tiere innerhalb weniger Wochen an cortisol- bzw. corticosteronbedingten Schädigungen von Magen-Darm-, Leber- und Nierensystem, ausgelöst durch allgemeine Infektionsanfälligkeit. Hält man die Männchen dagegen einzeln, so daß sie an dem heftigen Kampf- und Paarungstreiben nicht teilnehmen können, so können sie problemlos wie Weibchen etliche Jahre leben. Bei Tupaias (v. Holst 1987, 1994) wurden die Folgen sozialer Konflikte besonders ausführlich untersucht. Werden zwei fremde Artgenossen miteinander konfrontiert, steigen zunächst bei beiden erwartungsgemäß die Aktivitäten sowohl des Nebennieren-Rinden- wie Nebennieren-Mark-Systems. Nach Klärung der Dominanzbeziehung kehren die Gewinner nicht nur zum Ausgangszustand zurück, sie liegen sogar in Körpergewicht, Immunstatus, Testosteron- und Cortisolwerten besser als je zuvor. Bei den Verlierern ändern sich diese aber verschieden, je nach Situation: Entfernt man sie aus dem Käfig, erholen sie sich total, auch, wenn sie jeden Tag einmal kämpfen müssen (nicht aber, wenn mehrmals am Tag). Läßt man beide in dem, für beide gleich fremden Käfig, so bilden sich zwei Typen von Unterlegenen: Subdominante Tiere mit aktiverem Verhalten, die ständig den Gewinner beobachten, dem Gegner ausweichen, sich sogar notfalls verteidigen, haben langfristig erhöhte Nebennierenmarkaktivität, Herzrate etc., und können wochenlang so „problemlos" leben. Submissive Tiere dagegen werden apathisch, aktivitätsarm, „verwahrlosen" (putzen sich nicht mehr, fressen wenig), verlieren an Gewicht und behalten hohe Werte des Nebennieren-Rinden-Systems, an deren Folgen sie im Laufe einiger Wochen sterben würden, wie die *Antechinus*-Männer. Passiert das ganze nicht in einem vorher unbenutzten Käfig, sondern im Wohnkäfig eines Partners, dann hat der Verlierer immer die Merkmale des submissiven Typs.

Die hier vorgestellten Typen aktiver und passiver Streßreaktion können auch bei vielen anderen Arten, einschließlich unserer eigenen beobachtet werden.

Möglichkeiten zur Lösung der Konflikte und damit Reduktion der physiologischen Auswirkungen können sowohl auf Verhaltensebene (s. Pkt. 7.4) als auch in der Physiologie selbst liegen. Auf physiologischer Ebene kann z.B. auch die Unterdrückung der Reproduktionsaktivität bei jüngeren, halbwüchsigen oder rangtieferen Tieren (Wölfe, Zwergmangusten, Krallenaffen, Zwergmeerkatze usw.) eine solche Anpassungsleistung sein, die Konfliktpotential entschärft.

7.3 Aggression

Als Definition von Aggression soll hier die von Huntingford und Turner (1987) gelten: Aggression ist die Verabreichung schmerzhafter, störender oder potentiell schädlicher Reize an ein anderes Lebewesen mit dem Ziel, einen Vorteil zu erreichen.

Traditionell standen sich zwei Aggressionskonzepte recht unversöhnlich gegenüber: Das Lorenzsche Triebkonzept und das Umweltkonzept der vor allem nordamerikanischen Psychologie, die stark unter dem Einfluß Skinners und des Behaviourismus stand. Im klassischen, sog. psychohydraulischen Modell von Lorenz (zuletzt

1978) wird angenommen, daß für jeden sog. Trieb z.B. auch Aggression, eine innere Größe, die reizspezifische Energie ständig produziert würde. Diese ständig nachgelieferte Antriebskraft würde dadurch immer stärker auf den Ausbruch des entsprechenden Verhaltens drängen, dadurch werden immer unbedeutendere Auslösereize genügen, schließlich sollte der Triebstau so groß sein, daß sogar ohne erkennbaren Anlaß das betreffende Verhalten abliefe (Leerlauf). Danach wäre nach diesem Modell die Triebkraft erst mal erlahmt, und bis zum erneuten Auffüllen des Reservoirs wäre die Handlung durch reizspezifische Ermüdung schwerer oder gar nicht auslösbar. Dieses Modell ist es u.a., das die verhaltensbiologische Betrachtung der Aggression den Sozialwissenschaften verdächtig macht, weil dadurch eben Aggression, Gewalt, Krieg etc. zu unausweichlichen, weil vererbten Bestandteilen unseres Verhaltens würden. Abgesehen davon, daß es keinerlei physiologische Hinweise auf die postulierten Bestandteile dieses Systems gibt, haben schon seit über 20 Jahren Verhaltensbiologen selbst gezeigt, daß auch ethologisch hier nicht viele Belege zu finden sind: Wenn einzeln gehaltene Tiere wirklich aggressiver werden (z.B. Mäusemänner), dann liegt das bestenfalls daran, daß sie ein Revier besetzt und markiert haben. Im Allgemeinen fand man aber bei Stichlingen, Buntbarschen, Spinnen, Leguanen, Labornagern und vielen anderen, daß Tiere nach längerer „friedlicher", weil z.B. rivalenfreier Haltung, eher weniger, am Ende einer Kampfphase dagegen eher mehr aggressive Handlungen zeigten – also genau der gegenteilige Effekt. Dagegen konnten häufig durch Änderung von Vorerfahrung und aufzuchtbedingt die Aggressionspegel deutlich verändert werden.

Die psychologische Betrachtung der Aggression wurde, wie erwähnt vor allem aus Nordamerika kommend, vor allem unter zwei Gesichtspunkten vorangetrieben: (s. Übersicht bei Archer 1988):

1. Aus der Vergleichenden Psychologie wurden viele Studien, vor allem an Labornagern, zum Problem Dominanz durchgeführt. Da uns das Dominanzproblem später noch beschäftigen wird, soll dieser Aspekt hier vernachlässigt werden.

2. Die sozial- und entwicklungspsychologische Betrachtung der Aggression betont vor allem Umweltfaktoren, die Aggression auslösen bzw. „aggressiv machen". Hier wurden u.a. Frustration, aversive Reizung (Elektroschocks bei Ratten steigern Kampfbereitschaft bzw. verlängern Kämpfe), Konditionierung, und Nachahmungslernen in verschiedenen Versuchsanordnungen getestet. Der (weltanschaulich motivierte) Grundgedanke war, daß Aggression ohne entsprechende auslösende Reiz- oder negative Vorbild/Vorerfahrungswirkungen nicht aufträte. Einwände gegen diese Betrachtung kommen u.a. aus der Tatsache daß:

   a. Frustration schwer definierbar ist und oft auch zu anderen, nicht-aggressiven Reaktionen führt

   b. durch Elektroschocks oder anders schmerzvoll ausgelöstes Verhalten defensiven Charakter hat, und damit bestenfalls einen kleinen Teilbereich der Aggression (s.u.) betrifft

   c. Nachahmungslernen bei Tieren zwar vorkommt, aber insgesamt selten, und bezüglich Aggression überhaupt nicht studiert wurde

   d. insgesamt die mögliche biologische Funktion des aggressiven Verhaltens kaum berücksichtigt wurde.

Als wahrscheinlichste Lösung der Probleme mit den traditionellen Betrachtungen bietet sich eine aus der Kontrolltheorie abgeleitete Betrachtung an (Archer 1988; s. Abb. 15).

Die Regulation homöostatischer Prozesse ist bei Tieren nicht auf innere, d.h. im engeren Sinne physiologische Prozesse beschränkt. Auch äußere Einflüsse können die Homöostase gefährden. Im letzteren Fall werden Verhaltensmechanismen zur Regulation, d.h. Wiederherstellung des Sollzustandes eingesetzt. Eine Abweichung des derzeitigen Zustands vom gewünschten Endzustand löst eine Reaktion aus, die im einfachsten Fall ohne Feedback durch Ermüdung oder nach einer bestimmten Handlung bzw. Zeitspanne wieder endet, meist aber anhält bis der störende Zustand beseitigt wurde. Im Fall der Aggression ist das z.B. ein Angriff auf einen Eindringling, der solange anhält, bis der Eindringling vertrieben wurde. Hier wird bereits ein Problem sichtbar, das oben schon diskutiert wurde (Kap. 7.2): Schafft man es nicht, den Eindringling zu vertreiben, müssen sog. Coping-Mechanismen, also innere Sollwertverstellungen stattfinden (indem man z.B. eine rangtiefe Position akzeptiert), um trotzdem die Aggression zu beenden.

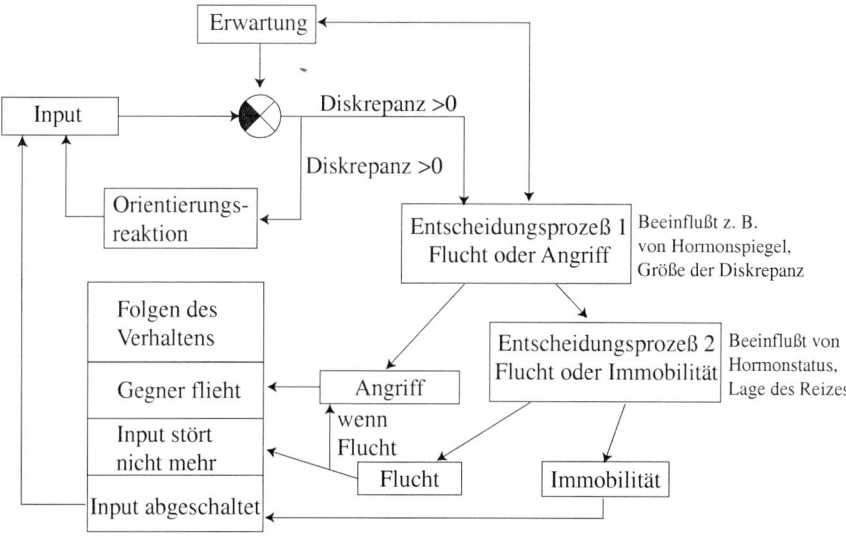

Abb. 15. Vereinfachtes Kontrolltheoriemodell der Aggression nach Archer.

7.3.1 Biologische Funktion der Aggression

Viele der o. g. Probleme bei der Interpretation aggressiven Verhaltens entstehen durch eine undifferenzierte Betrachtung, die die verschiedenen Aufgaben aggressiven Verhaltens im Leben eines Tieres nicht berücksichtigt. Völlig ausgegliedert aus der Betrachtung aggressiven Verhaltens soll das Beutefangverhalten bleiben – ein Löwe ist nicht wütend auf die Antilope, die er fängt. Diese scheinbare Banalität ist keineswegs allgemein anerkannt – lange Zeit war z.B. das „Mauskilling Verhalten" von Laborratten ein weitverbreitetes „Tiermodell" in der Neuropsychologie der Aggression.

Klammert man diesen völlig eigenständigen Bereich (Archer 1988 zeigt deutlich warum) aus, so bleiben noch eine ganze Reihe von aggressiven Akten übrig, die von verschiedenen Autoren unterschiedlich sortiert werden. Unter Berücksichtigung aller Argumente (Einbeziehung offensiver wie auch defensiver Elemente, Einbeziehung von räumlichen Komponenten wie Revierverteidigung und Individualdistanz, Einbeziehung auch innerartlicher Verteidigung …) erscheint die von Archer (1988) benutzte Einteilung als die umfassendste. Hier wird grundsätzlich zwischen drei Hauptarten von Aggression unterschieden:

- Selbstverteidigung ("protective aggression")
- elterliche Aggression ("parental aggression") zum Schutz des Nachwuchses
- Wettbewerbsaggression ("competitive aggression") zur Erlangung oder Verteidigung wichtiger Ressourcen.

Ausgeklammert bleiben, neben dem Beutefangverhalten, auch die Infantizidhandlungen, also Tötung von Nachkommen anderer Artgenossen zum Zweck der Steigerung eigenen Fortpflanzungserfolges (s. Kap. 8).

Honigdachs   Streifeniltis

Erdwolf   Streifenhyäne

Abb 16.

Selbstverteidigung

In diesem Bereich sind sicherlich die o. g. Experimente der aggressionauslösenden Wirkung von Schmerzreizen, Elektroschocks etc. anzusiedeln. Die in die Ecke getriebene Ratte mit ihrem „Kampfesmut" ist geradezu sprichwörtlich geworden.

Zur Selbstverteidigung gehören nicht nur direkte Angriffe, sondern auch das sog. *Mobbing*, das gemeinsame Hassen von Singvögeln, aber auch Erdhörnchen, Zwerg- und Zebramangunsten oder kleineren Affenarten, gegen Greifvögel, Schlangen etc. sowie der Einsatz von Bluff in Form von Mimikry – der Erdwolf, nahezu wehrlos durch sein Insektenfressergebiß, ahmt höchstwahrscheinlich die Streifenhyäne, das wohl mit dem stärksten (Knochenbrecher) Gebiß der afrikanischen Savanne ausgerüstete Tier nach.

Die Selbstverteidigung durch Kampf wird bei kleineren Arten meist durch den sog. *jump-bite*, Anspringen und sofort Zubeißen gestartet. Als allgemeine Regeln dazu kann man aufstellen:

a. Tritt besonders häufig auf bei Arten, die leicht in die Enge getrieben werden (Erdbaue!) und die hohem Feinddruck unterliegen

b. Ist sofort so schädlich wie nur möglich

c. Wird kaum durch Gewöhnung reduziert.

d. Vielfach handelt es sich um angeborenes Verhalten, aber Beobachtung/Nachahmung spielt eine gewisse Rolle bei Erlernen der speziellen auslösenden Situation (eine Funktion des Hassens scheint zu sein daß der Nachwuchs gefährliche Feinde lernt).

Der Ablauf der Selbstschutzaggression unterscheidet sich z.B. durch das häufige Fehlen von vorherigen Annäherungen, Erkundungsverhalten oder Imponieren von der Wettbewerbsaggression . Oft werden unterschiedliche Verhaltensweisen und Waffen eingesetzt – z.B. treten Huftiere nach Freßfeinden, auch wenn sie Rivalen mit Geweihen, Halsringkämpfen etc. bekämpfen. Angsteinflösende Reize reduzieren diese Art der Aggression meist nicht.

Elterliche Schutzaggression

Elterliche Schutzaggression kommt bisweilen, vor allem bei revierbildenden Arten, vermischt mit Wettbewerbsaggression vor. Sie dient sowohl dem Schutz des Nachwuchses vor Freßfeinden als auch vor Infantizid, und es sind verschiedene Abhängigkeiten teilweise korrelativ, teilweise auch experimentell nachgewiesen worden:

• elterliche Aggression läßt sich bevorzugt auslösen, wenn der Angriff tatsächlich eine Ausweichmöglichkeit für Nachwuchs und evtl. auch Eltern eröffnet.

• Möglicherweise damit in Verbindung steht der Befund, daß sie im vertrauten angestammten Gebiet häufiger ist.

• Die Intensität elterlicher Aggression variiert zum Einen mit der Gefährlichkeit des Räubers, zum Andern aber auch in Abhängigkeit von verschiedenen Variablen der individuellen Lebensgeschichte: Zahlenmäßig größere Würfe werden heftiger verteidigt, die Überlebenswahrscheinlichkeit der Eltern in die nächste Fortpflanzungssaison beeinflußt, welches Risiko die Eltern jetzt eingehen (ältere Eltern investieren mehr in die Verteidigung). Die „Wiederbeschaffungskosten" für die Jungen spielen ebenso eine Rolle. Je schwieriger es ist, wieder einen Paarungspartner zu finden und/oder Junge zu bekommen, desto mehr werden die vorhandenen verteidigt. Das wiederum hängt vom arttypischen Geschlechterverhältnis ab.

- Intraspezifisch variiert das Ausmaß auch mit dem lokalen Raubfeinddruck.

Experimentelle Studien wurden vorwiegend an Fischen, aber auch z.T. an Kleinnagern durchgeführt (Archer 1988). Weibliche Mäuse, Hirschmäuse oder Lemminge attackieren z. T. sehr wirkungsvoll, und erfolgreich eindringende fremde Männchen (erfolgreich sowohl im Sinne von Aufzucht der Jungen, wie im Sinne von Vertreiben bzw. zumindest im Käfig auch schwer Verletzen bis Töten des Männchens).

Da bei Säugetieren die Aufzucht der Jungen Sache der Weibchen allein ist, sind diese in den meisten Fällen auch aktiver bei der Verteidigung. Bei paarlebenden Vögeln sieht es z.T. anders aus – da greift das Männchen stärker an.

Aggression zum Schutz der Nachkommen steht, zumindest bei Säugetieren, oft unter Kontrolle des Progesterons, wird jedoch nach der Geburt noch zusätzlich durch äußere Reize, vor allem die Anwesenheit der Jungen und auch deren Säugen beeinflußt. Die Hormonwirkung allein hat vorwiegend vorbereitenden Charakter in der Phase des Nesterwerbes und vor bzw. gleich nach der Geburt.

Wettbewerbsaggression

Zu diesem Punkt gehört alles was mit dem Disput um bestimmte Ressourcen normalerweise zwischen Artgenossen, zu tun hat. Solche Ressourcen können Paarungs- aber auch andere Sozialpartner, räumliche Strukturen, Reviere, Nahrung, oder Kombinationen davon sein. Auseinandersetzungen um solche Ressourcen unterscheiden sich in etlichen Punkten von den bisher besprochenen Formen. Einmal ist der Verlust, den der Verlierer eines solchen Kampfes erleidet, meist wesentlich geringer als bei den vorigen: Wer hier rechtzeitig wegläuft verliert selten sein Leben oder seine Nachkommen. Dementsprechend sind aber die Gewinn- und Verlustaufrechnungen auch ausgeglichener (wenn auch nicht notwendigerweise völlig symmetrisch) zwischen beiden Kämpfern.

Aus diesen Kosten-/Nutzenvergleichen heraus ergibt sich, daß bei Wettbewerbskämpfen eine Risikoabschätzung viel differenzierter und die Entscheidung (Kämpfen oder nicht, und wenn ja, wie) keineswegs so eindeutig ausfallen wird. In diese Entscheidungsprozesse werden zwei „Fragen" eingehen:

1. Ist es diese Ressource wert, daß ich um sie kämpfe?

2. Ist es dieser Gegner wert, einen Kampf zu riskieren?

Hierbei spielen dann bei Frage 1 vor allem der derzeitige Wert der Ressource für mich und den Gegner, der Wiederbeschaffungspreis (wie selten ist sie, wie gleichmäßig verteilt ist diese Art Ressource, wie schwer zu finden und zu erschließen ist sie) und der Aufwand relativ zum Nutzen, den die Verteidigung kosten würde eine Rolle. Die Verteilung von Ressourcen kann monopolisierbar und verteidigbar sein oder nicht. Im ersten Fall spricht man von Contest-Situation – bestimmte Individuen sind in der Lage, die Ressourcen zu kontrollieren und anderen den Zugang zu verwehren. Wie sehr sie das können, hängt u.a. von ihrer Kraft, Geschicklichkeit, Status, Erfahrung etc. ab

– alle diese Eigenschaften zusammen bilden das Resource-Holding-Potential RHP (s. u.).

Bei einer gleichmäßig verteilten Ressource dagegen hängt das Ausmaß, das jeder einzelne davon abkriegt, vorwiegend von der Zahl der Mitbewerber, also von der Populationsdichte ab. Monopolisierbar ist die Ressource nicht, und man spricht von scramble-competition, was hier nichts mit dem Kampf ums Rührei, sondern mit der zweiten Bedeutung von to scramble, nämlich sich hastig und ungeordnet bewegen oder zusammenrotten, zu tun hat.

Als Folge der Abschätzung, ob diese Ressource es wert ist verteidigt zu werden, finden wir z. B. Variabilität in der Ausprägung von Revieren auch innerhalb von Arten. Besonders gut läßt sich dies experimentell durch Zufüttern bzw. Wegnehmen von Futterquellen zeigen. Nektarvögel verteidigen nur blühende Bäume von ganz bestimmter Größe bzw. Zahl der Blüten als Nahrungsrevier. Sind es zu viele, kriegt jeder was. Sind es zu wenige, ist der Energieaufwand des Revierpatrouillierens und -ankündigens zu hoch. Zufüttern mit Honigwasser, oder Entfernen von Blüten von Bäumen, ermöglichte es hier, experimentell die Tiere von Revierverteidigung weg zu bringen. Freilandstudien an Kaninchen, Pavianen und Rhesusaffen (s. Archer 1988) zeigen korrelativ ebenso den Rückgang von aggressiven Verhalten, wenn der Lebensraum unproduktiv und das Futter selten und weit verteilt wurde.

Die zweite Frage, ob dieser Gegner den Kampf wert sei, ist noch schwieriger für das Tier zu beantworten, und soll uns weiter unten beschäftigen.

7.3.2 Physiologische Aspekte

Wie oben (mütterliche Schutzaggression) gezeigt, steht aggressives Verhalten oft unter der Kontrolle wechselnder Hormonkonzentrationen. Wie schon ausgeführt (s. ausführliche Diskussion Nelson 1995), wird zunächst während der Schwangerschaft zumindest bei Ratten und Mäusen die mütterliche Aggression durch erhöhte Progesteronwerte, bei Goldhamstern und Weißfußmäusen (*Peromyscus leucopus*) von Prolactin gefördert. Nach der Geburt sind dann die Saugreize an den Zitzen für die Aufrechterhaltung der mütterlichen Aggression wichtig, und dabei scheint Serotonin eine Rolle zu spielen.

Im Fall der Wettbewerbsaggression wird meist, z. T. auch mit ideologischem Hintergrund z. B. in radikalen Frauenbewegungen, dem Testosteron die Hauptverantwortung für aggressives Verhalten gegeben. Untersuchungen der Androgenwerte im Blut oder Speichel zeigen tatsächlich bei vielen Säugern und Vögeln, inklusive unserer Art (s. u.) eine Korrelation zwischen Androgenspiegel und competitivem Verhalten. Genauer experimentell untersucht wurden die Zusammenhänge z. B. bei Rothirschen, verschiedenen Nagern und einigen Affen. Bei männlichen Hirschen können wegen der unter Testosteronkontrolle stehenden Geweihbildung mehrere aggressionsrelevante Zusammenhänge gezeigt werden: Kastrierte männliche Hirsche, die mit Testosteronimplantaten behandelt wurden, stiegen bereits im Rang bevor Auswirkungen auf ihre Geweihbildung offenkundig wurden. Später wirkte die Hormonsubstitution dann via Geweih wiederum auf den sozialen Status zurück. Bei Wallachen ist bemerkenswerterweise Dominanz über nichtkastrierte Hengste auch ohne Hormonbehandlung möglich, ähnliches gilt für Rentiere.

Nagetiere bieten aus mehreren Gründen gute Studienmöglichkeiten:

a. Viele Arten, z. B. auch der Goldhamster, zeigen jahresperiodische, von der Photo-periodik gesteuerte Hoden- und Testosteronregression im Herbst.

b. Bei Labormäusen und etlichen anderen Arten erfolgt die zentralnervöse Differen-zierung in eher männliche oder weibliche Muster nach der Geburt. Frühzeitige (vor dem 6. Lebenstag) Kastration bzw. Ovariektomie beeinflußt daher die Sex-differenzierung im Gehirn. Dabei wurden „normale" Werte von aggressivem Ver-halten nur durch eine Kombination mehrerer Behandlungen erreicht:

Behandlung vor 6. Tag	Behandlung im Adult-Sta-dium	Aggressives Verhalten als Erwachsener
Männchen	-	+++
Kastration	-	-
Kastration	Androgen	+
Kastration + Androgen	Androgen	+++
Weibchen	-	-
Kastration	-	-
Kastration	Androgen	-
Kastration + Androgen	Androgen	+++

Tab. 5. + bis +++: Wirksamkeit in unterschiedlichem Ausmaß; - fehlt.

Die Tabelle (aus Nelson) zeigt, daß sowohl im Bereich um die Geburt wie im Erwach-senenstadium Androgen nötig ist. Gleicherweise kann bei Goldhamstern während der Winterzeit durch Injektion von Testosteron die Aggressivität nicht kurzzeitig hochge-fahren werden. Auch bei Primaten findet man nicht immer eindeutige Zusammenhänge zwischen hohem Testosteronspiegel und Aggression. Etliche der o. g. Befunde lassen sich mit der Wirkung auf die Anwesenheit von Testosteronrezeptoren erklären. Fehlen diese, nützt der Hormonspiegel kurzzeitig gar nichts. Hormonrezeptordichten aber ge-hen zurück wenn das Hormon längere Zeit fehlt (Goldhamster im Winter!). Viele Säu-getiere, auch Primaten, zeigen deutliche Geschlechtunterschiede im Spielverhalten. Bei Rhesusaffen reicht für diese Unterschiede die pränatale Testosteronanwesenheit, bei Mäusen nicht. Bei Hunden müssen, ebenso wie bei Mäusen, sowohl perinatal wie im Adultstadium hohe Androgenspiegel vorhanden sein, um männchentypische Werte von Aggressions- sowie Dominanzverhalten zu erzielen. Testosterongabe nur perinatal allein erhöht zwar die Werte leicht über die normaler Weibchen, aber nie auf männliche Werte. Tüpfelhyänen (*Crocuta crocuta*) sind bezüglich des Sexual- und Aggressions-verhaltens besonders interessant, da (a) Weibchen normal über Männchen dominieren (b) die äußeren Genitalien der Weibchen pseudomännlich ausgebildet sind.

Trotzdem findet man i. d. R. höhere Plasmaandrogenwerte bei Männchen als Weib-chen, und hochrangige Individuen beider Geschlechter hatten höchste Werte.

Ein anderes Beispiel für die Feedbacksituation zwischen Verhalten und Hormo-nen: Rhesusaffenmänner, die eine Rangauseinandersetzung verloren, haben wochen-lang erniedrigte Testosteronwerte, gewinnen sie, so steigt der Wert danach innerhalb von 24 Stunden an (Bernstein et al. 1974).

Einige korrelative Studien am Menschen illustrieren das komplexe Geschehen weiter: Gewinner von (Amateur)-Tennisturnieren hatten höhere Testosteronwerte im Speichel als Verlierer, aber nicht wenn der Ausgang knapp und bis zum Ende des Matchs offen war. Hatten die Versuchspersonen dagegen die Möglichkeit, die gleiche Geldsumme in einer Lotterie ohne eigenes Zutun zu gewinnen, stieg der Wert nicht an. Frauen in hochkompetitiven Berufen z.B. Anwältinnen, Managerinnen, oder weibliche Ingenieure haben höhere Testosteronwerte im Speichel oder Blut als Lehrerinnen, Krankenschwestern oder Hausfrauen.

Zum Schluß noch ein besonders gut erforschtes Vogelphänomen (evtl. aber auch bei Säugern): die sog. *Herausforderungs-(Challenge-)Hypothese*: Bei vielen revierbildenden Singvögeln steigt im männlichen Geschlecht der Testosterongehalt sehr kurzfristig (5–10 min) nachdem ein Eindringling singend im Revier angetroffen wurde. Zugleich wird der Eindringling heftig angegriffen.

Es sieht so aus als ob ähnliches beim Beutelflughörnchen *Petaurus breviceps* auftritt: B. Salamon (1997) fand während der Jungenaufzucht, bei der die ranghöchsten Männchen mithelfen, bei diesen einen niedrigeren Testosteronwert als bei rangtiefen. In der Paarungszeit ist es dagegen umgekehrt.

7.3.3 Ontogenetische Einflüsse

Das Ausmaß aggressiven Verhaltens das ein Individuum später zeigt, wird nicht nur durch hormonelle sondern auch situative und soziale Einflüsse frühzeitig mit gesteuert. Bekannt sind seit längerem die Befunde, daß die intrauterine Position das Verhalten, auch im Hinblick auf Aggressivität/Territorialität beeinflußt (vom Saal 1984): Weibliche Mäuseembryonen die zwischen männlichen Geschwistern im Uterus plaziert sind, erfahren vorgeburtlich höhere Testosteroneinflüsse und zeigen mehr offensives, territoriales oder Abwanderverhalten nach männlicher Art. Andere Einflüsse auf die Aggressionspegel bei Mäusen beschreibt Benus (z. B. 1995).

Situation	Wirkung auf Aggressivität im Adultenstadium
Anwesenheit des Vaters	
pränatal	0
postnatal	+
nach Entwöhnung	-
Männliche Geschwister	
pränatal	+
postnatal	-
nach Entwöhnung	-
einziges männl. unter weibl. Geschwistern	
postnatal	+
Kampferfahrung bzw. erlebte Kämpfe	
postnatal	+

Situation	Wirkung auf Aggressivität im Adultenstadium
nach Entwöhnung	+
geruchliche Anwesenheit bei Kampf	+
optische Anwesenheit	0
Unterernährung	
pränatal	0
postnatal	+
nach Entwöhnung	0

Besonders interessant ist der Befund mit der Kampfanwesenheit: Konnten Mäusemänner Kämpfe hinter Glas beobachten, gab es keine Auswirkungen. War es aber hinter Gitter, verfolgten sie später im Leben aggressive Strategien. Es ist relativ leicht,
aggressive und nicht-aggressive Zuchtlinien aus Wildmäusen herauszuzüchten (Benus 1995). Diese unterscheiden sich dann bemerkenswerterweise auch in anderen
Aspekten ihrer Umweltanpassung: Insgesamt scheinen die aggressiven Typen in stabilen, die nicht aggressiven in variablen Umweltbedingungen erfolgreicher zu sein.

Lernen in früher Jugend spielt bei der Ausprägung späteren sozialen Verhaltens
eine entscheidende Rolle. Sachser (1993) zeigt am Beispiel von Hausmeerschweinchen, wie dies mit Aggression bzw. Dominanz (s.u.) geht: Wird ein junges männliches
Meerschweinchen ohne Anwesenheit eines erwachsenen Männchens aufgezogen, so
kann es sich später nicht ohne heftige Prügeleien in vollständige Gruppen integrieren,
was anderen kolonieaufgezogenen Jungen problemlos gelingt. Es hat zwei wichtige
Spielregeln nicht gelernt: 1. sich bei Ranghöheren, z.B. ortsansässigen Männchen
submissiv zu verhalten, 2. nicht alle Weibchen anzubalzen. Das führt über zum nächsten Aspekt.

7.4 Konfliktvermeidung bzw. -regelung

Die klassische Ethologie hatte ein sehr eingängiges und vielseitig verwendbares Konzept bereit, um verschiedenste Formen der Lösung sozialer Konflikte zu erklären: Die
Tiere sollten sich so verhalten, daß es für die Arterhaltung, also für alle, am besten wäre. Dazu gehörte dann eben Unterwerfung, aber auch Angriffs- und Tötungshemmung
gegenüber Unterlegenen, die Etablierung von Rangordnungen, die zum Wohle der
Gruppe aggressionsvermeidend sein sollten etc.

Mittlerweile wird dieser Artvorteil nicht mehr als Erklärungskonzept akzeptiert.
Das Individuum ist letztlich die selektionsrelevante Ebene, und also müssen die Erklä-
rungen auch auf der Ebene des Individuums stattfinden. Aber auch auf individueller
Ebene können Konfliktvermeidung bzw. geordnete Lösungen durchaus adaptiv sein.

7.4.1 Spieltheoretische Überlegungen

Im Gegensatz zur o.g. klassischen Ansicht standen Verhaltensbiologen vor dem umgekehrten Dilemma, als sie die Kampfstrategien auf individueller Ebene erklären
sollten. Es war nicht mehr problematisch zu klären, warum im Kampf Artgenossen

getötet, „unfair" gekämpft und bis aufs Ganze gegangen wurde. Statt dessen war nun zu fragen, warum dies nicht ständig geschah – welche eigenen Vorteile bringt es, den andern zu schonen? Bei der Bearbeitung solcher Probleme (aber auch in anderen Bereichen z.B. bei der Analyse von Balzverhalten und Partnerbeziehungen) kamen Modelle zur Anwendung, die ursprünglich aus der Wirtschaftsmathematik stammen: Die sog. Spieltheorie beschäftigt sich mit Entscheidungsstrategien von, i.d.R. zwei, in einem Spiel gegeneinander antretenden Individuen, von denen jeder seinen nächsten Spielzug vom vorigen, bzw. den gesamten bisherigen Zügen und der eigenen derzeitigen Position abhängig machen muß. Für die Entwicklung dieser Modelle hat Reinhard Selten (zusammen mit J. Nash & J. C. Harsanyi, aber hier interessiert nur Selten, weil er den Biomathematiker Hammerstein beeinflußt hat) 1994 den Nobelpreis für Wirtschaftswissenschaften erhalten. Im verhaltensbiologischen Bereich wurden die Modelle von John Maynard Smith, Peter Hammerstein und Geoffrey Parker eingeführt und mittlerweile vielfach verfeinert. Eine deutschsprachige Zusammenfassung gibt Hammerstein (1985) oder Franck (1997).

Als Spiel wird hier eine Art von Konflikt bezeichnet, bei der die Spieler ihre Züge, d.h. aufeinanderfolgenden Handlungen aufgrund ihrer Kenntnis der voraussichtlichen gegnerischen Handlungen entscheiden. Dabei verfolgen sie bestimmte Strategien, das sind Listen mit optimalen Wahlen für jeden gegebenen Zeitpunkt des Spieles. Sieht eine Strategie immer gleich aus, z.B. „Greife immer an", dann spricht man von reiner Strategie, hat die Strategie in sich irgendwelche Variationen, so nennt man sie gemischt.

Das einfachste spieltheoretische Modell ist das sog. *Falken/Tauben-Modell* (Hawk-Dove Game, aus der Politik entliehene Begriffe). Falke ist, wer jederzeit sofort und ohne Rücksicht auf Verluste, auch eigene, angreift, den Kampf eskaliert und notfalls bis zum blutigen Ende kämpft. Taube ist, wer im Ernstfall sich zurückzieht und lieber den Kampf als das Leben verliert. Finden sich in einer Population beide Spielarten, so gewinnen Falken gegen Tauben natürlich immer. Stoßen Tauben auf Tauben, gewinnt eine, die andere bleibt unverletzt und ohne Schaden. Treffen aber zwei Falken aufeinander, so gewinnt einer, kann aber dabei auch verletzt werden, der andere ist schwer verletzt oder tot. Die Auswirkungen auf die Kontrahenten werden i.d.R. einer sog. Auszahlungsmatrix dargestellt:

	Falke	Taube
Falke	-1	2
Taube	0	1

Das Beispiel ist folgendermaßen zu lesen: Ist der Nutzen (N) für den Gewinner mit der Zahl 2 (z.B. 2 Bananen oder 2 paarungsfähige Weibchen) angesetzt, die Kosten K mit der Zahl 4, so hat zunächst jeder Falke beim Kampf mit einem Falken die 50% Chance, Gewinner zu 2 oder Verlierer von 4 zu sein. Seine durchschnittliche Auszahlung ist $(2-4)/2 = -1$. Beim Kampf mit der Taube gewinnt der Falke problemlos 2. Eine

Taube gegen eine Taube aber hat keine Kosten. Entweder sie kriegt 2 oder nichts, verliert aber weder Leben noch Gesundheit. Also hat jede Taube eine Chance von $(2-0)/2 = 1$.

Dieses einfache Modell erklärt nun zwar, warum in einer Population nicht alle bis aufs Blut kämpfen sollten, aber es erlaubt z.B. noch keine Vorhersagen über abgestufte Kampfstrategien, Imponierverhalten oder längere, sich langsam eskalierende Kämpfe. In zunehmendem Maß werden solche Beobachtungen nun durch komplexere Modelle bearbeitet. Einige davon seien noch kurz behandelt :

Das "War-of-Attrition"- (Abnutzungs- oder Nervenkrieg-) Modell

Hier geht es um die, oftmals beobachteten langen, intensiven Imponierduelle ohne eigentlichen Kampf, wie sie z.B. Rothirsche durch Parallelschreiten zeigen – oftmals gibt einer schon auf bevor es zum Kampf kommt. Beim Abnutzungskrieg kommt es darauf an, wer dieses Imponieren länger durchhält. Da die verschiedenen Verhaltensweisen sehr energieaufwendig sind (z.B. kostet Röhren sehr viel Kraft), hängt es letztlich vom RHP der beiden Kontrahenten ab, wer zuerst aufgeben muß. Bis zum Zeitpunkt des Aufgebens sollte aber mit voller Kraft signalisiert werden, um den Gegner über die tatsächliche Stärke im Unklaren zu lassen. Nur unter der Voraussetzung, daß beide mit voller und konstanter Intensität signalisieren, ist das War-of-Attrition Modell evolutionär stabil und nicht durch Betrüger (s. 7.4.2) zu unterwandern. Der Gewinner ist das Individuum, das einen höheren Fitneßverlust (bedingt durch Zeit- und Energieaufwand, oder Verletzungsrisiko) zu tragen bereit ist, denn sobald der Verlust an Fitneß bei einem von beiden nicht mehr weiter tragbar ist, gibt er auf und ist Verlierer. Bis dahin aber haben beide bei gleichem RHP, gleich starken Verlust. Beispiele für das Nervenkrieg-Modell im Säugerbereich wären die Röhr- und Imponierduelle bei Hirschen. Nun ist aber nicht jedes langanhaltende Imponierduell nur mit dem Nervenkriegsmodell erklärbar. Payne & Pagel (1997) haben erläutert, daß es drei Möglichkeiten gibt, was eine häufige Wiederholung von Signalen (übrigens auch bei der Balz, s. Kap 8.1) aussagen kann:

a. Der Empfänger nutzt die Summe aller Signale, um den Sender einzuschätzen. Dann geht es tatsächlich um Ausdauer, also War of attrition.

b. Der Empfänger nutzt die widerholten Signale um sozusagen eine Art Durchschnittsbildung zu ermöglichen – dann nähern wirr uns dem Sequenzabschätzungsmodell (s.u.)

c. Der Empfänger nutzt nur das „beste", d.h. eindrucksvollste aus einer Serie wiederholter Signale – dann hätten wir fast ein Size-Game (s.u.).

Welches Modell zutrifft, hängt von der relativen Qualität der Wiederholungen eines bestimmten Signales ab – wir müssen also die Variabilität der Signale innerhalb z.B. eines Röhrduells vergleichen.

Die Bourgois-Strategie – Besitzer gewinnt

Treffen zwei Kontrahenten aufeinander, die im RHP praktisch gleich sind, einer hat aber die Ressource schon, der andere nicht, so ist der Verlust für den, der schon was hat, größer, wenn er verliert, als für den, der schon vorher nichts hatte. Daher ist i.d.R. die Eskalationsbereitschaft und die Wahrscheinlichkeit zu gewinnen, beim Besitzer größer. Die *Bourgeois-Strategie* (Parker 1974) ist in gewisser Weise ebenfalls eine Ergänzung des Falken-Tauben-Modells. Sie besagt: „Eskaliere, wenn Du Vorbesitzer der umstrittenen Ressource bist." Dieses auch als "ressource-holder wins"-Modell bezeichnete System liegt nicht nur der Territorialität, sondern auch den vielfältigen Formen von Besitzrespektierung (s. 7.4.2, 7.4.4) zugrunde. Hintergrund dieses Modells ist bei Revierbesitzern, daß der Verlust für den Vorbesitzer i.d.R. viel schwerer wiegt, als für den Herausforderer, der ja auch vorher nichts hatte, wodurch die Kosten/Nutzen-Abschätzung für beide unterschiedlich ausfällt. Zudem hat der Vorbesitzer meist schon eine Menge in die Ressource investiert.

Abb. 17. Sexualdimorphe Waffen (Oberarme, Schultermuskulatur, Armlänge) beim Roten Riesenkänguruh: links männliches, rechts weibliches Tier.

Das Größenspiel (size game)

Können die Tiere durch Signale, die kaum zu fälschen sind, ihr RHP signalisieren, so sollte der, der das kleinere RHP hat, das schon gleich sehen und aufgeben. Beispielsweise wachsen viele Großsäuger (Elefanten, Wildrinder, Riesenkänguruhs) zumindest im männlichen Geschlecht lebenslang. Ein älteres Männchen ist damit größer und stärker und wir finden meist alters/größenabhängige Rangordnung. Genaueres dazu s. Kap. 8.2: Sexualdimorphismus. Das Size-Game-Modell = Größenspiel (Maynard-Smith & Harper 1988) geht davon aus, daß zwei Gegner unterschiedlicher Größe aufeinander treffen, und der Größere gewinnt. Dies ist eine Erweiterung des Falken-Tauben-Modelles insofern also dazu nur zwei Dinge zusätzlich nötig sind: a) die Fähigkeit, den Gegner und sich selbst in den RHP-Verhältnissen vergleichend abzuschätzen und b) die Strategie: „Eskaliere, wenn Du größer bist, sei aber Taube, wenn Du kleiner bist!"

Das Size-Game-Modell paßt auf viele in Größe und/oder Bewaffnung sexualdimorphe Säuger, z.B. Huftiere, Känguruhs, etliche Primaten (Jarman, 1983, 1989) bei denen die entscheidenden Merkmale (Körpergewicht, Muskelausprägung, Gehörngröße etc.) nicht von Betrügern gefälscht werden können. Diese Merkmale sind nämlich i.d.R. während einer entsprechenden verlängerten Wachstums- und Subadultphase langsam herangewachsen, was einen entsprechend hohen Energie- und Zeitaufwand bedeutet, sind also ein „teueres", nicht fälschbares Merkmal ("costly trait"). Sollte jemand durch Bluff solche RHP-abhängigen Merkmale vortäuschen, so unterliegt er in einer sich eventuell anschließenden Auseinandersetzung erhöhter Verletzungsgefahr. Kitchener (1985, 1988) hat z.B. die enormen Kräfte, die beim Kampf auf Hörner und Schädel von Wiederkäuern wirken berechnet. Täuscht hier jemand, in dem er zu große Hörner, ohne entsprechend kräftige Nackenmuskulatur und Schädelbasis zu haben, kann dies tödliche Folgen haben: Bei Bighornschafen errechnete er Maximalkräfte von 3400 N, von denen nur höchsten 1% von den Hörnern selbst, der Rest von der Muskulatur abgefangen werden muß! Geist (1966) hat gezeigt, daß bei Bighorn-Schafwiddern die Horngröße über den Ausgang von Auseinandersetzungen und die Rangposition entscheidet. Nur Widder, die sich a) nicht kennen b) gleich große Hörner haben kämpfen. Kitcheners Analyse (1988) zeigt den funktionsmorphologischen Aspekt des Size-Games bei diesen Rangzuteilungen. Unklar ist nur noch wodurch das Assessment möglich ist: Woran merkt ein Widder, wie groß seine Hörner sind? Bei Riesenkänguruhs (Jarman 1989, 1991, Gansloßer 1989) spielt die Ausprägung der Arm- und Schultermuskulatur, sowie die Armlänge <Abb.> die entsprechende Rolle bei der Abschätzung. Man spricht beim Size-Game davon, daß eine sog. Kampfkraft oder RHP-Asymmetrie den Ausgang beeinflußt.

Das Sequenz-Abschätzungsspiel – sequential assessment

Kommt es wirklich zum Kampf, so wird zunächst durch Austausch von wenig schädlichen Kommentkampfelementen die eigene Stärke mitgeteilt. Genügt Stufe eins des Kampfes nicht, um festzustellen wer mehr RHP hat, erfolgt eine schrittweise Eskalation auf die nächste Stufe, d.h. es treten nach mehr- bis oftmaliger Wiederholung der Elemente der ersten Eskalationsstufe solche der Stufe 2 auf. Bei jedem nun auftretenden Element ist der Informationswert über die dahintersteckende Kraft bzw. RHP zunächst groß, mit jeder Wiederholung aber sinkt der Informationswert – man weiß jetzt, wie stark der andere schlagen kann, aber wie heftig er treten kann, weiß man noch nicht. Irgendwann brechen dann die Kämpfe ab, meist kurz nach dem Auftreten eines neuen Elementes. Beispiele für solche, in Runden eingeteilte Kämpfe sind die z.T. halbstundenlangen oder noch längeren, zunehmend eskalierenden Box- und Tretkämpfe der Riesenkänguruhs. Charakteristisch für Kämpfe nach diesem Typ ist, daß jedes neu auftretende Element längere Zeit von beiden Gegnern wiederholt wird. Alle diese Elemente von anfänglichen Eskalationsstufen haben in Häufigkeit, Intensität etc. keinen Vorhersagewert für den Kampfausgang. Nur die Elemente der letzten Eskalationsstufe vor dem Abbruch sind i.d.R. vorher siegertypisch ausgeprägt. Das Sequential Assessment Modell wurde von Leimar & Enquist (1984) zuerst entwickelt und vor allem an Fischen getestet. Im Säugetierbereich sind die bestuntersuchten Beispiele Riesenkänguruhs (Gansloßer & Krettinger 1997). In deren langen, in Runden und Pausen eingeteilten Auseinandersetzungen treten immer wieder neue Elemente auf. Trat ein Element schon mal auf, wird es in jeder nächsten Runde viel früher wieder gezeigt als in der vorherigen. Kampfentscheidende Elemente z.B. Umwerfen oder Niederhalten treten meist nur einmal am Ende auf. Dieses Modell erlaubt es, Kämpfe mit zunehmend stärkerer, graduell abgestufter Eskalation, nach Phasen einzuteilen. Grundlage ist die Überlegung, daß am Anfang eines Kampfes die Gegner keine Information über einander haben. Tauschen sie ein Kampfverhaltenselement, z.B. Schlagen mit der Vorderpfote aus, so erhalten sie beim ersten Schlag recht viel, bei jedem nachfolgenden Schlag immer weniger Information über RHP und Kampfkraft des anderen. Irgendwann wird ein neues Element z.B. Treten mit den Hinterbeinen eingeführt, das wiederum zunächst viel, dann immer weniger Information überträgt. Mit jedem nächsten Element, z.B. Umarmen und Ringen, dann Beißen etc. steigt a) die Eskalation (Bisse sind gefährlicher als Ohrfeigen) b) die Information über den Gegner. Am Ende bricht entweder einer ab, oder es kommt wirklich zum kurzen heftigen Beschädigungskampf. Dieser kann i.d.R. kurz sein, weil dann bei vollem Einsatz, schon das erste ungehemmte Zuschlagen oder Treten alles klar macht, wer mehr RHP hat. Vorhersagen des Sequenz-Einschätzungs-Modells sind daher u.a., daß:

- jedes Kampfelement von beiden Gegnern etliche Male wiederholt wird, bevor ein neues auftaucht,

- die Häufigkeit und Stärke aller Kampfelemente, außer dem zu allerletzt vor Ende des Kampfes auftretenden Typ (z.B. im obigen Beispiel das Beißen) keine Vorhersage über Gewinner und Verlierer zuläßt,

- die Kämpfe oft von Pausen in Runden eingeteilt werden, wobei nach jeder Pause die vorige Eskalationsstufe schneller erreicht wird,

- mit zunehmender Kampflänge immer und immer riskantere Elemente auftreten,

- Kampflänge und Zahl der eingesetzten Elemente mit zunehmender Ähnlichkeit der Gegner (in Größe, Kraft, Alter …) anwachsen.

Alle diese Merkmale treffen auf das Kampfverhalten der großen Känguruharten zu (s. Gansloßer 1989). Riesenkänguruhmänner können auch noch für einen kurzen Blick auf unritualisierte Beschädigungskämpfe dienen (Croft & Snaith 1991): Gibt es wirklich nur *eine* wichtige Ressource (östrisches Weibchen oder Wassertrog in den Wüstengebieten), so finden wir einen kurzen, heftigen ohne Einschränkungen geführten Kampf, bei dem keine festgelegten Sequenzen und stattdessen alle gefährlichen Elemente, z.B. Anspringen und Treten von hinten zu sehen sind.

Tit-for-Tat- oder Retaliator-Strategie

Sie ist ebenfalls eine Erweiterung des Falken/Taubenmodells. Hier ist die Regel etwa: „Sei Taube, wenn der Andere nicht eskaliert, aber eskaliere, sobald der Andere damit anfängt." Besonders gut, so läßt sich zeigen, funktionieren diese Tit-for-Tat-Modelle bei Gegnern, die sich immer wieder neu treffen, und sich daher auch persönlich kennen, also innerhalb von Gruppen oder anderen abgegrenzten Sozialeinheiten.

7.4.2 Signalisieren oder Täuschen

Die Frage der Zuverlässigkeit von Signalen und „Kommunikation" ist durch die individualselektionistische Betrachtung des Verhaltens ebenfalls in die Diskussion gekommen. Ähnlich wie beim Problem eskalierte oder Kommentkämpfe ist auch hier, seit die Individuen und ihre Interessen als Basis der Interpretation dienen, die Frage aufgekommen, was es denn einem Individuum als Vorteil einbrächte, wenn es „ehrlich" signalisiert anstatt zu täuschen. Diese Frage stellt sich nicht nur bei Konflikten über Ressourcen und aggressiven Auseinandersetzungen, sondern ähnlich bei der Partnerfindung (s. Kap. 8.1). Im Zusammenhang mit aggressiven Signalen wird häufig unterschieden zwischen Drohen und Imponieren. Gute Beispiele für die verschiedenen Formen beider Signaltypen sind wieder bei Huftieren und Känguruhs zu finden (Gansloßer 1989, Walther 1974): Ein Huftier droht, indem es den Kopf senkt, und sein Gehörn bzw. Geweih bereit zum sofortigen Zuschlagen hält, ein Känguruh z.B. durch Kopfvorschnellen und angedeutetes Zubeißen. Imponieren dagegen besteht in Breitseitsstellen mit möglichst großer Körperfläche, verstärkt z.T. durch Mähnen oder Rückenhaarsträuben oder Vollaufrichten auf die Zehenspitzen. Im Gegensatz zum Drohverhalten kann aus der Imponierhaltung nicht sofort angegriffen werden und man riskiert daher, den ersten Schlag des Gegners nicht gleich parieren zu können. Genau das hat Zahavi (1975, 1977) in seinem Handikap-Prinzip als wichtigen Schutz gegen Bluff herausgestellt: Nur wer so stark ist (bzw. sich so fühlt), daß er den ersten Schlag des Gegners problemlos wegstecken kann, riskiert ein Breitseitsimponieren. Dieses Signal ist also gegen Bluff weitgehend geschützt, weil es teuer ist, und seine Anwendung einen direkten Bezug zum RHP des Senders hat. Beim Röhren der Rothirsche liegt die Sache ähnlich, das Röhren kostet so viel Kraft, daß die Häufigkeit ein direktes Maß für die Kondition des Rufers abgibt. Es reicht auch, wie Johnstone (1997) diskutiert, wenn „Betrug" sehr selten ist. Er muß nicht unmöglich sein.

Ungeklärt ist dagegen noch weitgehend warum auch Signale so divers sind. Eigentlich würde jede Art, nach den o.g. (7.4.1.1, 7.4.1.3) Überlegungen, pro Situation mit einem, teuren und damit zuverlässigen Signal auskommen. Möglicherweise hat die Diversität pro Situation mit der besseren Möglichkeit der Signalisierung unter verschiedenen Umweltbedingungen zu tun.

Betrachtet man die oben angeführten Kriterien, die zur Sendung „ehrlicher" Signale führen, so zeigt sich, daß auch unter individualselektionistischer Betrachtung Kommunikation als Kooperation zum gemeinsamen Vorteil von Sender und Empfänger gesehen werden kann (Alcock 1995). Guilford & Dawkins (1995) haben sich noch etwas genauer mit der sehr umfangreichen Literatur zum Thema „ehrliche Signale" beschäftigt und versuchen eine Gliederung der verschiedenen Konzepte. Grundsätzlich unterscheiden sie zwischen *assessment signals* (Einschätzungssignale), die in direktem Bezug zu Qualität, RHP oder auch Handikaps stehen. Diese – z.B. Imponiermuster die Größe anzeigen – können nicht gefälscht werden. Der andere Typ sind die sog. konventionellen Signale, die nicht notwendigerweise, aus physikalischen oder physiologischen Gründen an eine zugrundeliegende Qualität des Senders gekoppelt sein müssen. Auch hierbei gibt es noch welche, die teurer sind, oder sein können, wenn sie mit unangemessen hoher Intensität gesendet werden (z.B. Balzfärbungen, s. Kap. 8.1, oder Statussignale, auf die der Empfänger mit unterschiedlicher Heftigkeit reagiert). Sind aber Signale kostenfrei, so können wir eigentlich nur dann Ehrlichkeit erwarten, wenn beide Parteien gemeinsame Interessen haben (z.B. bei Arterkennung im Balzverhalten).

Guilford & Dawkins diskutieren noch eine zweite Interpretation, bei der nicht die Qualität des Senders, sondern die Nachricht, die er sendet, als entscheidendes Gliederungssystem dient, und kommen damit zu etwas anderen Einteilungen. Wichtig für unsere Zwecke ist aber im Überblick nur , daß auch konventionelle, nicht direkt RHP-bezogene Signale stabil sein können. Besonders die bei Vögeln, Fischen oder Reptilien üblichen Statusabzeichen (z.B. rangabhängige Farbkleckse) bieten hier interessante Beispiele. (Bei Säugern sind ja die Statusabzeichen meist RHP-abhängig). Hier ist das System z.B. dann stabil, wenn der Empfänger den Betrüger „bestraft", in dem die Intensität seiner aggressiven Reaktion dem vermeintlichen Status des Gegners proportional ist. Zum Thema „Täuschung" s. auch Kap 4.3 und 4.4.

7.4.3 Dominanz, Rang und Egalitarismus

Rangordnungen und Dominanzen gehören zu den am häufigsten als Erklärung für Konfliktlösungen herangezogenen Begriffen der Verhaltensbiologie. Tierhalter, Zoobesucher, Praktikanten vor Tiergehegen, sie alle benutzen den Begriff ranghoch, oder dominant, bei jeder Konfliktlösung ohne offenen Kampf. Vielfach – vor allem in Nachbardisziplinen (Neurobiologie, Genetik, Pharmakologie …) – wird Dominanz als Eigenschaft eines Individuums gesehen und dessen Erblichkeit, hormonelle Steuerung, Drogenbeeinflussung etc. studiert. Bei Laien dagegen wird Dominanz oft mit Aggression gleichgesetzt. Die verwirrende Vielfalt der Begriffe und Konzepte kann nur durch klare Definition gelöst werden. Auch wenn sich nicht jeder diesen Definitionen anschließt, sollen hier die folgenden Charakteristika gelten (jeweils mit Angabe der Literatur, auf die sich diese Aussage stützt):

*   Dominanz ist keine Eigenschaft, sondern eine Beziehung und zwar eine individuell entstandene mit Vorgeschichte (Bernstein 1981)

*   Dominanz ist primär eine aktive Leistung des Rangtieferen, der dem anderen ungehinderten Zutritt zu einer Ressource ermöglicht (Rowell 1974). Clutton-Brock & Harvey (1977) unterscheiden zwischen Initiation durch den Rangtieferen, und Kontrolle durch den Ranghöheren. Trotzdem ist die aktive Zurückhaltung des Rangtieferen der ausschlaggebende Punkt.

*   Dominanz hat nichts mit Aggressivität zu tun (Francis 1988), es läßt sich durch Selektionsexperimente zeigen, daß aggressive und weniger aggressive Zuchtlinien gleichermaßen dominant werden können.

*   Dominanz klärt den Zugang zu umstrittenen Ressourcen, oder das Vorrecht, Konflikte im eigenen Interesse zu lösen, weitgehend ohne offen aggressive Handlungen. Je nach Auffassung und Definition verschiedener Autoren können aber durchaus auch Zuteilungen entgegen der Rangbeziehung möglich sein (de Waal 1977, van Hooff & Wensing 1987). De Waal unterscheidet daher zwischen der stabilen „formalen Dominanz", die stets eindirektional, durch bestimmte nur vom dominanten Tier gezeigte Statussignale vorliegt, und einer flexibleren aktuellen Situation, bei der der Ranghöhere z.B. ohne weiteres auf sein Prioritätsrecht verzichten kann. Anderseits sind auch bei einigen Tierarten „Strafaktionen" des

Dominanten gegen den Unterlegenen beschrieben worden, evtl. als Konditionierungsmaßnahme (s. Kap. 4.2).

- Sobald Status-Abzeichen oder statussignalisierende Verhaltensweisen verläßlich sind, kann auch ohne individuelles Erkennen eine Dominanzbeziehung bestehen (Barnard & Burk 1979), ansonsten ist die individuelle Vorerfahrung wichtig zur Anerkennung des Ranghöheren.

- Neben der formalen Dominanz nennt de Waal (1977) noch die bedingte Bestätigung (conditional reassurance) seitens des Ranghöheren als wichtigen Mechanismus: Der Ranghöhere toleriert und (bei Primaten vor allem) besänftigt den Rangtieferen im Gegenzug zu dessen Unterwerfung, und sorgt dadurch für Spannungsabbau. Silk et al. (1996) und Castles et al. (1996) haben die Beschwichtigungsaktivitäten (reconciliation) nach aggressiven Auseinandersetzungen bei Bärenpavianen und Javanermakaken beschrieben – besonders häufig trat solches Verhalten in Gruppen mit gut ausgebildeten, stabilen Beziehungen, gegen Ranghöhere, Mütter von kleinen Jungtieren und mit dem Sender verwandte Mütter auf.

- Dominanz ist nicht immer gleichbedeutend mit Streßfreiheit, im Gegenteil. Studien an Steppenpavianen (Sapolsky 1993),Mäusen und diversen Makakenarten (s. Sachser et al., im Druck) zeigen, daß ranghöhere Individuen z.T. erheblich höhere Adrenalin und Nebennierenrindenhormonaktivität haben. Die unlängst veröffentlichten gegenteiligen Befunde (Creel et al. 1996) sind zumindest offenbar statistisch angreifbar. Es bleibt aber zu vermerken, daß die Abhängigkeit zwischen Dominanz und Belastung, ähnlich wie die zwischen Dominanz und Testosteron, nicht so eindeutig ist, wie vielfach geglaubt. Es hängt wohl vor allem davon ab, welche Konsequenzen die ranghohe Position für das ranghohe Individuum hat. Hier stehen offenbar gerade bei Wildhunden und gruppenlebenden Mangusten die ranghohen unter einem ständigen „Erfolgsdruck", wohingegen bei anderen Arten die Rangtieferen eher Belastungen durch Belästigung, verwehrten Futterzugang o.ä. ausgesetzt sind. Bei Hausmeerschweinen (Sachser et al., im Druck) waren überhaupt keine Unterschiede im Hormontiter zwischen Ranghohen und Rangtiefen feststellbar.

- Gestiegene Testosteronwerte sind oft die Folge, selten die Ursache für Verbesserung der Rangposition (Mendoza 1993 diskutiert dies umgekehrt (Testosteron runter für Rangtiefe) als einen der wichtigsten Coping-Mechanismen für Verlierer).

- Dominanz ist nicht die einzige Form der möglichen Ressourcenzuteilung ohne Chaos und offene Aggression. Hand (1986) hat als wichtiges, und durch klare Erwartungen auch experimentell testbares, Alternativkonzept zur Dominanz das egalitäre = motivationsabhängige System diskutiert. Hierbei signalisiert jedes Gruppenmitglied seine Bedürfnisse an der umstrittenen Ressource, und wer die höchste Motivation signalisiert, kriegt sie. Neben der häufigen und meist sehr differenzierten Verwendung von Signalen zur Übermittlung des Bedürfnisses sind als weitere Charakteristika des egalitären Systems noch zu nennen, daß der Ausgang von Auseinandersetzungen um eine Ressource mal den einen, mal den anderen Rivalen begünstigen kann, oder beide die Ressource teilen, oder das Vorrecht des Zuerstgekommenen geachtet wird, jeweils unabhängig davon, wer die beiden sind. Folge davon ist meist, daß die Verteilung der Ressource viel gleichmäßiger ist (beim wahrscheinlich egalitär organisierten Kulan unterscheiden sich die Stuten einer Herde nur um etwa 5%, beim hierarchisch organisierten Steppenzebra in gleicher Situation um 25% in ihrem Zugang zur Futterraufe während der ersten halben Stunde nach Fütterung (Gansloßer & Dellert 1997).

Beim Futterzugang sind egalitäre Systeme innerhalb der Säugetiere, neben den o.g. Halbeseln noch für Zebramangusten (Fischbacher 1993) und Breitmaulnashörner (Gansloßer et al. 1997, Meister 1997) beschrieben. Es bleibt zu vermuten, daß es viel mehr Arten wären, wenn egalitäre Strukturen als Alternativhypothesen zur reinen Dominanz öfter studiert würden. Bisweilen wird noch weiter differenziert zwischen egalitären, hierarchischen und despotischen Systemen. S. Preuschoft (S. Preuschoft & v. Hooff 1997) konnte noch eine sehr bemerkenswerte Korrelation bei altweltlichen Affen zeigen: Nur in egalitären Systemen treten die die selben Signale bei Unterwerfung wie zur Bindungsstärkung und beim Spiel auf, nämlich Lächeln und Lachen. Andernfalls sind beide streng getrennt.

Folgen wir diesen Überlegungen und denken an unsere eigene Mimik, dann hätte der Mensch ursprünglich ein egalitäres System gehabt.

- Nur, wenn (nahezu) alle Mitglieder einer Sozialeinheit genau definierte Dominanzbeziehungen haben, spricht man von einer Rangordnung. Ist diese eindeutig in eine Richtung (A > B > C ...), so nennt man sie linear. Zu beachten ist, daß vor allem bei Gruppen von weniger als 5–6 Mitgliedern Linearität auch durch statistische Effekte vorgetäuscht werden kann, wenn nicht, z.B. durch wiederholte und unabhängig ausgewählte Messungen diese Effekte minimiert werden (Appleby 1983, Schilder 1988 für Steppenzebras). Ferner sind, wie Chase (1982) für Haushühner zeigen konnte, die Rangbeziehungen oft „selbsterfüllende Prophezeiungen": Wer sieht, daß A den B besiegt, verliert oft hinterher selber gegen A und gewinnt gegen B („trainierte Gewinner und Verlierer"). Jackson (1986) hat, wenn auch an Buntbarschen, einen möglichen Mechanismus dafür gezeigt. Wer bisher gewonnen hat, hat eine höhere Wahrscheinlichkeit als erster enzugreifen (wahrscheinlich ist die Kosten/Nutzen-Abschätzung durch die Vorerfahrung anders), und wer zuerst angreift, hat die besseren Chancen zu gewinnen (evtl. wegen der günstigeren Ausgangsposition, die er sich wählen kann oder, weil der Gegner von vornherein in der Defensive ist). Mesterton-Gibbons & Dugatkin (1995) zeigen, daß lineare Rangbeziehungen in Gruppen bis zu etwa 8 Individuen stabil sein können, sofern die Tiere zur Einschätzung ihrer eigenen Kampffähigkeit in der Lage sind. Ohne diese Fähigkeit geht es nur bis zu etwa vier Teilnehmern.

- Die ultimaten Folgen einer ranghohen Position, also positive Auswirkungen auf den Fortpflanzungserfolg, sind bei Primaten (männlich: Cowlishaw & Dunbar 1991, weiblich: z.B. Barton & Whiten 1993), Känguruhs (Walker 1996) und vielen Huftieren (Clutton-Brock 1989) gezeigt worden. Zumindest bei Primaten halten die Korrelationen auch noch nach Bereinigung von eventuellen Altersabhängigkeiten.

- Wie kommt ein Individuum zu seinem Rang? Bei vielen Primaten oder den Tüpfelhyänen, und wohl auch anderen durch Geburt (Kap. 6, Matriline), aber oft auch durch eigene Anstrengung: Walters (1980) hat an weiblichen Anubispavianen beobachtet, daß sie in der Jugend, offenbar abhängig von deren Geburtsrang, gezielt einige Weibchen aussuchen und diese durch ständige Attacken, Interventionen etc. sich unterlegen machen. Andern gegen über bleiben sie unterwürfig.

7.4.4 Eigentum und Besitz

Eine der Möglichkeiten, Konflikte über Nutzung knapper Ressourcen zu vermeiden, besteht in den oben (Kap. 7.4.1, *resource holder wins*) schon angedeuteten Lösungen. Wenn ein Individuum eine Ressource für sich erschlossen hat und nutzt, läßt man sie ihm. Das ist Besitzrespektierung und bei Tieren durchaus gar nicht so selten. Letztlich beruht die Revierbildung (s. Kap. 10.1) auch auf diesen Mechanismen.

Interessant wird die Geschichte aber, wenn Besitz und Dominanz aneinandergeraten, d.h. ein Rangtieferer etwas besitzt, was der Ranghöhere auch gern hätte. Die Zürcher Ethologen haben dazu an mehreren Altweltaffen sehr aufschlußreiche Experimente durchgeführt. Die erste Studie bezog sich auf die sog. Rivalenhemmung beim Mantelpavian. Hat ein Haremsführer Gelegenheit, einige Zeit (20 bis 30 Minuten können reichen), mit einem fremden Weibchen zu interagieren, groomen etc., so wird ein zunächst als Zuschauer hinter Gitter sitzender, dann dazu gelassener anderer Haremsführer auch dann nicht eingreifen, wenn er eigentlich ranghöher ist. Vielmehr sitzt er wie die Filme zeigen, mit deutlichen Zeichen von Spannung geradezu verlegen in der Ecke, schaut überall anders hin, kratzt sich (Kummer et al. 1974). Ähnliche Experimente haben Sigg & Fallet (1985) auch bezüglich Nahrung gemacht: Hier wurde eine Art überdimensionaler Salzstreuer verwendet, eine Dose aus der man über längere Zeit hinweg Körner schütteln konnte. Wieder mußte der Rivale erst mal zuschauen, wie der Besitzer damit hantierte. Die Ergebnisse waren erstaunlich: Männer respektierten den Dosenbesitzer wenn Haremsführer fast immer, gegen Weibchen aber praktisch nie, Weibchen respektierten untereinander etwa in 50% der Fälle. Die Autoren interpretieren das als Folge des größeren Risikos bei den schwerbewaffneten Männern. Ebenso hatten Gruppen, die an verschiedenen Futterplätzen gewöhnt wurden, die Futterplätze der anderen Gruppe sogar respektiert, wenn diese noch nicht da war.

Noch etwas weiter gingen die Experimente von Kummer & Cords (1991) mit Javaneraffen (*M. fascicularis*): Auch hier ging es um Futter, das über längere Zeit erarbeitet werden mußte (Rosinen in einem Stück Plastikschlauch). Im Laufe einer ganzen Serie von Versuchen ergab sich u.a., daß bei einer festgebundenen Ressource der Besitz nicht respektiert wurde, bei einer die weggetragen werden kann aber schon. Das Objekt mußte nahe am Körper des Besitzers sein. War das Objekt mit einer langen Schnur versehen, wurde es leichter geraubt (offenbar spielt die Nähe des Räubers zum Objekt auch eine Rolle, denn je näher der Räuber beim protestkreischenden Besitzer ist, desto häufiger intervenieren Dritte). Mütter berauben besonders oft ihre eigenen Nachkommen und Männchen berauben im Zweifelsfall eher einen Älteren. Beide letztgenannten Fälle hängen offenbar mit der dabei geringeren Wahrscheinlichkeit von Interventionen Dritter zusammen.

Besitzrespektieren bei jagenden Arten beschreiben Peters & Mech (1975) in ihrem Überblick. So können Schimpansen, die ein Tier erlegt haben, i.d.R. entscheiden, ob und wem sie etwas abgeben. Bei rudellebenden Raubtieren ist eine Sphäre rund um die Schnauze des fressenden Gruppengenossen tabu gegen Diebstahl. Um zu zeigen, daß Besitzrespektierung auch bei ganz anderen Sozialsystemen vorkommt, noch ein Beispiel von Hausmeerschweinchen (Sachser & Beer 1995). In großen Kolonien gibt es dort mehrere Klassen von Männchen, u. a. eine, die Reviere samt Weibchen besitzt, und eine, die ohne Revier aber mit fest verpaarten gebundenen Weibchen herumzieht. Obwohl die Revierbesitzer ranghöher sind, respektieren sie den Besitz der revierlos verpaarten Männchen selbst, wenn diese mit ihrem Weibchen durch das Revier ziehen.

7.4.5 Versöhnung, Beruhigung und Trost

Vielfach ist ein Konflikt in einer Sozietät nicht vermeidbar, oft kommt es sogar zum Ausbruch offener Aggressionen. Diese offenen Konflikte würden sich langfristig äußerst störend und möglicherweise zerstörend auf das Netz der sozialen Beziehungen auswirken. Geht man davon aus, daß das Leben in einer Gruppe für alle Individuen Vorteile hat (s. Kap. 6), so sind demnach Mechanismen zu fordern, die nach dem Ausbruch der Aggressionen wieder zur Entspannung beitragen. Diese Mechanismen wurden (mal wieder) überwiegend bei Primaten beschrieben, sind aber mit höchster Wahrscheinlichkeit auch bei anderen Gruppenlebenden zu erwarten. Ausführlich werden sie von de Waal (1986) diskutiert. Er unterscheidet zwischen Versöhnung (Reconciliation), Beruhigung (reassurance) und Trost (conciliation) je nach dem, von wem die Handlung ausgeht. Dazu kommt noch, als bereits breiter verwendetes und auch bei anderen Ordnungen beschriebenes Verhalten, die Beschwichtigung (appeasement). Charakteristisch für Beschwichtigungsverhalten ist, daß es (a) vom untergeordneten Tier ausgeht, (b) in einer (potentiell) spannungsgeladenen Situation gezeigt wird und (c) danach seltener Aggression folgt als in vergleichbaren Situationen ohne solches Verhalten.

Solches Beschwichtigungsverhalten ist (für Säugetiere) vorwiegend im Zusammenhang mit Balz- und Paarungsverhalten beschrieben (Walther 1974, s. Kap. 8.1). Man kann zwei Formen von Beschwichtigungsverhalten unterscheiden, die eventuell auch unterschiedliche Mechanismen im Empfänger ansprechen (leider gibt es bei Säugern noch keine experimentellen Prüfungen dafür, vgl. Wosegien & Lamprecht 1989 über Tauben und Lit. dort): Eine Möglichkeit ist die antithetische Haltung zum Droh- und Imponierverhalten, Waffen verbergen, Kleinmachen etc. Bei Hornträgern findet sich dafür oft ein Wegdrehen des Gehörns, Känguruhs lassen sich in niedrige Drei- oder Vierbeinstellung mit Rundrücken nieder, Hundeartige klemmen den Schwanz ein etc. Solche Verhaltensformen bewirken (so nimmt man an) eine Angriffshemmung im (überlegenen) Gegner. Die andere Form ist Verhalten, das beziehungsfördernde Elemente, wie soziale Körperpflege, sexuelle Elemente oder Elemente des Jungtierverhaltens enthält. De Waal (1986) zitiert Beispiele von Languren und Meerkatzen, bei denen solches Verhalten die Wahrscheinlichkeit aggressiver Reaktion senkte, Fälle von sozialem Lecken bei Rothirschen beschreibt in solchem Zusammenhang Bützler (1974), bei Rindern Sambraus (1969), Bettelverhalten ist von Wölfen (Schenkel 1967) und Afrikanischen Wildhunden (Kühme 1965) beschrieben. Hier wird als Wirkung eine Umstimmung im Gegner vermutet. Als Versöhnung wird Verhalten bezeichnet, das nach einer Auseinandersetzung auftritt und zu einer Wiederannäherung(sowohl räumlich wie im übertragenen Sinn) der Gegner führt. De Waal (1986) zeigt an Beispielen mehrerer Primatenarten, daß ehemalige Gegner häufiger als aus Vergleichszeiträumen zu erwarten wäre Kontakt zueinander suchen, Küsse (Schimpansen) oder Körperpflegeverhalten (diverse andere Arten) austauschen und danach die Distanz zwischen beiden abnimmt. Während Versöhnungsverhalten meist vom Verlierer des Konfliktes ausgeht, zeigt auch der Gewinner, spätestens nach der Versöhnungsgeste, soziopositives Verhalten, wie Körperpflege, Kontaktverhalten etc. Besonders häufig tritt diese Kombination aus zuerst aggressiver Zurechtweisung und folgendem Berührungsverhalten im Zusammenhang der Etablierung von Dominanzbeziehungen sowie bei der Entwöhnung von Jungtieren auf (de Waal 1986). Besonders spektakulär sind die Fälle von Versöhnung und Beruhigung bei Bonobos (de Waal 1987, 1993), wo überwiegend Verhaltensmuster aus dem sexuellen Bereich, wie Genitalberührungen, gegenseitiges Genitalreiben und z.T. Pseudokopulationen zur Spannungsregulierung eingesetzt werden. Regelmäßig führt dies zum Tausch Sex gegen Futter – fürwahr die Anfänge der Prostitution!? „Make love not war" ist hier ganz deutlich im wörtlichen Sinne realisiert.

Trostspenden in engem Zusammenhang mit anschließender Koalitionsbildung (s. Kap. 6.3.6) findet von dritter Seite, durch Unbeteiligte statt, die, vor allem dem Verlierer gegenüber, durch Berührung, Körperpflege etc. spannungsabbauendes Verhalten zeigen. Häufig führt das dann zu anschließend gemeinsamen Vorgehen gegen den ehemaligen Gewinner.

7.5 Konflikte über Beziehungen

Seyfarth (zusammengefaßt 1983) hat als Erster darauf hingewiesen, daß bei einer Reihe von Primaten Wettbewerb und Konflikt um die Ausbildung bzw. Erhaltung sozialer Beziehungen besteht. Kummer (1975, 1984) formulierte in seinem triadischen Regeln (s. Kap 6.5) Vorhersagen über die Auswirkungen dieser Konflikte. Wie bereits beschrieben (s. 6.3.6) sind möglichst ranghohe Gruppenmitglieder, vor allem wegen der Unterstützung, die sie in Auseinandersetzungen bieten können, bevorzugte Partner für bestimmte soziale Beziehungen und als solche von allen Gruppenmitgliedern angestrebt. An mehreren Arten altweltlicher Primaten (z. B. verschiedene Makaken, Dscheladas, Mantelpaviane, Grüne Meerkatzen, Seyfarth 1983) konnte gezeigt werden, daß ranghohe Gruppenmitglieder bevorzugte Groomingpartner sind und ein Wettbewerb um den Zugang zu diesen Groomingpartnern besteht.

Eine Rehe von Vorhersagen wurde von Seyfarth (1983) und Kummer (1975, 1984) formuliert, um diese Aussagen zu testen:

- Groominghäufigkeiten sind am höchsten gegen Ranghohe und unter Mitgliedern, die sich sehr ähnlich im Rang sind (Ranghohe will jeder putzen, da dies aber nicht jedem uneingeschränkt möglich ist, nehmen sich die Rangtiefen eben den, der/die am besten unter dem verfügbaren Rest ist, also die Rangnachbarn.

- Jedes Individuum sollte seine Groomingtätigkeit auf Verwandte und Ranghohe aufteilen.

- Wenn Rang *und* Verwandtschaft eine Rolle spielen, sollten Groomingbeziehungen in ranghohen Clans enger sein; wenn *nur* Verwandtschaft eine Rolle spielt, sollten Inner-Clan-Beziehungen vom Rang des Clans unabhängig sein.

- Wenn ein Individuum A ranghöher ist als zumindest einer der Partner einer Groomingdyade, die es beobachtet, sollte es eingreifen und den rangtieferen Partner der Dyade verdrängen (Kummer, Regel 8).

- Wenn ein Individuum die Wahl zur Ausbildung zweier neuer Beziehungen hat, sollte es zuerst und zu höchst möglicher Qualität die Beziehung zum statushöheren der verfügbaren Partner ausbilden (Kummer, Regel 5).

- Eine bereits ausgebildete Beziehung hemmt die Bildung anderer, neuer Beziehungen, vor allem mit statustieferen (Kummer, Regel 6).

- Die komplexeren Abhängigkeiten von Status und Kompatibilität der drei Beteiligten sind in den Regeln 9 bis 11 festgelegt.

Insbesondere die Interventionsregeln von Kummer zeigen, daß die Beziehung zu Ranghohen auch Kosten hat, sofern man eben nicht der ranghöchste Wettbewerber ist. Seyfarth (1983) führt noch weitere Kosten an, z.B. die Tatsache, daß Ranghohe (bei einigen Arten gezeigt, z.B. Grüne Meerkatzen) bevorzugt von Freßfeinden geholt werden (u.U., weil sie besonders viel warnen).

7.6   Konflikte fordern und fördern Beziehungen

Die Möglichkeit, sich mit Hilfe von sozialen Beziehungspartnern besseren ungestörten oder sonstwie bevorzugten Zugang zu Ressourcen zu verschaffen wurde bereits im Kapitel 6.3.6 und 7.5 diskutiert. Auf ökologischer Basis wurden die dafür benötigten Modelle zunächst von Wangham (1980) und von Schaik (1989) entwickelt. Zusammengefaßt lauten die wesentlichen Argumente beider folgender Maßen:

Eine Ressource (hier Nahrung) kann entweder homogen = gleichmäßig oder geballt = geklumpt vorkommen. Ist die Ressourcenverteilung homogen, so hängt es nur von der Populationsdichte ab, wer wieviel bekommt. Monopolisierung und Verteidigung ist weder sinnvoll noch durchführbar. Ist die Verteilung aber ungleich und geklumpt, so wird die Ressource verteidigbar. Nun hängt es vom RHP des Individuums ab, wieviel es bekommt.

Besonders kritisch wird es, wenn weniger „Klumpen" als Individuen da sind und/ oder die Klumpen unterschiedliche Qualität aufweisen. In diesen Fällen ist es u.U. von Vorteil, wenn zwei Individuen sich zusammentun, um gemeinsam eine Quelle zu nutzen (C und D in der Abbildung), und damit nicht nur den stärkeren A verdrängen, sondern jeder mehr bekommt als vorher einzeln.

Um nicht in jedem Einzelfall wieder neu die Zugangsrechte erstreiten und dafür ad hoc Zweckbündnisse schließen zu müssen, ist es vorteilhaft, sich mit Hilfe dauerhafter Beziehungen die Koalitionspartner schon vorher zu sichern und die gebildete Beziehung durch Grooming und andere positive Kontakte zu pflegen.

Im Sinne der Gesamtfitness ist es am sinnvollsten, solche Beziehungen mit Verwandten zu pflegen. Sind solche nicht in ausreichendem Maß vorhanden, nimmt man sich andere.

Die wichtigste Ressource für weibliche Tiere wegen des hohen Energiebedarfs bei Trächtigkeit, Säugen und Jungtierfürsorge ist Futter. Die wichtigste Ressource für männliche Tiere sind Paarungspartnerinnen.

Wrangham (1980) entwickelte aus diesen Überlegungen das Modell der Female-bonded (FB) Gruppe, die nach seinen Interpretationen bei fast allen höheren Primatenarten (außer Schimpanse, Gorilla, Mantelpavian und Roten Colobus) vorliegt. Das Prinzip (s. Jarman & Kruuk 1996, Kap. 10) gilt aber auch für viele andere pflanzenfressende Säuger. Van Schaik (1989) erweiterte das Modell dann auf intra- wie auch Inter-Gruppen-Beziehungen und beschrieb die Kategorien contest und scramble (s. Kap. 7.3, 7.4.2), wobei contest die Verhältnisse der FB-Gruppen charakterisiert: enge, durch soziopositives Verhalten geförderte Beziehungen zwischen den Mitgliedern der Untergruppen und Dominanz als Zugangsregelung zu den Ressourcen. Scramble-Arten dagegen sind ohne enge und soziopositiv gepflegte Beziehung und nahezu ohne dominanzabhängigen Ressourcenzugang. Diese Typen sind mittlerweile nicht nur bei Primaten, sondern auch bei Huftieren und Känguruhs zu finden (Gansloßer & Brunner 1997, Gansloßer & Dellert 1997).

a) homogene Verteilung

b) gleiche Ressourcenmenge geklumpt

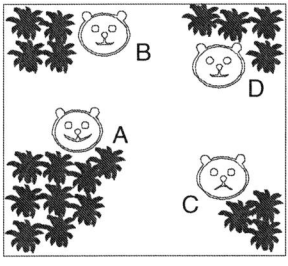

c) jedes Individuum frißt an einer Quelle

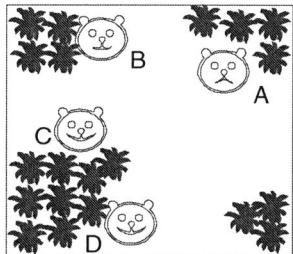

d) C und D verdrängen A

Abb. 18.

Eine weitere Ausdehnung des Modells erreichten van Hooff & van Schaik (1994), indem sie nun Weibchenverteilungen als geklumpt oder homogen/verstreut betrachten, dadurch für die Männchen contest bzw. scramble Typ beschreiben und die Existenz von soziopositiv getönten Männchen-Männchen-Beziehungen ableiten (die es ja bei vielen Primaten gibt). Auch hierfür gibt es schon viele Beispiele außerhalb der Primaten, man denke nur an Löwenrudel, aber sogar bei Gleitbeutlern (B. Salamon 1997) wurden Vater-Sohn-Allianzen beschrieben.

Ein schon lange bekanntes, zuerst für Makaken beschriebenes Phänomen läßt sich nun in diesen Zusammenhang sehr gut einpassen, nämlich das Phänomen des abhängigen Ranges, d.h., daß Primatenränge durch Dritte beeinflußt, und vor allem in Matrilinen, also Weibchenclans, von dessen Begründerin abhängen . Dieses, mittlerweile für Tüpfelhyänen, Rothirsche und viele andere Säugerarten ebenfalls bestätigte System demonstriert die Auswirkungen der van Schaikschen Überlegungen (s. Jarman & Kruuck 1996, Kap.10). Bei dieser, zunächst von japanischen Primatologen am Japan-Makaken beschriebenen Struktur (Kawai, Kawamura et al. in Imanishi & Altmann 1965) mittlerweile bei Pavianen außer Mantelpavianen, vielen Makaken und Grünen Meerkatzen (Gouzoules & Gouzoules 1986, Melnick & Pearl 1986) bestätigt, liegt jeweils die jüngste Tochter im Rang direkt unter der Mutter, danach folgt die zweitjüngste etc. Der gesamte Clan bildet damit sozusagen eine Einheit hinsichtlich der Rangposition innerhalb der Gesamtgruppe. Es zeigt sich also, daß die besonderen Energieansprüche weiblicher Säuger, insbesondere im Zusammenhang mit der säugerspezifischen, zwangsweise weiblich-betonten Brutpflege, spezielle, und für andere Wirbeltierklassen bisher kaum gefundene, soziale Strukturen fördern.

Eine ganz andere, experimentell untersuchte Abhängigkeit zwischen Beziehungsbildung, Aggression und sozialer Situation beschreiben Schaffner & French (1997) an einer Krallenaffenart (*Callithrix kuhli*, Wieds Schwarzbüscheläffchen). Diese leben, wie nahezu alle Callithriciden, in Monogamie Typ II s. Kap. 8.2. Weibchen aus großen Familien, in denen Helfer vorhanden waren, reagierten viel aggressiver und mit mehr Duftmarkieren auf dargebotene Fremde als Weibchen aus kleinen Familien ohne Helfer (bei Eindringlingen beiderlei Geschlechts). Hier ist sozusagen der Helfer die Resource die man mehr oder weniger dringend haben möchte.

8 Fortpflanzung

8.1 Allgemeine Vorbemerkungen

Alle bisher behandelten Anpassungen und Leistungen eines Individuums haben, evolutiv gesehen, nur dann einen Sinn, wenn es dem Individuum gelingt, Nachkommen zu erzeugen und erfolgreich aufzuziehen. Daher steht das Fortpflanzungsverhalten, von Wettbewerb und Partnerwahl bis zur Entwöhnung der Jungtiere, häufig im Zentrum des verhaltensbiologischen Interesses. Daher sind auch Fortpflanzungsstrategien und die damit verbundenen evolutiven Mechanismen in allen verhaltensbiologischen Standardwerken ausführlich behandelt. Es sei vor allem auf Alcock (1993) verwiesen. Für die Behandlung der mehr physiologisch-proximat orientierten Aspekte der Reproduktionsbiologie sind Crews (1987) und Nelson (1995) empfehlenswert. Das folgende Kapitel wird sich dementsprechend bemühen, die säugetiertypischen Aspekte besonders hervorzuheben, während allgemeine Prinzipien, wie sexuelle Selektion, Fitnessmaximierung, Fitnessarten etc. nicht detailliert und in theoretisch fundierter Weise begründet werden.

Das Grundprinzip der sexuellen Fortpflanzung, daß kleine, sehr bewegliche Spermien die großen, unbeweglichen Eizellen befruchten, und, daß daher die Produzentinnen der Eizellen mehr an Energie, Vorräten etc. in die Produktion stecken müssen, bzw., daß sie viel weniger Eier, als die Männchen Spermien produzieren, gilt auch für Säugetiere, obwohl Säugetiereier, zumindest solche der höheren Säuger = Theria, dotterarm sind (Starck 1978). Zusätzlich (s. Kap. 2) kommt aber noch die geschlechtsspezifische Form der Brutpflege, Milchproduktion ist im Normalfall eben auf weibliche Säuger beschränkt. Wir können also feststellen, daß die Kosten der Fortpflanzung bei Säugern noch viel mehr als bei den anderen Wirbeltieren bauplanbedingt auf der weiblichen Seite liegen. Um so mehr werden also Säugerweibchen auf Qualität bei der Paarung setzen, um diesen hohen Aufwand nicht für den Nachwuchs eines minderwertigen Partner zu vergeuden. Und um so mehr Brutpflege und mütterliche Investition werden sie auch einsetzen. Man kann die intensive Brutpflege weiblicher Säuger also auch so sehen, daß sie durch diesen hohen Aufwand eher sichern können, daß die Nachkommen auch wirklich durchkommen. Aber daraus resultiert schon wieder eine Verschärfung der Situation: Je mehr, und vor allem länger, Säugerweibchen in den schon entstandenen Nachwuchs investieren, desto weniger Paarungspartnerinnen stehen für derzeitige Männer zur Verfügung – das sog. operationale Geschlechterverhältnis ist noch mehr verschoben als bei anderen Taxa. Wettbewerb unter Männchen und Konflikte zwischen den Geschlechtern über Investitionen in jetzigen oder zukünftigen Nachwuchs wird also noch schärfer; u.a. entsteht Infantizid als mögliche männliche Strategie (s. 8.7) besonders häufig in Säugertaxa. Ebenfalls aus diesem Grund, weil die Brutpflege zumindest in frühen Stadien kaum auf das männliche Geschlecht übertragbar ist, finden wir keine vollständige Geschlechterrollenumkehr (Weibchen balzt, Männchen pflegt allein) und auch keine extreme Polyandrie (Vielmännerei, wobei ein Weibchen gleichzeitig mehrere Männchen für Nachwuchs „arbeiten" läßt, den diese jeweils gezeugt haben) unter Säugern. Die wenigen, als polyandrisch beschriebenen nichtmenschlichen Säugerbeispiele sind entweder keine (Afrikanischer Wildhund, wo mehrere Rüden als Helfer bei Aufzucht einem Elternpaar helfen) oder es geht um abwechselnde Kopulationen in einer Familiengruppe, z.B. bei verschiedenen Tamarinen (Goldizen 1987), wobei die Kopulationen evtl. eher zum „Rekrutieren" männlicher Helfer (die nicht mehr wissen, wer eigentlich der Vater ist) benutzt werden.

Aus den oben genannten Gründen werden wir also gerade bei Säugetieren Partnerwahl vermuten müssen. Partnerwahl wird, nach Halliday (1983) definiert als jegliches Verhalten eines Geschlechtes, das zur höheren Wahrscheinlichkeit der Paarung mit manchen Mitgliedern des anderen Geschlechts als mit den übrigen führt. Um nun aber speziell Mechanismen der weiblichen Partnerwahl zu belegen, muß in jedem Einzelfall gezeigt werden, daß (a) Weibchen sich nicht zufällig paaren, (b) dies nicht die Folge männlicher intrasexueller Konkurrenz ist (s. Kap. 8.2) und (c) die wählerischeren Weibchen einen Fitnessvorteil haben.

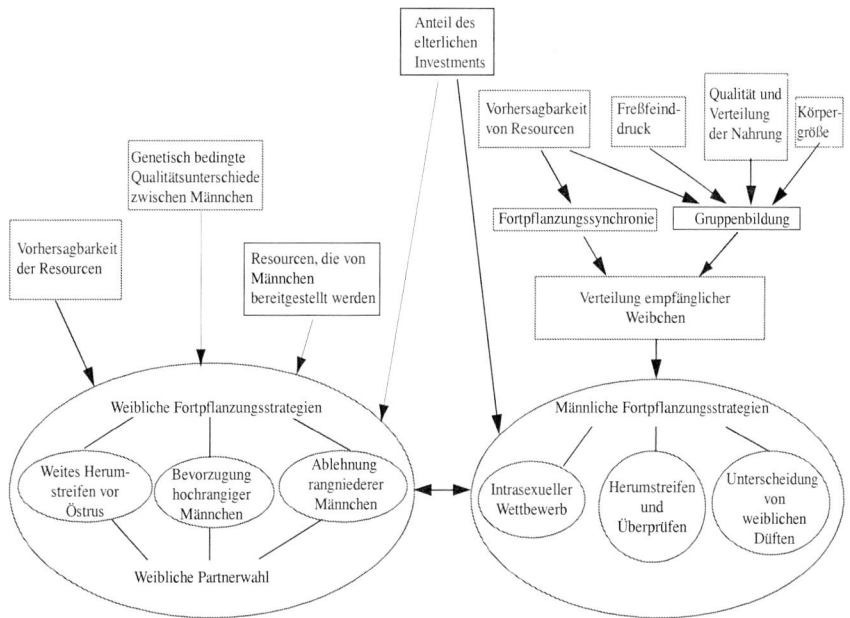

Abb. 19. Weibliche und männliche Paarungsstrategien, sowie mögliche Einflußfaktoren am Beispiel von Pflanzenfressern (S. Holtgrewe).

An dieser Stelle muß, auch wenn wir allgemeine Prinzipien nicht diskutieren wollen, ein kurzer Vermerk zum Thema Fitness gemacht werden: Fitneß wird hier immer im Sinne der Darwinschen Fitneß, also Anteil der eigenen erblichen Eigenschaften am Genpool der nächsten Generation, verstanden. Das hat nichts mit dem Fitness-Begriff der Umgangssprache zu tun, der eher mit Kondition und RHP übereinstimmen würde. Die Formen und Einflüsse der weiblichen Wahl zeigt die Abb. 18. Zur Verwirklichung der Partnerwahl stehen den weiblichen Tieren eine Reihe von Verhaltens- und physiologischen Möglichkeiten zur Verfügung (Wasser 1996), je nachdem in welchem Stadium des Fortpflanzungsverhältnisses sie sich befinden. Grob kann man einteilen in Wahlmechanismen vor der Kopulation, während der Paarung, zwischen der Kopulation und Befruchtung und nach der Befruchtung, sogar z. T. nach der Einnistung des Eis im Uterus. Besonderes Augenmerk haben in den letzten Jahren parasitologische und immunologische Aspekte der Partnerwahl bekommen.

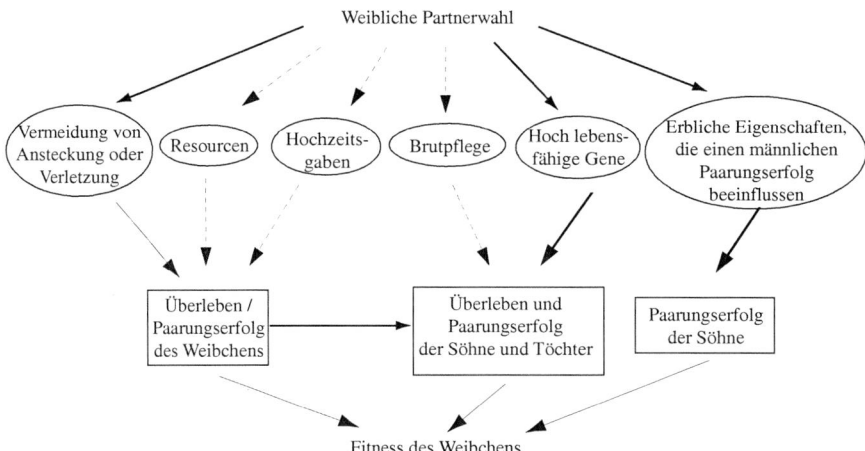

Abb. 20. Möglichkeiten, wie weibliche Partnerwahl fitnessteigernd wirken kann – beim Beispiel der Känguruhs wurden gestrichelte Pfeile ausgeschlossen (S. Holtgrewe).

Die Wahl von zukünftigen Paarungspartnern, die, sei es immunologisch, physiologisch oder anderweitig besonders resistent gegen Makro- und Mikroparasiten sind, kann einen erheblichen Fitnessvorteil bringen. Während bei Vögeln überwiegend die optischen Bestandteile des Balzgefieders, der Kammbildung etc. eine Rolle spielen (Hart 1990), und auch solche Effekte bei Säugern nachgewiesen wurden, sind bei Säugern olfaktorische Anzeichen zu erwarten. Aber auch der Fellzustand (Kranke Tiere putzen sich weniger) und die Farbe nackter Hautstellen (Blutverlust durch Parasiten) könnten eine Rolle spielen. Hart (1990) zeigt ebenso, wie durch auffallendes Balzverhalten genau die Teile des Körpers zur Schau gestellt werden, die eine besondere Bedeutung beim Anzeige des Parasitenstatus haben. Eine ähnliche Wirkung diskutiert er für die oft sehr langen, anstrengenden Konsortbeziehungen (s. u.) bei Säugern: Weibchen, die Männchen durch langes Werbeverhalten in einen Streß- bzw. einen Mangelernährungszustand zwingen, haben eine größere Chance in diesem Zustand auftretende Infektionen zu erkennen. Noch subtiler sind die derzeit diskutierten Möglichkeiten der Resistenz gegen Mikroparasiten, speziell Viren. Hier spielt der Major Histocompatibility Complex MHC eine wichtige Rolle. Dieser Bereich des Genoms besitzt mit die größte Variabilität im Genom einer Art überhaupt. Es wird angenommen, daß, je variabler er ist, desto größer die Resistenz gegen Viren (bzw. geringer die Chance der Viren, durch einfach Mutation ihn zu umgehen). Da nachgewiesen ist (Beauchamp et al., im Druck, Singer et al. 1997), daß MHC-Komponenten geruchlich feststellbar sind, wäre eine Partnerwahl auf möglichst große MHC-Variabilität möglich. Wie Hart an etlichen Beispielen zeigt, könnte dies wohl die ultimate Funktion der Inzuchtvermeidung sein (man würde sonst zu wenig MHC-variabel). Eine weiter spannende Komponente des MHC bei der Partnerwahl faßt Grammer (1995) zusammen: Je variabler das Genom, desto größer die Symmetrie in allen möglichen körperlichen Merkmalen - und das könnte sehr wohl die biologische Basis des menschlichen Schönheitsempfindens für Frauen sein (s. Kap. 11).

Versucht man das Wahlverhalten der Weibchen *vor* Beginn der Paarung noch nach seinen möglichen Wirkungen bzw. „Absichten" zu unterteilen, so könnte man grob Folgendes einteilen (wobei die verschiedenen Auswirkungen auch ineinandergreifen können):

- Erhöhung der Wahrscheinlichkeit, auf möglichst viele Männer zu treffen durch weites Herumstreifen (nachgewiesen z.B. für Rotnackenwallaby, Östliches Graues Riesenkänguruh, Wollaffen oder Afrikanische Elefanten, Walker 1996), Partnerlockrufe, z.B. Kleinnager wie Gartenschläfer (eig. Beobachtungen), besonders häufiges und intensives Geruchsmarkieren (Goldhamster, s. Walker 1996) oder Sexualschwellungen wie bei vielen altweltlichen Affen (z.B. Makaken, Paviane). Der Nachteil dabei: Das Weibchen hat selbst Kosten, z.B. Zeit- oder Energieaufwand, höhere Anfälligkeit für Feinde etc.

- Anstacheln des männlichen intrasexuellen Wettbewerbes durch Sprödigkeitsverhalten, Flucht vor Männchen, Zwang zu auffallender, langer Werbung etc. z.B. bei diversen Känguruhs der offenen Landschaften (Gansloßer 1995), Panzernashörner (Laurie 1997). Der Vorteil dabei: Wenn die Männer erstmal am Austragen ihrer Händel sind, entstehen keine Kosten für die Zuschauerin mehr.

- Ebenso durch auffallende, lange Werbung: bessere eigene Einschätzungsmöglichkeit des werbenden Partners, der sein eigenes RHP durch Ausdauer etc. zeigen muß.

- Zahavis (1975, 1977) Handicap-Prinzip, lange Zeit nicht recht erst genommen, neuerdings aber durch Grafen (1990) theoretisch excellent begründet, spielt hier mit herein: Männer, die ein Merkmal haben, das eigentlich ein Handikap darstellt, und trotzdem alt genug geworden sind, um einen hohen Status zu erreichen, zeigen besondere Überlebensfähigkeit. Handikaps wurden lange Zeit auf der Basis von Energie-/Mineralstoffwechsel (Hirschgeweihe!) oder Feindanfälligkeit (lange, auffallende, bunte Schwänze) gesehen. Durch die Tatsache, daß Testosteron offenbar immunsuppressiv wirkt (Lit. bei Grammer 1995), können aber fast alle testosteronabhängigen Merkmale so gesehen werden. Nachteil dieser Wahlform ist: Durch die aktive Beteiligung, sei es durch Sprödigkeit, eigene Aggression oder einfach nur direktes Anwesendsein im Zentrum des Geschehens sind wiederum Kosten für die Weibchen unumgänglich, bis hin zu (gar nicht so selten) tödlichen Unfällen (z.B. Panzernashorn, Laurie 1997).

- Einschätzung der Qualität des Männchens über eine von ihm zur Verfügung gestellte Ressource (Territorium, Hochzeitsgabe, Beteiligung an Brutpflege). Vorteil: Diese Möglichkeit ist für das Weibchen doppelt effektiv, sie kriegt sogar noch was für ihr Wahlverhalten.

Reviere werden wir später diskutieren (Kap. 10), Hochzeitsgaben gibt es merkwürdigerweise bei Säugern kaum, und die Beteiligung an der Brutpflege ist natürlich schwer vorhersagbar, es gibt ohnehin nicht so viele Säugerarten, bei denen Männchen dabei helfen, und als Aspekt der Partnerwahl ist dieser Komplex offenbar bei Säugern noch nicht erforscht.

Die Betrachtung das Balzverhaltens aus der Sicht von „Qualitätskontrolle" und Partnerwahl läßt im Wesentlichen aggressive RHP- bzw. statusanzeigende Elemente des Verhaltens erwarten. Nun gibt es aber durchaus auch andere Komponenten, nämlich solche, die eher auf Aggressionsminderung, Beschwichtigung etc. hinauslaufen. Walther (1974) und Wosegien & Lamprecht (1991) haben diese beschwichtigenden Elemente diskutiert. Meist handelt es sich um Verhalten das dem Droh- und Imponierverhalten entgegengesetzt, oder zumindest dieses abschwächend ist (antithetisches Prinzip). Walther (1974) zeigt bei Antilopen die Existenz von altertümlichen, im echten Konflikt/ Wettbewerb nicht mehr benutzten Elementen, z.B. Halsringkämpfe bei Kudus in Kombination mit Beschwichtigungssignalen z.B. Gehörnwegdrehen. Aufgabe dieser Form des Balzverhaltens ist offenbar die durch zwangsläufige Annäherungen und enge Kontakte bei der Paarung entstehenden Konflikte zu entschärfen. Leider fehlt noch eine genaue Analyse des Werbeverhaltens männlicher Säugetiere nach den verschiedenen hier genannten entgegengesetzten Komponenten.

Kontroll- und Wahlmöglichkeiten während der Paarung: Auch wenn bereits eine Paarung begonnen hat, haben die Weibchen noch Möglichkeiten zur Beeinflussung. Bei See-Elefanten ist belegt, daß die Intensität und Häufigkeit weiblicher Protestschreie bei versuchter Paarung eines subalternen Bullen viel größer ist, während sie bei einem hochrangigen Haremsbesitzer fast still sind - im ersteren Falle locken sie die oft stärkeren Rivalen an (Alcock 1993). Känguruhweibchen (Walker 1996) wehren ebenso kleinere paarungswillige Männer ab, setzen/legen sich hin, oder ziehen sich in die Nähe der größten Männer zurück. Eine andere Möglichkeit der Kontrolle während der Paarung besteht in unterschiedlich starken Uteruskontraktionen, die den Spermientransport fördern (Orgasmus wird auch bei z.B. Rhesusaffen und Haushunden stark vermutet, Walker 1996). Zur möglichen Funktion des Orgasmus bezüglich Oxytocinausschüttung und Paarbindung s. o. Kap. 6.4.

Zwischen Paarung und Befruchtung gibt es wieder eine ganze Reihe von Möglichkeiten der Kontrolle für die Weibchen. Allerding sind gerade in dieser Zeitspanne auch eine ganze Reihe männlicher Gegenanpassungen wirksam, die den Spermienwettbewerb teilweise abmildern. Weibliche Kontrollformen (Birkhead & Møller 1993, Walker 1996) umfassen z.B. Spermienauswurf (u.U. wird nur ein Teil ausgeworfen so daß noch Wettbewerb zwischen Spermien besteht), etwa bei Grevyzebras (Ginsberg & Rubenstein 1990) beschrieben, und multiple Paarungen zur richtigen Zeit. Der Spermienwettbewerb ist bei Säugetieren nicht ganz so „geordnet" wie etwa bei Vögeln oder Insekten (Birkhead & Hunter 1990), da Säugerspermien nur kurze Lebenszeiten haben und es auch keine klaren Ordnungseffekte gibt (weder ist es immer der erste, noch immer der letzte Spermienspender, der letztlich die Befruchtung erzielt (Gomendio & Roldan 1993). Auch die kurze Befruchtungsfähigkeit der Säugereier, oft sogar ein induzierter Östrus, führt dazu, daß die Verhältnisse sehr variabel und wenig eindeutig sind. Trotzdem, oder vielleicht sogar gerade deswegen, gibt es Spermienselektion bei Säugern durch sehr vielfältige Anpassungen, sei es Leukozytenangriffe auf Spermien, mechanische Hindernisse im Genitalbereich, chemische oder mechanische Hindernisse der Eihülle selbst etc. (Birkhead & Møller 1993). Durch alle diese Möglichkeiten kann die Spermienzahl von 10^{10} bis auf 10^1 zwischen Ejakulat und oberem Ende des Oviduktes reduziert werden. Die männlichen Gegenanpassungen in dieser Zeit, z.T. schon wieder von weiblichen Anpassungen gekontert, beschreibt Stockley (1997). Wichtig bei Säugern sind z.B. Bewachen der Partnerin (Konsortphase s.u.; z.B. Goldhamster, Nördlicher See-Elefant, Afrikanischer Elefant), Hängen (Hunde) bzw. Kopulationspfropf (z.B. Nager, einige Känguruharten, Walker 1996), der wiederum von Weibchen etwa bei Grauhörnchen oder Hufeisennasen sehr schnell entfernt werden kann, selektive Paarung bzw. Weigerung der Paarung mit bestimmten Partnerinnen (Dreizehnstreifiges Bodenhörnchen), oder aggressives Erzwingen eigener Paarungen nach Paarung des Weibchens mit einderen Männern (Rhesusaffen, Steppenpaviane, Schimpansen).

Abb. 21. Kronenducker

Die wohl wirkungsvollste Gegenmaßnahme männlicherseits besteht in verstärkter Spermienproduktion und wiederholten Paarungen. Für eine Vielzahl von Säugerarten (Mäuse- und Meerschweinchenverwandte Nager, Primaten, Huftiere aller Ordnungen, Lit. bei Ginsberg & Rubenstein 1990) konnte ein Zusammenhang zwischen Hodengröße und promisker Paarung der Weibchen nachgewiesen werden. Ginsberg & Rubenstein zeigen am Grevyzebra, daß Hengste sich mit promisken Stuten öfter paaren als mit solchen, die länger in ihrem Territorium bleiben, ähnliches gilt für Ellipsenwasserböcke und Menschenaffen. Eine weitere Einschränkung, allerdings für die Möglichkeiten beider Geschlechter, liegt vor, wenn alle, oder sehr viele weibliche Tiere gleichzeitig östrisch werden. Einerseits bewachen die Männchen dann oft nicht so lang, aber andererseits gibt es auch intensiven Wettbewerb um Männer und Sperma. Selbst nach der Befruchtung haben die Weibchen noch eine Kontrollmöglichkeit, durch selektives Resorbieren oder Abortieren des Nachwuchses. Dies ist schon lange als sog. Bruce-Effekt bei Mäusen beschrieben (s. Birkhead & Møller 1993), nämlich das Resorbieren der Embryonen im Uterus, sobald ein neues, ranghohes Männchen mit einer trächtigen Mäusin zusammengebracht wird.

Die unterschiedlichen Auswirkungen der Reproduktionsphysiologie von Vögeln und Säugern auf die jeweiligen Partnerwahl- und Paarungssysteme haben Gomendio und Roldan (1993) diagrammatisch dargestellt. Die ausführliche Darstellung der Konflikte um Paarung und Fortpflanzung zwischen den Geschlechtern zeigt, daß auch in diesem Bereich die Optimierung auf der Basis individueller Interessen anstatt eines „gemeinsamen Interesses" am Artbestand o.ä. stattfindet. Daher werden die männlichen und weiblichen Anpassungen heute als Koevolution, vergleichbar den zwischenartlichen Systemen, betrachtet.

Abb. 22. Riedbock

8.2 Sexualdimorphismus und Paarungssysteme

Sexualdimorphismus bei Säugern ist in vielerlei Hinsicht anders, z.T. leichter erklärbar, als bei den meisten Fischen, Vögeln oder Insekten, da die Merkmale häufig direkte Bezüge zu RHP haben und (s. Kap. 7.4.1) durch das Size-Game-Modell evolutionär erklärbar sind.

Zur leichteren Einordnung der nachfolgenden Befunde sollen die Zusammenhänge zwischen Sexualdimorphismus, Partnerwahl und Verhaltensabläufen zuvor noch kurz erläutert werden. Diese Zusammenhänge sind von Jarman (1983) für große herbivore Säugetiere allgemein dargelegt worden: Generell ist Sexualdimorphismus am stärksten bei polygynen Arten ausgeprägt, deren Weibchen wenig in Jungtieraufzucht investieren. Gerade bei Säugetieren finden sich jedoch viele Beispiele, deren Weibchen wenig in den Nachwuchs investieren, ohne polygyn und/oder sexualdimorph zu sein.

Als wesentliche Vorbedingungen für sexual dimorphe Merkmale sind deshalb weiterhin zu nennen:

1. Die Verteilung und Vorhersagbarkeit natürlicher Ressourcen, bedingt durch Umweltfaktoren, begrenzen bzw. beeinflussen die Möglichkeit einzelner Männchen, fortpflanzungsbereite Weibchen zu monopolisieren.

2. Sind einige Männchen in der Lage, viele fortpflanzungsfähige Weibchen für sich zu reservieren, kommt es zu starker Konkurrenz zwischen den Männchen um dieses Vorrecht.

3. Diese Konkurrenz führt im Sinne einer intrasexuellen Selektion zu einem starken Sexualdimorphismus.

4. Die Ausbildung eines starken Sexualdimorphismus in Größe, Gewicht und Bewaffnung ist an Bimaturismus d.h. unterschiedlich lange Wachstumsphasen bei Weibchen und Männchen gekoppelt.

5. Die verlängerte Wachstumsphase in Körpergröße, -gewicht und Waffengröße ermöglicht Weibchen, ältere Männchen zu erkennen, und diese selektiv zu bevorzugen, sodaß auch intersexuelle Selektion nun den Sexualdimorphismus begünstigen kann.

Abb. 23. Ellipsenwasserbock

Sowohl bei Wiederkäuern (Ducker, Puduhirsch, Goral) wie bei Macropodoidea (Rattenkänguruhs) finden wir kleine, homomorphe Arten. Bisweilen (Ducker, Rattenkänguruhs) sind Weibchen sogar etwas größer als Männchen, was entweder mit der besseren Stoffwechselenergetik größerer Individuen oder (Jarman) mit der Notwendigkeit, sich gegen zudringliche Männchen zu wehren, im Zusammenhang stehen kann. Die Mehrzahl der Arten dagegen weist Gewichtsunterschiede sowie Unterschiede in From und Stärke der Bewaffnung auf.

Abb. 24. Hartebeest

Als Hauptwaffen dienen bei Känguruhs i.d.R. die Arme. Arm- und Schultermuskulatur, Knochenbau und Krallen sind dementsprechend bei Macropodidae sexualdimorph ausgebildet. Zudem bilden männliche Känguruhs Hautschilder (verdickte Hautbereiche) als Verletzungsschutz im Arm- und Schulterbereich aus. Als Maß für den Sexualdimorphismus in der Waffengröße kann die Beziehung Arm- zu Fußlänge dienen (Jarman 1983). Die Armlänge bei den am meisten sexualdimorphen Arten ist bei Männchen bis zu 45% größer als bei Weibchen. Deutliche Beziehungen bestehen zwischen dem Dimorphismus in Armlänge und dem des Körpergewichtes. Bei Huftieren wird der Sexualdimorphismus durch Waffen (Gehörne, Geweihe, Nasenhörner), Körpergröße und -gewicht, Mähnen, z.T. Farbunterschiede, Nyala, Mrs. Grays Wasserbock gebildet. Jarman (1983) unterscheidet mehrere Fromen des Dimorphismus je nach Dauer des Wachstums und Ausmaßes der Unterschiede. Die wichtigsten Formen sind:

Homoiomorphismus:

Männchen sind ähnlich den Weibchen, aber etwas größer, stärker und stärker behörnt, z.B. Kuhantilopen, Gnus. Die Tatsache, daß die Weibchen bei diesen Arten auch Hörner haben, erklärt er mit der Notwenigkeit des Abwehrens zudringlicher Männchen „zur Unzeit" bei Arten, die aus z.B. nahrungsökologischen Gründen ganzjährig große, gemischte Herden bilden müssen. Estes (1991) vermutet dagegen, daß Weibchen mit Hörnern ihre Söhne länger vor den Attacken der adulten Männer schützen können, wenn Weibchen sich im Aussehen den halbwüchsigen Männchen annähern. Das häufig gebrachte Argument, daß Männer vor allem wenn sie durch Kämpfe etc. geschwächt sind, sich bei homoiomorphen Arten besser vor Freßfeinden im Weibchenrudel verstecken könnten, ist evolutionär kaum stabil, da es eine Kooperation der Weibchen bei dieser Sache erfordert, und z.B. das Handikap-Prinzip genau das Gegenteil fordern würde.

Abb. 25. Elen-Antilope

Heteromorphismus:

Hier unterscheiden sich Weibchen und Männchen deutlich (z.B. Hirsche außer Ren, Kudu), sei es durch fehlende Stirnwaffen im weiblichen Geschlecht, Färbung, Gestalt o.ä.. Bei heteromorphen Arten kann man nochmal trennen:

Begrenzt heteromorphe Arten sind solche, deren Männer irgendwann aufhören zu wachsen, und dann zwar deutlich als voll-adult aber innerhalb dieser Klasse nicht mehr differenziert erkennbar sind. Diese Form findet sich oft bei territorialen Arten, wo der Status des Revierbesitzers schon reicht, um Qualität zu signalisieren.

Unbegrenzt heteromorph sind Arten, deren Wachstum auch im Erwachsenenstadium stets weitergeht. Beispiele sind Elefanten (s. Abb. 24), Große Wildrinder, oder Riesenkänguruhs (s. Abb. 17). Hier herrschen die Bedingungen des Size-Game in Reinkultur und die Arten leben meist entweder in großen Herden, oder bilden ein "Roving Male System" (Clutton-Brock 1989, s. u.) aus – jedenfalls gibt es eine klar größenabhängige Männerrangordnung.

Bei aller Begeisterung für die Begründung des Größendimorphismus aus der Wirkung der sexuellen Selektion sollte aber eine mögliche ökologische Ursache nicht vergessen werden: Shine (1989) hat sehr viele Beispiele gesammelt, wo durch Größendi-

	männl. Hilfe bei Aufzucht nötig	männl. Hilfe für erfolgreiche Aufzucht unnötig								
	obligate Monogamie	**Weibchenstreifgebiet verteidigbar**			**Weibchenstreifgebiet nicht verteidigbar**					
					Weibchengruppe stabil		**Weibchengruppen instabil**			
	Weibchen solitär	Weibchen solitär	Weibchengruppe klein	Weibchengruppe groß	kleine Gruppen	große Gruppen	Gruppen home range	Viele Weibchen teilen range im Streifgebiet	Weibchen paaren sich auf Wanderschaft	Weibchen solitär oder weit und unvorhersehbar verteilt
(Paarungssystem)		facultative Monogamie Polygynie	Ein-Mann-Gruppen	Viel-Mann-Gruppen	Ein-Mann-Gruppe	Viel-Mann-Gruppe	Paarungsrevier	Gehäufte Paarungsreviere = Leks	zeitweise Harems- oder territoriale Reviere	wandernde Männer
Paarbingung	Monogamie	Monogamie oder Poygynie	Ein-Mann-Polygynie	Mehr-Männer-Polygynie	Ein-Mann-Polygynie	Mehr-Männer-Polygynie	Promiskuität	Promiskuität	Promiskuität	Promiskuität
Verteidigungssystem	Revierverteidigung	normale Revierverdeitigung	Verteidigung des Streifgebiets der Weibchen	Verteidigung des Streifgebiets der Weibchen	Verteidigung der Weibchengruppe	individ. Vert. empfängnisbereiter Weibchen Konsort	individ. Vert. räumlich verteilter Paarungsterritorien	individ. Vert. gehäuft/geballter Paarungsterritorien	variabel Konsort, Vert. von Weibchengruppen, einzelne oder gehäufte Paarungsterritorien	Konsort
Paarbindung	Dauerhafte Monogamie oder Poyandrie	Dauerhafte oder serielle Monogamie oder Promiskuität	serielle Monogamie oder Promiskuität	Polyandrie oder Promiskuität	serielle Monogamie oder Promiskuität	serielle Monogamie, Polyandrie oder Promiskuität	Promiskuität	Promiskuität	Promiskuität	Promiskuität
Verteidigungssystem	Revierverteidigung	bei einigen Arten Revierverteidigung, individuelle Reviere	bei einigen Arten Revierverteidigung bei anderen nicht	bei einigen Arten Revierverteidigung bei anderen nicht	keine langdauernde Ressourcenverteidigung durch Weibchen, eventuell aber Wettbewerb um kurzzeitige Zugangsrechte					
Beispiele	Präriewühlmaus, Springaffe	kleine Beutetiere, nachtaktive Halbaffen	Graue Languren, Meerkatzen	Löwe, Schimpanse, Bonobo	viele Robben, Dschelada	Totenkopfäffchen, Steppenpavian	Grevyzebra, Breitmaulnashorn, Kuhantilope	Hammerkopfflughund, Walroß, Uganda-Wasserbock	Topi, Streifengnu	Afrik. Elefant, Riesenkänguruh, Bartenwale

männliches Paarungssystem

weibliches Paarungssystem

morpohismus Nischendimensionen oder Habitate zwischen Geschlechtern variieren. Die größere Gärkammer männlicher Wiederkäuer wurde schon erwähnt (Kap. 5.3/ 5.4), ebenso können viele männliche Herbivoren andere Nahrungspflanzen abbeißen. Männliche Giraffen können an viel höheren Bäumen äsen, weibliche Iltisse passen in engere Baue von Beutetieren, weibliche Marderartige haben angeblich kräftigere Krallen zum Graben.

Clutton-Brock (1989) hat versucht, die Vielzahl möglicher Paarungs- und Partnerverteidigungssysteme bei Säugern zu klassifizieren und mit ökologischen wie sozialen Faktoren zu korrelieren. Die entstehende Übersicht greift teilweise schon Kapitel 10 vor, soll aber hier schon vollständig gezeigt werden. Die Tabelle auf Seite 150 zeigt wiederum die aus Interessenkonflikten beider Geschlechter resultiterenden unterschiedlichen Systeme.

Tab. 6. Afrikanischer Elefant

8.3 Monogamie – bis daß der Tod sie scheidet?

Monogamie ist eine besondere Form von Paarungssystem, und außerdem eine besondere Form von Beziehung. Daher, und weil es so viele verschiedene Aspekte dazu gibt, soll ihr ein besonderes Kapitel gewidmet sein. Ausführliche Diskussionen der theoretischen Hintergründe finden sich z.B. bei Anzenberger (1992), Kleiman (1977) und Wittenberger & Tilson (1980). Zunächst, und schon fängt die Sache an schwierig zu werden, muß eine Definition versucht werden. Wittenberger & Tilson (1980) definieren: Eine langdauernde Assoziation und überweigend exklusive Paarungsbeziehung zwischen einem Männchen und einem Weibchen. Unbeachtet für die Monogamie-Definition bleibt bewußt das Ausmaß sozialer und sexueller Interaktionen, sowie die Brutpflegefähigkeit beider Partner. Wittenberger & Tilson erwähnen dabei das Problem der Bestimmung von „langdauernd", wobei dies bei Vögeln und Insekten offenbar zu mehr Definitionsproblemen führt, und fordern, daß eine Paarbeziehung mindestens 20–25% der Fortpflanzungssaison dauern muß, um monogam zu sein. Bei

Säugern tritt dieses Problem seltener auf, dort dauern monogame Beziehungen, wenn es denn eine gibt, meist erheblich länger. Als Voraussetzung für Monogamie nennen sie:

1. Weibchen müssen aus der exklusiven Bindung Vorteile ziehen, die sie anders nicht erhalten können.
2. Sie müssen erkennen können, ob der Partner wirklich nicht anderweitig verpaart ist.
3. Verlassen des Partners muß, i.d.R. durch erhebliche Nachteile für den Nachwuchs, verhindert werden.

Als Erklärung für Monogamieentstehung aus evolutiver Sicht sind fünf Möglichkeiten genannt (Diskussion s. Wittenberger & Tilson 1980):

1. Monogamie sollte entstehen, wenn der männliche Beitrag zur Brutpflege unumgänglich ist. Das gilt z.B. für die Krallenaffen, bei denen die Väter als Tragtiere gebraucht werden (s. u.).
b. Vor allem bei territorialen Arten sollte Monogamie entstehen, wenn die Nachteile bei Polygynie auf jeden Fall größer sind als die Vorteile, die ein Weibchen z.B. durch ein besseres Revier, oder einen „besseren" Mann zu erhalten hätte. Das heißt so etwa, daß der Spatz in der Hand, also der Mann, den man gerade im Revier hat, auf jeden Fall besser ist, als die Taube auf dem Dach, also der vielleicht bessere, aber schon verpaarte Nachbar, den man mit einer Anderen teilen müßte. Beispiele, wo in diesem Fall, je nach ökologischen Bedingungen im Einzelfall, zwischen Monogamie und Polygamie gewechselt wird, sind bei einigen kleineren Antilopen (Riedbock, Oribi, Blauducker, Dubost 1980) und bei manchen Murmeltierarten zu finden. Kleiman nennt das fakultative Monogamie und führt als weitere Möglichkeit eine geringe Populationsdichte an, die einfach zu wenig Partner zusammenfinden läßt (ebenfalls bei territorialen Arten). Beispiele, in denen dies aufgrund von Umweltgegebenheiten zu obligater Monogamie zwingt sind ebenfalls einige Kleinantilopen (Klippspringer, Dikdiks), bei denen stets ein Partner Wache steht während der andere frißt, oder Biber, bei denen die Vorratshaltung für den Winter begrenzend ist (Wittenberger & Tilson 1980).
c. Bei nicht-territorialen Arten sollte Monogamie entstehen, wenn die Mehrzahl der Männchen am besten mit der Bewachung und Verteidigung *eines einzelnen* Weibchens fahren, z.B. weil das Geschlechterverhältnis männerlastig, oder der Oestrus sehr kurz ist. Beispiele aus dem Säugerbereich sind einige Robben etwa wahrscheinlich Klappmützen, Krabbenfresser und einige Populationen des Seehundes. Auch das Große Mara, mit einem nur wenige Stunden dauernden Post-partun Oestrus, gehört wahrscheinlich hierher – allerdings könnte auch die Raubfeindwache im Sinne von a) eine Rolle spielen.
d. Intensive intrasexuelle Aggression unter Weibchen verhindert Polygynie, auch wenn die Ressourcenlage dies zuließe. Beispiele wären Biber, Bisam, Steinböckchen, Suni-Zwergantilope, oder Gibbons (außer Siamang, wo der Vater auch die Jungen trägt also Fall a).

e. Männchen haben mit einer Partnerin mehr Aufzuchterfolg als mit zweien und schließen daher selbst aktiv eine zweite aus. Dies Möglichkeit ist bei Säugern bisher ohne Beispiel.

Nur etwa 3 bis 5% der Säugerarten sind monogam (Kleiman 1977, im Gegensatz zu über 90% der Vogelarten, von denen das Paarungssystem bekannt ist). Das ist vor allem auch eine Folge der veränderten Fortpflanzungsbiologie (s. Kap. 8.1). Kleiman unterscheidet noch Monogamie Typ I (mit Elterntieren und nur einer Generation von – mit derzeit abhängigen – Jungen), z.B. Dikdiks oder Elefantenspitzmäuse und Typ II in Familiengruppen mit mehr als einer Generation von Nachkommen, z.B. Biber, Wölfe oder Krallenaffen. Die folgende Tabelle (zusammengestellt aus Kleiman 1977, Winter 1996, Wittenberger/Tilson 1980 und einigen, dann direkt zitierten, Einzelarbeiten) soll keinen vollständigen Überblick, sondern nur einen Eindruck von der weiten Verbreitung des Phänomens geben:

Ordnung	Beispiele	Typ I / II
Diprotodontia Pseudocheiridae	Petropseudes dahli (Felsen-Ringbeutler)	II
	Hemibelideus lemuroides (Lemur-Ringbeutler)	meist I, 1 x II beobachtet (7 Winter)
Phalangeridea	Trichosurus caninus (Hundskusu)	
Macropodidae	Petrogale inornata (Horsup 1996) (Gleichfarb-Felskänguruh)	I I
Insectivora Tenrecidae	Microgale talazaci (Langschwanz-Tanrek)	I
Macroscelidea Macroscelidea	Elephantulus rufescens (Elefantenspitzmaus)	I
	Rhynchocyon chrysopus (Rüsselhündchen)	I
Chiroptera	Vampyrum spectrum (Falscher Vampir)	I
Primates Indriidae	Indri indri (Indri)	II
Callitrichidae	Krallenaffen, eigentl alle Arten (s. u.) Anzenberger 1992	II
Cebidae	Callicebus (alle Arten?) Springaffen	I (II ?)
Hylobatidae	alle Arten Gibbons	II
Rodentia Microtidae	Microtus ochrogaster (Präriewühlmaus)	I ?
	Ondatra zibethicus (Bisam)	II ?
Muridae	Lemniscomys barbarus (Streifengrasmaus)	II
Castoridae	Castor fiber (Biber), Svendson 1989	II
Caviidae	Dolichotis patagonum (Gr. Mara)	II ?
Carnivora Canidae	fast alle Hundeartigen	II / I
Viverridae	Helogale parvula (Zwergmanguste)	II

Pinnipedia Phocidae		
	Cystophora cristata (Klappmütze)	I
	Phoca vitulina largha (Nordkanad. Seehund)	I
Artiodactyla Bovidae		
	Cephalophus monticola (Blauducker)	II ?
	Sylvicapra grimmia (Kronenducker)	I
	Redunca redunca (Riedbock)	I / II
	Oreotragus oreotragus (Klippspringer)	I ?
	Madoqua kirki	I ?

Anzenberger (1992) hat im Hinblick auf Primaten, aber wohl für Säugetiere ausweitbar, Monogamie noch unter einem neueren, bzw. neu gefundenen Aspekt diskutiert: Er bespricht die sog. motivationale, oder Verhaltensebene, getrennt von der genetisch-fortpflanzungs-biologischen. Diese, an sich ältere, Diskrepanz wurde besonders wichtig wegen der, gerade bei monogamen Springaffen recht häufig zu beobachtenden Extra-Pair-Copulations, dem Fremdgehen. Weibchen wechseln dabei in das Nachbarrevier, paaren sich und kehren zu ihrem angestammten Bindungspartner zurück. Ähnliche Beobachtungen zitiert er von Ågren in Bezug auf die Mongolische Rennmaus. Richardson (1987) fand ähnliches beim Erdwolf. Da solche Beobachtungen (und viele neuere Daten über Vögel) zeigen, daß Monogamie nicht allein über die lang dauernde Fortpflanzungsgemeinschaft zu definieren ist, stellt Anzenberger den Verhaltensaspekt gleichbereichtigt neben den genetischen: Auf dieser Verhaltensebene sind nach seiner Diskussion folgende Faktoren für die „Umsetzung" in die genetische Ebene entscheidend:

1. Die Paarbindung, durch räumliche Nähe, partnerspezifisches Verhalten und Distress-Reaktion bei Trennung erkennbar.
b. Die „Partnertreue" der Weibchen, erkennbar durch Bevorzugung des gewohnten, Indifferenz bis aggressives Ablehnen fremder Männchen.
c. Die Partnermonopolisation, erkennbar durch Partnerbewachung und intrasexuelle Aggression der Männchen.

Ein besonderes Merkmal paarbezogenen Verhaltens sind die, bei Springaffen wie Gibbons und Siamangs üblichen Duett-Gesänge, die sich im Laufe der Zeit immer besser und spezifischer entwickeln. Es wird angenommen, daß perfekte Duette Information über die schon in die Paarbindung investierte Zeit enthalten und daher auf potentielle „Abwerber" abschreckend wirken könnten.

Zum Thema Partnertreue der Weibchen (b) zeigt Anzenberger, daß z.B. innerhalb der Callitrichidae erhebliche Unterschiede bestehen (s. Tab.):

Art	Bevorzugung des eigenen Männchens	Annäherung etc. An fremde Männchen	Aggression gegen fremde Männchen
C. jacchus	+	-	+
Sag. fuscicollis	kaum	+	-
Leontopith. rosalia	+	+	-

Aus diesen Angaben zeigt sich bereits die unterschiedliche Qualität monogamer Beziehungen. Die Stärke der Ablehnung Fremder hängt zumindest teilweisemit dere Gruppengröße zusammen (s.o. 7.6, Schaffner & French 1997).

Aus proximat-physiologischer Sicht sind besonders die Untersuchungen an Präriewühlmäusen aus der Arbeitsgruppe um Sue Carter (z.B. Carter et al. 1995) zu erwähnen. Die bindungsauslösende Funktion des Oxytocins wurde bereits (Kap. 6.4) besprochen. Bemerkenswert ist zusätzlich eine bindungsfördernde Wirkung von Corticosteron. Diese ist allerdings offenbar wieder geschlechts- und arttypisch: weibliche Präriewühlmäuse werden durch Corticosteroninjektion an der Ausbildung exclusiver Bindungen gehindert, bei weiblichen Ratten wird dagegen dadurch Oxytocinausschüttung und Bindung gefördert, bei männlichen Präriewühlmäusen fördert Corticosteron die Bindungsausbildung (es wäre verlockend aber wohl voreilig hier über mögliche physiologische Grundlagen des Stockholm-Syndroms zu spekulieren). Alles das macht aber aus einer Bindung noch keine Monogamie. Die aber entsteht bei Präriewühlmäusen z.T. durch die nach der Paarung erfolgte Vasopressinausschüttung, denn dieses erzielt bei den männlichen Präriewühlmäusen Partnerbewachung und -spezifität. Die sexualdimorphe Ausschüttung von Androgenen und Vasopressin ist, so Carter (1997), für eine ganze Reihe „männlicher Verhaltensmerkmale", z.B. Verteidigungsbereitschaft, Partnerverteidigung, Territorialverteidigung, höhere Aktivität und natürlich Muskelaufbau, Körpergröße etc. verantwortlich.

8.4 Physiologische Aspekte des Fortpflanzungsverhaltens

Die Fortpflanzungsbiologie der Säugetiere ist, z.T. auch mit Einbeziehung verhaltensbiologischer Aspekte, von einer Vielzahl guter Übersichtsartikel abgedeckt, auf die sich auch die folgende kurze Zusammenstellung stützt: Asa 1996, Bronson 1989, Mc Clintock 1987 oder Hodges 1995, 1996.

Die jährliche Fortpflanzungsaktivität wird i.d.R. von jahreszeitlichen oder anderen Schwankungen der Nahrungsverfügbarkeit bestimmt, sowie, als innere Faktoren, von Lebenserwartung, Ernährungstyp und dem Vorhandensein saisonaler Wanderungs- bzw. Überwinterungszyklen. Kommt es aus diesen Gründen zu saisonal variierender Fortpflanzung, so wird der Zeitpunkt i.d.R. von einigen Faktoren der weiblichen Physiologie bestimmt, vor allem von der Zeitspanne zwischen Ovulation und der ökologisch anfälligsten, weil energiezehrendsten Phase der Fortpflanzung. Dies ist i.d.R. die späte Laktationsphase. Dieser Zeitabstand bestimmt primär den Beginn der Fortpflanzungszeit so, daß die „anstrengendste" Phase weiblicher Aktivität in die beste Nahrungssaison fällt. Den Männchen bleibt i.d.R. nichts anderes als sich anzupassen, selbst wenn die Paarung dann etwa bei Gemsen und Steinböcken in den beginnenden Winter fällt, also eine äußerst ungemütliche Zeit. Einige Arten (z.B. Reh, verschiedene Fledermäuse, Robben) können durch Keimruhe den Zeitpunkt zwischen Paarung und Geburt verlängern und so die Paarungszeit in bessere Bedingungen vorverlegen.

Die Nahrungsverfügbarkeit, sowohl quantitativ wie qualitativ, dürfte (Bronson 1989) selbst bei Arten mit ohnehin saisonaler Reproduktion noch zu auch individuell unterschiedlicher Feinabstimmung führen. Im weiblichen Geschlecht führt Nahrungsknappheit vor allem zu eingeschränkter LH-(Luteinisierendes Hormon)-Ausschüttung und beeinflußt Prolaktin sowie z.T. als Folge davon Laktation. Im männlichen Geschlecht wird Spermienbildung vor allem durch Nahrungsknappheit in der Jugend begrenzt. Die Steuerung der LH- und Prolaktinausssschüttung wird offenbar noch zu einer weiteren ebenfalls energieabhängigen Regelung benutzt, nämlich der Fortpflanzungsbeeinflussung durch Kälte. Dazu kommt aber wahrscheinlich noch eine unspezifische Streßreaktion der Nebennierenrindenaktivität bei plötzlichem Temperaturabfall. Weniger genau weiß man über den Einfluß sehr hoher Temperaturen auf die Fortpflanzung (außer der Spermienschädigung) von Säugern (Bronson 1989).

Besonders bei langlebigen Säugerarten mit langen Fortpflanzungszyklen, in gemäßigten bis polarnahen Breiten, ist die Steuerung durch photoperiodische Vorgänge vorteilhaft, während kurzlebigere Arten mit kürzerer Trag- und Säugezeit in äquatornahen Gebieten weniger darauf angewiesen sind. Ansonsten aber ist die Photoperiode Zeitgeber für die Fortpflanzung. Offenbar können Säuger verschiedene zeitliche Dimensionen und Belichtungsschwankungen messen, wobei neben tages- und jahresrhythmischer innerer Uhr auch noch ein jahresperiodischen „Ein/Aus-Schalter" für die Lichtempfindlichkeit nötig ist. Die eigentliche Steuerung geschieht über Melatoninausschüttung, welche von der Länge der Dunkelphase abhängt, und ihrerseits die Gonadotropinsekretion beeinflußt. Bei der Lichtempfindlichkeit der Fortpflanzung gibt es, selbst innerhalb der gleichen Population, oft große Unterschiede, z.T. genetisch z.T. erfahrungsabhängig – allerdings offenbar nur bei kurzlebigen Arten (Bronson 1989).

Neben den bisher genannten, eher langfristigen Einflüssen auf die Fortpflanzungsaktivität gibt es eine ganze Reihe mehr kurzfristiger situationsabhängige Aspekte. So konnte McClintock (1987) an Ratten zeigen, daß in reizarmer Umgebung die Paarung meist durch aktive, sehr schnell zu wiederholten Kopulationen führende, männliche Verhaltensmuster eingeleitet wird, in abwechslungsreicheren, natürlicher gehaltenen Käfigen dagegen durch Aufforderung und deutliches Werbeverhalten seitens der Weibchen, mit selteren, aber meist erfolgreichen Kopulationen.

Soziale Einflüsse auf die Fortpflanzungsfähigkeit können hemmend oder fördernd sein. Die hemmenden Wirkungen tieferer Statuspositionen auf die Gonaden- und Sexualhormontätigkeit wurden z.T. schon in Kap. 7.2 behandelt. Bronson (1989) und Sapolsky (1993) zeigen den negativen Einfluß von Nebennierenrindenhormonen der Cortisolgruppe auf LH, oder von Belastung auf Testosteron. Fortpflanzungsunterdrückung bei rangtieferen Individuen kann total sein, etwa bei den keinen Zyklus zeigenden jüngeren Weibchen einer Krallenaffenfamilie, oder graduell, in dem rangtiefere Individuen, sei es wegen ständiger „Belästigung" durch ranghohe, wegen erheblich vermindertem Futterzugang (bis zu 30% weniger z.B. bei Anubispavian, Barton & Whiten 1993), oder wegen drohenden Infantizids, geringere Aufzuchtchancen haben.

Die fördernden Wirkungen des sozialen Umfeldes auf die Fortpflanzung können letzlich wieder grob in zwei, zeitlich unterschiedliche Typen unterteilt werden:

1. Zyklussteuerung / Synchronisation und

b. Ovulationsinduktion.

Das Phänomen der Zyklussteuerung (=Priming) ist überwiegend eine olfaktorische Angelegenheit. Bronson (1989) nennt Beispiele von Nagern (Wühlmäuse, Hamster,

Wildmeerschweinchenart *Galea musteloides*), Spitzmäusen (*Suncus murinus*), Paar-
hufern (Schwein, Schaf, Ziege), Opossums (*Monodelphis domestica*), Beutelmäusen,
Lemuren und Krallenaffen. Sicher kommen noch andere Arten hinzu. Je nach Art und
Sozialsystem wird entweder durch weibliche oder männliche Artgenossen oder beide
der Zyklus stimuliert bzw. synchronisiert. Bei der weiblichen gegenseitigen Beeinflussung zuerst von Martha McClintock (1971) bei unserer eigenen Art und später bei
Ratten nachgewiesen, kann der Geruch eines Weibchens in der Follikelphase die Zyklen anderer verkürzen, der aus der Zeit um die Ovulation die Zyklen verlängern. Dadurch entsteht mit der Zeit eine deutlich erkennbare Östrussynchronisation. Bei der
männlichen Komponente, am besten bei Schafen untersucht, liegt die Wirkung auf einer gesteigerten LH-Ausschüttung durch männliche Duftstoffe. Beim Rothirsch geht
es auch akustisch – durch das Röhren. Die adaptiven Vorteile der daraus resultieren-
den Synchronisation können, ja nach Art, unterschiedlich sein, vom „Überschwem-
men" der Freßfeinde mit Neugeborenen (z.B. Gnus), über die Anlockung zusätzlicher
Männchen zur Gruppenverteidigung (für einige Primatenarten mit synchronem
Oestrus und ohne Saisonalität diskutiert) bis zu Anregung der Intra-Männchen-Kon-
kurrenz (s. 8.1).

Induzierte Ovulation wird (Asa 1996) mittlerweile zumindest von etlichen Spitzmäusen, Nagern, Hasen und Kaninchen, Katzen, Marderartigen, Waschbären, Kamelen
und Wiederkäuern beschrieben. Jedoch zeigt sich, daß auch manchmal spontane Ovu-
lationen bei Arten mit an sich induzierter Ovulation vorkommen können (Löwe, Gepard, Nerz) und, daß auch umgekehrt bei Spontanovulierern die Kopulation zu Uteruskontraktionen (Spermientransport?) führen kann. Die Induktion selbst, so es eine solche
gibt, erfolgt i.d.R. durch männliches Verhalten, vom Treiben bis Vaginastimulation bei
Paarung. Diese mechanische Reizung führt dann zu plötzlicher LH-Ausschüttung (nur
beim Kamel scheint es ein Bestandteil der Samenflüssigkeit statt der mechanischen
Reizung zu sein). Das weibliche Paarungs- bzw. Sexualverhalten wird teils nur von
Östrogen, teils (Goldhamster, Meerschwein, Hund) von der Kombinationswirkung aus
Östrogen plus Progesteron ausgelöst oder (Pferd, Kuh) gesteigert. Gerade bei Arten mit
Herbstbrunft (z.B. Elch, Wapiti, Weißwedelhirsch) muß Progesteron vor dem Östrogen
ausgeschüttet werden – meist durch eine erste stille, d.h. nicht verhaltensgekoppelte
Ovulation.

Viele der älteren Untersuchungen über Zusammenhänge zwischen Sexualverhalten und Hormonen stammen wie wir sahen von Laborratten oder Haustiere. Carter
(1997) zeigt an einigen Beispielen daß dies z.T. nicht ganz auf andere Gruppen, z.B.
Primaten übertragbar ist. Bei Rhesusaffen sind z.B. Östrogene nicht notwendig, aber
fördernd für weibliches Sozialverhalten, bei Ratten dagegen läuft ohne Östrogen gar
nichts, daher gibt es nur in bestimmten Zyklusphasen überhaupt sexuelle Aktivität.
Bei Primaten beeinflußt Östrogen daher mehr die Bereitschaft als die Fähigkeit zur
Paarung (auch beim Menschcn gibt es solche Daten), Progesteron hemmt i.allg. die
Bereitschaft. Östradiol steigert weibliche Aggressionsbereitschaft, aber auch, zusammen mit Progesteron, mütterliches Verhalten (s.u.).

Abschließend zu dieser kurzen Übersicht sei, mit Bronson (1989) betont, daß die
verschiedenen inneren und Umweltfaktoren gerade bei Säugern, insbesondere bei langlebigen Arten, in sehr komplexer Art miteinander wechselwirken. Gerade diese langlebigen, viele Fortpflanzungszyklen erlebenden Arten besitzen vielfach Möglichkeiten

zur Überwindung ökologischer Constraints, haben in unterschiedlichen Stadien ihrer Lebensgeschichte verschiedene Strategien zur Bewältigung von Umweltfaktoren und müssen in viel stärkerem Maß als kleine kurzlebige Arten die Kosten von jetziger Reproduktion gegenüber dem im Moment „Nur-Überleben" abwägen können (s. Kap. 3).

8.5 „… Eltern sein dagegen sehr!" Brutfürsorge und andere elterliche Aktivitäten

Die Besprechung der elterlichen Aktivitäten nach der Befruchtung erfolgt hier in direktem Anschluß an die Paarungsaspekte. Dies hat sowohl physiologische wie evolutionsbiologische Gründe: Auf der proximaten Seiten sind es oft die gleichen Hormone und Mechanismen, die sowohl im Sexual- wie Brutpflegebereich eine Rolle spielen (s. Kap. 6 Rolle des Oxytocins, Kap. 7.3 Rolle des Prolaktins). Auf der ultimat-funktionalen Seite stehen Brutpflegeaufwand und mögliche Beiträge des Partners dabei in direktem Zusammenhang mit den Systemen von Partnerwahl und Paarbindung. Für beide Bereiche, ultimate wie proximate, gibt es neue und umfassende Darstellungen, so daß wir uns auch hier wieder auf wenige, vor allem säugertypische Bereiche beschränken können. Clutton-Brock (1991) und Cockburn (1996) für die evolutionsorientierte, Krasnegor & Bridges (1990), Pryce (1992) und Carter et al, (1997, 1996) für die proximate Seite seien als weiterführende Literatur empfohlen. Zur Diskussion der funktionalen Seite erst mal einige Definitionen vorweg (nach Clutton-Brock 1991):

- *Brutpflege (Parental Care)* umfaßt alles, was Eltern tun und was Fitness oder Überleben des Nachwuchses fördert. Dazu gehören sowohl wurfgrößenabhängige, wie wurfgrößenkonstante Aktivitäten. Erstere wären etwa die Versorgung mit Milch oder Nahrung, letztere z.B. Wachsamkeit der Eltern gegen Feinde.
- *Elterlicher Aufwand (Parental Expenditure)* ist das Ausmaß an Resourcen, inklusive Zeit und Energie, die von den Eltern in die Brutpflege gesteckt werden.
- *Elterliche Investition* beschreibt das Ausmaß, in dem elterliche Pflege die eigene weitere Fitness inklusive der Aufzucht nachfolgender Jungtiere reduziert. Manchmal auch definiert als das Ausmaß, mit dem die Pflege der jetzigen Jungen auf Kosten späterer Jungtiere geht.

Versucht man die Formen elterlicher Pflege und deren Auswirkungen auf den Nachwuchs zu klassifizieren, so stößt man zwar auf jede Menge Korrelationen, aber kausale Zusammenhänge sind kaum nachgewiesen (Clutton-Brock nennt als Beispiel, daß zwar sowohl größere Eier als auch der Rang der Mutter mit besseren Aufzuchterfolgen korrelieren. Aber unklar ist, ob sie auch kausal dafür verantwortlich sind, oder beide von einem anderen, dritten Faktor, z.B. Größe der Mutter, abhängen).

Die folgende Auflistung zeigt einige, auch bei Säugern vorkommende Formen der Brutpflege/-fürsorge:

Vorbereitung von Nestern, Höhlen, Revieren	viele Nagetiere, Kleinraubtiere
Gametenproduktion	bisher wurden bei Säugern keine Zusammenhänge zwischen Eigröße und Überleben der Jungen nachgewiesen

Eierbetreuung	im Brutbeutel bei Ameisenigel, im Nest bei Schnabeltier
Versorgung der Jungen vor der Geburt	Plazentabildung
Versorgung der Jungen nach der Geburt a) mit spezieller Nahrung[a]	Laktation bei allen, auch eierlegenden, Säugern
b) mit vorverdauter oder teilweiser verdauter Nahrung	Hochwürgen von Nahrung bei vielen Raubtieren, Kotfressen bei Nacktmull, Blinddarmkot bei Koala
Hilfe für Nachwuchs nach der Entwöhnung	Beim Dreifingerfaultier räumt die Mutter einen Teil ihres Reviers für den Nachwuchs, bei Kloss-Gibbon helfen Eltern bei Revierverteidigung bis der Nachwuchs verpaart ist. Koalitionen bei Primaten s. Kap 7. Freßgemeinschaft mit Mutter und gemeinsame Homerangenutzung bei Rothirsch oder Rotnackenwallaby verhilft Tochter zu besserem Fortpflanzungerfolg

a. Bei vielen Säugern, vorwiegend Huftieren, aber auch Bisam, Primaten und Marsupialia, ist Körpergröße im Erwachsenenstadium mit frühem Wachstum und dies mit Geburtsgewicht und Milchleistung der Mutter korreliert.

Die Kosten dieser Aktivitäten können sehr hoch sein. Beim Höhepunkt der Laktation liegt der Energieverbrauch beim 2,5 bis 5-fachen des Wertes von nicht reproduktiven Weibchen, die Kalorienaufnahme kann bis auf das Doppelte steigen und die tägliche Nahrungsaufnahme bis 30% mehr Zeit in Anspruch nehmen. Organvergrößerungen von Leber, Niere und Verdauungsorganen werden beschrieben. Andererseits wird durch verschiedene „Vorsorgemaßnahmen", wie Lage des Geburtszeitpunktes, Fettanspeicherung, Reduktion der Stoffwechselrate und Änderung des Verhaltens/Zeitbudgets der Aufwand reduziert. Auch die Hilfe für den Nachwuchs nach der Entwöhnung hat Kosten z.B. sind sowohl bei Rothirschen, wie bei Rotnackenwallabies nachteilige Wirkungen auf den zukünftigen Nachwuchs durch die Duldung der bereits entwöhnten Töchter nachweisbar. Viele Bereiche elterlicher Investition und Fürsorge sind körpergrößen- oder lebensdauerabhängig. So wächst die Tragezeit im Durchschnitt mit KGW ^{0,26}, die Säugezeit mit KGW $^{(0,15-0,28)}$ der Mutter (mit Ausnahme der größten Primatenarten, die ihre Jungen besonders lang säugen, korreliert mit extrem hoher Lebenserwartung). Eine negative Korrelation besteht allgemein zwischen durchschnittlicher Mortalität im Adultstadium und der Länge der Entwicklungsphasen, d.h. wer als Erwachsener hohes Risiko hat, verwendet nicht so viel Zeit auf einzelne Junge. Die Milchproduktion wächst mit KGW ^{0,75}, eine Zwergspitzmausmutter produziert täglich 28% ihres Gewichtes an Milch, eine Elefantin nur 1,25%. Aber es gibt auch bei Arten gleicher Größe erhebliche Unterschiede: Schweinemütter produzieren fast doppelt soviel, Rentier- oder Menschenmütter nur halb so viel Milch, wie ihr Gewicht vorhersagen würde. Mütter mit Zwillingen (Schaf) produzieren wesentlich mehr Milch als solche mit Einlingen. Ein paar sozio-ökologische Abhängigkeiten hat Clutton-Brock noch zusammengestellt: Der tägliche Energieausstoß für Milch ist niedriger bei herbivoren als bei carnivoren Arten (Panda verglichen mit Amerikanischem Schwarzbär verglichen mit Eisbär) und bei Arten, die von nährstoffarmen oder/ und knappem Futter leben. Carnivoren-Arten mit kooperativer Jungenaufzucht haben wesentlich höhere Wachstumsraten relativ zum mütterlichen Gewicht als erwartet.

Beachtet werden muß bei der Betrachtung der Kosten auch die Milchzusammensetzung. Besonders eindrucksvolle Zusammenhänge finden wir hier bei Robben: Ohrenrobben haben lange Säugezeiten, die sie immer wieder durch Freßausflüge der Mutter (bis zu 10 Tage lang) unterbrechen. Der Fettgehalt der Milch ist höher bei Arten mit kurzer als mit langer Säugezeit und Arten, deren Mütter lange Freßausflüge machen, haben fettreichere Milch als Arten mit kurzen Ausflügen. Hundsrobben dagegen bleiben bei ihren Kindern, haben dafür aber viel kürzere Säuglingszeiten (Minimum 4 Tage bei Klappmütze), extrem fettreiche Milch (60% bei Klappmütze), mit wenig Rohprotein. Die Jungen wachsen hier bis 5,7 kg pro Tag. Trotzdem ist der Gesamtenergieaufwand über die Säugezeit der Mutter gerade ein Viertel der Werte von Arten mit langer Säuglingszeit.

Betrachtet man, wer wieviel Zeit und Aufwand in den Nachwuchs steckt, so sind es bei 95% der Säuger die Mütter allein. Nur wenige, meist monogame Arten haben volle Beteiligung des Vaters und gemeinsame Aufzucht (s. Kap. 8) ist noch seltener. Der Aufwand, den Eltern bei der Aufzucht betreiben, variiert aber nicht nur zwischen Arten und höheren Taxa. Auch innerhalb der Arten finden wir oft eine erstaunliche Variabilität. Nach Clutton-Brock kann diese unterschieden werden in solche in Abhängigkeit vom Nutzen und solche in Anhängigkeit von den Kosten. Variabilität in Abhängigkeit vom Nutzen bedeutet z.B., daß in einen großen Wurf Jungtiere mehr investiert wird, oder daß ein kleiner Wurf oder ein schwächliches Jungtier, leichter verlassen und ein neuer Versuch gestartet wird. Letzteres gilt besonders für Nager und kleine Marsupialia, aber auch bei Grizzlybären (Derocher im Druck) werden Einzeljunge angeblich bisweilen eher verlassen als Zwillingswürfe. Bemerkenswert wenig weiß man über Variabilität in Abhängigkeit von den Kosten. Die oft angeführten Beispiele (alte Tiere, vor allem solche die ohnehin wahrscheinlich keine weiteren Jungen mehr haben werden, investieren mehr in den Nachwuchs) sind wiederum nur korrelativ und es kann genauso gut eine Folge ihrer durch Erfahrung verbesserten Fähigkeit sein.

Durch Einführung der konsequent individualistischen anstelle der Artebene in die Interpretation ist ein Bereich besonders ins Zentrum des Interesses an der Brutpflege gerückt: nämlich der sog. Parent-Offspring- oder Eltern-Nachwuchs-Konflikt. Wie wir sahen, ist elterliche Investition definitionsgemäß etwas, was dem jetzigen Nachwuchs zu gute kommt, und dafür dem zukünftigen fehlen wird. Daraus ergibt sich ein Konflikt über Ausmaß, Dauer und Form der elterlichen Pflege. Der Nachwuchs hat ein Interesse daran, solang als möglich bequem versorgt zu werden, die Eltern aber sollten versuchen, die Versorgung so früh als möglich zu beenden und sich neuer Fortpflanzung zuzuwenden. Trivers hat diesen Konflikt zuerst postuliert und Beobachtungen an lautstark bis hysterisch/wütend nach Nahrung, Zitzenkontakt bzw. Säugen brüllenden Jungtieren besonders bei Primaten scheinen ihn zu bestätigen. Auch andere Formen

des Konfliktes z.B. Störungen der erneuten Paarung der Mutter durch Heranwachsen-
de, häufiges Säugen in der Paarungszeit, was evtl. zu verlängertem Anoestrus führt,
oder mehr oder weniger erfolgreiche Versuche, sich dem Hinauswurf aus Nest, Revier
oder Gruppe zu entziehen, sind zumindest von Nagern, Huftieren oder Primaten beschrieben. In welchem Ausmaß dies wirklich zu einem dadurch bedingten Anstieg des
elterlichen Investments führt, ist meist bei Säugern nicht klar abgegrenzt.

Bateson (1995) hat eine grundsätzliche Kritik an der konfliktorientierten Betrachtung der Eltern-Nachwuchsbeziehung formuliert. Seiner Ansicht nach entsteht der
Konflikt weniger über das Ausmaß sondern über das „Timing" der mütterlichen Investition (z.B. zitiert er Primatenbeispiele, die zeigen, daß Jungtiere zu manchen Zeiten
säugen dürfen, zu anderen aber stören und abgewehrt wurden). Er betrachtet vielmehr
die Mutter-Kind-Beziehung als eine, bei der die gegenseitigen Bedürfnisse und Hilfe-
stellungen aufeinander abgestimmt und aneinander angepaßt sind. Bateson führt eine
Reihe von Studien an, die zeigen, daß Jungtiere und Mütter gegenseitig ihre Kondition
und Ernährungszustände zu erkennen und ihr Verhalten entsprechend anzupassen vermögen. Er diskutiert auch stoffwechselphysiologische/anatomische constraints, die
den Verdauungstrakt zwingen sich langsam von Milch auf feste Nahrung umzustellen,
und es daher adaptiv machen, wenn die Jungtiere ihre Milchaufnahme schrittweise reduzieren, anstatt bis zum endgültigen Versiegen der Milchquelle voll zu säugen. Junge
Ratten wählen im Versuch in bestimmten Altersabschnitten freiwillig feste Nahrung
anstatt Milch und „freiwillige Entwöhnung" ist auch bei einigen Primaten beschrieben. Batesons (1995) Hauptargument ist, daß evolutionäre Interessenkonflikte sich
nicht notwendigerweise in Verhaltenskonflikten niederschlagen müssen. Hier liegt
stattdessen auch eine dem egalitären System (s. Kap. 7.4) entsprechende Lösungsmöglichkeit vor.

Ein weiterer wichtiger Punkt der Variabilität elterlicher Investition, nämlich die
unterschiedlichen Aufwendungen für männlichen ggb. weiblichem Nachwuchs,
wurde bereits in Kap. 3 (Trivers-Willard-Effekt bzw. LRC-Hypothese) behandelt.
Harper (1980) hat, wenn auch ohne die theoretische Untermauerung des Bateson Ar-
tikels, bereits Beispiele für gegenseitige Beeinflussung von Eltern und Kindern, vor
allem aber von Kindern auf Eltern zusammengetragen und auch einige Beispiele für
Einflüsse reiz- oder ressourcenarmer Umwelt auf mütterliches Verhalten dokumen-
tiert. In diesem Zusammenhang nennt er auch Vernachlässigung, sogar Töten der
Jungtiere unter allzu belastenden Gefangenschaftsbedingungen als adaptives, keineswegs als unnatürliches Verhalten – es ist nur eine Beendigung einer Investition,
die sich nicht mehr lohnt.

Die Rückwirkungen der Anwesenheit von Jungtieren auf Hormonstatus und Verhalten der Mütter zeigen sich besonders deutlich in Experimenten mit Nagerweibchen
(Goldhamster, Ratten, s. Harper 1980) denen fremde Jungtiere untergeschoben wurden und die danach mit Nestbau und Jungtierversorgung begannen. Nicht nur die Anwesenheit von Jungtieren generell, sondern auch deren jeweiliges Altersstadium wirkt
auf die Mutter zurück, z.B. lösen Jungratten im ersten Krabbelstadium die Abschei-
dung eines speziellen Lockpheromons aus, das ihnen beim Zurückfinden ins Nest
hilft, oder das Ausmaß des Säugens bestimmt Milchmenge und z.T. -zusammenset-
zung. Ebenfalls zu den Wirkungen von Jungtieren auf Erwachsene zählt Harper Fälle,

in denen Warn- oder Drohverhalten von Jungtieren nicht beachtet (Wapiti, Pronghorn, Totenkopfäffchen) und Junge am Futter der Ranghöchsten geduldet (Löwen, div. Primaten) werden.

Die Auslösung des Pflegeverhaltens könnte als mehrstufiger Vorgang gesehen werden. Nachdem durch Anwesenheit oder Geruch (Poindron & Lévy 1990) die generelle Einstimmung auf Pflegeverhalten erfolgt ist, werden die aktuell nötigen Verhaltenselemente durch spezifische Reize (taktil: Berührung an Bauch/Flanken führt zu Säugehaltung; akustisch: Notruf führt zu Annäherung und Hilfe; optisch: Schwanzwedeln, -haltung bei Huftierkälbern löst Genitallecken aus) hervorgerufen (s. Harper 1980). Alberts & Gubernick (1990) führen den Begriff *parental responsiveness* (elterliche Reaktionsbereitschaft) ein, eine meß- und operationalisierbare Größe, die Wahrscheinlichkeit, Häufigkeit, Dauer oder/und Intensität elterlichen Verhaltens charakterisiert. An vergleichenden Experimenten mit Laborratten, bei denen nur die Mutter aufzieht, und der (biparentalen) Kalifornischen Hirschmaus *Peromyscus californicus* zeigen sie den Einfluß verschiedener innerer und äußerer Faktoren auf. Bemerkenswert dabei ist z.B., daß männliche *Peromyscus* bereits während der Schwangerschaft, sogar vor ihrer Partnerin eine gesteigerte Reaktionsbereitschaft zeigen, sofern sie a) kopuliert b) mit ihr zusammengelebt haben. Desgleichen führt Wegnahme der Jungen bei Hirschmausmännchen nicht zu Abfall der Reaktionsbereitschaft über mehrere Tage, bei Müttern schon. Trennt man ihn aber von der Partnerin, setzt der gleiche Abfall ein. Verantwortlich dafür ist ein Bestandteil im Urin seiner Partnerin. Im weiblichen Geschlecht bei Ratten ist der Anstieg von Östrogenen, bei gleichzeitigem Abfall des Progesterons, in der späten Schwangerschaft für den Anstieg der elterlichen Reaktionsbereitschaft verantwortlich; Prolaktin scheint aber auch irgendwie mitzuwirken (zu mütterlicher Aggression und ihrer Steuerung s. Kap. 7.3). Im männlichen Geschlecht, auch bei Krallenaffen spielt offenbar Prolaktin die entscheidende Rolle (Carter 1997). Auf der neuralen Ebene scheint das mediale präoptische Areal (MPOA) beteilgt zu sein (s. Albert & Gubernick 1990). Eine wichtige Rolle bei der Steuerung mütterlichen Verhaltens spielt aber auch die Vorerfahrung. Bei Ratten (Bridges 1990), Schafen (Poindron & Lévy 1990), Rhesus- und Totenkopfaffen (Coe 1990) lassen sich deutlich, nicht nur im Verhalten, sondern auch bei Hormonausschüttung veränderte Wirkungen zwischen Erst- und Folgeschwangerschaft zeigen. Ein dritter, wichtiger Bestandteil, der vorbereitenden bzw. erleichternden Charakter hat, ist die Genitalstimulaton bei der Geburt (Schaf, Pouidron & Lévy 1990). Nach Pryce führt diese Stimulation zu erhöhter Noradrenalinwirkung im Bulbus olfactoricus und dadurch evtl. zu einer Art Geruchsprägung. Bei Menschen und anderen Primaten konnten bisher keine eindeutigen Zusammenhänge zwischen Reaktionsbereitschaft und bestimmten Sexualhormonen gefunden werden. Jedoch scheint Prolaktin in zunehmenden Maße mit dem Älterwerden und nach wiederholten Geburts/Aufzuchtserfahrungen fördernd zu wirken (Warren & Shortle 1990). Carter (1997) berichtet auch von steigernden Wirkungen zwischen Cortisolausschüttung in der Schwangerschaft und mütterlichem Verhalten, sowie solchen Wirkungen durch gepulste, d h rhythmisch wechselnde Oxytocinausschüttungen. Lang anhaltend - gleichbleibend hohe Oxytocinspiegel dagegen sorgen für Ruhe, „Gelassenheit" – und bessere Stoffwechseleffizienz!

Pryce (1992) hat ebenfalls, in seiner umfangreichen Zusammenstellung über mütterliche Motivation keinerlei Hinweise für eindeutig fördernde Hormonwirkungen bei Primaten gefunden, wohingegen geruchliche, akustische und erfahrungsabhängige Komponenten auch für Primaten berichtet wurden. Für sehr wichtig hält er auch optische Merkmale z.B. durch Jugendfärbung, die bei vielen Primaten (Brillenlangur, Colobusaffen) aber auch Huftieren (Tapire, Schweine und Känguruhs wie Ratten- und Baumkänguruhs) auftreten. Auch in seinem Systemmodell werden Rückkopplungen zwischen Jungtier und Mutter deutlich womit sich der Kreis zu Batesons (1994) Betrachtung schließt. Zugleich enthält das Modell auch die kurzfristigen Konsequenzen für die Mutter, z.B. die Wirkung eines vollen Gesäuges, oder die mit zunehmendem Alter des Jungen immer schmerzvolleren Saugakte. Da mit zunehmender Entwicklung des Jungtieres sowohl diese, wie auch die äußeren Reize, die vom Jungtier ausgehen, sich ändern, enthält das Modell auch die Dynamik, die z.B. der Entwöhnungvorgang benötigt.

8.6 Gemeinsame Aufzucht – helfen und adoptieren

Die Betreuung von Jungtieren durch irgendein Individuum, das weder genetische Mutter noch genetischer Vater ist, wird als fremdelterliche Pflege (alloparental care) bezeichnet (Zusammenfassungen s. Riedman 1982). Adoption ist, wenn die Fremdeltern allein für das Junge sorgen. Helfer sind Individuen, die keine eigenen Jungen haben, sondern nur fremdelterliche Pflege betreiben, wobei unterschieden wird zwischen Primärhelfern = Verwandten, z.B. ältere Geschwister und Sekundärhelfern, die nicht mehr als durchschnittliche Individuen der Population mit dem Jungtier verwandt sind (Alcock 1993). Führt die Helferbeziehung zu dauernder reproduktiver Arbeitsteilung d.h. sind die Helfer selbst nicht fortpflanzungsfähig, so spricht man von Eusozialität (streng genommen gehört auch eine Überlappung mehrerer Generationen zu Definition der Eusexualität). Ziehen dagegen mehrere, selbst reproduktive Erwachsene (meist Weibchen) gemeinsam ihre Jungen auf so nennt man das auch kooperative Aufzucht (Cooperative Breeding, Solomon & French 1997).

In der genannten Übersicht unterscheiden die beiden Herausgeber daher noch nach dem Status der helfenden Individuen. Sind diese selbst noch subadult, oder pflanzen sich nicht fort, dann treffen i.d.R. drei Merkmale auf das Sozialsystem der betreffenden Art zu: Verzögerte Abwanderung (s. Kap. 9.7), reproduktive Unterdrückung und eben fremdelterliche Pflege. Sind dagegen die Helfer selbst in Fortpflanzung begriffen, trifft nur das letzte Merkmal zu. Gestärkt mit diesen Defintionen können wir nun einen Blick auf einige Säugetierbeispiele werfen, wobei für umfassende Auflistung auf Solomon & French (1997) und Riedmann (1982) verwiesen wird. Nach Riedmans Liste wurde schon 1982 von über 120 Säugerarten fast aller Ordnungen, fremdelterliche Pflege berichtet. Meist betrifft es bei Säugern Weibchen, seltener (s.u.) tragen auch männliche Helfer bei. Adoptionen sind viel seltener, aber auch da zeigt die Liste Vertreter so unterschiedlicher Taxa, wie Känguruhs, Zwergfledermäuse, Klammeraffen, Paviane, Orang-Utan, Baumwollratten, Weddellrobbe und Seehund, Hunde, Otter, Schafe, Ziegen, Rentiere und Elefanten. Nur bei Elefanten, Wölfen und einigen Primatenarten wird über angeblich durch die Adoption ausgelöste Milchproduktion berichtet.

In den meisten beschriebenen Fällen, sowohl von Fremdpflege wie Adoption, handelt es sich um Vorgänge innerhalb einer, meist matrilin organisierten Verwandtschafts- bzw. Familieneinheit. Der einfachste Fall, das babysitting d.h. kurzzeitiges Aufpassen auf Jungtiere während die Mutter z. B. auf Nahrungssuche geht, wurde allerdings bei Primaten, Walen (einschließlich der großen Bartenwale), Huftieren (Wapitis, Kudus, Dickhornschafe, Pronghorn, ...), Fledermäusen und Mangusten auf Gegenseitigkeit bzw. ohne erkennbare verwandtschaftliche Bindung beschrieben. Als weitere, zumindest vielfach nicht auszuschließende Folge (und damit evolutionsbiologische Erklärungsmöglichkeit) neben Verwandtschaftsselektion und Gegenseitigkeit wird häufig Erfahrungsgewinn diskutiert, d. h. relativ junge, unerfahrene weibliche Tiere lernen durch Betreuung von fremden Jungtieren den Umgang mit Nachwuchs vor der eigenen Fortpflanzung. Riedmann (1982) zitiert dazu Befunde von Nördlichen See-Elefanten sowie einer Reihe alt- wie neuweltlicher Primaten (z.B. Makaken, Brüllaffen, div. Paviane und Meerkatzen, Weißhandgibbon und Berggorilla), die zeigen, daß vorwiegend junge unerfahrene bzw. erstgebärende Mütter allomothering betreiben. Häufig sind auch Thermoregulation (bei Nagern) und gemeinsame Verteidigung als Gründe (Lewis & Pusey 1997).

Zuletzt muß noch die, zumindest bei Berberaffen, Anubispavianen, Nilgirilanguren und Grünen Meerkatzen beschriebene Benutzung von Jungtieren als „Eintrittskarten" oder „agonistische Puffer", also zur möglichen Reduktion der auf das Männchen gerichteten Aggression, abgetrennt werden – dies ist keinerlei fremdelterliche Pflege, sondern Konfliktlösungsverhalten. Als Beispiele für Helfer, die bei der Aufzucht jüngerer Geschwister beteiligt sind, lassen sich am besten Krallenaffen und Hundeartige betrachten. Bei Krallenaffen (Callithricidae) sind es vor allem jüngere Weibchen, deren Östruszyklus während der Anwesenheit der Mutter unterdrückt ist. Bei Caniden konnte Moehlmann (1986; s. auch Moehlmann & Hofer 1997) eine sehr interessante Größenabhängigkeit herausarbeiten: Bei kleinen Arten von weniger als 6 kg, z.B. Kitfuchs, Löffelhund oder Rotfuchs, finden sich überwiegend weibliche Helfer, Männchen wandern ab. Mittelgroße Arten, etwa Schakale oder Koyoten haben Helfer beiderlei Geschlechtes und Individuen beiderlei Geschlechts können auch abwandern. Große Arten über 13 kg, mit Ausnahme des Mähnenwolfes, leben von großer Beute, haben meist männliche Helfer und weibliche Abwanderer. Entlang dieser Größenzunahme werden die Jungtiere bei Geburt zunehmend unselbständiger und die Wurfgröße wächst (wiederum Mähnenwolf als Ausnahme). Bei etlichen Arten, z.B. Löffelhund, Rotfuchs, Wolf, Koyote und Afrikanischer Wildhund wurde gemeinsames Säugen, bei Rotfuchs, Simienwolf und Wolf/Haushund wurde Säugen durch nichtreproduktive Weibchen z.T. nach Scheinschwangerschaften beschrieben. (Asa 1997, Moehlmann & Hofer 1997). Diese Scheinschwangerschaften beruhen auf einer bis zu 2 Monaten dauernden Lutealphase, also postovulatorischer Progesteronausschüttung. Asa vermutet daß, bedingt durch die hohe Synchronität der Östruszyklen, diese Scheinschwangerschaften und daraus resultierendes Mütterlichkeitsverhalten der rangtiefen Hündinnen die an sich sehr aufwendige und ineffektive verhaltensbiologische Fortpflanzungsunterdrückung (durch Aggression statt physiologische Mechanismen) der Caniden adaptiv werden lasse.

Beim Vergleich der Helfertätigkeiten zweier afrikanischer Schakalarten fand Moehlmann deutlich erkennbare Beiträge der Helfer: Die Jungtiere waren seltener allein (von 22% ohne Helfer, zu 6% mit 2 Helfern bei *C. mesomelas*, bei *C. aureus* mit 2 Helfern gar 1,5% der Zeit), die Bewachungsaktivität der Eltern ging trotzdem zurück, die Gesamtfütteraktivität (Fleischhochwürgen plus Säugen) stieg erheblich an. Nur vergleichsweise wenige Säugerarten betreiben kooperative Aufzucht. Bekannte Beispiele sind Löwen, bei denen die Jungtiere eines Rudels bei mehrerern Müttern säugen, Afrikanische Elefanten, bei denen ebenfalls die eng verwandten Kuhgruppen gemeinsam Kälber betreuen und angeblich auch Fremdsäugen zulassen sowie die eusozialen Nackt- und Graumulle (Lacey & Sherman 1997, Burda 1996), bei denen sogar sterile Karten aus Arbeitern bzw. „lebenden Wärmflaschen" für die Jungtiere entstanden sind. Gesäugt wird bei diesen Mullarten aber nur von der Mutter, die Arbeiter graben Gänge und (sog. nonfrequent, oder sogar non-worker) bleiben zur Thermoregulation in der Wurfhöhle.

8.7 Alternative Paarungs- und Fortpflanzungsstrategien

Betrachtet man Paarung und Fortpflanzung bei Säugern nicht vorrangig als gemeinsame kooperative Aktivität der Geschlechter zum Wohle der Art, sondern als Interessenkonflikt, bei dem jeder Partner eigene Wege zur Maximierung seiner eigenen Fortpflanzung gehen will, so wird schnell offenbar, daß es für solche Konflikte oft nicht nur eine Lösungsmöglichkeit gibt. Damit kommen wir zu den sog. alternativen Strategien. Als Strategie wird in der biologischen Spieltheorie ein (erbliches) Programm bezeichnet, das vorgibt, wie – in Abhängigkeit von den Reaktionen der Anderen – ein Individuum das Ziel der Fitnessmaximierung erreichen sollte. Eine *Evolutionär Stabile Strategie* (ESS) ist eine, die langfristig in einer Population durch keine andere ersetzt werden kann. Gibt es in einer Population verschiedene Strategien, so hängt deren Erfolg und damit die Stabilität, von der Häufigkeit ab, mit der sie in der Population vorhanden sind (frequenzabhängige Selektion), z. B. sind Falken beim Kampf (Kap. 7.3/7.4) nur so lange erfolgreicher als Tauben, wie sie im Durchschnitt öfter auf Tauben als auf Falken treffen. Häufiger ist es dagegen, daß das gleiche Individuum, in Abhängigkeit von der jeweiligen Situation, verschiedene Taktiken, also verschiedene Vorgehensweisen wählt. Das nennt man dann konditionale Strategie, und die ist immer dann ESS, wenn die dadurch gegebene Flexibilität den Individuen mehr Fortpflanzungschancen einräumt als den „sturen" Typen mit genetisch festgelegter Vorgehensweise (Alcock 1993). Viele Fälle von alternativen Paarungsmöglichkeiten bei Säugern sind beschrieben bei denen es um eine (z. B. altersabhängige) konditionale Strategie handeln dürfte. In einigen Fällen könnte es sich aber auch um unterschiedliche Strategien handeln. Genetisch ist das Ganze meist noch nicht abgeklärt, aber beim Lesen der folgenden Beispiele möge jede/r mal selbst überlegen, welche theoretischen Strategien statt Taktiken sein könnten.

Eine ganze Reihe von Beispielen für alternative Paarungsmöglichkeiten stammen aus der Primatenwelt. Beim Anubispavian hat Smuts (1985) gefunden, daß bestimmte Männchen sich „Freundschaften" mit bestimmten Weibchen schaffen, indem sie diese auch außerhalb der Östruszeit begleiten, beschützen (vor allem auch deren Nachwuchs) und groomen. Kommt es dann beim Weibchen zum Östrus, sucht sie oft aktiv ihren Freund auf und paart sich bevorzugt mit ihm, auch wenn er nicht an der Spitze der Rangordnung steht. Ebenfalls bei herdenlebenden Savannenpavianen, aber auch anderen Primaten -, Zahnwal - und Raubtierarten (s. Kap. 6.3.6) finden wir die Allianzbildung mittelranger Männer, um die Topmänner beim Consort, dem Begleiten östrischer Weibchen gemeinsam zu vertreiben.

Junge Männer des Mantelpavians (Kummer 1992) haben zwei Möglichkeiten an einen Harem zu kommen: Entweder sie „adoptieren" ein bis zwei junge, noch nicht geschlechtsreife Weibchen und bilden Partnerbindungen zu diesen aus (sog. Initial-Unit) oder sie hängen sich als Follower an den Harem eines erfahrenen Mannes an, begleiten diesen ständig und wachsen langsam so weit heran, daß sie, wenn der alte Boß langsam abbaut, den Harem übernehmen.

Bei Orang-Utans ist von Maple (1980) die sog. kooperative Paarung der Weibchen mit alten, voll ausgewachsenen und voll sexualdimorphen Männern und die, fast vergewaltigungsartige, erzwungene Paarung jüngerer Männen, die noch nicht den vollen Ornat haben berichtet.

In vielen Kolonien haremsbildender Robben schleichen sich kleinere, sich unauffällig verhaltende jüngere Männer in den Harem ein und versuchen zu paaren – was von den Weibchen i.d.R. mit lautstarkem Protest beantwortet wird (s. Kap. 8.1).

In den Revieren der Ellipsenwasserböcke (Wirtz 1988), vor allem in Gegenden mit hoher Populationsdichte in den Paarungsgründen der Bighornschafe (s. Alcock 1995) und Rothirsche (Clutton-Brock et al. 1985) und vielen anderen Huftierpaarungsplätzen finden sich die sog. Satellitenmänner ein, die, ohne Revier- bzw. Haremsverteidigung zu betreiben, versuchen, schnell eine Kopulation „im Vorbeirennen" zu stehlen. Bei Arten mit rangordnungsabhängigen Consort- und Roving male system (s. Kap. 8.2) versuchen rangtiefere Männer oft vor oder nach dem Hochöstrus, wenn der Ranghöchste das Weibchen nicht so intensiv bewacht, eine Paarung auf die Chance einer eventuell nicht ganz „termingerechten" Ovulation hin (z.B. Bison: Lott 1979, diverse Riesenkänguruhs: eig. Beob.).

Breitmaulnashornbullen (Meister & Owen-Smith 1997) besetzen Territorien, die sie gegen andere Bullen verteidigen. Im Revier geduldet werden aber sog. ß-Bullen vorausgesetzt, sie markieren nicht und verhalten sich unauffällig. Fordern sie den Revierbesitzer heraus, kommt es zum Kampf, den eventuell auch der Besitzer verlieren kann. Meist aber wird der Besitzer nicht von ß-Bullen seines eigenen Revieres besiegt, sondern von „Außenstehenden". Umgekehrt kann er im Revier als ß-Bulle nach der Niederlage bleiben, wird aber dort seinerseits nicht nochmal gewinnen. In anderen Gegenden z.B. mit geringerer Bestandsdichte, scheinen die Bullen dagegen eher den Roving-male-Stil zu zeigen (Handtrack 1997).

Bei der Hirschziegenantilope beschreiben Dubost & Feer (1981) eine zweigeteilte Rangordnung in den Junggesellenherden, wobei nur die ranghöchsten der einen Rangordnung frei werdende Territorien besetzen sollen.

Bei den meisten der angeführten Beispiele ist, wie erwähnt, der genetische Aspekt noch ungeklärt. In Anbetracht der am Ende von Kap. 1 angeführten, neuerdings bei immer mehr Arten gefundenen Persönlichkeitstypen wäre es sicher aufschlußreich, diese Unterschiede auch im Hinblick auf alternative Paarungsmöglichkeiten hin zu untersuchen.

8.8 Infantizid

Die meisten Beschreibungen von Kindstötungen durch freilebende, zunächst männliche Tiere, bei Löwen und Grauen Languren liegen mittlerweile über 20 Jahre zurück und der damals entstandene Wirbel hat sich weitgehend gelegt. Man kann wohl mit Recht sagen, daß, trotz aller Kontroversen, kaum ein Verhaltensmerkmal so sehr die Durchsetzung der neuen, auf Individualselektion beruhenden ethologischen Denkansätze hätte fördern können, wie dieses, so ziemlich gegen alle Lehrmeinungen der klassischen Ethologie verstoßende Verhalten. Dementsprechend wurden nach Bekanntwerden der ersten Fälle (s. Überblick bei Alcock 1993) auch Alternativerklärungen z.B. Kannibalismus, gestörtes Verhalten durch hohe Dichte oder menschliche Einflüsse, Streß nach den aufregenden Kämpfen der Gruppenübernahme etc. diskutiert. In den meisten beschriebenen Fällen sind jedoch Erklärungen, die auf Verhalten im Zusammenhang mit Fortpflanzungsmaximierung zielen am besten geeignet, die Phänomene zu beschreiben. Infantizid durch männliche Tiere nach Gruppenübernahmen bzw. Revierübernahmen ist vor allem dann zu erwarten, wenn

1. die Fortpflanzung nicht saisonal ist, die weiblichen Tiere bei Verlust der Jungen also schnell(er) wieder östrisch werden

b. der Energieaufwand der Tötung für den Mann nicht allzu hoch ist (z.B. durch starken Sexualdimorphismus oder, weil die Jungen noch klein sind, die Weibchen sie nicht allzu heftig verteidigen),

c. die Regentschaft des neuen Mannes durchschnittlich gesehen recht kurz sein wird (Löwenmänner haben eine durchschnittliche Regentschaft von 2 Jahren im Harem; genau so lange dauert es aber für ein Weibchen von der Paarung bis zur Entwöhnung der Jungen. Wer als Männchen also nicht schnell zur erfolgreichen Paarung kommt, riskiert, daß er den Harem verliert bevor der erste eigene Wurf unabhängig, und damit vor infantizitären Nachfolgern sicher ist).

Inzwischen sind auch Fälle von Infantizid zur Verhinderung von Nahrungs- oder anderer Konkurrenz bekannt geworden, z. B. bei vielen Feldmausarten, aber auch Wasserschweinen (Schaller & Crawshaw 1981), hundeartigen Raubtieren (Moehlmann 1986) und als Tötung heranwachsender Jungbullen bei mehreren Nashornarten (Laurie 1977, Adcock & Emslie 1997). Infantizid als Konkurrenzverringerung ist bei Nagern auch von Weibchen üblich.

Die Abhängigkeit des infantizitären Verhaltens von vorigen Sozialkontakten des Männchens hat man bei Hausmäusen experimentell getestet und gefunden, daß ca. 3 Wochen nach dem Zusammenbringen des Mannes mit einer neuen Partnerin die Neigung zur Tötung Neugeborener (egal von welchen Eltern) rapide abnimmt. Das entspricht ziemlich genau der Tragzeit für die frühest möglich gezeugten eigenen Jungen. Durch experimentelle Änderung der Hell-Dunkel-Lichtzyklen konnte die Zeit verändert werden, daß es 22 Hell-Dunkel-Zyklen und nicht 22 x 24 h, die die Verhaltensänderung bewirken, sind. In etlichen Fällen sind mittlerweile weibliche Gegenmaßnahmen gegen Infantizid durch neuauftretende Männer beschrieben worden. Am häufigsten ist sozusagen im vorauseilenden Gehorsam, die Resorption der Jungen in der frühen Schwangerschaft, dadurch verliert die Mutter zumindest nicht allzuviel Investition (Bruce-Effekt, s.o. Kap. 8.4). Eine andere Möglichkeit, nicht nur die Primaten (z.B. Grüne Meerkatze, Grauer Langur) sondern auch bei Nagern (Schermaus) beschrieben, ist ein Pseudooestrus, und folgende Kopulation, ohne Ovulation mit dem neuen Mann. Offenbar ist die Erinnerung an die Kopulation für ihn eine Warnung, daß die Jungen seine eigenen sein könnten. Schließlich ist auch gemeinsame Verteidigung der Jungen, speziell bei verwandten Weibchen, eine Möglichkeit infantizitäre Männchen an ihrem Tun zu hindern, wie von Löwen, Makaken, aber möglicherweise auch Rattenkänguruhs (Lissowsky pers. Mitt.) praktiziert. Weibchenkoalitionen können hier den Aufzuchterfolg erheblich steigern. Ähnliche Daten hat Moehlmann (1986) bei verschiedenen Hundeartigen bezüglich Infantizid durch konkurrierende Nachbarn geliefert: Bleibt mindestens ein erwachsener Helfer am Bau zurück, steigen die Überlebenschancen der Jungen auch aus Gründen verhinderten Infantizids. Die genannten Beispiele sind nur ein kurzer Überblick über bekannte Fälle und es ist zu erwarten, daß noch viele weitere beschrieben werden. So zeigt das Ende wie der Anfang des Kapitels über Fortpflanzungsverhalten deutlich die verschiedenen Interessen beider Geschlechter bzw. verschiedener Individuen auf.

9 Verhaltensentwicklung

Bisher haben wir die vierte Frage (s. Kap. 1), nämlich nach der Entwicklung des Verhaltens beim Individuum, kaum gestreift. Das nächste Kapitel soll dies ändern. Hier werden wir auch wieder über einige Begriffe und Konzepte stoßen, die einen Bedeutungswandel in den vergangenen Jahren bis Jahrzehnten durchgemacht haben. Bereits zur Einführung dürfen wir uns, ohne Träne im Knopfloch, von der früher üblichen Schein-Dichotomie „Angeboren versus erworben" ('nature versus nurture') verabschieden. Alcock (1993) und ten Cate (1995) haben gezeigt, wie eng Umweltfaktoren und Entwicklungsprozesse miteinander verbunden sind. Die Tatsache, daß ein Verhalten ohne vorherige Erfahrung bereits auftreten kann, sagt nichts über die Art des zugrundeliegenden genetischen Programms. Tritt ein Verhalten unabhängig von vorigen Erfahrungen auf, z.B. bei Isolationsaufzucht, so besagt das nur, daß diejenigen Faktoren, die kontrolliert bzw. ferngehalten werden konnten, keinen Einfluß auf das betreffende Verhalten hatten. Gerade bei höheren Säugern, die bereits vor der Geburt einer Vielzahl von Informationen, auch über mütterliche Hormonreaktionen ausgesetzt sind, ist dies besonders bedeutsam zu bedenken. Wir haben die Flexibilität und die auf sie wirkenden Constraints schon in Kap. 4 diskutiert und was dort allgemein gesagt wurde gilt besonders für die Ontogenese.

9.1 Entwicklungsstadien und ontogenetische Nische

Die unterschiedliche Reife, mit der junge Säugetiere geboren werden, ist allgemein bekannt. Gemeinhin unterscheidet man Lagerjunge, in Analogie zu Vögeln z.B. auch als Nesthocker bezeichnet, von Laufjungen, auch Nestflüchter genannt. Lagerjunge sind bei Geburt mehr oder weniger nackt, blind, oft auch teilweise taub, kaum zu eigener Thermoregulation befähigt; Laufjunge sind sehend, behaart und selbständig beweglich. Als dritter Typ, bei höheren Primaten, können noch die Tragjungen bezeichnet werden, die zwar behaart, sehend und fähig zum Anklammern, verhaltensmäßig aber weitgehend unselbständig sind. Allerdings sind auch hier Übergänge zu finden, z.B. bei den Schweineartigen (s.u.), oder den noch nicht zu vollständiger Thermoregulation fähigen Laufjungen der Maras und verwandter Meerschweinchenartiger (Gansloßer & Wehnelt 1997).

Im Vergleich zu Vögeln können wir noch eine bemerkenswert umgekehrte stammesgeschichtliche Unterscheidung finden: Bei Vögel haben die ursprünglichsten Arten i.d.R. Nestflüchter (Strauße, Nandus, etc.), die höchstevolvierten (Singvögel, Papageien) extreme Nesthocker. Bei Säugern sind recht ursprüngliche Arten (Insektivoren, Mäuseartige Nager) mit Nesthockern, abgeleitete „moderne" Arten (Paar- und Unpaarhufer, Wale, Meerschweinchenartige) mit Nestflüchtern gesegnet. Die Tragjungen der höheren Primaten passen hier durchaus rein, denn außer unserem Gehirn ist der Primatenbauplan eher primitiv. Mit der Länge der Jungtierentwicklung hat das auch nur wenig zu tun, wie gerade manche Huftiere zeigen.

Die Entwicklung typischer Lagerjungtiere nach der Geburt hat Rosenblatt (1976) ausführlich beschrieben und in deutlich getrennte Stadien eingeteilt.

Das erste Stadium ist gekennzeichnet durch thermotaktile Orientierung, also Orientierung an Wärme und Berührungsreizen. Oftmals wird auch die Lage der Zitzen am Bauch der Mutter entgegen dem Fellstrich und dann durch Wärmegradient gesucht, wobei z.B. die Säugehaltung liegender Raubtiermütter mit seitlich abgestreckten Beinen diesen Weg erleichtert. Das Ergreifen der Zitze und anschließende Säugen geschieht auch, wenn der Magen voll ist oder das Tier vorher trank, also ohne Rückkopplung vom Verdauungstrakt. Es sei denn, der Magen ist so voll, daß das Junge einschläft.

Das zweite Stadium steht vorwiegend unter olfaktorischer Kontrolle und mit Hilfe olfaktorischer Orientierung wird nun zunehmend zwischen vertrauten und nicht vertrauten Objekten bzw. Tieren unterschieden, bevor eine Reaktion erfolgt. Nun kommt es auch bei Wegnehmen aus der vertrauten Umgebung bereits zu "distress", also Aufregung und Suchverhalten. Bei einigen Arten, z.B. Kaninchen (Distel & Hudson 1984) kann die olfaktorische Kontrolle der Zitzensuche, zunächst durch Pheromon auch sofort nach der Geburt einsetzen – dies sind i.d.R. Arten, bei denen die Mutter, wie etwa bei Kaninchen, nur einmal täglich zum Säugen in den Bau kommt.

Das dritte Stadium steht dann unter optischer Kontrolle, zunehmend werden soziale Interaktionen wichtiger, und die Orientierung zum vertrauten Heim kann nun auch aus größerer Entfernung durch Sichtkontrolle, ohne jedesmal Zurücklaufen zu müssen, erfolgen. Nach Rosenblatt (1976) kann vom ersten zum dritten Stadium eine zunehmende zentrale, anstatt peripherer, Kontrolle des Verhaltens beobachtet werden.

Bei Laufjungen, z.B. Huftieren, sind solche Stadien, im Sinne unterschiedlicher Kontrolle durch verschiedene Sinne bzw. Bereiche des Nervensystems, nicht ausgebildet (Lent 1974) bzw. finden jedenfalls nicht nach der Geburt statt. Bemerkenswert ist aber, daß es bei vielen Laufjungen trotzdem Stadien der Verhaltensentwicklung gibt: Bei vielen Huftieren folgt nach der Geburt zunächst ein Ablieger-, erst danach das wirkliche Folgestadium, bei Maras (Gansloßer & Wehnelt 1997) sind mehrere Stadien je nach Ausmaß der Nutzung der Wurfhöhle und des Kontaktes zu Nestgenossen und Eltern unterscheidbar, und auch bei einigen Känguruharten, z.B. dem waldrandbewohnenden Rotnackenwallaby (Johnson 1987), finden sich Abliegerstadien nach dem Beutelverlassen (das ja in vieler Hinsicht der Geburt eines Huftieres entspricht, Jarman 1992). Zunächst aber kann, gerade bei Huftieren, schon von Seiten der Mütter eine wesentliche Unterscheidung getroffen werden: Aktive Mütter, z.B. der meisten Wiederkäuer, lecken, putzen und unterstützen das Jungtier gleich nach der Geburt, stupsen es z.B., um es zum Aufstehen zu bewegen, regen es an etc. Passive Mütter, z.B. Schweine oder Kamelartige, tun alles das nicht. Schweinemütter bauen aber vor der Geburt Nester. Bei den Abliegern, auch den analog sich verhaltenden Känguruharten, sucht das Jungtier aktiv den Versteckplatz, die Mutter folgt nicht nach, sondern begibt sich bis zu 1 km weit weg. Auch zum Säugen geht die Mutter nicht zum Jungen, sondern wartet, in einiger Entfernung – die zeitliche Rhythmik des Säugens geht zwar von der Mutter, das räumliche Aktivitätsmuster aber vom Jungtier aus. Durch Störungen, Lärm, andere vorbei kommende Tiere etc. wird dann noch zusätzlich verstärkt das Sich-Drücken, flach an den Boden pressen des Jungen ausgelöst.

Bei Nachfolgerjungen gleich, bei Abliegern nach Ende der Abliegerphase, wird dann durch alle sich, vor allem schnell bewegenden Tiere die Folgereaktion ausgelöst. Zum Säugen machen die Jungen bei der Mutter in Winkeln, zwischen Beinen und

Bauch, bei handaufgezogenen Kälbern kann dies sogar am Winkel zwischen Pfosten und Boden einer auf Stelzenbeinen stehenden Hütte oder Terrasse sein (eig. Beob.). Die Jungen von Abliegern sind fast geruchsfrei, oft auch durch gestreifte oder gepunktete Jugendkleider getarnt. Zudem hat es sicher auch adaptiven Wert, daß sie, bei den meist heftigen Treibaktivitäten (Post-partum Oestrus, induzierte Ovulation, s. Kap. 8.4) nicht gefährdet werden. Nachfolger sind dagegen vor allem die Arten offener Landschaften, oft auch wandernde Arten, oder solche, die ihre Jungen durch Herden oder eigene Körpergröße besser schützen können.

Die gegenseitige individuelle Erkennung geschieht durch Vorgänge, die teilweise auch als Prägung (s. Kap. 9.3) bezeichnet werden, sehr früh bei Schafen und Ziegen, von seiten der Mütter bereits 5 bis 30 Minuten nach der Geburt. Hauptsächlich spielt auf Seiten der Mutter die olfaktorische (bei z.B. Karibu, Bison und Dallschaf auch die akustische), auf Seiten des Jungen auch oder vorzugsweise die visuelle Erkennung mit.

Zu Beginn der Jungtierentwicklung wird das Säugen bei den meisten Säugerarten vom Jungtier beendet. Später ist es dann immer öfter die Mutter, die zunächst durch Weggehen, später auch immer mehr aggressiv den Säugevorgang beendet. Für Primaten haben, allerdings speziell unter dem Aspekt der Entwicklung des Spielverhaltens, Baldwin & Baldwin (1978) eine stufenweise Entwicklung der Jungtiere diskutiert (s. Kap. 9.6). Erste Phase ist hier die Zeit des, fast permanenten Getragenwerdens, wobei überwiegend durch den engen Kontakt Informationen über und durch die Mutter gesammelt werden. In einer ersten eigenständigen Erkundungsphase steht dann die nicht-arteigene Umwelt im Zentrum des Interesses wobei das Jungtier sich mit Ästchen, Blättern etc. beschäftigt, etwas herumklettert etc. Dann folgt eine Phase erster sozialer Kontakte mit den die Mutter umgebenden Artgenossen, die zumindest in den matrilinen FB-Gruppen (s. Kap.7.6) der meisten Primaten zugleich Verwandte sind. Im letzten Stadium der Jungtierentwicklung schließlich werden Spielgruppen mit annähernd gleichaltrigen gebildet. Die Bildung von Spielgruppen ist keineswegs ein primatentypisches Merkmal. Innerhalb der Wiederkäuer sind sie z.B. häufig bei Drehhornrindern, (Großer Kudu, Walther 1964), Ostafrikanischen Oryx (Feuerriegel 1995, dort synchronisieren nicht nur die Kälber ihre Aktivitäten, sondern die Mütter dazu sogar ihre Säugerhythmen)) und Hirschen ebenso finden wir sie bei beiden Elefantenarten und, wenn auch zu anderen Zeiten, nämlich zu den ersten Entwicklungsstadien, bei Großen Maras (Gansloßer & Wehnelt 1997).

Für eine weitergehende Analyse der Vorgänge bei der Jungtierentwicklung hat sich eine Kombination von verhaltensökologischen mit entwicklungspsychologischen Ansätzen als sehr fruchtbar erwiesen (Alberts & Cramer 1988). Von besonderer Wichtigkeit ist die Betrachtung der Jungtierentwicklung unter dem Aspekt der Anpassung an die jeweilige Umwelt in diesem Stadium. Dies hat zu dem Konzept der ontogenetischen Nische (s. Alberts & Cramer 1988) geführt. Jungtiere sind nicht einfach unfertige Erwachsene, deren Entwicklungsziel darin bestünde, so schnell wie möglich „fertig" zu werden, d.h. die Merkmale und Anpassungen des erwachsenen Artgenossen zu erhalten. Ihre primäre „Aufgabe" ist es erst einmal, möglichst optimal in die jeweilige Umwelt ihres derzeitigen Entwicklungsstadiums eingepaßt zu sein. Genau wie bei Erwachsenen (s. Kap. 5.1) kann auch für jedes Jungtierstadium eine Nische als vieldimensionaler Nutzungsraum definiert werden, wobei die verschiedenen Achsen eben durch die dabei gerade herrschenden Umweltfaktoren beschrieben sind. Mit der onto-genetischen Entwicklung werden dann an fortschreitenden Stellen Nischenbreiten verändert, was letztlich zu einer ständig sich ändernden ontogenetischen Nische führt. Diese Betrachtung hat etliche Vorteile für das Studium der Verhaltensontogenie, u.a. werden, ähnlich wie beim ökologischen Nischenkonzept (Kap. 5.1) besprochen, meß- und experimentell veränderbare Parameter definiert, und (s.o.) die „herablassende" Betrachtung der Jungtiere als unfertige und daher noch nicht voll adaptierte Durch-gangsstadien wird aufgegeben, was auch die evolutionsbiologische Betrachtung und den evolutiven wie physiologischen Vergleich von Ontogeneseabläufen erlaubt. Al-bert & Cramer (1988) fassen die Dynamik der Säugetierontogenese unter zwei Schlagwörtern zusammen: Adaptation und Antizipation, d.h. Anpassung an die der-zeitigen und Vorbereitung auf die (vorhersagbaren) nächsten Umweltbedingungen. „Aufgabe" des sich entwickelnden Jungtieres ist es danach einerseits, sich unter den derzeitigen Bedingungen zu ernähren, z.B. durch Säugen zu versorgen, und zugleich auf die Bedingungen der nächsten Stufe vorzubereiten, z.B. durch Zahnwachstum und Änderung der Magen-Darmschleimhaut auf feste Nahrung einzustellen. Die ontoge-netische Nische enthält dabei (West et. al 1988) auch formende Einflüsse die, obwohl nicht genetisch fixiert, von Generation zu Generation weitergegeben werden – eine weitere Auflösung der Nature-Nurture Scheindichotomie („exogenetische Verer-bung"). Noch eine weitere Warnung finden wir, durch das Konzept der ontogeneti-schen Adaptation, bei Alberts & Cramer (1988). Ein Jungtier kann Eigenschaften und Fähigkeiten bereits besitzen, diese aber mangels entsprechender Nischendimension, nicht zeigen.

9.2 Früheste Einflüsse

Vom Saal (erstmals 1979) hatte als Erster die aufregenden Befunde zum Einfluß der Uterusnachbarn auf das spätere Verhalten beschrieben (s. Nelson 1995): Weibliche Mäuseembryonen, die zwischen zwei männlichen Foeten im Uterus liegen, werden durch Übertritt von Androgenen in ihrem späteren Verhalten, bezüglich Streifgebiet, Abwanderung, Revierverhalten, Aggressivität etc. maskulinisiert. Ebenfalls maskuli-nisierende Einflüsse fanden Sachser & Kaiser (1996, dort auch weitere Literatur), wenn Meerschweinchenmütter vor der Geburt ihrer Töchter instabiler sozialer Um-welt ausgesetzt wurden: Während Geburts- und Erwachsenengewichte der Töchter keinerlei Unterschiede zu Kontrollgruppen zeigen (was auf nur leichte Belastung der Mutter hindeutet), waren diese Tochter aus „unruhigen" Schwangerschaften im Ver-halten (Spiel, Kontaktaufnahme, sogar Elemente männlichen Werbeverhaltens) deut-lich maskulinisiert. Hatte die Mutter dagegen eine stabile Umgebung in der Schwan-gerschaft und eine instabile in der Säugezeit, waren solche Effekte nicht feststellbar. Bei Mäusen und Ratten (Lit. bei Sachser & Kaiser 1996) konnte durch hohe Popula-tionsdichte während der Schwangerschaft eine reduzierte Fruchtbarkeit bzw. femini-siertes Verhalten im männlichen Nachwuchs ausgelöst werden. Einige weitere Aus-wirkungen der Umwelt, in der die Mutter lebt, haben wir bereits in Kap. 1 und Kap. 4 gefunden.

Ein weiteres Gebiet vorgeburtlich/frühester Verhaltensphysiologie ebenfalls durch moderne Methoden der Reproduktionsbiologie (z. B. Echtzeit-Ultraschalluntersuchungen) vorangetrieben, ist das Studium der fötalen Bewegungen (Smotherman & Robinson 1988). Für diese Bewegungen der Jungtiere im Uterus wurden mehrere mögliche Gründe genannt:

- als zufälliges Nebenprodukt der Embryonalentwicklung ohne eigenen Anpassungswert

- als Anpassungen des Fötus an seine derzeitige Umwelt

- als vorbereitende Aktivitäten z. B. Nerven/Muskeltraining für die spätere, nachgeburtliche Umwelt.

Die Umwelt eines Säugetieruterus ist keineswegs so abgeschirmt wie das vielleicht scheint. Geräusche und mechanische Reize dringen durch Körperwand und Uterus, chemische Signale über Hormone etc. (s. o.) werden durch Blut und Plazenta gebracht. Fötale Bewegungen setzen bei Arten mit Laufjungen (Meerschwein, Schaf) früher ein als bei Arten mit Lagerjungen (Ratte, Katze). Bewegungen der Vorderbeine und seitliche Rumpfbewegungen gehen solchen der Hinterbeine voraus. Es zeigt sich nun immer mehr, daß zwischen den vor- und nachgeburtlichen Umwelteinflüssen bzw. Reaktionen darauf eine Kontinuität besteht – Föten, die mit bestimmten (chemischen, akustischen o. ä.) Reizen vor der Geburt Kontakt hatten, reagieren später auf diese anders. Das gibt es selbst für unsereinen (Smotherman & Robinson 1988): Geschichten, die die Mutter kurz vor der Geburt täglich laut vorlas, werden ab dem dritten nachgeburtlichen Lebenstag bevorzugt. Eine besonders vielschichtige Erscheinung ist die Reaktion auf Sauerstoffmangel: Dieser z. B. durch Knick o. a. in der Nabelschnur, Körperkontakt mit benachbarten Föten hervorgerufen, führt zu starkem Anstieg der fötalen Bewegungen und Positionsänderungen. Durch diese Bewegungen kann nicht nur die ungünstige Lage korrigiert, sondern auch Herzfrequenz arterieller Blutdruck und Blutfluß über die PlazEnta gesteigert werden, was dann zu besserer Sauerstoffversorgung führt.

Vergleichbar den Bewegungen und Orientierungen plazentaler Föten sind die nachgeburtlichen Bewegungen junger Beuteltiere (Gansloßer 1988), die durch geruchliche und Schwerkraftorientierung ihren Weg von der Geburtsöffnung zur Zitze, oft sogar über den Beutelrand hinweg finden müssen.

9.3 Frühes Lernen und frühes Mutter-Kind-Verhalten

Beim Stichwort „Frühes Lernen" denkt man wohl unwillkürlich an das Phänomen der Prägung. Die klassischen Prägungsstudien von Lorenz (1993) und Heß (z. B. 1973) wurden an Enten- und Hühnervögeln gemacht, und bis heute ist Prägungsforschung sehr stark vogelorientiert (s. ten Cate 1995). Prägung wird im strengen Sinne als Lernen in früher Jungend, während einer kurzen, sensiblen Phase, und nahezu irreversibler Vorgang betrachtet. In den allgemeinen Sprachgebrauch ist der Prägungsbegriff ebenfalls eingedrungen, wird dabei aber recht lax auf alles angewandt, was nach lebenslanger Bevorzugung aufgrund von Erfahrungen in Kinder- bis Jungendzeit aussieht. Bleibt man beim streng verhaltensbiologisch definierten Prägungsbegriff, so haben neuere Untersuchungen (s. Franck 1997, ten Cate 1995) gezeigt, daß weder die

sensible Phase noch die Irreversibilität so absolut zu sehen sind wie zunächst angenommen. Umlernen und Lernen nach Ende der sensiblen Phase ist möglich, geht aber
wesentlich schwerer. Da die meisten dieser einschränkenden Versuche an Vögeln
stattfanden, sei auf die genannte Literatur verwiesen. Ebenfalls neuer oder zumindest
neuerdings betonter, ist die Ergänzung des Prägungsbegriffes durch die Forderung,
daß biologisch sinnvolle, oder evolutionär eingeschränkte, Lernvorgänge damit ge-
meint sind, wie eben z.B. bei Wahlmöglichkeit zwischen Gummiball und ausgestopf-
ter Mutterattrappe letztere bevorzugt als Prägungsobjekt angenommen wird. Mit diesen Einschränkungen ist das Prägungskonzept aber immer noch eine nützliche Sache.

Ebenfalls bezweifelt wird bisweilen das Vorkommen von Prägung bei Säugetieren. Aber auch hier zeigen gerade neuere Studien Phänomene, die eindeutig die o.g.,
sogar die neu definierten Kriterien erfüllen: Am deutlichsten ist bei Säugern, bedingt
durch ihre stammesgeschichtlich primär olfaktorische Ausstattung (s. Kap. 2) die geruchliche Prägung. Prägungsvorgänge können Lerninhalte für ganz verschiedene
Funktionskreise enthalten. einige Beispiele:

Nahrungsprägung:

Nahrungsbevorzugungen werden bei Säugern oft geruchlich in frühester Jugend festgelegt. Gray & Tardiff (1979) konnten bei Hirschmäusen nachweisen, daß Individuen,
die sich in früher Jugend auf enges Nahrungsangebot spezialisieren konnten, dies auch
fürs spätere Leben beibehalten. Wer in früher Jugend mit vielfältiger Nahrung konfrontiert wird, ist später weniger wählerisch. Die bereits (s. Kap. 5.4) erwähnten Ziegen, die selbst schwer verdauliche Nahrung später bevorzugen falls sie diese mit ihrer
Mutter zusammen geäst haben, gehören wohl ebenso hierher. Am klarsten sind aber
die Befunde zur Nahrungsprägung beim Frettchen (Apfelbach, zusammengefaßt
1995): Frettchen, die im Alter zwischen 60 und 90 Tagen nur Duft von Küken oder
Küken als Nahrung erhielten, bevorzugen später zeit ihres Lebens Küken. Zu dieser
Zeit ist auch das Gehirn, speziell der Riechkolben, wesentlich schwerer, höhere
Schilddrüsenhormonspiegel und bevorzugte Ausbildung dendritischer Endigungen im
Riechkolben treten ebenfalls zu dieser Zeit auf. Wird während der sensiblen Phase
vom 60sten bis 90sten Lebenstag die Duftprägung durch Duftmaskierung (Überduften
mit stark riechender Substanz) verhindert, kann die sensible Phase, mit allen neuro-
biologischen Korrelaten, später auftreten. Die Verhaltensauswirkungen der verschiedenen Aufzuchtbedingungen sind ebenfalls auffällig: Wer in duftangereicherter Umwelt aufwuchs, entscheidet sich später am schnellsten für irgendein auch unbekanntes
Futter und bevorzugt das bekannte am wenigsten. Wer in reizarmer Duftumgebung
aufwuchs, oder zuvor reizreiche Duftumwelt aber einseitiges Futter hatte, braucht länger zur Entscheidung und bevorzugt das bekannte Futter. Besonders interessant sind
diese Befunde im Hinblick auf die Ausrottungsgeschichte des nordamerikanischen
Schwarzfußiltis in enger zeitlicher Folge des Rückganges seiner Hauptbeute (Präriehunde).

Artgenossen / Sexualpartner:

Bei Vögeln ist mittlerweile klar erkannt, daß die Prägung auf die Eltern (sog. Nach-
folgeprägung, filial imprinting) und die Prägung bezüglich zukünfiger Sexualpartner

(Sexualprägung, sexual imprinting) zwei getrennte Vorgänge sind, die zu verschiedenen Zeiten, anhand verschiedener Merkmale und meist mit unterschiedlichen Vorbildindividuen ablaufen (s. Franck 1997). Leider sind die einschlägigen Vorgänge bei Säugern noch nicht so klar differenziert analysiert. Die meisten entsprechenden Angaben stammen von handaufgezogenen Hamstern und zufällig gefundenen Hirsch- bzw. Rehkälbern. Bezüglich Fremdprägung auf den Menschen bei handaufgezogenen Rehkitzen haben Schmidt-Pauly & Sambraus (1980) nachweisen können daß Rehböcke, die isoliert von Artgenossen aufgezogen wurden, ausnahmslos „bösartig" wurden und Menschen angriffen. Weibliche Rehe dagegen haben diese Probleme später i.d.R. nicht. Voraussetzung für die Aggressivität der Böcke aber auch die Zahmheit beider Geschlechter ist ein Verbringen in Menschenobhut im Alter von unter 3 Wochen. Böcke, die im Alter von weniger als 3 Wochen, oder nur 1–5 Tagen in Menschenhand kamen, zeigten auch sexuelle Orientierung überwiegend auf Menschen. Solche, die 3 Wochen oder älter waren, wurden zwar aggressiv gegen Menschen, paarten sich aber oft erfolgreich mit Rehen. Das deutet auch hier auf verschiedene Prägungsmechanismen hin. In einigen Untersuchungen handaufgezogener Boviden (Zusammenfassung s. z.B. Sambraus 1974, 1976, 1978) konnte eine sexuelle Fremdprägung durch vollständige Isolation (optisch, akustisch und olfaktorisch) von Artgenossen während der Aufzucht erreicht werden, nicht aber wenn die Isolation nur optisch war. Unter ähnlichen Bedingungen totaler Isolation von Artgenossen scheinen auch Hunde, Katzen und Kaninchen auf andere Arten (z.B. Kaninchen auf Meerschweine) prägbar zu sein (Sambraus 1974). Letztere Untersuchung konnte auch durch Kunstfell mit Harnbeduftung die olfaktorische Ausrichtung der sexuellen Fremdprägung belegen. Einige Fälle sexueller Fehlprägung auf den Menschen sind auch von weiblichen Tieren bekannt (Hunde, Rinder). Nur in wenigen Fällen gelingt es, auch eine Artgenossenprägung auf den Menschen nachzuweisen. Aufschlußreich sind in diesem Zusammenhang einige Beobachtungen von menschengeprägten Rindern (Sambraus 1976), die dem Menschen gegenüber soziales Lecken bzw. Leckaufforderung zeigen. Dieses Verhalten tritt bei Rindern vor allem im sozialen Kontext, nicht so sehr im sexuellen Bereich auf.

Individuelle „Prägung":

Die individuelle Erkennung zwischen Mutter und Kind bei Wiederkäuern wird von vielen Autoren (s. Franck 1997, Sambraus 1971) als Prägung oder prägungsartiger Vorgang bezeichnet. Insbesondere seitens der Mutter erfolgt innerhalb von einer halben bis wenigen Stunden eine so eindeutige geruchliche Fixierung, daß von einer sensiblen Phase ausgegangen werden kann. Dies gehört aber definitionsgemäß nicht ins Kapitel Jungtierentwicklung.

Die Entwicklung von Verhaltenssystemen in der Ontogenese ist nach Hogan (1988) am besten als das zunehmend komplizierte Ineinandergreifen und Verbundenwerden von ursprünglich unabhängig voneinander existierenden und auch unabhängig im Tier wirkenden, Komponenten zu verstehen. Nach diesem dynamischen Entwicklungsmodell sind motorische, sensorische und zentrale Mechanismen zunächst als „Bausteine" einzeln funktionsfähig, bevor sie zu Verhaltenssystemen wie Nahrungserwerb, Aggressionsverhalten, Sexualverhalten etc. verknüpft werden. Eine Analyse der Verhaltensentwicklung muß dann die Bausteine aus allen 3 Bereichen und deren

Verknüpfungen behandeln. Oft sind die Mechanismen, also die Bausteine, präfunktional, d.h. ohne vorige Erfahrung, ausgebildet. Ein einfaches Beispiel zeigt Hogan: Säuglinge haben im Zusammenhang mit Reaktionen auf Geschmacksreize drei sensorische (süß, sauer, bitter) und drei motorische Mechanismen (als Reaktion: Lächeln, Schnute [pucker face], Ekel). Die Verknüpfung ist bereits präfunktional, d.h. ohne Erfahrung beim ersten Kontakt. Was passiert aber, damit ein Erwachsener beim Geschmack von Kaffee (bitter) lächelt? Offenbar war hier eine Änderung der Verknüpfung nötig. Werden Entwicklungsprozesse so betrachtet, ist wiederum die Formulierung spezifischer Forschungsfragen erleichtert. Beispiele für sensorische „Bausteine" wären z.B. Nahrungs-, oder Artgenossenerkennung sofern sie ohne Lernen funktionieren, für motorische Bausteine z.B. Beutefanghandlungen bei Katzen (Anspringen, Zubeißen, mit Pfote angeln). Eine der wichtigen Aufgaben des Spielverhaltens (s. Kap. 9.5) könnte in der Verknüpfung solcher Bausteine bestehen. Selbst bei „einfachem" frühkindlichen Verhalten, etwa dem Säugeverhalten, konnten Brake et al. (1988) zeigen, daß Komponenten der drei o.g. Mechanismengruppen zunehmend verknüpft werden, so daß auch die Jungtiere von Nesthockern eine stärkere Kontrolle über Menge und Rhythmus des Säugens und damit Wachstumserfolg haben als bisher angenommen.

9.4 Sozialisation

Der Begriff „Sozialisation", Entwicklung des sozialen Verhaltens in der Ontogenie, wird von Bekoff (1977) als dreistufiger Prozeß definiert:

1. Ein Jungtier muß lernen, mit Anforderungen und Aspekten der nichtarteigenen Umwelt klar zu kommen.

2. Es muß lernen (natürlich nur teilweise), wie „man" sich als Mitglied einer bestimmten Art benimmt.

3. Es muß lernen, sich als Mitglied der Gruppe bzw. Sozialeinheit zu verhalten, in der es aufwächst.

Diese drei, meist auch entwicklungsgeschichtlich aufeinander folgenden Anpassungen spiegeln auch etwa die drei von Mason (1975, s. Kap. 6.1) angeführten Bestandteile der sozialen Disposition wider. Bei Säugetieren findet ein erheblicher Teil der damit verbundenen Interaktionen im Spiel statt (s. Kap. 9.6).

Die wichtigste Bedeutung des sozialen Umfeldes zeigen beispielhaft die Untersuchungen von Sachser et al. (Sachser 1993, Sachser & Beer 1995, Sachser & Renninger 1993) an Meerschweinchen: Wächst ein männliches Meerschwein in einer Umgebung ohne erwachsenes männliches Tier auf, so gelingt es ihm später nicht vollständig (erkennbar an Verlust von Körpergewicht, sowie gestiegenen Glucocorticoidwerten) und nur nach dauernden schweren Kämpfen, sich in eine neue Gruppe zu integrieren, da er zweierlei nicht gelernt hat: sich zu unterwerfen, d.h. die Position eines Ranghöheren anzuerkennen und nicht alle fremden Weibchen anzubalzen.

Männchen aus vollständigen Gruppen haben dieses Problem nicht. Stahncke (1983) konnt ebenfalls einen Einfluß der „Persönlichkeit" des anwesenden erwachsenen Männchens auf die Entwicklung der jungen Männchen und die Sozialbeziehungen von Weibchen bei Hausmeerschweinen zeigen: Sozial schwache, wohl eher dem shy-Typ (s. Kap. 1) entsprechende Männer führen zu instabilen Rangordnungen bei Weibchen und zu ebenfalls eher schwachen Männchen. Geschlechtsspezifische (d.h. nur in einem Geschlecht auftretende) und geschlechtstypische (d.h. in einem Geschlecht signifikant häufigere/stärker ausgebildete) Verhaltensmerkmale in der Ontogenese haben, wegen des Zusammenhangs mit hormonellen Prozessen, stets besonderes Interesse gefunden. Yahr (1988) liefert hierzu einen guten Überblick aus dem nur einige Charakteristika zitiert werden sollen: Zunächst ist festzustellen, daß nicht jeder Geschlechtsunterschied im Verhalten auf Geschlechtsunterschiede in der Individualentwicklung zurückgeführt werden kann. Viele Unterschiede im Adultverhalten (z.B. Laufaktivität bei Ratten, Paarungsverhalten bei Frettchen) sind mehr von Hormonspiegel im Adultstadium als von der Ontogenese abhängig, andere Unterschiede können ebenso auf unterschiedliches Verhalten der Mutter oder anderer Artgenossen gegenüber männlichen oder weiblichen Jungtieren zurückzuführen sein. Bekoff (1977) nennt dafür mögliche Beispiele von Primaten, etwa bezüglich Zurückweisen, Bestrafen oder Festhalten der Jungtiere. Über Geschlechtsunterschiede in der Entwicklung aggressiven Verhaltens und deren Beeinflußbarkeit s. Kap. 7.

Männliche und weibliche Verhaltensentwicklungen können teilweise völlig unabhängig voneinander ablaufen, Yahr (1988) zeigt sogar, daß experimentell-hormonelle „Defeminisation", d.h. Unterdrückung weiblichen Verhaltens bei Ratten nicht notwendigerweise zu einer Maskulinisierung führen muß. Bemerkenswert und beachtenswert ist auch die unterschiedliche hormonelle Abhängigkeit des gleichen Verhaltens bei verschiedenen Säugetierarten: Bei Frettchen können erwachsene Männchen jederzeit durch Gabe von weiblichen Steroidhormonen zur weiblichen Rolle im Sexualverhalten gebracht werden, bei Laborratten nicht. Auch die Altersstadien in denen Sexualhormone nicht umkehrbare Wirkungen auslösen variieren sehr stark (vergl. die unterschiedliche Wirkung von Testosteron auf Aggression bei Mäusen, Hunden und Primaten s. Kap. 7.). Geschlechtsunterschiede sind aber nicht die einzigen Faktoren, die als „constraints" beschränkend auf die Sozialisation wirken. Bekoff (1977) und Poirier (1977) nennen noch eine Reihe von entweder *life-history-* oder umweltabhängigen Einflüssen. Zu den *life-history-* oder phylogenetisch abhängigen Einflußfaktoren zählen:

a. Dauer der Jugendentwicklung: Je länger die Phase der Abhängigkeit von Mutter bzw. Eltern ist, desto größer ist die Möglichkeit zum Lernen auch komplexer Situationen, wie das Beispiel der höheren Primaten mit zunehmend langer Jugendentwicklung, oder der Elefanten (im Vergleich etwa mit anderen ähnlich schweren Arten) zeigt.

b. Geschwindigkeit der physischen Reifung, sei es des Nerven-, Muskel- und Skelettsystems, sei es des Verdauungstraktes mit der Folge früherer oder späterer Entwöhnung, und des Wachstums (beide Faktoren sind nicht notwendigerweise miteinander, und schon gar nicht mit a) verknüpft, wie gerade der Vergleich Elefanten-/Nashornkälber zeigt.

c. Geburtsablauf, Leichtigkeit der Geburt, Plazentafressen und Oxytocinausschüttung können das Verhalten der Mutter zum Jungtier stark beeinflussen.

d. Wurfgröße und Entwicklung der Jungen bei der Geburt sind sowohl arttypisch wie von Alter und Status der Mutter abhängig.

e. Weitere vom Alter und der vorigen Aufzuchttätigkeit der Mutter abhängige physiologische constraints sind z.B. Milchproduktion, Zitzenlänge (je schlaffer und öfter benutzt die Zitze, desto weniger schmerzhaft das Säugen für die Mutter, und desto größer oft deren Toleranz, Poirier 1977).

Soziale Fakten, neben den genannten (Anwesenheit von Männchen, Erfahrung der Mutter, Anwesenheit von Wurfgeschwistern) sind Zusammensetzung der Sozialeinheit: Anwesenheit von anderen Jungtieren, Verwandtschaftsverhältnisse zu diesen und den anderen Erwachsenen, Rang bzw. Status der Mutter, Größe und Status von deren Clan etc., die Ausbildung von „Freundschaften" und/oder Tanten/Babysitterbeziehungen (in arttypisch vorgegebenem Rahmen, aber unterschiedlich realisiert). Bei allem Interesse und aller Begeisterung für das Studium der Entwicklung komplexer sozialer Vorgänge darf aber nicht vergessen werden, daß auch viel „alltäglichere" Vorgänge oft gelernt oder optimiert werden, sei es Nahrungserwerb und Beutefang (Tötungsbisse, Werkzeuggebrauch bei Schleichkatzen gegen Beutetiere oder Geier, Termitenangeln), sei es Markierverhalten (Bekoff 1977) oder Wanderwege (s. Kap. 5.3.2).

9.5 Verwandtschaft und was man dafür und davon hält

Aus den evolutionsbiologischen Betrachtungen zu ultimaten Aspekten sozialer Organisation (s. Kap. 6–8) ergibt sich immer wieder, daß es gewaltige Vorteile hat, wenn man seine Verwandtschaft kennt und entsprechend unterschiedlich behandelt. In einer Reihe von Untersuchungen an Arten verschiedenster systematischer Zugehörigkeit (s. Alcock 1993) wird auch immer wieder deutlich, daß so etwas wirklich vorkommt. Jedoch muß bei rein korrelativen Studien hier eine Reihe von warnenden Vorbemerkungen gemacht werden:

Verwandtenerkennung und Verwandtenunterscheidung (*kin recognition* und *kin discrimination*) sind zwei völlig verschiedene Dinge. Die korrelativen Studien zur Bevorzugung bestimmter Individuen, und selbst viele experimentelle Untersuchungen (s. u.) können eigentlich nur über die unterschiedliche Reaktion als Diskrimination (oft in des Wortes gesellschaftlich-negativer Bedeutung, mehr Aggression gegen Nichtverwandte) Aussagen machen. Um zu testen, ob Tiere Verwandte überhaupt erkennen oder eine Konzept „Verwandtschaft" haben, sind Versuche, wie von Dasser (1987, 1988) durchgeführt nötig: Wenn die Versuchstiere belohnt werden, sobald sie Verwandte erkennen und aus einer Bilderserie heraussuchen, ohne mit den Verwandten interagieren oder ihnen zu Hilfe zu eilen.

Es muß zwischen direkter, auf phänotypischen Merkmalen basierender und indirekter, auf Umweltfaktoren basierender Verwandtenerkennung getrennt werden.

Holmes (1988) und Alcock (1993) haben beispielsweise Fälle – keineswegs nur von Säugetieren – zusammengestellt, bei denen einfach Vertrautheit als Kriterium für „Verwandtschaft" benutzt wird: „Sei nett zu denen, mit denen Du aufgewachsen bist", bis hin zu Fällen z.B. von Kröten-Kaulquappen, die nur chemische Reize des gemeinsamen Aufzuchtwassers oder -futters benutzen. Bei Säugern wurde dieses Phänomen (Gleichsetzen von Vertrautheit mit Verwandtschaft) bei vielen Primaten, Stachelmäusen, Bodenhörnchen und Feldmäusen genauer untersucht (Holmes 1988) und führt zu engeren Körper- und Kuschelkontakten, häufigerer sozialer Körperpflege, Bevorzugung bei Allianzbildungen, geringeren Aggressionsraten etc. Trotzdem gibt es offenbar auch wirkliche, offenbar olfaktorisch beeinflußte Verwandtenerkennung: Holmes & Sherman (s. Holmes 1988) bildeten von Beldings Bodenhörnchen vier experimentelle Gruppen:

1. Verwandte, d.h. Wurfgeschwister, die zusammen aufgezogen wurden.
2. Wurfgeschwister, die getrennt aufgezogen wurden.
3. Nichtverwandte aus fremden Gegenden, die zusammen aufgezogen wurden.
4. Nichtverwandte, die getrennt aufwuchsen.

Im jungerwachsenen Stadium wurden dann die Tiere jeweils paarweise in einer Arena getestet. Dabei ergab sich, daß Tiere der Gruppen 1 und 3 einander gleichermaßen freundlich und nicht aggressiv begegneten. Aber, und das macht die Sache spannend, die Gruppe 2 war weniger aggressiv zueinander als Gruppe 4.

Holmes (1988) hat folgende Vorhersagen gemacht, die zur Bildung testbarer Hypothesen über proximate Aspekte der Verwandtenbevorzugung genutzt werden können:

- Bei Arten, deren Aufzuchtumgebung normalerweise zu einer Trennung ungleich naher Verwandter führt, werden gemeinsam Aufgezogene sich gleich behandeln, egal, ob verwandt oder nicht.

- Die Bevorzugung für Aufzuchtkumpane wird in dem Alter oder kurz vor dem Alter einsetzen, in dem erstmals fremde Nicht- Aufzuchtkumpane auftauchen könnten. Dies gilt übrigens sinngemäß und nachweisbar (Ziegen, Bodenhörnchen) auch für Mutter-Kind-Erkennung.

- Wenn Verwandtenbevorzugung durch Kontakt während der Aufzucht beeinflußt wird, kann (muß aber nicht) in allen Fällen eine zusätzlicher Kontakt mit Verwandten außerhalb der Aufzuchtumgebung nötig sein. Inzuchtvermeidung unter Verwandten bei vielen Nagern oder die bevorzugte Kuschelgemeinschaft von gemeinsam aufgezogenen Stachelmäusen enden, wenn die Tiere nach der Entwöhnung längere Zeit (z.B. bei Stachelmäusen mehr als eine Woche) getrennt waren.

In den Fällen, bei denen eine direkte, nicht aufzuchtabhängige Verwandtenbevorzugung nachweisbar war, ist das zugrundeliegende Prinzip meist das sog. Phenotypmatching, d. h. Vergleich eigener, z. B. geruchlicher Eigenschaften mit denen des Gegenüber. Dieses Prinzip spielt auch bei der Partnerwahl vieler Vögel und Säuger offenbar eine Rolle: Man wählt den, der ähnlich, aber nicht identisch riecht, aussieht, singt etc. wie man selbst bzw. wie die Eltern (Bateson 1993, Holmes 1988). Hier könnte die geruchliche Erkennung des MHc-Immunkomplexes eine wichtige Rolle spielen (Beauchamp et al. [im Druck], Singer et al. 1997).

9.6 Spielverhalten

Spielverhalten gehört mit zu den faszinierendsten, aber auch problematischsten Themen im Bereich der Verhaltensentwicklung. Ein Teil der Verwirrung zumindest deutschen Sprachraums kommt von der unterschiedlichen Bedeutung, die das Wort Spiel hat:

- Spielen, sei es sozial, mit Spielzeug o. ä., mehr oder weniger frei und ohne feste Regeln
- Spiele im Sinne streng geregelter sportlicher oder ähnlicher Wettkämpfe, sei es Schach, Basketball oder Olympische Spiele.

Im englischsprachigen Raum ist zumindest dieses Problem nicht gegeben, denn hier werden die Begriffe play (für a) und games (für b) benutzt. Uns interessiert hier nur das freie Spiel ohne festgelegte Regeln. Die zweite Schwierigkeit besteht in der Suche nach einer geeigneten Definition. Während einerseits nahezu alle Autoren und Beobachter, selbst die, die insgesamt der Spieldiskussion kritisch gegenüberstehen wie Martin & Caro (1985, dort weitere Zitate), ohne weiteres zugeben, daß Spiel leicht erkennbar und auch mit hoher Inter-Observer-Verläßlichkeit (s. Anh. I Methodik) zuzuordnen ist, gibt es über die genaue Definition erhebliche Meinungsunterschiede. Martin & Caro (1985, S. 85) versuchen, basierend auf einigen vorherigen Autoren, folgende zwar umständlich erscheinende aber trotzdem verständliche Definition: „Spiel ist jede lokomotorische Aktivität nach der Geburt, die für den Beobachter keinen erkennbaren unmittelbaren Nutzen hat, wobei Bewegungsmuster, die denen in ernsthaften Funktionszusammenhängen ähneln, in veränderter Form auftreten können. Die Bewegungsmuster haben einige oder alle der folgenden Strukturmerkmale: Übertriebene Bewegungen, wiederholte Akte und Aufsplitterung oder ungeordnete Zusammensetzung der Verhaltenssequenzen. Sozialspiel bezieht sich auf Spiel, das auf Artgenossen gerichtet ist, Objektspiel ist auf unbelebte Gegenstände gerichtet. Bewegungsspiel sind offenkundig spontane Bewegungen, die das Individuum durch seine Umwelt tragen. Beutefangspiel ist auf lebende oder tote Beutetiere gerichtet."

Einige Definitionsprobleme sind sicherlich zu umgehen, wenn man bedenkt, daß Spiel wahrscheinlich nach allen 4 Tinbergen-Fragen (Kap. 1) heterogen ist. Es kann mehrere Funktionen und daher auch unterschiedliche kausale Herkünfte haben. Hinweise darauf, daß dies so ist, ergeben sich aus Sequenzanalysen, bei denen unterschiedliche Spielformen völlig getrennt voneinander bleiben (eig. unveröffentl. Befunde z.B. an Kowaris, *Dasyuroides byrnei*), aus der Tatsache, daß bestehende Korrelationen zwischen verschiedenen Spieltypen z.B. zur Zeit der Entwöhnung stark abnehmen (z.B. bei Katzen, Martin & Caro 1985) oder aus Cluster-Analysen (z.B. Rhesusaffe, Steppenpavian).

Die nächste Schwierigkeit bei der Erforschung des Spielverhaltens liegt in der Frage des Vorteils, den Spiel hat. Martin & Caro (1985) zeigen hier zunächst einen, zumindest möglichen Widerspruch auf: Einerseits sollte Spiel eben keinen erkennbaren Vorteil für das Tier haben, andererseits aber tun Tiere ja angeblich nichts, was nur Kosten mit sich bringt (Energiekosten, Verletzungsrisiko, Zeitverlust o.ä.) ohne einen Nutzen daraus ziehen zu können. Um diesen scheinbaren Widerspruch zu lösen wurden viele Funktionen des Spiels für die Zukunft postuliert: Muskel- und Bewegungstraining (Fagen 1976), Sozialisation, Erlernen der Kommunikation oder einer Rangordnung (Symons 1978) zeigt deutlich warum das zumindest oft nicht so ist), Verschaffen optimaler Erregungwerte (*arousal sensory stimulation*) für zentralnervöse Rückkopplungs- und Verstärkungsmechanismen des Lernens (Baldwin & Baldwin 1977), Abbau überschüssiger Energie, die mit den für Wachstum und Entwicklung nötigen Aminosäuren bzw. Proteinen „unnötig" mit aufgenommen wurde etc.

Viele dieser Überlegungen sind auch durch anekdotische Beobachtungen, kleine Stichproben und Plausibilitätsargumente gestützt. Fagen (1976, 1981) zeigt beispielsweise mit Befunden aus der Sport- und Trainingsphysiologie, daß ständige leichte Überlastung im Jugendstadium zu besserer Herz-/Kreislauf- wie auch Muskelentwicklung führt und daß die zeitliche Rhythmik von Spielaktivitäten viele Ähnlichkeiten mit der Rhythmik von Trainingsprogrammen hat. Er leitet aus seinen Überlegungen eine Reihe testbarer Hypothesen ab, wobei allerdings fast alle auch auf andere Erklärungsmöglichkeiten zutreffen (mit Ausnahme derjenigen über Rhythmus und Wiederholung, sowie der vorhergesagten starken Spielaktivität nach Winterschlaf o.ä.). Auch die Vorhersagen, die Baldwin & Baldwin (1977) aus der Lernpsychologie ableiten, klingen einleuchtend: Jungtiere bemühen sich, die von ihrer Umwelt auf sie einwirkenden Sinnesreize jeweils in einem Optimalbereich zwischen Über- und Untererregung zu halten. Da jeder Umweltfaktor mit der Zeit zunächst neu und sehr erregend, später immer bekannter und „langweiliger" wird, schreitet auch die spielerische Erkundung stufenweise von Berührung der Mutter, über Beobachten, Berühren, Manipulieren von Gegenständen zu mehr und mehr zunehmend „gewagteren" Bewegungsspielen, dann zu spielerischem Kontakt mit Artgenossen bis schließlich zu Spielkampf und Balgereien. Die beiden Autoren führen aber auch eine Reihe von Freilandstudien an, die zeigen, daß Spiel offenbar nicht essentiell für das Entwickeln eines normalen adaptiven Verhaltens ist. Allerdings zeigt sich z.B. bei einer durch knappe und weiterverteilte Nahrung stärker beanspruchten wenig spielaktiven Totenkopfaffen-Population ein lockerer Gruppenzusammenhalt, weniger soziale Interaktionen und größere Individualdistanzen als in Vergleichspopulationen mit höherer Spielaktivität. Aber was war jetzt Ursache und was Wirkung?

Martin & Caro (1985) bieten einen Überblick über verschiedene Formen von Untersuchungen zum Thema „Funktion des Spiels". Die wenigen experimentellen Untersuchungen, die mit Spielentzug bzw. -verhinderung durchgeführt wurden, fanden fast ausnahmslos „normale" Verhaltensentwicklung auch ohne Spiel. Auch die meisten korrelativen Studien, sei es zum Beutefang bzw. Beutetöten von Carnivoren, sei es zur Entwicklung manipulativen und sozialen zielorientierten Verhaltens bei Primaten, ergaben praktisch keine wirklich deutlichen oder signifikanten Zusammenhänge zwischen Spielmöglichkeiten oder -häufigkeiten und späterem Verhalten. Martin & Caro führen sodann noch einen dritten, mehr indirekten Typ von Spielstudie an, die sog. "Optimal-Design"-Studie. Hier wird aufgrund einer postulierten Funktion des Spiels, eine Hypothese erstellt, wie denn Spiel aussehen müßte, um diese Funktionen zu erfüllen. Kann man die Hypothese bestätigen, sagt das i.d.R. nicht allzuviel aus. Kann man sie aber nicht bestätigen, so hat man doch recht starke Argumente gegen die angenommene Funktion des Spiels. Als Beispiel kann die Studien von Symons (1978) dienen: Aufgrund der angenommenen Funktion des Spiels bei Rhesusaffen (Einüben der Kommunikationsfähigkeit) wurde verglichen, wie stark aggressive Signale in ernsthaft-agonistischen Spielkampfszenen vorkamen. Ergebnis: Bei ernsthaften Konflikten kamen sehr viele dieser Signale vor, im Spielkampf praktisch keine. Auch Schallers (1972) Daten, daß im Spielkampf der Löwen fast nur Balgen, bei ernsthaften Beutefang überwiegend Beschleichen und Hinterhaltliegen auftreten, sind ein starkes Argument gegen ein Einüben von Beutefanghandlungen im Spiel.

177

Die Lösung des Dilemmas über die schwer nachweisbaren direkten Vorteile des Spielverhaltens sehen Martin & Caro (1985) in einer recht radikalen Lösung: Aufgrund der – allerdings wenigen – vorhandenen exakten Zeit- und Energieaufwandsbestimmungen zeigt sich, daß Spiel weit weniger Zeit (unter 10% der Tageszeit) und Energie (meist unter 4%, Bekoff & Byers 1992 geben sogar unter 2% an) eines Jungtieres pro Tag benötigt. Auch Angaben über die wirklich beim Spiel drohenden Gefahren, sei es Verletzung, Freßfeindangriff oder Trennung von den Eltern, bewegen sich meist auf dem Stadium von Plausibilitätsargumenten, oder anekdotischen Beobachtungen von fallenden, irgendwo anstoßenden o. ä. Tieren. Wirklich exakte Bestimmungen der Auswirkungen auf die Überlebensrate fehlen. Aus all diesen Befunden ziehen Martin & Caro den Schluß, daß Spiel gar nicht so teuer ist, wie bisher angenommen. Folglich muß es auch nur geringfügige Vorteile bringen – so lange diese eben die Kosten übersteigen, reicht es für die Selektion. Sie betonen aber, daß durch diese Aussage und die dafür vorgestellten wenigen Daten, zukünftige Forschungen nur besser, auf testbare Hypothesen fokussiert werden sollten.

Zwei andere, eher indirekte Argumente gegen die These von der überragenden Bedeutung des Spieles für die Entwicklung werden von Martin & Caro noch angeführt: Die Tatsache, daß Spielverhalten extrem anfällig für Umweltverschlechterungen ist (schon eine Reduktion der täglichen Energiemenge von einem bis wenigen Prozent kann reichen, um Spiel zu verhindern), ohne daß negative Konsequenzen auftreten und die Tatsache, daß auch Erwachsene öfter spielen als häufig angenommen (s. Kap. 6.5, Spiel bei div. Carnivoren in der Beziehungsbildung, oder die Interpretation von Watson & Croft 1993, daß die formalisierten Kämpfe der Känguruhmänner Spielkampfcharakter hätten). Schließlich finden Martin & Caro (1985) zu einer Schlußfolgerung, die sehr gut zum Konzept der Ontogenetischen Nische paßt: Anstatt auf langfristige Vorteile zu spekulieren, sollte die Annahme direkter, kurzfristiger Vorteile für das Jungtier geprüft werden. Hinweise darauf kommen z.T. von Kindern, deren momentane Problemlösung und Fähigkeit zum "creative thinking" (was auch immer das sei) durch direkt vorangegangenes Spiel gesteigert wurde. Aus einigen Beobachtungen an Katzen könnte die Folgerung abgeleitet (und geprüft) werden, daß Spiel mehr die Entwicklungsgeschwindigkeit als das Endstadium eines Verhaltens beeinflußt.

Völlig andere Einstellungen zur Wichtigkeit des Spiels werden häufig, aber doch wieder meist mit Plausibilitätsargumenten, von Autor/inn/en vorgebracht, die sich mit den Geschlechtsunterschieden im Spiel befallen (z.B. Meaney et al. 1985, Yahr 1987). Die Existenz von Geschlechtsunterschieden (in Häufigkeit, Intensität, Dauer, Art und Verschiedenheit der benutzten Verhaltensweisen) im Spiel ist ohne Zweifel, meist mit auch statistisch aussagekräftigen Daten belegt, z.B. für Känguruhs und Raubbeutler (s. Lissowsky 1996), div. Carnivore (z.B. Iltis, Poole 1978), Nager, Huftiere, Seelöwen und viele Primaten inkl. unserer Art (s. Meaney et al.). Bemerkenswert ist andererseits das Fehlen von Geschlechtsunterschieden z.B. im Spielkampf verschiedener Hundeartiger, selbst wenn alle evtl. zum Beutefangspiel gehörenden Akte ausgenommen werden. Meaney et al. (1983) und Yahr (1987) zeigen auch an vielen Beispielen den Einfluß der Androgene und Glucocorticoide auf die geschlechtstypische Spielausprägung, mögliche neurale Zentren dafür und (Meaney et al.) die Wichtigkeit der sozialen Umgebung: Offenbar verhalten sich Erwachsene, vor allem Mütter, anders zu männlichen als zu weiblichen Jungtieren und regen dadurch offenbar geschlechtstypisches

Spielen an. Nur letztlich bleiben die genannten Arbeiten dann doch wieder auf dem, uns schon bekannten Argument sitzen: Wir sehen, daß es so viele Arten mit Geschlechtsunterschieden im Spiel gibt. Auch die Adulten verhalten sich geschlechtstypisch bzw. -spezifisch, also muß das Eine etwa mit dem Anderen zu tun haben. Allerdings, ein paar bessere Argumente haben sie. Z.B. daß Affenweibchen (hier Grüne Meerkatzen) die in der Jugend keine Babies „zum Üben" hatten, sich mit eigenen Jungen im ersten Jahr sehr ungeschickt anstellten – die zitierte Arbeit stützt auf experimentelle Weise (die beobachtete Gruppe wurde künstlich „kinderfrei" gehalten) die vielfältigen Zoobeobachtungen zu diesem Thema mit unerfahrenen Primatenmüttern.

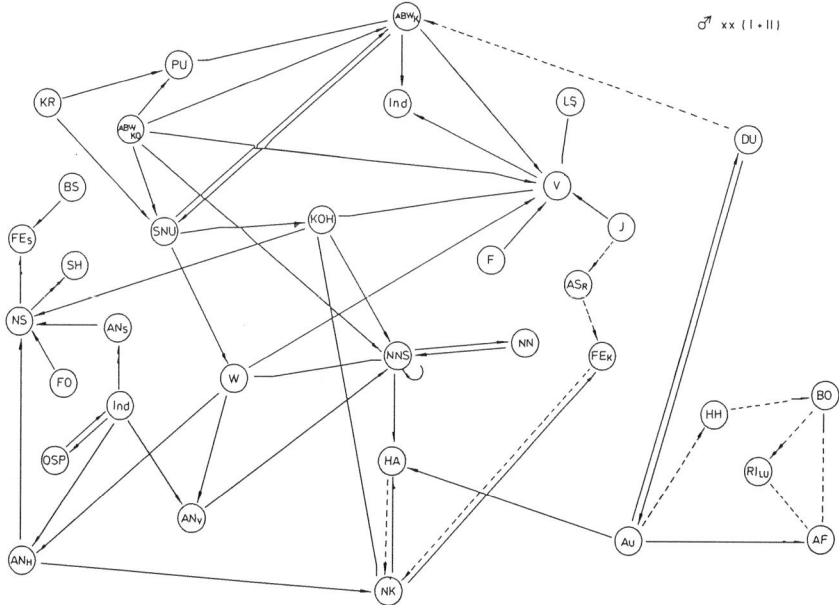

Abb. 26 Beispiel eines Sequenzdiagramms (s. Anhang I zur Methode) vom Verhalten männlicher Kowaris im Alter von 90–150 Tagen. Die Spielkomplexe Objektspiel OSP, Laufspiel LS, spielerisches Ringen (RI, BO, HH) und Anspringen/Jagen (AS, J) haben keinerlei engere Verbindungen.

Zum Abschluß noch ein Blick auf spielerische Verhaltensabläufe einiger zugegebenermaßen willkürlich ausgewählter Säugertaxa:

Beuteltiere spielen auch. Lissowsky (1996) und Watson (im Druck) haben das ausführlich gezeigt und vergleichend diskutiert. Je nach Größe und Morphologie der betreffenden Arten finden wir Laufspiele (bei fast allen), Ringkämpfe und Balgereien in allen Lagen (Raubbeutler, Baumkänguruhs) oder längerdauernde Kampfspiele im Stehen mit Ringen, Treten und Boxen (größere Känguruhs). Häufig entstehen Spielkämpfe aus Aktionen der sozialen Körperpflege (z.B. beim Kowari, *Dasyuroides byrnei*), aber auch bei Baumkänguruhs (eigene Beobachtungen). Geschlechtsunterschiede sind sehr deutlich bei Känguruhs – Töchter haben fast keine Spielkämpfe. Die Sequenzen im Spiel sind weitgehend un- oder umgeordnet, und aufgrund der Sequenzanalysen können oft mehrere getrennte Spielsystem vermutet werden (z.B. Kowari –

Laufspiel, Schwanzhaschen und Balgen s. Abb. 26). Watson und Croft (Watson im Druck, Watson & Croft 1993) vermuten, daß die Kämpfe erwachsener Känguruhmänner ebenfalls z. T. Spielcharakter hätten jedoch lassen sich die meisten ihrer Argumente auch mit dem Sequential-Assessment-Modell erklären (s. Kap. 7.4).

Huftiere: Byers (1984) beschreibt die, überwiegend als Laufspiele stattfindenden, Spielaktivitäten der Paar- und Unpaarhufer in mehreren Kategorien des Lokomotionsspiels einschließlich Körperdrehungen (Pirouetten, z.B. bei Gabelböcken oft rückwärts, Rumpfdrehungen, Kreisdrehungen etc., sogar bei Nashörnern beobachtet) und das Sozialspiel (meist Spielkämpfe, viel weniger Beobachtungen).

Das weitverbreitete, auch bei ursprünglichen Arten, Vorkommen von Lokomotions- und Körperdrehspielen ist nach Byers Meinung ein Argument für die Trainingshypothese. Sozialspiel tritt nur bei höher evolvierten Arten auf, und nach Byers Ansicht erst später in der Stammesgeschichte, zunächst ebenfalls aus Trainingsgründen, und er findet eine positive Korrelation mit dem Grad der Polygynie. Eine besondere Form des Spiels, mit starker Beteiligung Erwachsener untereinander, viel Geruchsmarkierung und auf besonderen Spielplätzen fand er bei Halsband-Pekaries und interpretiert Spiel hier als eine den Gruppenzusammenhalt fördernde Aktivität.

Nager: Hier haben Hole & Einon (1984) eine gute Übersicht geliefert. Sie teilen die verschiednene „spielerischen" Elemente der Nager ein in: Lokomotions/Drehbewegungen, Fluchtspiel, Spielkampf, Spieljagd und Sexualspiel. Mit Hilfe des Auftretens von Spielsignalen und der Einbindung in Sequenzen von ansonsten freundlichem Verhalten schließen sie, daß nur Spielkämpfe und spielerisches Jagen deutlich die allgemeinen Kriterien von Spiel erfüllen.

Affen: Chalmers (1984, dort weitere Literatur) diskutiert ausführlich die Entwicklungsabläufe im Spiel von Primaten, und deren Zusammenhänge mit anderen Verhaltensbereichen. Am Beispiel des Zusammenhanges zwischen Spiel und Nahrungsaufnahme von Anubispavianen sei dies an einer Stelle demonstriert (abgeändert nach Chalmers 1980, zitiert in Chalmers 1984):

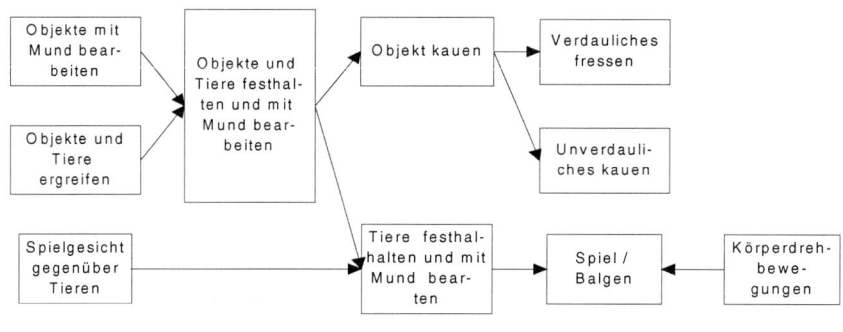

Abb. 27

Im Bereich der mit Spielverhalten assoziierten Gesichtsausdrücke und Mimiksignale ist die von S. Preuschoft (S. Preuschoft & van Hooff 1977) dargestellte Korrelation zwischen sozialem System und Spielverhalten erwähnenswert: Nach ihrer Ansicht sind Spielverhaltensszenen immer symmetrisch, sei es durch Rollenwechsel oder ständige Wiederholung verschiedener Aktivitäten. Zeigt eine Tierart, wie z.B.

bestimmte Makaken (*M. tonkeana*), nun eine an sich aus dem Spiel stammende Mimik auch bei der Regelung ernsthafter Konflikte (hier speziell geht es um Lächeln/Lachen), so zeigt das, daß auch diese Situation nicht asymmetrisch, sondern symmetrisch sein sollte – also ein egalitäres System (Kap 7.4.3) vorliegt.

9.7 Abwanderung – Dispersal

Bei vielen Säugern (auch einigen Vögeln) ist die Eltern-Kind-Beziehung mit der Entwöhnung noch nicht beendet. Vielfach bleiben die Jungtiere noch für längere Zeit, oft sogar bis zur oder nach der Geschlechtsreife, mit mindestens einem Elternteil verbunden. Irgendwann allerdings ist zumindest für eines der beiden Geschlechter der Zeitpunkt des Aufbruches, also des Abwanderns gekommen. Dieser als Dispersal bezeichnete Erscheinung bildet gewissermaßen die Brücke zwischen individueller und Populationsebene in der Betrachtung von sozialdynamischen Vorgängen. Auf der individuellen Ebene geht es proximat um die Frage, wie sich die Bindungen bzw. Beziehungen auflösen oder umorientieren, ultimat ist zu fragen, welche Selektionsmechanismen dabei eine Rolle spielen. Auf der Populationsebene werden Zu- und Abwanderung, Genaustausch, Gendrift etc. berührt und damit letztlich auch Aspekte die für Management und Naturschutz sehr bedeutsam sind (s. Kap. 10/12).

Durch häufige Vermischung der Erklärungs- und Betrachtungsebenen ist das Dispersalphänomen daher recht verwirrend, und nur die Formulierung klarer, testbarer Hypothesen, nach vorhergehender Festlegung auf jeweils eine Erklärungs- und eine Betrachtungsebene kann zu aufschlußreichen Ergebnissen führen.

Zu allererst muß geklärt werden, welche Form der Abwanderung eigentlich betrachtet wird. Tab. (nach Lidicker 1985a, b aus Fenzlein 1991) zeigt die verwendeten Begriffe und ihre Definitionen. Wichtig ist, daß es nur um Abwanderung geht, d.h. ein Home range (Kap. 10) wurde vorher bewohnt und wird jetzt verlassen, und zwar für mehr als einige Tage.

Spezialfall: Wanderung	(Beispiel Lemminge) Ähnlich der Erkundung, aber langfristig, meist saisonal und die gesamte Population erfassend
Saturation Dispersal	Bei zu hoher Populationsdichte wird das Fassungsvermögen des Habitats überschritten und alte, schwache, subdominante und junge Tiere werden aggressiv vertrieben
Presaturation Dispersal	Tiere verlassen das Habitat freiwillig, ohne Auftreten von Aggression, lange vor Erreichen der maximalen Populationsdichte
– seasonal	zu bestimmten Jahreszeiten, z.B. vor der Brutsaison

Tab. 7. Dispersaldefinitionen nach Lidicker (1985a, b) aus Fenzlein 1991.

– ontogenetic	in einem bestimmten Entwicklungsstadium, z.B. vor Erreichen der Geschlechtsreife
– colonizing	Wanderung in nicht besetzte Gebiete, um dort ein *home range* einzurichten
– interference	Wertverlust des *home range* durch Feinde, Parasiten etc. führt zum Dispersal
– effective	erfolgreiche Vermehrung nach dem Dispersal
– natal	Dispersal vom Geburtsort zum ersten Brutplatz

Tab. 7. Dispersaldefinitionen nach Lidicker (1985a, b) aus Fenzlein 1991.

9.7.1 Funktionale Erklärungsansätze

Dispersal ist bei Säugern meistens männchenlastig (male-biased), d.h. die männlichen Heranwachsenden wandern bevorzugt, überwiegend oder vollständig (je nach Art) ab, bei Vögeln dagegen weibchenlastig. Diese Beobachtung hat zu mehreren funktionalen Erklärungsversuchen geführt:

- Inzuchtvermeidung: Die Annahme, daß Abwanderung eines Geschlechtes der Vermeidung von Inzucht dienen kann, wird von Daten an Präriehunden, Erdhörnchen und Mangusten zwar gestützt (s. z.B. Holekamp 1984, Rood 1987). Moore & Ali (1984) haben jedoch in einer breit angelegten Übersicht diskutiert, daß es sehr viele Gegenbeispiele gibt, so daß diese Erklärung sicher nicht allgemeingültig ist.

- Sexualdimorphismus: Wenn ein Geschlecht abwandert, sollte es dasjenige sein, bei dem ohnehin die Geschlechtsreife hinausgezögert ist, weil diese Individuen leichter die mit der Abwanderung verbundenen energetischen, zeitlichen etc. Nachteile ausgleichen können, ohne daß es sich auf die life-time Fitness auswirkt. Daher sind bei Säugern (Bimaturismus, s. Kap. 8.2) die männlichen Tiere dafür prädestiniert (z.B. Johnson 1986).

- Paarungssystem: Greenwood (1980) führt die Unterschiede auf das grundsätzlich unterschiedliche Paarungssystem zurück: Vögel betreiben meist resource-defense, Säuger meist mate-defense. Dementsprechend haben abwandernde Vogelweibchen bessere Chancen, sich über die Reviere o.ä. „gute" Partner zu suchen, während Säugerweibchen eher von der Kenntnis des angestammten Lebensraums profitieren. Hinzu kommt, daß Säugerweibchen sich i.d.R. sicher sein können, ihre eigenen Jungen und nicht die einer Tochter aufzuziehen, Vogelweibchen dagegen leichter Eier z.B. von erwachsenen Töchtern untergeschoben werden können. Säugerväter dagegen können sich nicht so sicher sein was ihre Söhne treiben und daher sollten Säugerväter eher Söhne, Vogelmütter eher Töchter vertreiben.
  Hier wird also von Greenwood (1980) wie von Liberg & v. Schantz (1986) parent-offspring conflict als Ursache angesehen. Allderdings gibt es viele Beispiele, die sogar zeigen, daß Mütter ihrem Nachwuchs einen Teil ihres Streifgebietes

regelrecht „übertragen", d.h. diesen Teil verlassen nachdem z.B. eine Tochter darin lebt (*Peromyscus*-Arten, Wolf et al. 1988, Faultiere).

- Resident-fitness (Anderson 1989): Nach dieser Überlegung haben Abwanderer gar keine Vorteile. Abwanderung erfolgt nur durch Manipulation, Vertreiben o.ä. seitens der Zurückbleibenden, da diese einen Fitness-Vorteil erhalten, wenn sie keine Konkurrenten haben. Insofern wird hier die Parent-Offspring-Konflikt-Überlegung weitergeführt.

- Genetik: Chitty (1967), Krebs (1978) und andere (s. Lidicker 1987) nehmen Unterschiede genetischer Art als Grundlage für Abwanderungsstrategien an, wobei die genannten Autoren überwiegend die zyklischen Populationsschwankungen, z.B. bei Feldmausarten, im Blick haben. Holekamp et al. (1985) dagegen betrachten auch die Vögel/Säuger-Geschlechtsunterschiede im Dispersal als Folge der verschiedenen Geschlechtschromosomenverteilung.

Die Vielzahl der Überlegungen und Befunde oft widersprüchlicher Art, geben möglicherweise doch Marks & Redmond (1987) recht, daß nicht ein Modell für Vögel und Säuger oder für inter- und intersexuelle Unterschiede gelten mag.

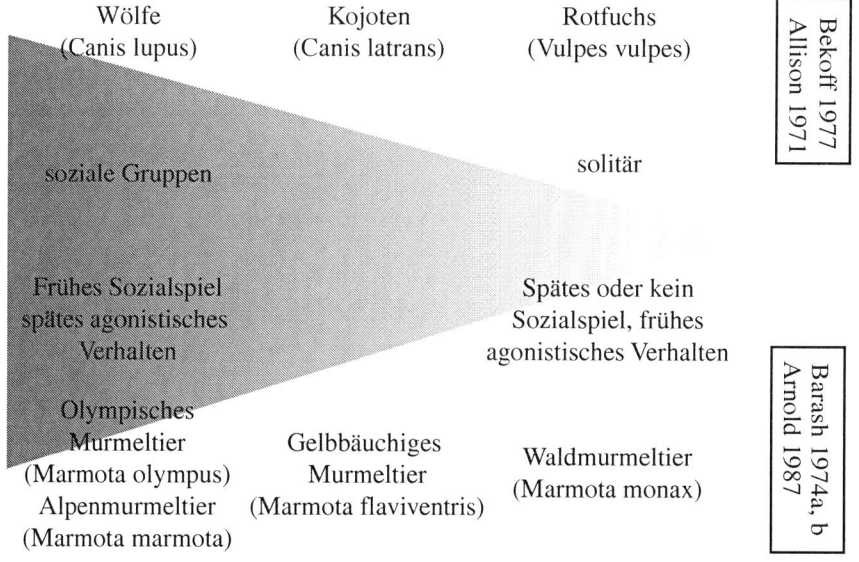

Abb. 28 Zusammenhänge zwischen dem Auftreten von Spiel, Aggression und Abwanderung bei Hundeartigen und Murmeltieren verschiedener sozialer Organisation.

9.7.2 Proximate Erklärungsansätze

Unabhängig davon, zu welchem selektionsbezogenen Zweck sie es tun, was bringt nun eigentlich bestimmte Individuen dazu, irgendwann abzuwandern?

- Dichte und/oder Aggression: Werden die Abwanderer einfach aktiv vertrieben? Obwohl diese Deutung häufig zu finden ist, trifft sie wohl nur auf wenige Gruppen (monogame Gibbons, Feldmäuse) zu. Während bei Gibbons die Heranwachsenden z.T. aktiv von den Eltern auf Distanz gehalten werden, ist bei Kleinnagern noch ein methodisches Problem dabei: In vielen Studien wird nach Fallenfängen aus der Zahl der Bißverletzungen auf das Aggressionsniveau der Tiere geschlossen, ohne eine Basisinformation über Art, Häufigkeit und beteiligte Individuen zu haben. Viele Arten wandern ohne Aggression ab. Häufig sind es sogar die aggressivsten oder ranghöchsten Tiere (z.B. Pikas, Baumwollratten, Präriehunde). Auch im Erwachsenenstadium wechseln z.B. die ranghöchsten Männer beimanchen Makaken nach einigen Jahren den Trupp (Gouzoules & Gouzoules 1987).

- Social fence und dispersal sink: Lidicker (1987) fordert als Voraussetzung für erfolgreiche Abwanderung freie Lebensräume zum Rand des Verbreitungsgebietes oder des home ranges hin (sog. *dispersal sink*). Sind solche vorhanden, wandern bei zunehmender Dichte Tiere ab. Im Zentrum des Verbreitungsgebietes leben überwiegend verwandte Tiere mit entsprechend niedrigen Aggressionsraten (über Zusammenhänge zwischen Aggression und Verwandtschaft s. Kap. 9.5) (Hestbeck 1982). Sind die dispersal sinks voll, so setzt ein Abschirmungseffekt ein, die aus dem zentralen Bereich herausdrängenden Individuen werden von den weniger verwandten daher aggressiver reagierenden „Randexistenzen" zurückgehalten: social-fence oder „Zauneffekt".

- Bindungen und Beziehungen: Bekoff (1977) konnte an Caniden verschiedener Arten einen Zusammenhang zwischen Grad und Häufigkeit des Spiel- bzw. Rangordnungsverhalten zwischen Wurfgeschwistern und dem späteren Abwandern finden (z.B. Abb a/b). Andere Arbeiten z.B. an Murmeltieren (s. Abb), Gorillas (Harcourt & Stewart 1981), Löwen (Hanby & Bygott 1987) und Raubbeutlern (Kowari, Fenzlein 1991) sprechen ebenfalls für diese Überlegung: Abwanderer werden oft frühzeitig von den Wurf-/Gruppenmitgliedern gemieden, bzw. treten dann auf (Gorillamänner, Löwenweibchen), wenn z.B. wegen Wechsel in der Gruppenführung keine vorherigen ausgiebigen Kontakte mit dem derzeigen „Regierungschef" bestanden. Ähnliche Ergebnisse erhielt Waser (1988) als er Känguruhratten nach der Entwöhnung durch einen Zaun einige Wochen in bzw. außerhalb des mütterlichen Bauareals hielt. Nach Wegnahme des Zaunes blieben erstere, letztere wanderten ab ("apparently were unable to re-enter the mound").

- Überdruß: Eine entgegengesetzte Interpretation des Abwanderungsverhaltens haben Bischof (1985, 1993, Gubler & Bischof 1991) auf der Grundlage ihres sog. Zürcher Modells der sozialen Motivation (s. Abb. in Kap. 11.4) erstellt. Nach ihren Überlegungen wird Abwanderung nicht durch zu wenig, sondern zu viel Vertrautheit mit den Gruppen-/Familienmitgliedern erreicht. Im Laufe der Ontogenie steigt der Autonomieanspruch, das Sicherheitsbedürfnis sinkt und daraus entsteht eine Überdrußreaktion. Neben einigen Arbeiten an Krallenaffen, aber auch Menschen (s. Kap. 11) kann als Beleg hierfür auch eine Studie von Vestal et al. (1986) an der australischen Beutelmaus *Antechinus stuartii* angeführt werden: In Begegnungtests zwischen Heranwachsenden und deren Müttern bzw. fremden Weibchen zeigte sich, daß obwohl keine Aggression von Mutter zu Sohn beobachtet werden konnte, trotzdem die Söhne das mütterliche Streifgebiet verließen. Fehlte die Mutter, blieben Söhne *und* Töchter.

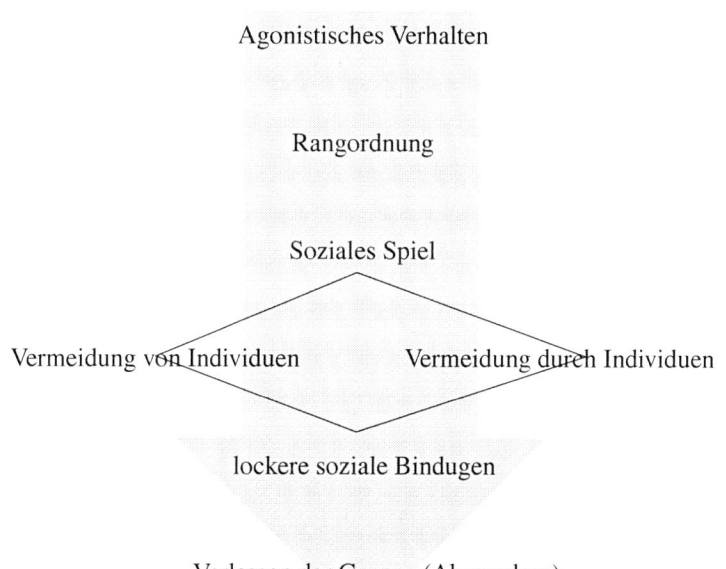

Abb. 29 Hypothetische Zusammenhänge der Abwanderung nach Bekoff (1977), aus Fenzlein 1991.

10 Individuen und Population

10.1 Die räumliche Verteilung von Individuen

Normalerweise werden zwei mal zwei, mehr oder weniger gegensätzliche, Möglichkeiten der räumlichen Verteilung von Individuen beschrieben: Entweder Tiere haben ein fest angestammtes Gebiet, in dem sie vorhersagbar vorkommen, oder sie leben nomadisch, ohne feste räumliche Beziehung. Letzteres ist bei Säugern, mit Ausnahme von Wanderungen (Kap. 5.3.2) oder Dispersal (Kap. 9.7) sehr selten. Allerdings scheint es bei einigen Arten von Meeressäugern (Schwertwal) und großen Trockengebietsarten (Rotes Riesenkänguruh, Croft mdl., Braune Hyäne, Mills 1990) Subpopulationen von sog. "transients", also Durchzüglern zu geben, die zumindest über viel größere Bereiche streifen, als die ortsansässigen Teile der Population. Während beim Schwertwal die transients und die ortsansässige Population offenbar auch in der Fortpflanzungsaktivität getrennt bleiben, erledigen bei der Braunen Hyäne die Durchzügler-Männchen allein und vollständig die Begattungen – ortsansässige Männer helfen aber den Weibchen bei der Aufzucht.

Die zweite Entscheidungsmöglichkeit hat das Tier dann, so wird gemeinhin angenommen, wenn es ortsansässig bleibt: Revierverteidigung oder nicht? Reviere werden normalerweise definiert als Gebiete aus denen Artgenossen des gleichen sozialen Status ausgeschlossen werden. Streifgebiete ("home ranges") sind Gebiete, in denen die jeweiligen Individuen vorhersagbar anzutreffen sind. Das Home range ist also ein Nutzungsraum, die räumliche Komponente der Nische des betreffenden Individuums: Waser & Wiley (1979) versuchen, die verschiedenen Formen von Revier bzw. home range durch eine etwas dynamischere Betrachtung zu ersetzen. Sie definieren ein Aktivitätsfeld (wieviel Prozent seiner Zeit verbringt ein Individuum wo?), ein Isolationsfeld (das Verhältnis der Zeit, die dieses Individuum an einer bestimmten Stelle verbringt, zu der Zeit, die alle Individuen der Population zusammen dort verbringen) und ein Aggressionsfeld (die Wahrscheinlichkeit des Individuums, an einer bestimmten Stelle anzugreifen oder sich zurückzuziehen). Gleichzeitig zeigen sie an etlichen Beispielen die Probleme der einfachen Konzepte von home range bzw. Revier auf: Viele Arten haben mehrere intensiv genutzte Gebiete, die durch mehr oder weniger festgelegte Wegstrecken verbunden sind. Durch eine Bestimmung der Home-Range-Größe einfach mit Hilfe des insgesamt genutzten Areals, z.B. nach Telemetriedaten, erscheinen die Streifgebiete dann viel zu groß. Wird, wie etwa bei Hauskatzen, das Gebiet dann noch von mehreren Individuen, aber von jedem nach einem streng eingehaltenen zeitlichen Plan genutzt, wird die Sache noch schwieriger! Meideverhalten von Individuen oder Gruppen über größere Distanzen wird z.B. von vielen Primaten und Carnivoren beschrieben (Waser & Wiley 1979). Die entstehende Verteilung ist dann nicht mehr zufällig sondern „überverteilt", d.h. es gibt weniger Zusammenballungen als statistisch zu erwarten wäre. Auch die Wahrscheinlichkeit, sich einer anderen Gruppe z.B. im Umkreis von 50 m anzunähern, kann als Maß für Überverteilung herangezogen werden – bei Springaffen tritt dieses Annähern nur $1/6$ so häufig auf wie zu erwarten wäre, bei Gorillas dagegen 25 mal häufiger als erwartet auf: Auch bei Meerkatzen, Mangaben und Colobusaffen sind die Werte zwischen $1/15$ und $7/10$ der berechneten

Erwartungen. Aktives Vermeiden, selbst ohne genaue Kenntnis des Ortes der anderen, kann durch Langstreckenrufe (Mangaben) oder Geruchsmarken (Hauskatzen, Geparde) erfolgen. Geparden(gruppen), die auf eine Duftmarke einer anderen Gruppe stoßen, suchen daraufhin deren nächste und biegen im rechten Winkel dazu ab. Katzen regeln die nacheinanderfolgende Nutzung ihrer Streifgebiete durch das Alter der Duftmarken – eine zu frische Marke wirkt wie ein rotes Haltesignal: Man wartet, bis der Geruch älter geworden ist, und geht erst dann weiter – wie das Blocksystem der Eisenbahn, bei dem jeder Zug hinter sich das Signal auf Rot stellt.

Einige weitere Aspekte, die Waser & Wiley (1979) diskutieren, und die ebenfalls das scheinbar feststehende System auflösen, sind:

- Ortsabhängigkeit der agonistischen Reaktion auf Artgenossen wobei zwischen Frequenz der gezeigten aggressiven Akte und Angriffsbereitschaft unterschieden werden muß. Die Ortsabhängigkeit der Reaktion kann aber auch wieder verschiedene Gründe haben: Im Zentrum des Reviers entdeckt man vielleicht Eindringlinge, die sich am Rand befinden, nicht so schnell und dem Beobachter könnte es erscheinen, als ob Randbereiche nicht so heftig verteidigt werden. Die Stärke der agonistischen Reaktion kann auch von unterschiedlicher Vertrautheit mit verschiedenen Teilen des Reviers oder von vorherigen Begegnungen an gleicher Stelle abhängen. Natürlich kann die räumliche Nähe zu besonders wichtigen Ressourcen an verschiedenen Stellen des Reviers unterschiedlich sein. Aus alledem läßt sich schließen, daß das Revier, so es denn eines ist, aus einem Mosaik verschiedener Aggressionsfelder (s. o.) zusammengesetzt ist.

- Abhängigkeit der agonistischen Reaktion von Vorerfahrungen kann auch ortsunabhängig sein: manche Arten sind nach längerer Isolation aggressiver, andere friedlicher (s. Kap. 7.3).

- Die Heftigkeit der Revierverteidigung hängt oft von der Ressourcenlage ab. Insbesondere bei Vögeln konnten viele Studien (s. Lit. bei Alcock 1995 und Lott 1989) zeigen, daß sowohl zuviel als auch zuwenig an Futter die territoriale d.h. agonistische Reaktion verhindert. Nur dann, wenn der Energiegewinn bei alleiniger Nutzung der Ressource den Energieverlust des Patroulllierens und Verteidigens übersteigt, kommt es zum Ausschluß anderer Individuen. Dies erklärt wohl auch (durchgerechnet oder getestet hat es aber noch niemand), warum große vor allem pflanzenfressende Säuger zwar noch recht oft Paarungs- seltener Fortpflanzungs- und ganz selten Nahrungsreviere (s. u.) haben.

- Geschlechtsunterschiede: Diese werden in Kap. 10.2 nochmals genauer behandelt. Bei vielen Säugetierarten finden wir größere Streifgebiete der Männchen dafür aber stärkere Überlappung zwischen Weibchen oder zwischen Männchen und Weibchen. Dies gilt insbesondere für sog. solitäre Arten, z.B. viele Insektivoren, Halbaffen und Raubtiere. Bei vielen sog. monogamen Arten dagegen entsteht die 1:1 Männchen-Weibchen-Relation dagegen dadurch, daß beider home range bzw. Revier ziemlich deckungsgleich ist: sog. solitär ranging pairs etwa Tupaias, Rotfuchs, manche kleinere Antilopenarten (s. Kap. 8.3).

- Vertrautheit: Es ist von vielen Säugern bekannt (Ratten, Mäuse, Rotfüchse, Waschbären, s. Waser & Wiley 1979), daß Individuen, die sich vorher kannten bzw. solche, die in näherer Umgebung zueinander gefangen wurden weniger aggressiv aufeinander reagierten, wenn sie nach einiger Zeit der Isolation zusammengebracht wurden, als wenn sie mit Freunden konfrontiert wurden. Hintergrund könnte dabei der o.g. Effekt „Vertrautheit entspricht Verwandtschaft" (Kap. 9.5) sein.

Abb. 30 Revierankündigung durch Topimännchen: Deutlich sichtbar steht das Tier lange Zeit reglos auf erhöhtem Platz.

Ankündigen - aber was?

Traditionell werden als Möglichkeiten der Revierankündigung (mit allen o.g. Einschränkungen des Revierbegriffs) bei Säugern betrachtet:

• Optische Signale: Diese können direkt, z.B. Kuhantilopenmänner auf ihren Aussichtshügeln (s. Abb. 30) oder indirekt durch Kratz-, Schleif-, Fegespuren etc. (Kratzbäume bei Bären, Scharrspuren der Nashörner, Meister 1997) sein.

• Olfaktorische Signale durch sog. Reviermarken, seien es Urin (Hunde), Kot (Dikdiks) oder spezielle Drüsen (s. Kap. 2), wie etwa Voraugendrüsen (Kleinantilopen) oder Kombinationen davon (z.B. Nashornbullen, die Kot und Urin verwenden).

• Akustische Signale, etwa die lauten Rufe aller möglichen Primatenarten von Buschbabies (Zimmermann 1992), Brüllaffen, Mangaben bis zu den Gesängen der Gibbons und Orangs. Waser & Wiley (1979) zeigen an einigen Aspekten der akustischen Kommunikation der Primaten, wie sehr die Struktur des Lebensraumes eine Rolle spielt: Rufe, die in einer Höhe von 15–20 Metern ausgestoßen werden, reichen doppelt so weit, wie der gleiche Ruf in einer Höhe von 1,5 m. Die Langstreckenrufe der Primaten erfolgen bevorzugt morgens vor oder nach der Dämmerung, der Zeit, mit dem geringsten Hintergrundgeräuschpegel. Mangaben können arteigene Rufe über mehrere hundert Meter auf bis zu 6° genau lokalisie-

ren. Green & Marler (1979) haben noch weiter gezeigt, daß Primaten für Fern-
kommunikation speziell physikalisch „passende" Laute nutzen, nämlich
tieffrequente, wenig modulierte und diskrete Signale, die durch Verzerrung weniger betroffen werden.

Abb. 31 Statusankündigung durch Säbelantilopenmännchen: Nur kräftige,
ranghohe Männchen (Revierbesitzer) koten in der anstrengenden Hock-
stellung (aus Engel 1997).

Speziell mit den olfaktorischen Signalen hat man bei der o. g. Interpretation seine liebe
Not: Oftmals dienen diese erkennbarerweise nicht der Abschreckung eines Eindringlings, vielmehr markiert der eventuell drüber und geht in jedem Fall weiter. Diesen
scheinbaren Widerspruch hat Gosling (s. Gosling & McKay 1990) mit seiner „scent-
matching hypothesis" zu klären versucht: Danach dienen die Signale nicht der Abschreckung sondern dem Erkennen. Wer dem Revierinhaber gegenüber steht riecht
bereits, daß dies derjenige ist, dessen Marken er ständig fand. Es kann dadurch sogar
evtl. (z.B. über Konzentration verschiedener Hormone) eine recht genaue RHP-Ab-
schätzung erfolgen. Die scent-matching Überlegung könnte also einer der Mechanismen sein, der das "Resource-holder wins" System bei Revieren vermittelt. Auf der ultimaten Ebene kann die "Resource-holder wins" Konvention am besten dadurch erklärt werden (Alcock 1993), daß der Wert einer Ressource, hier des Reviers, mit der
Länge der Besitzzeit wächst. Und hier sind wir wieder beim Bereich Vertrautheit mit
der Lokalität (s.o.) angekommen. Gosling & Mc Kay (1990) haben die Überlegung
nicht nur theoretisch begründet, sondern auch experimentell getestet. Die Besitzer des
Reviers sind meist eher geneigt, zu eskalieren und wer sie vorher erkennt, kann also
recht energiesparend den Rückzug antreten. Zum Funktionieren des Systems muß also

erst die Marke und dann der Revierbesitzer angetroffen werden (daher "scent-matching", Geruchsübereinstimmung). In experimentellen Tests mit männlichen Hausmäusen konnten Gosling & Mc Kay zeigen, daß tatsächlich die Kampfbereitschaft des Eindringlings geringer war, wenn er vorher Marken des Gegners gefunden hatte. Zwei weitere, mögliche Funktionen des Markierens nämlich Abschreckung nur durch Marken bekannter (also benachbarter) Individuen und Abschrecken nur nach vorherigem Kampfverlust (also negative Konditionierung) werden ebenfalls diskutiert, scheinen aber nicht allgemeingültig wohl aber bei vereinzelten Arten zuzutreffen.

Die verschiedenen Arten von Revieren wurden immer wieder in Typen, Klassen etc. eingeteilt. Letzlich hängt es vom relativen Wert der verschiedenen Ressourcen ab, welcher Reviertyp auftritt. Ito (1980) und Wilson (1975) liefern folgende Grobeinschätzung:

1. Große Reviere, die alles enthalten, was das Individuum zum Leben und zur Fortpflanzung braucht. Dieser Typ tritt z.B. bei vielen Kleinsäugern auf

B. Große Reviere mit Allem, außer, daß Nahrung oder Wasser außerhalb gesucht werden müssen – häufiger bei Vögeln, aber die Reviere einiger Huftiermänner (Breitmaulnashorn, Grevyzebra) gehören zu diesem Typ, da sie oft zum Trinken alle paar Tage verlassen werden

C. Verteidigung der Nestumgebung – dies gilt für die meisten kolonielebenden Nager und evtl. auch Kleinraubbeutler (z.B. Kowari, eig. Beob.).

D. Paarungsterritorien: z.B. beim Gnu

E. Verteidigte Schlafplätze oder Schutzstrukturen (Roosting-positions), z.B. bei vielen Fledermäusen

F. Nahrungsterritorium ohne Fortpflanzung: Dies gilt z.B. für die ß-Bullen des Breitmaulnashorns (Meister 1997) oder die ortsfest lebenden männlichen Braunen Hyänen.

Wilson (1975) und Ito (1980) unterscheiden absolute von sog. raumzeitlichen Revieren, wobei letzere dadurch gekennzeichnet sein sollen, daß sie nicht immer unter allen Bedingungen überall gleich verteidigt werden. Bei recht hoher Invasionsrate verteidigen die Inhaber effektiverweise immer dort stärker, wo sie gerade sind – das Aggressionsfeld (Waser & Wiley 1979) wechselt also mit dem derzeitigen Aufenthalt.

Sutherland (1996) hat in Modellrechnungen Kosten und Nutzen der Revierverteidigung in Abhängigkeit von Revierqualität und Populationsdichte berechnet. Einige Schlußfolgerungen in Kurzform sind:

• Modelle, die mehrere Nahrungsflecken unterschiedlicher Qualität in einem Revier berücksichtigen, liefern grundsätzlich andere Ergebnisse als solche, die nur einen "patch" enthalten.

• Bei steigender Populationsdichte müssen immer mehr Individuen in schlechte Reviere und können sich dort kaum oder wenig erfolgreich fortpflanzen.

• Bei sehr hoher Dichte kann der apparent life time Fortpflanzungserfolg höher sein, wenn man sich in schlechtem Revier gar nicht fortpflanzt sondern wartet, bis man ein freiwerdendes besseres Revier übernehmen kann.

Die Auswirkungen solcher Mechanismen z. B. auf Populationsmanagement seltener Arten sind offenkundig.

10.2 Ressourcen, Individuen, Raum und Zeit – Versuch einer Zusammenschau

In den vergangenen Kapiteln wurden zunächst die lebenswichtigen Ressourcen mit deren Auswirkungen auf die Individuen, deren Sozialverhalten und Fortpflanzung verknüpft. Nachdem in Kap. 10.1 auch der raum-zeitliche Aspekt eingeführt wurde, kann nun eine Synthese versucht werden, wobei insbesondere auf die Arbeit von Jarman & Kruuk (1996) verwiesen sei, die die Synthese für weibliche Säuger ausführlich darstellt.

Family	N	Styles A %	B %	C %	D %	E %	F %
Didelphidae	75	.	.	.	100	.	.
Dasyuridae	55	.	.	.	100	.	.
Peramelidae	10	.	.	.	100	.	.
Peroryctidae	10	.	.	.	100	.	.
Acrobatidae	2	.	.	.	100	.	.
Burramyidae	5	.	.	.	100	.	.
Petauridae	12	8	50	42	.	.	.
Phalangeridae	12	.	.	.	100	.	.
Pseudocheiridae	16	.	.	.	100	.	.
Macropodidae	63	.	.	.	90	10	.
Potoroidae	9	.	.	.	100	.	.
Phascolarctidae	1	.	.	.	100	.	.
Vombatidae	3	.	.	.	100	.	.

Order	N	Styles A %	B %	C %	D %	E %	F %
Edentata	29	.	.	.	100	.	.
Pholidota	7	.	.	.	100	.	.
Insectivora	345	85	.	.	15	.	.
Carnivora	231	86	4	8	1	*	.
Macroscelidea	15	100	.	.	.	.	.
Lagomorpha	58	24	2	.	74	.	.
Rodentia	1700	**	*	*	**	*	*
Primates	180	23	2	22	8	2	44
Scandentia	18	100	*	.	.	.	.
Dermoptera	2	.	.	.	100	.	.
Chiroptera	950	**	.	.	**	*	.
Tubulidentata	1	.	.	.	100	.	.
Artiodactyla	187	30	.	13	9	37	10
Perissodactyla	16	?	.	.	56?	19	25
Hyracoidea	11	.	.	.	.	.	100
Proboscidea	2	.	.	.	.	.	100

(a) (b)

Tab. 8. Verteilung der 6 Organisationstypen (a) auf die Familien der Beuteltiere und (b) auf die Ordnungen der Plazentalia (aus: Jarman & Kruuk 1996).

Jarman & Kruuk kommen in ihrer weitgestreuten Literaturübersicht zu dem Schluß, daß keineswegs alle Formen sozialer Systeme bei allen Arten nach rein adaptionistischen Gesichtspunkten erklärt werden können (was sie als "pigs-could-fly"-Ansatz bezeichnen), sondern daß phylogenetisch bedingte Einschränkungen (constraints) im Einzelfall mitwirken. Diese Constraints können nur gefunden werden, wenn große Taxa aus verschiedenen systematischen wie geographischen Bereichen verglichen werden. Der Vergleich wurde von ihnen anhand dreier Merkmalssätze durchgeführt:

1. Fressen Weibchen der Art i. d. R. allein oder gesellig?

2. Sind die sozialen Gruppierungen dauerhaft oder nicht?

3. Wird ein Freßgebiet aktiv verteidigt?

Das ergibt 6 verschiedene Grundtypen der weiblichen Organisation:

A. allein fressen, allein verteidigen

B. allein fressen, gemeinsam verteidigen

C. gemeinsam fressen, gemeinsam verteidigen

D. allein fressen, nicht verteidigen

E. in wechselnden Gruppen fressen, nicht verteidigen

F. in dauerhafter Gruppe fressen, nicht verteidigen

Wobei das Verteidigen wirklich aktives Aufsuchen und Angreifen eines Eindringlings bedeutet. Die Tabellen 7–9 zeigen die Grobverteilung dieser 6 Grundtypen über die wichtigsten Säugergroßtaxa.

Family	N	A %	B %	C %	D %	E %	F %
Metatheria							
Potoroidae	9	.	.	.	100	.	.
Macropodidae	63	.	.	.	90	10	.
Vombatidae	3	.	.	.	100	.	.
Eutheria							
Ochotonidae	14	100	.	.	.	.	.
Leporidae	44	.	2	.	98	.	.
Procaviidae	11	.	.	.	.	.	100
Tragulidae	4	.	.	.	100	.	.
Moschidae	3	100	.	.	.	.	.
Cervidae	36	44	.	.	19	36	.
Bovidae	121	26	.	10	7	46	11
Tayassuidae	3	.	.	100	.	.	.
Suidae	9	.	.	.	30	.	70

Tab. 9. Verteilung der 6 Organisationsformen auf bodenlebende Beutel- und Plazentatiere im Vergleich (aus: Jarman & Kruuk 1996).

Als besonders bedeutsam sehen Jarman & Kruuk die vergleichsweise geringe Variation und das weitgehende Fehlen von Verteidigung bei Metatheria an. Innerhalb der Eutheria wurden nach der Klassifikation von Novacek (1992) und Graur (1993) fünf Großeinheiten gebildet:

• Insectivora: Überwiegend A oder D

• Carnivora: Überwiegend A, Hyänen B/C, aber auch andere Formen treten auf

• Macroscelidea und Lagomorpha: A (Macroscelidea), D (meiste Lagomorpha)

• Scandentia, Dermoptera und Primaten: bei Primaten sehr vielfältige Systeme, bei den anderen sehr wenig verschiedene Formen

Sog. „Huftiere"

• Artiodactyla enthalten sehr viele Arten der Gruppen A und C, wohingegen die

- Mesaxonia praktisch alle von Typ D-F sind (vgl. Tab. 9).

Aus diesen wenigen Überblicken wird schon klar, daß der "pigs-could-fly"-Ansatz nicht funktioniert, oder, wie Jarman & Kruuk sagen, "pigs don't fly, they do not even do what peccaries do!"

(a)

Family	N	Styles					
		A %	B %	C %	D %	E %	F %
Equidae	7	.	.	.	.	43	57
Rhinocerotidae	5	.	.	.	100	.	.
Tapiridae	4	?	.	.	?	.	.

(b)

Family	N	Styles					
		A %	B %	C %	D %	E %	F %
Tayassuidae	3	.	.	100	.	.	.
Suidae	9	.	.	30	.	.	70
Hippopotamidae	2	.	.	.	100	.	.
Camelidae	6	.	.	100	.	.	.
Tragulidae	4	.	.	.	100	.	.
Moschidae	3	100	.	.	.	.	.
Antilocapridae	1	.	.	.	.	.	100
Cervidae	36	44	.	.	19	36	.
Girafdae	2	.	.	.	50	50	.
Bovidae	121	26	.	10	7	46	11

Tab. 10. Verteilung der 6 Organisationsformen auf die Familien der Mes- und Paraxonia (aus: Jarman & Kruuk 1996).

Leider gibt es keine vergleichbar vollständige Übersicht über die raum-zeitlichen Organisationsformen der männlichen Säuger. Engel (1997) hat mehrere Typen von Männerorganisationen bei Boviden definiert, wobei auch er wie Jarman & Kruuk, die reinen „Lebensgemeinschaften", ohne Fortpflanzungsaktivitäten betrachtet. Die ebenfalls sechs definierten Typen (s. Abb. 21) ließen sich aber beliebig auf andere Säuger ausdehnen.

Reine Männerverbände finden wir z.B. noch beim Afrikanischen Elefanten (Hendrichs 1972), diversen Equiden (z.B. Steppenzebra, die Nicht-Haremsbesitzer, Klingel 1975), bei verschiedenen Carnivoren (Löwe Nicht-Haremsbesitzer, Gepard), und etlichen Primaten (z.B. Graue Languren). Auch bei größeren Känguruhs (Croft 1989, Jarman 1995) aggregieren mittelgroße und nicht ganz oben auf der Rangleiter stehende große Männer bevorzugt miteinander.

Dunbar (1985) hat in einem Übersichtsartikel die Auswirkungen individueller Beziehungen auf die Populationsdynamik von Säugetieren diskutiert. Einige seiner Beispiele:

- Die fortpflanzungsdämpfende oder verhindernde Wirkung von Dichtestreß und überhöhter Populationsgröße, keineswegs nur bei Kleinsäugern (z.B. Spitzmaulnashorn, Adcock & Emslie 1997).

- Dominanzabhängige Unterschiede in der Fortpflanzungsrate, aber auch in Mortalität (z.B. Paviane, Meerkatzen, Makaken)

- Abwanderungsverhalten in Abhängigkeit von Geschlecht und Verwandtschaftsgrad.

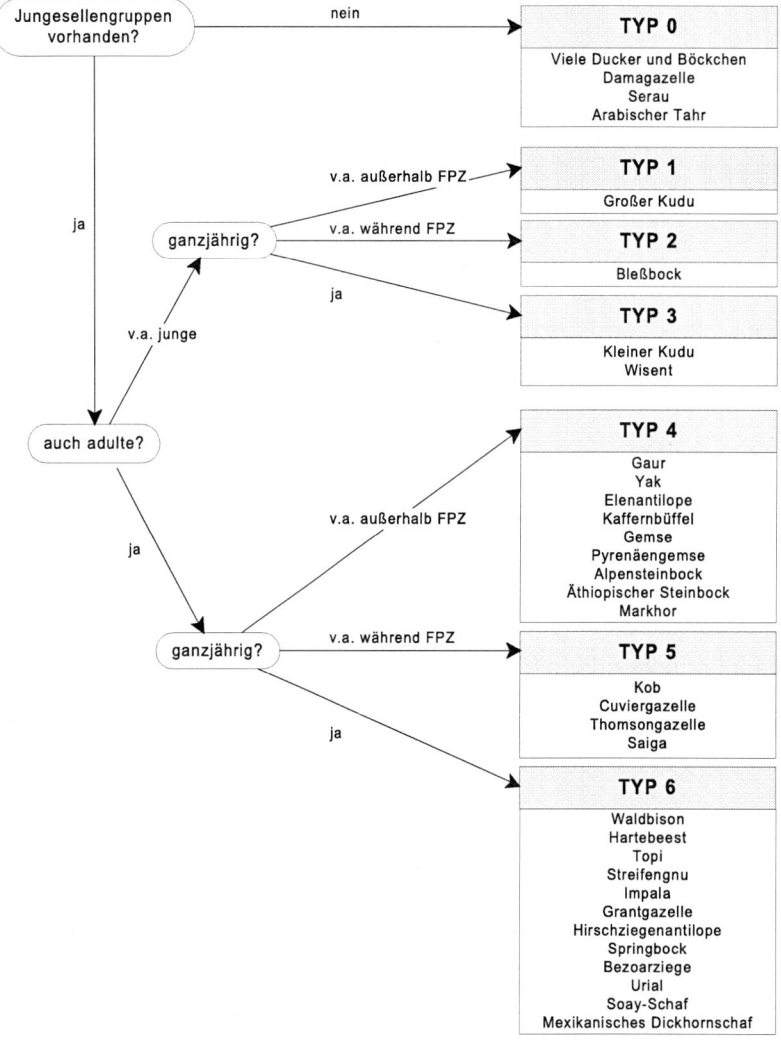

Abb. 32. Auftreten von Junggesellengruppen bei Boviden (Engel 1997).

Auch Clutton-Brock & Albon (1985) betonen, daß Populationsregulation, da sie ja überwiegend über Wettbewerb um Ressourcen bewirkt wird, bei geselligen Säugetieren mehr auf die Ebene der Gruppen als der Population insgesamt erfolgt. Die Stabilität und Zusammensetzung der Population ist dann zwar in Konsequenz betroffen, der Blick auf die Population als Ganzes kann aber die regulierenden Mechanismen nicht aufdecken. Ähnliche Gedanken hat Hendrichs (1977) geäußert. Leider sind diese Überlegungen gerade in angewandten Kreisen, z.B. Naturschutzökologen, noch wenig aufgenommen worden. Nach Clutton-Brock & Albon sind insbesondere die Beziehungen der Weibchen (Ressourcenausnutzung und Abwanderung) für die Regulation der Population insgesamt wichtig – diese sollten als Grundlage populationsdynamischer Vorgänge erfaßt werden. Das Jarman/Kruuk System (1996, s.o.) bietet dazu sehr gute Ansätze.

Um den Bereich gemischtgeschlechtlicher Gruppierungen in diesem Kapitel nicht völlig auszuklammern, sei noch Emlens (1997) Diskussion der evolutions- und ökologischen Aspekte von Familienbildungen erwähnt. Als Familien bezeichnet er Gruppierungen, bei denen der Nachwuchs noch im Erwachsenenzustand mit den Eltern Kontakt hat, einfache Familien sind solche, bei denen die Fortpflanzung monopolisiert ist, erweiterte Familien sind solche, bei denen auch andere sich vermehren. Er listet eine Reihe von Vorhersagen auf:

- Familiengruppierungen sind primär instabil, und in ihrer Bildung von einer Verknappung der Fortpflanzungsgelegenheiten abhängig.
- Familien, die hochwertige Ressoucen kontrollieren, sind stabiler.
- Kooperation bei der Aufzucht ist in Familien häufiger als in anderen Gruppierungen vergleichbarer Zusammensetzung.
- Kooperation bei der Aufzucht ist am engsten zwischen den genetisch engsten Verwandten.
- Sexualbezogene Aggression ist in Familiengruppen geringer, da eng Verwandte i.d.R. sich nicht paaren.
- Sich fortpflanzende Männchen investieren umso weniger in die Aufzucht, je unsicherer die Vaterschaft ist.
- Verlust eines Zuchttieres führt zu Konflikten, wer die entstehende freie Stelle füllen kann, insbesondere beim dominanten Geschlecht und hochwertigen Ressourcen.
- Nach der Neuverpaarung eines Elters steigt die sexualbezogene Aggression, da nur der überlebende Elter mit seinen gleichgeschlechtlichen Nachkommen in Wettbewerb tritt.
- Ersatzeltern investieren weniger in den schon vorhandenen Nachwuchs. Insbesondere das dominierende Geschlecht neigt zu Infantizid.
- Nach Ersatz eines Zuchttieres durch ein anderes, weniger verwandtes Individuum reduzieren die Helfer ihren Einsatz.
- Ersatzfamilien sind instabiler als solche, bei denen die Originaleltern noch aktiv sind.
- Wenn die Schwere der ökologischen Constraints abnimmt, wird die Fortpflanzung innerhalb der Familien zunehmend auf mehr Individuen erweitert.

- Ebenso wird die Fortpflanzung erweitert, wenn die Rangasymmetrie zwischen potentiellen Fortpflanzungspartnern abnimmt.
- Die Fortpflanzung wird zunehmend gleichmäßiger verteilt, wenn die potentiellen Co-Elterntiere Geschwister anstatt Eltern und erwachsene Nachkommen sind.

Die Fortpflanzung wird vor allem mit solchen Mitgliedern geteilt, mit denen das dominante Zuchttier am wenigsten verwandt ist. Dort, wo es aktive Fortpflanzungsunterdrückung gibt, wirkt diese am meisten auf die am nächsten mit dem dominanten verwandten Tier.

Zukünftige Untersuchungen müssen daraus nun testbare Hypothesen an einzelnen Arten ableiten und überprüfen.

10.3 Populationsdynamik und -zyklen

Ursachen und Folgen der Populationsstrukturen, im wechselnder Abhängigkeit von und mit Verhaltensaspekten, stehen in engem Zusammenhang mit genetischer Struktur, geographischen Aspekten und life history Daten der betreffenden Art (Hewitt & Butlin 1997). Zusätzlich werden noch zeitliche Veränderungen in den Umweltbedingungen bedeutsam. Insbesondere die frühere Verbreitung und die unter jetzigen Bedingungen stattfindenden Wanderungswege, Dispersalstrategien und Inter-Gruppenkontakte spielen bei der genetischen Struktur der Population eine wichtige Rolle. Hier wiederum ist die Verhaltensebene von unmittelbarer Bedeutung für Langzeitänderungen (s. Kap. 10.4). Daneben gibt es aber auch kurzfristigere Wechselwirkungen zwischen Verhalten und Populationsdynamik. So hat Krebs (1985) in standardisierten Labortests (Open field, Labyrintherkundung und Aggressionsrate) bei der Feldmausart *Microtus townsendi* eindeutige Korrelationen zwischen Populationszyklen und raumbezogenem Verhalten (Aggression, Abwanderung und Erkundungen hängen nach seinen Ergebnissen eng zusammen) gefunden. Kenward (1985) fand wichtige, jahreszeitlich/fortpflanzungsabhängig bedingte zyklische Schwankungen in der Streifgebietsgröße von Grauhörnchen. Zusatzfütterungen beeinflußten die Streifgebietsgröße nicht, wohl aber Änderungen der Populationsdichte. Und diese hängt dann doch von Futterangebot, allerdings weniger vom aktuellen (z.B. im Winter) sondern mehr von dem im vergangenen Frühjahr/Frühsommer (via Jungtiersterblichkeit) ab. Durch, wie er annimmt, extrem hohe Empfindlichkeit gegen leichte Nahrungsverknappung im Herbst könnte Abwanderungsverhalten schon zu Zeiten noch recht guter Nahrungsversorgung einsetzen. Im Sommer dehnen männliche Hörnchen ihr Streifgebiet auf der Suche nach Partnerinnen aus, im Spätwinter, evtl. wegen energetischen und/oder höheren Raubfeindproblemen, dagegen nicht. Cowan & Garson (1985) zeigen an zwei Populationen von Wildkaninchen den Einfluß des Lebensraumes: Eine Population, auf einem Kreidehügel, verhielt sich entsprechend dem contest-Modell, mit Wohnhöhlen und Paarungspartnern als limitierende Ressource, die andere, in einer Sanddünenlandschaft, entsprechend dem scramble-Modell für Nahrung. Auf dem Kreidehügel nutzen Weibchen Höhlen gemeinsam, Männchen waren territorial, und die Mortalität stieg schnell mit steigender Populationsgröße. Auf der Sanddüne stieg die Mortalität wesentlich langsamer mit der Populationsgröße, aber das Wachstum der Jungtiere korrelierte deutlich negativ mit der Dichte. Daß die genannten Zusammenhänge nicht nur für Kleinsäuger gelten, zeigen z.B. Adcock & Emslie (1997) am Beispiel des Spitzmaulnashorns. Steigende Populationsdichte wirkt sich dort mit als Erstes auf Häufigkeit und Intensität der Bullen-Konflikte aus. Ist die Abwanderung dann verhindert, limitieren Nahrungsverfügbarkeit und -qualität in späteren Stadien die Reproduktion, Intergeburtenabstände der einzelnen Kühe steigen und das Populationswachstum geht zurück. Im Extremfall kann es sogar zu Populationseinbrüchen durch stark erhöhte Adultmortalität kommen.

10.4 Langzeiteffekte und Populationskontrolle

Damit sind wir bei einem sehr wichtigen, auch anwendungsbezogenen Aspekt des Sozialverhaltens auf lange Sicht angekommen. Als Erstes muß ein wichtiger Begriff der Populationsbiologie genannt werden, der bei höheren Wirbeltieren mit komplexen Sozialsystemen enorm vom Sozialsystem beeinflußt wird: Die effektive Populationsgröße N_e. Genetisch definiert ist dies diejenige Population, die genauso schnell Variabilität verliert wie eine ideale Population gleicher Größe (Cockburn 1995, Gansloßer 1996). Praktisch-ethologisch betrachtet aber ist wichtig, daß sie von zwei ganz entscheidend sozialstrukturabhängigen Variablen mit beeinflußt wird:

a. nur die Zahl der fortpflanzungsaktiven Adulten geht ein, Junggesellenherden etc. zählen nicht

b. Variabilität in der Familiengröße, d. h. unterschiedliche Nachkommenzahl verschiedener Elterntiere, geht mit ein.

Zu a: $$N_e = \frac{4 \cdot N_M \cdot N_W}{N_W + N_M} \quad \text{(W=Weibchen, M=Männchen)}$$

Als Beispiel sei eine Population einer haremslebenden Art gewählt, bei der 40 männliche und 60 weibliche Tiere in 12 Harems und einigen Junggesellenherden leben. Wenn jeder Harem gleich viele Weibchen (d.h. 5) und 1 Männchen hat ist

$$N_e = \frac{4 \cdot 12 \cdot 60}{72} = 40$$

Zu b: Variabilität in der Nachkommenzahl reduziert N_e ebenfalls. Da aus vielen Freilandstudien bekannt ist, daß z.B. ranghöhere Mütter mehr Nachkommen aufziehen können, muß auch dieser Effekt erheblich miteingerechnet werden. N_e wiederum ist ein ganz wichtiger Bestandteil der Computersimulationsprogramme zur Abschätzung der Aussterbewahrscheinlichkeit bedrohter Arten und geht direkt in die Mace-Lande-Kategorien (s. Anh. III) mit ein. Mithin kann bei Arten mit komplexeren Sozialsystemen ohne fundierte verhaltensbiologische Kenntnisse keine realistische Abschätzung dieser naturschutz- und managementrelevanten Daten vorgenommen werden.

In der neueren Literatur (vgl. Hewitt & Butlin 1997, Clemmons & Buchholz 1997) werden zunehmend auch auf empirischer Ebene wichtige Zusammenhänge zwischen Verhalten und Populationsbiologie deutlich gemacht.

Hewitt & Butlin nennen hier als wichtige Beispiele u. a.:

• die Frage der Wanderungen zwischen phänotypisch und genetisch unterschiedlichen geographischen Subpopulationen, deren mögliche Hybridisierung in (wie breiten?) Überlappungsgebieten und den Beitrag von Paarungs- wie Partnerwahlverhalten zur möglichen beginnenden Fortpflanzungsisolation, assortive mating, z.B. bezüglich Habitat, Aktivitätszeit oder Signalverhalten,

- die Anwesenheit langlebiger Individuen und daraus resultierende Generationenüberlappung insbesondere bei großen Arten wie Elefanten, Wale und Menschenaffen,

- den Austausch von Individuen zwischen isolierten Populationen durch Wanderung, beeinflußt durch die durchschnittliche Abwanderungsentfernung und -dauer dieses Entwicklungsstadiums. Weiterhin ist die Frage, wie schnell und vollständig ein Zuwanderer in der neuen Gruppe reproduktiv integriert wird, erheblich von Sozialsystem, den evtl. Rangstrukturen und Koalitionen etc. abhängig

- wiederholte lokale Aussterbe- und Wiederbesiedelungsereignisse, abhängig von den genannten Wanderungsstrecken

- Dispersalstrategien, genetische und phänotypische Zusammensetzung der Abwanderer und in wieweit diese z.B. in neuen Gebiet anderer Selektion als im Ausgangsgebiet unterworfen sind. Dispersalstrategien sind auch ihrerseits der Selektion unterworfen z.B. bei geklumpten Ressourcen.

Hewitt & Butlin (1997) zitieren als Beispiel für die letzten drei Punkte eine Studie an wildlebenden Hausmäusen in Dänemark, die einerseits selbst bei nur wenige Kilometer getrennten Kolonien schon ein erhebliches Maß an Isolation belegt, andererseits sowohl durch N_e-Abschätzung wie genetischer Driftberechnung eine (wohl aktive) Wanderung von 1 bis 5 Tieren pro Generation zwischen den Kolonien errechnet.

Goss-Custard & Sutherland (1997) sowie Sutherland (1992) haben an einer ganzen Reihe von Beispielen die Zusammenhänge zwischen individueller Entscheidungs- und Adaptationsfähigkeit, Populationsstruktur und Populationsregulation aufgezeigt und dabei auch Effekte wie Habitatverlust, Wanderungsänderungen durch menschliche Einflüsse und Dichtezunahme in Folge der genannten menschlichen Aktivitäten berücksichtigt. Die Besetzung von Territorien kann beispielsweise entweder dichteunabhängig, d.h. stets in gleicher Größe, oder dichteabhängig, d.h. mit je nach Kosten und Nutzen der Verteidigung unterschiedlicher Größe erfolgen. Etliche Individuen werden im erstgenannten Fall gar kein Territorium haben und dadurch gar nicht, andere dagegen mit praktisch vollem Erfolg sich fortpflanzen. Im letztgenannten Fall dagegen wird u.U. der Fortpflanzungserfolg nahezu aller Mitglieder der Population zurückgehen. Ähnliches gilt für gruppenlebende Arten – die Frage ob bei größerer Dichte mehr, aber etwa gleich große, oder etwa gleich viele, aber dafür größere Gruppen gebildet werden als bei geringerer Dichte, spielt die gleiche Rolle, vor allem bei Arten deren Dominanzsystem nur jeweils wenige ranghohe Gruppenmitglieder zur Fortpflanzung kommen läßt. Die Einflüsse unterschiedlicher Dichte auf Fortpflanzungsfähigkeit und Mortalität scheinen bei kleinen und großen Säugern unterschiedlich zu sein, wie Daten von Sinclair (1989) zeigen: Von 13 Kleinsäugerpopulationen zeigten 12 einen Dichteeinfluß auf die Sterblichkeit in späteren Jugend-, eine im Adultstadium keine Einflüsse auf Fertilität und frühe Jungensterblichkeit, von 41 Populationen großer Meeressäuger waren keine im späten Jugend-, eine im Adult-, aber 10 in früher

Jugend und 34 in der Fertilität, von 72 Populationen großer Landsäuger 12 im Adultstadium, eine in später Jugend, 35 in früher Jugend und 49 in der Fertilität betroffen.
Die Dichteabhängigkeit kann hier nicht nur durch Ressourcenübernutzung direkt, sondern auch durch eine eventuell stärkere Abwanderung mit folgendem Freßfeindrisiko
entstehen. Wiederum spielt die Frage nach Gruppengröße und Rangstruktur mit, wenn
es um die demographische wie genetische Struktur der dann entstehenden Population
geht. Manche Populationen, vor allem von sehr großen Arten, z.B. Afrikanische Elefanten (Sutherland 1996) neigen sogar zu einer Art „Überkompensation", d.h. bei größerer Population werden immer mehr unterproportionale Jungenzahlen produziert.
Gerade in solchen Fällen kann es dazu kommen, daß ein Populationsgleichgewicht
(d.h. Gleichstand von Mortalität und Geburtenzugang) weit unterhalb der ökologischen Tragfähigkeit des Gebiets sich einstellt. Solche Populationen sind dann scheinbar ganz gut gegen Habitatverkleinerung abgepuffert – aber Verlust eines Teils des
Habitats wird dann über Dichteeffekte, eben doch wieder zu Überkompensation und
kleinerer stabiler Population führen. Dazu kommen noch Auswirkungen von Wetter
und anderen in der realen Welt, im Gegensatz zu den theoretischen Modellen, eben
nicht konstanten Bedingungen.

Die Nahrungsaufnahmeraten der einzelnen Mitglieder einer Gruppe können, je
nach Art ihres Dominanz- bzw. Ressourcenzuteilungssystems von oben nach unten
kontinuierlich, sprunghaft oder erst ab einem bestimmten Schwellenwert der Rangfolge überproportional abnehmen. Auch das beeinflußt die zukünftige Populationsstruktur genetisch wie demographisch. Goss-Custard & Sutherland (1997) führen noch besonders deutlich die Auswirkungen individueller Entscheidungs- und Optimierungs-
strategien auf die zukünftige Populationsstruktur vor, wenn durch Habitatverlust, Res-
sourcenplünderung, Verlegung von Wanderungen oder andere menschliche (oder
natürliche) Störungen dichteabhängige Regulationsvorgänge eintreten. Betont wird
auch, daß nicht jede menschliche Aktivität automatisch Nachteile für alle Arten bringen muß. So sind, vor allem kleinräumige, Abbrennaktionen in Savannen und Steppen
oft durchaus positiv für viele herbivore Säuger zu sehen (z.B. Kleinkänguruhs: Lundie-Jenkins im Druck, Nashörner: Adcock & Emslie 1997). Treten aber negative Auswirkungen ein, so muß mit Hilfe spieltheoretischer Überlegungen die individuelle, jeweils auch von den Reaktionen der Artgenossen abhängige Entscheidung der Einzel-
tiere betrachtet werden. Dabei spielen Lernfähigkeit, Suchstrategie und Entschei-
dungsschnelligkeit (also Verhaltenseigenschaften) bei der Energiemaximierung
ebenso eine Rolle (eine Beispielpopulation von Columbia-Bodenhörnchen enthielt
37% Individuen, die aufgrund mangelhafter Entscheidungen ihre Fouragiertätigkeit
nicht optimieren konnten) wie morphologische Merkmale, z.B. Schneidezahnbreite
an einer Wildschafpopulation (beide Beispiele aus Goss-Custard & Sutherland 1997).
Bei Life-history-Optimierungsentscheidungen z.B., ob man als Besitzer(in) eines
schlechten Reviers überhaupt Fortpflanzungsaktivität zeigen, oder lieber auf bessere
Zeiten und Reviere warten soll, spielen dann z.B. wieder Lebensalter, Vorerfahrung
und momentane Konstitution eine Rolle. Eichhörnchen besetzen z.B. schlechte Reviere überhaupt nur bei hoher Populationsdichte und nur wenige Individuen vermehren
sich in diesen. Auch bei der Entscheidung zwischen individueller Fouragierverbesse-
rung bei Verlassen von besseren Freßfeindschutz bei Verbleiben in der Gruppe, spielen die gleichen Life history-Aspekte eine Rolle.

Führt man dann noch Abwanderungs- und Migrationsstrategien ein, um Metapopulationseffekte zu studieren (z.B. Smith & Gilpin 1997 für Pfeifhasen), so werden die Verhältnisse noch komplexer.

Wenn auch die Auswirkungen nur angedeutet werden können, zeigen die genannten Beispiele doch die entscheidende Rolle, die Sozialverhalten und Fouragierstrategien bei der Strukturierung von Populationen spielen, und sollten eigentlich deren Bedeutung für die zukünftige Conservation Biologie und moderes Populationsmanagement belegen.

11 Menschliche Ausblicke

Natürlich gehören Aspekte menschlichen Verhaltens zu einer Darstellung des Säugetierverhaltens. Genauso ist es selbstverständlich, daß grundsätzliche verhaltensbiologische Antworten zu allen vier Tinbergen-Fragen (s. Kap. 1) möglich sind. Jedoch beschränken sich verhaltensbiologische Arbeiten meist auf nur zwei der Fragen, nämlich Untersuchungen der stammesgeschichtlichen Herkunft und der evolutiven „Funktion". Die beiden „Wie-Fragen" nach Ontogenese und Mechanismus fallen in die traditionellen Gebiete der medizinischen Physiologie bzw. Psychologie. Aus Platzgründen wollen wir sie auch dort belassen. Im Folgenden möchte ich nur ein paar ausgewählte moderne Beispiele zu verhaltensbiologischen Aussagen über unsere Art anführen. Interessierte seien z.B. auf Knussmann (1996), Jones et al. (1992) oder Alcock (1993) für ausführliche Darstellungen im Überblick und dort zitierte Einzelarbeiten, oder exemplarisch auf Grammer (1996 s.u.) verwiesen.

11.1 Werkzeuge und kulturelle Ausgangspunkte

Wenn wir uns nochmals an die Diskussion der Werkzeugherstellung in Kap. 5.8 erinnern, so sehen wir, daß weder der Gebrauch noch die Herstellung von Werkzeugen, sondern bestenfalls der Gebrauch von Werkzeugen zur Werkzeugherstellung etwas Menschenspezifisches ist. Nur die Kombination einer ganzen Reihe von Merkmalen bietet ansatzweise eine Beschreibung "typisch menschlichen" Verhaltens (s. Jones et al. 1992):[1]

Bereich „Hirn und dessen Wirkung":

- Großes (Neu)hirn
- Starke Abhängigkeit von Werkzeugen
- Komplexe Symbolsprache
- Hochentwickelte kognitive Fähigkeiten und Traditionsweitergabe

Bereich „Nahrung":

- Protein von großen Tieren in Ernährung eingeschlossen
- viel Stärke in der Nahrung
- Verzögerte Futteraufnahme (nicht sofort nach dem Auffinden, oft verbunden mit Zubereitung)
- Oftmals ausgereifte Nahrungsteilung (food sharing)

---

1. Wegen der sehr engen Verknüpfung verschiedenster Autorenbeiträge werden hier alle Beiträge der (sehr guten) Cambridge Encyclopedia of Human Evolution mit der Editorenangabe Jones et al. 1992 zitiert.

Bereich „Sozial- u. Fortpflanzungsverhalten":

- Starke ökonomische und sexuelle Bindung zwischen Geschlechtern
- Lange Kind- und Subadultphase
- Soziales Leben auf Wohnheimat gerichtet
- keine großen Eckzähne für soziale Interaktionen

Bereich „Lokomotion und Lebensraum":

- Zweibeiniges Gehen und Stehen
- Bewohner offener Lebensräume

Durch genaue Analyse von Fossilresten können zu etlichen dieser Merkmale auch geologische, d.h. historisch-zeitliche Daten gewonnen werden. So kann mit Hilfe von Becken, Oberschenkel, Kniegelenk, Fuß und Lage des Hinterhauptsloches, manchmal auch mit Hilfe versteinerter Fußabdrücke, der Beginn des bipeden Laufens auf die Zeit vor mehr als 3,6 Mio. Jahren festgelegt werden. Durch Gehirnausgüsse und Größenvergleich zwischen Schädelkapazität und Körpergröße können wir vermuten, daß vor 1,5 bis 2 Mio. Jahren der „Startschuß" zur menschtypischen Hirnvergrößerung fiel.

Abnutzungsspuren am Zahnschmelz, durch elektronenmikroskopische Untersuchungsmethoden beschreibbar, sowie Spuren an Tierknochen zeigen, daß vor ca. 2 bis 3 Mio. Jahren faserreiche Pflanzennahrung, vor 1,5 bis 2 Mio. Jahren großtierisches Eiweiß zur Ernährung kam. Mit Hilfe von Pollen an den Funden kann der Übergang zu offener Savannenlandschaft auf ca. 2 bis 3 Mio. Jahre datiert werden, die ersten Steinwerkzeuge sind ebenfalls 2–2,5 Mio. Jahre alt. Vor 1,5 bis 2 Mio. Jahren wurden die menschlichen Hände erstmals anatomisch zur differenzierteren Manipulationen fähig, und auch die Werkzeuge werden dabei „moderner", irgendwann zwischen 1,5 Mio. und 100.000 Jahren vor uns wurde die gezielte Verwendung von Feuer üblich. Was danach folgt ist Kulturgeschichte und nicht mehr Gegenstand unserer Kurzübersicht.

Trotz all diesen Funden bleibt vieles vom Verhalten unserer Vorfahren unbekannt. Häufig werden daher (mit aller gebotenen Vorsicht!) verhaltensökologische Studien an Primaten zum Entwurf eines möglichen Szenarios des Lebens unserer Vorfahren herangezogen (Jones et al. 1992). Insbesondere Paviane und Dscheladas als savannen- bis semiarid-angepaßte Arten, sowie Schimpansen als wohl höchstevolvierte Menschenaffen sind hierbei zu nennen.

Die Anpassungen der Dscheladas an die spezialisierte Samenfressernische, mit vergrößerten Backenzähnen, kleinen Vorderzähnen, einer erstaunlichen manuellen Geschicklichkeit und einem gut gepolsterten Hinterteil, auf dem sie im sitzend voranrutschen können ohne aufzustehen, erinnern vielfach an mophologische Anpassungen unserer Vorfahren. Möglicherweise waren diese also auch in Horden (Feindabwehr), die aus kleineren Reproduktionseinheiten entstanden (Familien, Harem) zusammengesetzt. Auch ein Größenvergleich menschlicher Hoden mit denen von Primaten unterschiedlicher sozialer Systeme läßt vermuten, daß das Fortpflanzungssystem damals nicht monogam, sondern an der Grenze zwischen Harems- und Vielmännergruppe lag. Die vergleichende Untersuchung der Schimpansenpopulationen in Wald- und Savannen-Systemen zeigte bei letzteren mehr Tendenz zum Werkzeuggebrauch und weiteres Herumstreifen bei der Nahrungssuche.

Verhaltensökologische Studien an nordostafrikanischen Pavianen und Dscheladas zeigten, daß bei trockenheitsbedingter Nahrungsknappheit Dscheladas mehr Gras, Paviane mehr Fleisch zu sich nehmen.

Von besonderer Bedeutung im Zusammenhang mit der Stammesgeschichte menschlichen Verhaltens war von jeher die Sprachentwicklung. Als wichtige Merkmale, die in ihrer Kombination bisher nur bei Menschen gefunden wurden, gelten (Jones et al. 1992):

Signale sind:

- in willkürlicher Form
- erlernt
- durch freie Kombination verwendbar
- in geregelten Strukturen verwendet
- über die Zeit variabel

Bezüge (zu Ereignissen, Zuständen etc.) sind:

- symbolisch
- auch auf abstrakte Ideen und äußere Objekte möglich
- kontext empfindlich
- gelernt
- für neue Informationen offen

Zusätzlich ist Informationsspeicherung möglich. Wenn auch etliche dieser Merkmale einzeln oder in Kombination mit einigen anderen auch bei anderen Säugern auftreten (Alarmrufe der Grünen Meerkatzen sind willkürlich, beziehen sich auch auf äußere Objekte und können durch Erfahrung beeinflußt sein, Gesänge der Buckelwale sind über die Zeit variabel und bestehen aus frei kombinierbaren Einheiten), so sind alle Merkmale zusammen bisher bei keinem anderen Tier gefunden werden.

Über das erste Auftreten von Sprache in der Stammesgeschichte wird viel spekuliert. Je nachdem, ob Hirngröße und -form, Kiefer- und Kehlkopfstruktur, oder Auftreten von kulturellen Leistungen, wie Werkzeuge, Bestattungsriten und Kunstobjekte, als Hinweis gewertet werden, kommen ganz unterschiedliche Zeiträume heraus. Sicher ist nur, daß Sprache sowohl zur Produktion (Kehlkopf, Zunge, Unterkiefer, Nasen-/Rachenhöhle, Sprechzentren vor allem im vorderen Bereich der Großhirnrinde) als auch zur Erkennung (Gehör, Sprachzentren im auditorischen Cortex) spezielle anatomische Korrelate braucht, und daß das Auflösungsvermögen für sprachliche Information viel größer ist (bis zu 25 phonetische Elemente pro Sekunde ggb. 7 bis 9 pro Sekunde für nicht-sprachlich übermittelte Information). Nur durch diese Fähigkeit zur schnellen Informationsaufnahme mit Hilfe der Sprache ist es möglich, komplexe Sachverhalte innerhalb der engen zeitlichen Grenzen des Kurzzeitgedächtnisses zu vermitteln (was für das Verständnis enorme Bedeutung hat). Zwar erreicht Zeichensprache ebenfalls eine sehr hohe Übertragungs- und Auflösungsgeschwindigkeit, aber die Hände bleiben dabei beschäftigt und können nicht gleichzeitig zu anderen Tätigkeiten verwendet werden.

11.2 Paarungssystem und Partnerwahl

Wie schon erwähnt sprechen etliche Befunde gegen die Monogamie als überwiegende Sozialform in der jüngsten Geschichte der Menschheit (Jones et al 1992). Sexualdimorphismus und Werbeverhalten (s. u.), Bindungsverhalten, Hodengröße (als Hinweis auf das Ausmaß von Spermienkonkurrenz s. Kap. 8.1) und die ethnologischen Statistiken sprechen alle für ein Fortpflanzungssystem zwischen Haremspolygynie und alters-/rangstrukturierter Vielmännergruppe, wahrscheinlich mit female-bonded (s. Kap. 8.3) clan-Struktur und evtl. Männerkoalitionen.

Einige bemerkenswerte, teils direkte, teils indirekte Befunde zu Reproduktionsverhalten des Menschen hat Alcock (1993) zusammengetragen. Mehrmals betont er, daß die soziobiologisch orientierten Interpretationen nicht die einzig möglichen sind, und daß vor allem eine soziobiologische Interpretation menschlichen Verhaltens weder gleichbedeutend mit fatalistischer Akzeptanz der möglicherweise teilweise genetisch bedingten Verhaltensmerkmale als unabänderlich und gut noch mit sozialdarwinistischen Tendenzen sein muß. Biologen, die Ausbreitungsstrategien und Anpassungsmechanismen des HIV-Virus studieren, so Alcock, werden ja auch nicht automatisch beschuldigt, diese Seuche gut zu heißen oder gar deren Verbreitung zu fördern. Im Bereich des Partnerwahl- und Paarungsverhaltens des Menschen gibt es tatsächlich eine Reihe von Erscheinungen, die eine verhaltensbiologische Interpretation herausfordern. Grammer (1990, 1996) hat z.B. die Flirt-Rituale von menschlichen Paaren (ohne deren Kenntnis, in scheinbar zufällig herbeigeführten Gesprächssituationen) studiert, und die Abfolge von verschiedenen Signalen (Körperhaltung, Kopfposition, Lachen, Orientierung zum Gegenüber) bei beiden verglichen. Es zeigte sich daß, wie durch die Theorie der Partnerwahl zu erwarten, die weiblichen Personen eher unauffällig-abwartend auf die männlichen Signale warteten, und erst dann deutlichere Signale sendeten. Jedoch zeigt sich auch, daß ohne vorangehende weibliche Kontaktaufnahme (Herantreten, Blickkontakt, Lächeln) kaum eine Interaktionskette in Gang kommt. Weibliche Signale sind solche der Kontaktaufforderung und des Präsentierens von weiblichen Regionen, männliche eine Kombination aus Kontaktaufnahme/interesse mit submissiven Gesten. In Situationen des ungerichteten Aufmerksammachens (Strand, Diskothek etc.) dagegen werden vom weiblichen Geschlecht ganz andere, mehr auf die Geschlechtsmerkmale (Figur, Halsform, Haar) ausgerichtete Signale gesendet. Besonders interessant sind die unterschiedlichen Geschlechtseinschätzungen zum Thema Gesichts- und Körpersymmetrie (Grammer 1996): Als besonders attraktiv am weiblichen Körper gelten Figuren, die a) auf hohen Östrogenspiegel, b) auf gut angelegte Fettvorräte für Schwangerschaft und Stillzeit und c) auf allgemein guten frischen Gesundheitszustand hindeuten – daher straffe Brüste, Sanduhrform, gut gepolstertes Gesäß etc. Im Gesicht gilt bei weiblichen Personen: Attraktiv = symmetrisch, eine Computerüberlagerung vieler weiblicher Gesichter wird als besonders angenehm empfunden. Die Entscheidung für die symmetrischsten Gesichter interpretiert Grammer mit der dann besonders wahrscheinlichen hohen genetischen Variabilität und Heterozygotie der Betreffenden, was einen besonders guten Immunstatus, also Widerstandsfähigkeit signalisiert. Im männlichen Geschlecht dagegen sind attraktive Körper in der Dreiecks- bzw. T-Form gebaut, was auf starke Bemuskelung in Schulter-, Arm- und Extremitätenbereich hindeutet – nicht nur als Ausdruck von Kraft sondern auch von hohen Testosteronwerten. Zugleich werden im Gesicht eckige Konturen, breiter Hals und kantiges Kinn bevorzugt, und die Computerüberlagerung vieler männlicher Gesuchter gilt als weniger attraktiv als die Individuen. Da auch Gesichtsform, Kanten etc. testosteronabhängig sind, werden damit hohe Testosteronspiegel bevorzugt (Testosteron regt auch die Talgproduktion an, vielleicht gelten deshalb strähnige oder glänzend gelackte Haare bei vielen Frauen angeblich als attraktive männliche Merkmale). Besonders interessant werden diese Bevorzugungen von testosteronreichen Merkmalen nun im Licht der Tatsache, daß dieses Hormon den Immunstatus verschlechtert – also möglicherweise auch eine Wahl nach dem Handicap-Prinzip (s. Kap. 8.1).

Aber auch auf einer anderen, mehr sozio-ökonomischen Ebene finden wir viele Phänomene, die eine soziobiologische Interpretation zumindest sehr gut vertragen: Alcock (1993) zitiert Beispiele aus mehreren Kulturen, wonach die Zahl der erfolgreich aufgezogenen Kinder einer Frau mit dem Sozialstatus und Reichtum des Mannes positiv korreliert und Frauen diese Männer bevorzugen, umgekehrt die statushöchsten Männer durchschnittlich die höchsten Partnerinnen- und Kopulationszahlen erzielten. Frauen wählen auch öfter ältere statushöhere und gleich große bis etwas größere Partner, vor allem in der Altersgruppe der über 25-jährigen (darunter sind Paare eher gleich alt) (Grammer 1996). Männer legen in ihrer Wahl mit zunehmendem Alter immer mehr Wert auf jüngere Frauen (mit hoher noch verbleibender Fortpflanzungsspanne) und auf Attraktivität (s. o.). In manchen Kulturen ist der Brautpreis für Mädchen, die früher in die Pubertät kommen höher – und diese haben dann auch meist eine größere Zahl an Kindern.

Auch die Häufigkeit des Partnerwechsels bzw. der Partnerbewachung ist unter verhaltensbiologischem Blickwinkel aufschlußreich: Männer sind durchschnittlich mehr an Paarungen mit mehr als einer Partnerin interessiert als Frauen (was mit der dann wegfallenden väterlichen Aufzuchthilfe zusammenhängen könnte), umgekehrt können Frauen durch Paarung mit mehreren Männern den eventuellen Spermienwettbewerb fördern. Bemerkenswert ist nun, daß Männer die zwischen den Paarungen mehr, oder regelmäßig, mit ihrer Partnerin zusammen waren (also wenig Konkurrenz fürchten mußten) weniger Spermien produzieren bzw. pro Ejakulat ausstoßen, als solche, die zwischen den Paarungen oft und länger von der Partnerin getrennt waren (also eher Konkurrenz haben könnten) (Alcock 1993).

11.3 Kinderaufzucht – Ist Blut dicker als Wasser?

Es gibt etliche Kulturen, in denen die sexuelle Freizügigkeit schon von jeher größer ist als in der west-europäischen. Alcock (1993) führt Beispiele aus mehreren davon an, die zeigen, daß je unsicherer ein Mann sich der Vaterschaft der Kinder seiner Frau sein kann, desto geringer seine Investition in die Kinder – häufig stattdessen eine höhere Investition in die Kinder seiner Schwestern – und desto größer die Wahrscheinlichkeit von Konflikten mit den Kindern – besonders häufig sind diese mit Stiefkindern. Statistiken aus Nordamerika zeigen auch einen korrelativen Zusammenhang zwischen Kindsmißhandlung und Anwesenheit mindestens eines Stiefelters bzw. Unsicherheit der Elternschaft mindestens eines Elternteils, im Haushalt. Auch die Praktiken von Brautpreiszahlung, Mitgift und Erbregelungen passen recht gut in die verhaltensbiologische Betrachtung der Frage Partnerwahl/Fortpflanzungssystem: Eine Übersicht über 1267 zeitgenössiche Kulturen (aus dem Ethnographic Atlas, zit. in Alcock 1993) zeigt Brautpreiszahlungen bei 66% der Kulturen, überwiegend polygynen – die Ressourcenlage des Mannes spielt hier offenbar die entscheidende Rolle für die Brauteltern. Zugleich vererben in diesen Gesellschaften Eltern ihr Vermögen bevorzugt an Söhne (übrigens ist auch in einer kanadischen Studie die überwiegende Vererbung des elterlichen Vermögens auf Söhne gegenüber Töchter höher, je höher das Vermögen ist!).

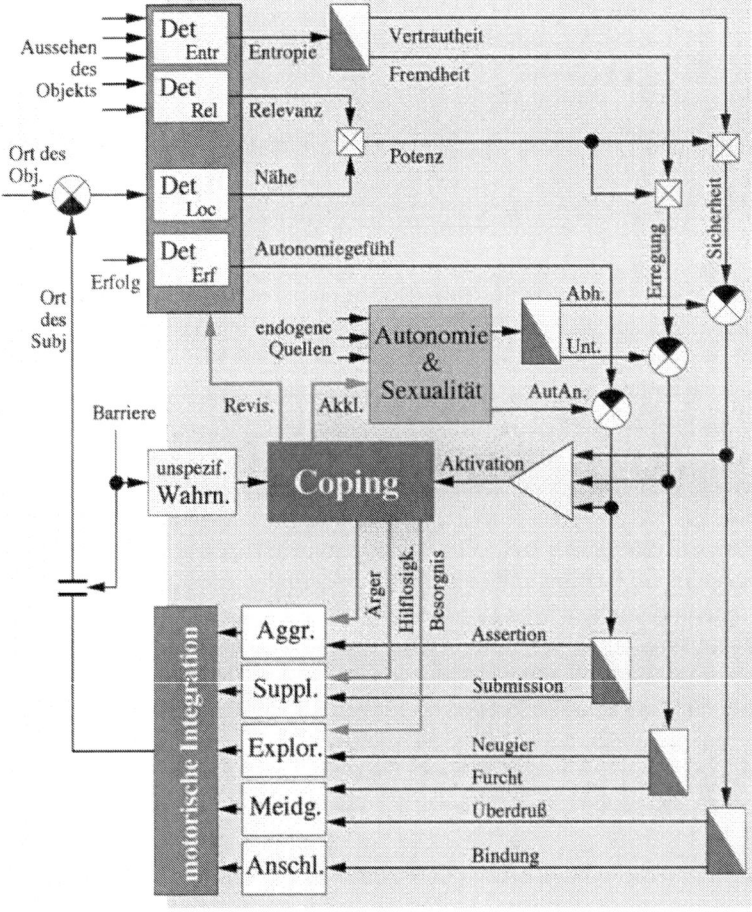

Abb. 33 Das Züricher Modell der sozialen Motivation, in dem versucht wird, Prozesse der sich ändernden Bedeutung sozialer Beziehungen, z.B. Abwanderungstendenzen (s. Kap. 9.7), zu modellieren.

Mitgift für die Braut ist dagegen nur in 3% der Kulturen üblich und zwar nahezu ausschließlich in sog. stratifizierten Monogamien, also Gesellschaften in denen der Sozialstatus eine große Rolle spielt. Da lohnt es sich offenbar der Tochter

einen statushohen Mann zu kaufen – siehe oben für die Einflüsse auf Fortpflanzungserfolg.

11.4 Pubertät und Anwanderung

Obwohl sie eigentlich in den Bereich Ontogenie, und damit, wie oben ausgeführt, in
die Domäne der Psychologie fällt, soll noch eine Studie zum Theme Ablösung von der
Familie Abwanderungstendenzen etc. kurz vorgestellt werden. Das Zürcher Modell
(s. Kap 9.7 u. Abb. 33), von Bischof und Mitarbeitern (Bischof 1985) entwickelt, wurde u.a. von dem leider zu früh verstorbenen Harry Grubler und seiner Arbeitsgruppe
als Grundlage für ein Computerspielszenario genutzt, bei dem ein Weltraumflug mit
unterschiedlichen Abenteuern simuliert wird. In diesen Untersuchungen (Gubler &
Bischof 1993, Gubler et al. 1994) wurde den Versuchspersonen in einem vorgetäusch-
ten Weltraumflug ermöglicht, durch unterschiedliche Betätigungen im Flugsimulator
mehr oder weniger risikoreiche Manöver zu unternehmen, Schutz der Bodenstation
anzufordern, die Führung eines mitfliegenden zweiten Raumschiffs zu akzeptieren
oder nicht etc. Männliche und weibliche Testpersonen im Alter von 15/16 bzw. 23 bis
25 Jahren wurden getestet. Es zeigt sich, wie von den Vorhersagen des Zürcher Modells zu erwarten, eine in beiden Geschlechtern mit dem Alter zunehmende Aktivie-
rung des Erregungs- und Abnahme des Sicherheitsbedürfnisses, wobei in beiden Al-
tersgruppen die männlichen Personen höhere Werte hatten als die Altersgenossinnen.
Mit Hilfe der simulierten Anforderung des Mutterschiffs und anderer Aktivitäten wurde auch eine geringere Kontaktbereitschaft zur Basis bei männlichen Probanden festgestellt. Männliche Versuchspersonen zeigen sich i.allg. dann explorationsfreudiger
als weibliche, wenn kein zu erkennendes konkretes Objekt vorliegt, kehren aber oszil-
lierend oft zur sicheren Basis zurück. Weibliche sind ohne konkreten Anlaß weniger
explorationsfreudig, starten aber teilweise weitreichende selbständige Explorationen
sobald ein interessantes Ziel auftaucht. Bemerkenswert ist die weitgehende Übereinstimmung der Ergebnisse mit den zu erwartenden geschlechtstypischen Abwande-
rungsmustern, die ein female-bonded, ein- bis multimale Sozialsystem (s.o.) erwarten
ließe.

12 Wozu es gut sein kann – angewandte Perspektiven des Säugetierverhaltens

12.1 Domestikation

Der Prozeß der Domestikation, der Schaffung von Haustieren aus wilden Stammarten, ist in sehr unterschiedlicher Form definiert worden (s. Zusammenfassung bei Herre & Röhrs 1990). Die genannten Autoren schreiben selbst (p. 16): „Haustiere sind aus kleinen Individuengruppen von Wildarten hervorgegangene Bestände, die unter dem Einfluß von Menschen weitgehend in sexuelle Isolation von der Stammart gerieten, sich über Generationen den besonderen ökologischen Bedingungen eines Hausstandes anpaßten und zu zahlenmäßig großen Beständen entwickelten. Die veränderte natürliche Auslese und weitergehende zielgerichtete Auslese durch Menschen führte im Zusammenhang mit Umorganisationen und anderen Veränderungen in den Erbanlagen zu einer großen Mannigfaltigkeit in Anatomie, Physiologie und Verhalten. ... Dabei wurden Haustiere ihren Stammarten immer unähnlicher."

Ebenfalls Herre & Röhrs (1990) sowie Sambraus (1991) haben die Verhaltensänderungen im Domestikationsprozeß zusammengefaßt. Beide Werke betonen, daß im Haustierstand keine echten Neuerwerbungen im Verhalten (gegenüber den Wildarten) auftrete, auch wenn erlernte Verhaltensweisen in beeindruckendem Maße durch Dressur erzeugt werden. Es gibt jedoch Befunde, die zu dieser Ansicht im Widerspruch stehen: Feddersen-Petersen & Ohl (1995) beschreiben z. B. Lachen bei Haushunden, das dem Wolf noch fehlt. Auffallend ist weiter, und sicher steht dies auch in Zusammenhang mit dem Verhalten, die bei Haustieren gegenüber wilden Stammformen stets reduzierte Hirngröße (und zwar in viel stärkerem Umfang als etwa bei in Gefangenschaft aufgezogenen Wildtieren, Sambraus 1991). Die Reduktion des Gewichts hängt offenbar z. T. mit dem Cephalisationsgrad der Wildtierstammart zusammen, und beträgt z. B. bei Schweinen bis 34 %. Besonders stark betroffen sind dabei die Strukturen des limbischen Systems, des Kleinhirns und vielfach die Großhirnrinde (Herre & Röhrs 1990). Histologisch zeigen sich oft Abnahmen von Zahl und Schichtenreichtum der Nervenzellen. Die Verhaltensänderungen in der Domestikation zeigen bei vielen Arten Verlust bestimmter Verhaltenselemente, vor allem solcher, die mit starker und komplexer Bewegungskoordination ablaufen, die Kommunikationselemente werden undeutlicher, undifferenzierter und zwar oft lebhafter, aber weniger geordnet. Häufig fehlen vor allem die leiseren Laute und unauffälligeren optischen Signale. Beispiele dafür finden sich vor allem zwischen Wolf und Haushund (Feddersen-Petersen 1996), Verlust ganzer Verhaltenskomplexe findet sich z. B. im Beutefangkontext bei Hunden und Katzen, beim Nestbau der Schweine, oder im Bereich der Jungtieraufzucht (Herre & Röhrs 1990). Andere Verhaltensbereiche werden übersteigert, treten häufiger und/ oder intensiver, oder unter Verlust jahresperiodischer Änderungen auf (Aggressivität mancher Hunderassen, Schnurren der erwachsenen Hauskatze, Fortpflanzungsaktivität von landwirtschaftlichen Nutztieren). Weitere Veränderungen im Haustierstand betreffen Zerfall von Verhaltensketten oder Dissoziation verschiedener Bereiche einer

Sozialbeziehung (Abbruch der Beutefangverhaltenskette bei Vorstehhunden, Verschwinden der monogamen Paarbindung bei Haushunden), Änderungen, meist Vergröberungen, der auslösenden Reize bzw. Akzeptierens von Ersatzreizen (vgl. Hündinnen als Ammenmütter für fremde Arten, Aufsprunggestelle zur Samengewinnung für Zuchtbullen bei künstlicher Besamung) oder Änderungen von Schwellenwerten für die Auslösung bestimmter Verhaltensweisen (vgl. unterschiedliche Aggressivität verschiedener Hunderassen). Im physiologischen Bereich finden wir auch einige Veränderungen die Auswirkungen auf das Verhalten haben. Haustiere haben gegenüber ihren wilden Stammformen meist eine geringer ausgeprägte circadiane Aktivitätsrhythmik (Herre & Röhrs 1990), vor allem aber eine geringere Jahresperiodik von Aktivität, Fellwechsel und Fortpflanzung. Häufig findet man fast ganzjährig zykelnde und fortpflanzungsbereite, anstatt saisonal oestrische weibliche Tiere. Auch männliche Haustiere weisen meist geringere jahresperiodische Hormonschwankungen im Bereich der Testosterongruppe auf als die wilde Stammart.

Künzl & Sachser (1997) verglichen Verhalten und physiologische Werte von Wild- und Hausmeerschweinchen und fanden im aggressiven Bereich höhere Werte der Wild-, im soziopositiven höhere Werte der Hausmeerschweinchen. Das Cortisolsystem war bei Wildmeerschweinchen wesentlich empfindlicher, d. h. bei Belastung stieg der Wert von Wildmeerschweinen stärker an, obwohl die Grundwerte sich nicht statistisch unterschieden. Im Sympathicus-Nebennierenmarksystem lag bei männlichen Tieren schon der Ruhewert der Hormonausschüttung höher, Adrenalin- und vor allem Noradrenalinausschüttung steigen hochsignifikant mehr bei Wild- als bei Hausmeerschweinen sobald eine geringfügige Belastung eintritt. Sollten diese Ergebnisse auf andere Haustierformen übertragbar sein, so wäre als wichtiges Merkmal eine bessere Anpassungsfähigkeit an belastende Umweltänderung sowie an beengte Verhältnisse und vermehrte soziale Kontakte daraus abzulesen.

12.2 Tierschutz-Überlegungen

Das Deutsche Tierschutzgesetz (s. Anhang III) fordert u. a., ein gehaltenes Tier "seiner Art und seinen Bedürfnissen entsprechend angemessen <zu> ernähren, pflegen und verhaltensgerecht unter <zu>bringen" und daß ihm Schmerzen oder vermeidbare Leiden oder Schäden <nicht> zugefügt werden."

An diesen Forderungen entzünden sich ständige Diskussionen, sei es um die Nutztier-Massenhaltung, Unterbringung von Wildtieren, aber auch polizeilich verordneten Leinenzwang für Hunde in öffentlichen Parks. Es darf auch "das Bedürfnis nach artgemäßer Bewegung" nicht eingeschränkt werden, und das trifft auf Hunde, die nie frei laufen dürfen sicher zu. Insofern sind Leinenzwänge wie z. B. in Nürnberg sicher ein Verstoß gegen § 2 TSchG, sofern nicht zumindest bestimmte Grünflächen als Hundebegegnungsstätten ausgewiesen werden.

Beachtenswert ist, daß die so oft verwendeten Bemerkungen „tiergerecht" und „artgerecht" wörtlich im Gesetz und auch in den meisten anderen Regelungen nicht vorkommen (s. Mühling 1996 für eine Diskussion dieser Begriffe). In der deutschsprachigen Diskussion um die Auslegung der o. a. Forderungen wurden vor allem zwei Denkmodelle immer wieder benutzt:

Das Handlungsbereitschaftsmodell der Marburger Schule um Christiane Buchholtz (z. B. Buchholtz 1993)

das Bedarfsdeckungs- und Schadensvermeidungsmodell der Berner Gruppe um Beat Tschanz (Tschanz 1993)

Das Buchholtz-Konzept geht zunächst vorbereitend davon aus, daß auf Grund der allgemein biologisch anerkannten Homologiekriterien angenommen werden kann, wenn homologe Hirnstrukuren vorliegen, daß dann auch Schmerz und Belastung ähnlich empfunden würden. Eine zweite Grundannahme des Modells ist die Existenz einer sog. Handlungsbereitschaft HB (= Motivation, Trieb, …) im Tier, deren Stärke von inneren wie äußeren Faktoren beeinflußt wird. Der Organismus ist nach diesem Modell ein offenes System gegenüber der Umwelt, das ein Mindestmaß an unspezifischen Reizen benötigt, um ohne Schäden zu bleiben.

Unspezifische Reize und endogene Faktoren beeinflussen die HB. Je nach Höhe der HB werden die der betreffenden Handlung zugeordneten Auslösemechanismen aktiviert, bei hoher HB tritt Spontanverhalten auf, durch Ausführung der spezifischen Handlung erfolgt eine Rückkopplung auf die HB. Soweit das Normalverhalten. Kommt es zu „situationsinadäquaten Verhaltensauffälligkeiten" = Verhaltensstörungen, so ist auf mangelndes Wohlbefinden also unzureichende Lebensumstände z.B. in der Haltung zu schließen. Problematisch bei der Anwendung ist z.B., daß Leerlauf- oder Übersprungsverhalten per se nicht als Verhaltensstörung betrachtet werden (wohl zu Recht), aber bei „gehäuftem Auftreten" schon – und wann sind sie gehäuft? Als wichtige Verhaltensstörungen nennt Buchholtz (1993) Ethopathien, Neurosen und post-psychosomatische Verhaltensstörungen.

Ethopathien sind „organpathologisch verursachte Verhaltensstörungen" genetischer (Aggressivität bei Bullterriern) oder exogener (Drehkrankheit durch Bandwurmfinnen bei Wiederkäuern) Art.

Neurosen sind erworbene Verhaltensstörungen durch fehlende Umweltreize, reizarme Aufzucht (Zwingerhunde) oder besondere Belastungen (traumatische Erlebnisse z.B. ständige Konfliktsituationen, Überforderung bei unlösbaren Lern-/Dressurakten etc.).

Post-Psychosomatische Verhaltensstörungen sind sozusagen die sekundäre Folge von belastungsbedingten Änderungen z. B. Folgen der durch sozialen Streß ausgelösten Hormonausschüttungen.

Das Bedarfsdeckungs-Schadenvermeidungs-Konzept geht von der Überlegung aus, daß ein Organismus zum Aufbau, Erhalt und Weitergabe (=Fortpflanzung) seines Körpers Bedürfnisse hat, die durch Nutzung der Umwelt gedeckt werden müssen. „Hat das Tier etwas Bestimmtes nötig, wird es auf Merkmale ansprechbar, welche jenen Dingen in der Umgebung zukommen, deren Nutzung die Beschaffung des Benötigten ermöglicht. Das Tier beginnt nach Trägern solcher Merkmale zu suchen, begibt sich zu den Merkmalsträgern und setzt sich so lange mit ihnen auseinander bis das Benötigte aufgenommen ist. Die weitere Verarbeitung … führt zur Bedarfsdeckung" (Tschanz 1993, p. 70). Schadenvermeidendes Verhalten tritt z.T. auf Anhieb, z.T. erst nach einschlägiger Erfahrung auf. Störungen im biologischen Bereich treten auf, wenn die o. g. Abläufe beeinträchtigt werden. Verhaltensanpassungen können dazu führen, daß trotz Beeinträchtigung dieselben Leistungen des Organismus erbracht werden wie im „Normalzustand". Reicht das veränderte Verhalten nicht zur Bedarfsdeckung und/

oder Schadensvermeidung, so ergeben sich Verhaltensstörungen. Diese sind daher alle vom arttypischen Normbereich abweichenden Verhalten, die nicht ausreichen, „jene Beiträge zur Gesamtleistung zu erbringen, welche für die Entwicklung und Erhaltung der dem Normtyp entsprechenden Körper- und Verhaltensmerkmale beim Individuum oder Artgenossen oder für die Erhaltung der Fortpflanzungsgemeinschaft erforderlich sind" (Tschanz 1993, p 74).

So theoretisch ähnlich die beiden Konzepte scheinbar sind, so unterscheiden sie sich doch erheblich in den daraus zu ziehenden Konsequenzen, und haben daher z.B. Nutztierethologen nahezu endlos bewegt. Ein Fall, der unterschiedlich zu sehen wäre, könnte z.B. eine Bewegungsstereotypie betreffen- wenn diese dem Tier bei der „Streßbewältigung" hilft, wäre sie nach Tschanz eigentlich keine Verhaltensstörung. Zudem werden im Tschanz-Konzept keine Bedürfnisse erwähnt – Gefühle, Leiden etc. werden also nicht operationalisiert.

Ungeachtet davon, welchem Modell man zuneigt, hat man oft, insbesondere in der Auseinandersetzung mit Nicht-Zoologen oder wirtschaftlich orientierten Kreisen das Problem, Schmerzen und Leiden bei Tieren überhaupt zu präzisieren (Loeffler 1993, Hassenstein 1993). Häufig ist man dabei auf vegetativ-physiologische Auswirkungen, wie schlechten Allgemeinzustand, strupppiges Fell, Gewichtsverlust etc. angewiesen. Hormonbestimmungen, insbesondere nicht-invasiver Art, können in sochen Fällen oftmals ebenfalls wichtige Informationen liefern.

12.3 Naturschutz

Curio (1993) sowie Clemmons & Buchholtz (1997) haben überzeugend die Wichtigkeit verhaltensbiologischer Methoden und Denkansätze für Naturschutzprojekte, sei es in-situ oder ex-situ (d. h. im natürlichen Verbreitungsareal oder in Erhaltungszuchtprogrammen) betont. Wie Curio betont, sind Verhaltensbiologen schon deshalb besonders geeignet, frühzeitige Fehlentwicklungen zu erkennen, weil sie von der Adaptiertheit der Merkmale grundsätzlich ausgehen und jede Form von Nichtangepaßtsein als Widerspruch zu dieser adaptionistischen Hypothese sofort ihr Interesse erweckt. Insbesondere nennt Curio folgende Bereiche, in denen verhaltensbiologische und -ökologische Methoden und Konzepte wichtig sind:

*   Möglichst freie Partnerwahl, bzw. Partnerwahl entsprechend dem natürlichen Mating System. Dies widerspricht oft den genetisch/demographisch begründeten Empfehlungen der einschlägigen Koodinationsstellen, ermöglicht aber (s. harmonische Paare Kap.8.3) oft besseren Aufzuchterfog. Die Bedeutung der Fortpflanzungssysteme für den Artenschutz geht aber sogar weiter: Curio (1993) berichtet, daß Arten mit polyandrischen Systemen schnellere Bestandsrückgänge haben als monogame oder promiske.

*   Reproduktionsunterdrückung durch dominante Tiere kann zu verlangsamtem Populationswachstum führen, umgekehrt muß aber der Vorteil von Helfern bei der Aufzucht berücksichtigt werden, bevor Familiengruppen zu sehr verkleinert werden.

*   Streß-reduzierende Maßnahmen, z.B. Behavioural enrichment, also lebensraumbereichernde und beschäftigungsfördernde Maßnahmen der Gehegegestaltung (Holst 1990, Meister 1996)

- Elterngeführtes schrittweises Vertrautmachen von Tieren bei der Auswilderung, d. h. im Fall von menschaufgezogenen Tieren auch die schrittweise Einführung in den Lebensraum durch Zieheltern,

- Trainingsprogramme vor der Auswilderung, um Feinde, ungenießbare Pflanzen, aber auch Umweltstrukturen wie z.b. welche Äste begehbar sind, den Tieren vorzustellen und vertraut machen, haben z.B. beim Auswilderungsprojekt des Goldenen Löwenäffchens erheblich die Erfolge verbessert.

- Nahrungswahl und Nahrungsvielfalt können oft entscheidend für die spätere erfolgreiche Fortpflanzung sein. Hier spielen (s. Kap. 5 & 8) Lernerfahrungs- und z. T. Prägungsvorgänge eine erhebliche Rolle.

Komdeur & Deerenberg (1997) haben noch spezieller auf Probleme und Anwendungsbereiche aus dem Bereich Soziale Beziehungen und Strukturen hingewiesen. So wird z.B. durch Habitatfragmentation oft die Alterszusammensetzung von Paaren anders, Wanderungsverhalten ändert sich (nimmt z.B. bei Adulten zu), bei geringer Bestandsdichte werden keine Aufzuchthelfer integriert, was nicht nur der Erfolg von Elternpaaren sondern auch die Erfahrung der nachfolgenden Generation einschränkt (s. Kap 8), die verhaltensbiologischen Mechanismen der Inzuchtvermeidung sind oft noch völlig unbekannt, Paarungssysteme (monogam/polygam) sind bei etlichen Arten (Feldmäuse, Rotfuchs, Gunnison's Präriehund) von der Nahrungsverfügbarkeit abhängig, bei anderen Arten (Moschusochse) ändert sich das Ausmaß der Polygynie mit der Nahrungsverteilung. Zusatzfütterungen und Korridore (s. u.) sind von besonderer Bedeutung: In einer Modellstudie an Feldmäusen (Halle et al 1997) zeigt sich, daß zu breite, ebenso wie zu schmale Korridore die Wanderung zwischen getrennten Habitatinseln einschränken - im Falle der „zu breiten" Korridore wird durch sehr viel Exploration zuviel Zeit im Korridor „vertrödelt", was u.a. die Freßfeindgefahr erhöhen kann. Umsiedelungsaktionen sollten sich am Abwanderungsverhalten der betreffenden Art orientieren (Komdeur & Deerenberg 1997) und häufig sind bei Großsäugern gerade die Problem-Individuen, die viel Konflikte mit der menschlichen Bevölkerung bereiten, Überschußmänner, deren Entfernung aus der Population nicht allzu viele Störungen hinterläßt. Allerdings muß dabei auf die möglichen Folgen einer veränderten Alters-/Geschlechtspyramide und genetische Drift geachtet werden.

12.4 Zoo- und Zuchtmanagement

Einige zoobezogene Anwendungen der Verhaltensbiologie wurden bereits im Kapitel 12.3 angesprochen. Für ausführliche Diskussionen sei auf verschiedene Beiträge in Gansloßer, Hodges & Kaumanns (1995) sowie Kleiman et al. (1996) verwiesen. Insbesondere ein Bereich soll aber, da mittlerweile fester Bestandteil der Haltung vieler Tierarten, noch erwähnt werden: Die sog. Beschäftigungsprogramme (Environmental Enrichment, Behavioural Enrichment, Holst 1990, Meister 1996). Es handelt sich hier im ein ganzes Bündel möglicher Maßnahmen mit dem Ziel, den künstlichen Lebensraum einer Tierart mehr deren natürlichen Bedürfnissen anzupassen. Hierhei sind die von Poole (1992) unter der Abkürzung SCAN zusammengefaßten Anforderungen zu beachten:

S = Security = Sicherheit: Rückzugsmöglichkeiten, Berücksichtigung der Fluchtdistanz, Drinlassen von Duftmarken

C= Complexity = Komplexität: Komplexität sollte nicht nur räumlich, sondern auch von zeitlichen Abläufen, Betätigungsmöglichkeiten etc. bestehen.

A = Achievement = "Etwas erreichen können": Achievement kann durch verstecktes Futter, Lösungen von Problemen aller Art bestehen.

N = Novelty = Neuigkeiten: Neuigkeit sollte sich, ebenso wie Komplexität, nicht nur auf Gehegeeinrichtung und -umgebung, sondern auch andere Abläufe der Betreuung, Wechsel des Futters und der Fütterungsart, Gruppenhaltung etc. beziehen.

Von Fersen (1995) hat an mehreren Beispielen gezeigt, daß Abstraktions- und Transferleistungen bei Tieren erst nach einer größeren Zahl durch einfaches Lernen (z. B. Versuch & Irrtum, Konditionierung o. ä.) bewältigter verschiedener Aufgaben einsetzen. Auch daraus leitet sich zwingend die Forderung nach CAN im Poole'schen Konzept ab.

Probleme für eine Umsetzung solcher Denkansätze im Zoo ergeben sich oft aus zwei Richtungen:

werden vielfach veterinärbezogene, hygienische o. a. Probleme der Kontrolle angeführt, wenn z. B. nächtliche Einzelaufstallung, Einzelfütterung o. ä. aus enrichment-Gründen abgeschafft werden sollen

sind von Seiten extremer Tierschützer Einwände nicht nur gegen das Vermehren und hinterher Schlachten der Tiere, sondern zunehmend (Holst 1998) sogar gegen das Verfüttern ganzer, oder als Teile erkennbarer, Kadaver an Raubtiere laut geworden. Holst berichtet, daß zunehmend Hackfleisch bzw. wurstartiges Raubtierfutter gefordert wird, um die Sensibilität der Besucher nicht zu verletzen. Dies ist aus verhaltensbiologischer (wie auch didaktischer) Sicht eindeutig abzulehnen.

Eine ernsthaftere Streitfrage ergibt sich dagegen aus der Entscheidung „Naturalistisches Ausstellungskonzept" gegenüber „Funktionelle Substitution" (s. Meister 1996). Das naturalistische, auch Immersions = Eintauchkonzept, z. B. in den großen Hallen des Zoos von Arnheim, oder dem Rotterdamer Elefantenhaus, versucht, Besucher in Dioramen des dargestellten Lebensraumes hineinzuführen und die Tiere in der entsprechenden Umgebung zu präsentieren. Funktionelle Substitution, ursprüglich von Dittrich (1986) geprägt, will dagegen nicht den Lebensraum, sondern nur die Beschäftigung bieten, auch wenn Bären oder Affen mit Plastiktonnen und Kartons, oder Nashörner mit schweren Hartgummibällen spielen. Aus verhaltensbiologischer Sicht sind zunächst beide Ansätze gleichermaßen vertretbar. Allerdings ist im Hinblick auf die edukative Aufgabe der Zoos, und vielleicht auch die Vorbereitung auf Wiederausbürgerungen, die funktionelle Substitution zumindest teilweise weniger glücklich. Andererseits muß gerade bei naturealistischer Präsentation sichergestellt werden, daß nicht primär nur die optisch-ästhetischen Empfindungen der Besucher berücksichtigt werden, wie in einigen der modernen neuen Zoobauten leider eingetreten.

12.5 Dressur und Zirkus

Dressurleistungen von Tieren, seien es abgerichtete Haustiere, Zirkustiere oder Labortiere, beruhen meist auf Lernvorgängen der verschiedenen, in Kap. 4 beschriebenen

Art. Jedoch sind im Unterschied zu Labor-Lernversuchen bei den Dressurakten der Haus- und Zirkustiere noch zusätzliche, zuerst von Hediger (1961) dargelegte Aspekte zu berücksichtigen. Im wissenschaftlichen Experiment werden so Hediger, ja normalerweise nur Verknüpfungen, Assoziationen zwischen neuartigen Situationen und bereits vorhandenem, oft arttypischem Verhalten abgefragt, oder das Tier wird, bei Versuchen zum Einsichtslernen, „bewußt" mit dem Problem alleingelassen, um seine eigene Lösung zu finden. Zwar müssen die Tiere vor Beginn der Versuche gewissermaßen an die Testsituation gewöhnt werden (was bei komplizierten Apparaten durchaus selbst ein Dressurakt sein kann), aber das geschieht dann vorher. Zirkus- oder Haustierdressuren dagegen zielen darauf, Handlungen auszuführen, die in dieser Form, oder Kombination, neu erworben werden müssen. Ein zweiter wichtiger Unterschied ist, daß bei Labor-Experimenten ein möglichst unpersönliches oder besser gar kein Verhältnis zwischen Tier und Mensch bestehen sollte, Dressurakte dagegen gerade auf enger, meist persönlicher Tier-Mensch-Beziehung und bedeutenden „Affektaufwand" (Hediger) beruhen. Eine Zirkusdressur (sinngemäß gilt das natürlich auch für andere Abrichtakte, seien es Gebrauchshunde, vorzuführende Zootiere, Sportpferde etc.) geht nach Hediger immer in drei, nicht notwendigerweise streng chronologisch aufbauenden Schritten vor sich:

- Erzielung des Verständnisses für die verlangte Aufgabe
- Überwindung von Hemmungen und Widerständen im Tier
- körperliches Training

Die erste Phase ist naturgemäß, insbesondere bei (auch zahmen) Wildtieren, die schwierigste. Hier gibt es im Prinzip zwei Möglichkeit:

- Abwarten bis das Tier die verlangte Leistung zumindest angedeutet, selber ausführt, dazu das Kommando geben, und danach belohnen (nur so können z.B. Sprünge von Delphinen anfangs andressiert werden)
- Erzwingen von mehr oder weniger passiven Bewegungen mit folgender Belohnung und gleichzeiger Kommandogabe ("putting-through"). Diese, z.T. auf kinästhetischem Nachahmungslernen beruhende Methode wird z.B. bei der Dressur von Arbeitselefanten sehr direkt angewandt: Zwei Helferelefanten ziehen dem Tier mit Stricken die Beine weg, sodaß es sich hinlegen muß. Zugleich gibt der Mahout den Befehl zum Abliegen und belohnt hinterher. Diese Methode muß aber, wie Hediger zeigte, nicht nur auf direkter körperlicher Kraftausübung beruhen. Vielmehr kann durch ein geschicktes Spiel mit zwei typischen Distanzen, nämlich Fluchtdistanz und kritischer Distanz für einen Abwehrangriff, das Tier auch dirigiert werden. Mit Hilfe von Peitsche oder Stock kann der Dompteur das Tier entweder bei Unterschreiten der Fluchtdistanz treiben oder bei Unterschreiten der kritischen Distanz „wie am Schnürchen" zu sich heran – bzw. auf einen bestimmten Punkt führen – sobald die Peitschenspitze die kritische Distanz unterschreitet, folgt das Tier ihr in einem „kontrollierten Angriff". Nimmt man sie dann plötzlich aus der kritischen Distanz heraus, bleibt das Tier i.d.R. dort wo es ist. In anderen Fällen können Gegenstände, z.B. Enden von Stangen, auch zum Anlocken mit Hilfe von Neugier- und Spielverhalten genutzt werden. beschreiben diese dann entsprechende Figuren, folgt das Tier ihnen. So wird ein Delphin, der

einen Salto über Wasser schlagen soll, mit Hilfe einer Stange schrittweise erst zum Sprung, dann zum Überschlag und schließlich zu Salto geführt.

In neuerer Zeit hat vor allem Zeeb (z.B. 1988a, b, 1993) die ethologischen Grundregeln der Tierausbildung, basierend auf den Erkenntnissen von Hediger und anderen, etwas klarer formuliert:

1. Die Reaktionen einer Art, die für den natürlichen Lebensraum adaptiv sind, bleiben auch in der Ausbildung sichtbar. Artspezifische Sozialsysteme beeinflussen das Verhalten dabei ebenso, wie die Nahrungserwerbstypen (vgl. Bedarfsdekkungs-/Schadenvermeidungskonzept s. o.)

2. Wildtiere neigen i.d.R. dazu, den Menschen zu meiden. Als Meidereaktion können je nach Situation Flucht, Ausweichen und kritische Reaktion (Defensivangriff) auftreten.

3. Je nach Art und Individuum kann der Mensch verschiedene Bedeutung für ein Tier haben: Feind, Beute, Fütterer, Ersatzpartner

4. Ranghöchster Ersatzpartner sei der Mensch nicht mit Gewalt, sondern mit Hilfe des Verstandes, dazu ist gute Kenntnis des Verhaltens der betr. Art. unumgänglich

5. Auch von Tierseite ist Verstehen der Signale des Menschen und Vertrauen die Grundvoraussetzung. Entscheidend ist die Körpersprache des Menschen, Haltung und Körperbewegungen werden von den meisten [vor allem Großsäuger, Anm d. Verf.] Arten besser verstanden. Die Arme des Menschen können dazu durch Hilfsmittel, wie Peitsche, Stock o. ä. verlängert werden.

6. Verstehen setzt Gewöhnung an die Hilfen voraus. Heranholende Hilfen sind z.B. Stimme, Futter, kritische Reaktion, Longe. Wegtreibende sind Stimme, Körpersprache oder Touchieren.

7. Voraussetzung für die Lernfähigkeit ist, jeweils die richtigen Alters- und Reifestadien des Tieres zu verwenden.

8. Tiere sollen grundsätzlich nur zu solchen Handlungen ausgebildet werden, zu denen sie ihrer Natur nach befähigt sind.

9. Jede Übung soll täglich geübt werden bis sie einmal richtig ausgeführt wurde. Dann erfolgt Belohnung. Leckerbissen sind nur als Belohnung, nicht als Bestechung vorher, zu verwenden.

10. Nichtbelohnen ist die beste Strafe. Diese muß so erfolgen, daß für das Tier der Zusammenhang erkennbar ist.

11. Zum Erreichen des Endzieles muß die Übung in kleinen Schritten erfolgen. Endziel soll sein, auf Kommando Körperhaltungen und Bewegungen zu erreichen, die denen des natürlichen Lebens entsprechen oder davon abgeleitet sind; das gilt auch für Haustiere.

12. Ausbildung bedeutet Gymnastizierung d.h. eine Bewegungsharmonie zu erreichen.

13. Tiere können ihre Anlagen nur voll entfalten, wenn sie sich hinsichtlich ihrer Bedürfnisse mit der Umgebung einschließlich Mensch in einem Einklang befinden (d.h. keinen übermäßigen Belastungen ausgesetzt sind). Dazu gehört auch

und vor allem die Unterbringung außerhalb von Übungs- und Vorführzeiten. Zeeb (1988 b) und Schmid (1995) haben dies am Beispiel der Zirkuselefanten diskutiert. Zirkuselefanten in Anbindehaltung ohne Freilauf und ungehinderte Sozialkontakte neigen zu wesentlich häufigeren Stereotypien. Daraus wird eine stärkere Belastung zumindest sehr wahrscheinlich. Es ist höchst wahrscheinlich, daß dies nicht ohne Rückwirkung auf die Ausbildung bleibt. Die zu lernenden Übungen sind für die Tiere vielfach als Spielersatz zu sehen und Spiel findet (s. Kap. 9.6) nur im „entspannten Feld" (Meyer-Holzapfel 1957) statt.

12.6 Verhalten und Toxikologie

Die giftbedingten Schädigungen am Zentralnervensystem von Säugetieren und daraus entstehenden Verhaltensstörungen durch Wirkung vieler Umweltgifte, z. B. Quecksilberverbindungen sind seit langem bekannt.

Viele Umweltgifte können zu Schädigungen am Zentralnervensystem führen. So wurden bei Wildtieren aus quecksilberbelasteten Gegenden Koordinationsstörungen bis hin zu Torkeln und Purzelbäumen, Störungen des Seh- und Hörsinnes und daraus folgend gestörtes Räuber-Beute-Verhalten beobachtet (Gutleb 1996).

Es ist jedoch zu erwarten, daß Verhalten ein viel feinfühligerer Indikator für umwelttoxische Wirkungen sein könnte (Walker et al. 1996). Bei Kontakt eines Tieres mit einer belasteten oder toxischen Substanz finden eine Vielzahl zellulärer und organphysiologischer Reaktionen statt, oftmals mit dem Ziel der Detoxifikation oder Speicherung des Stoffes. Diese Reaktionen sind allesamt sehr energie-, oft auch substanzaufwendig. Nach den o. g. Optimierungsgrundsätzen ist zu erwarten, daß die dafür nötige Energie aus anderen Bereichen der Lebenserhaltung oder aus Fortpflanzung und Wachstum abgezweigt wird. Verminderte Aktivität, geänderte Zeitbudgets oder reduziertes Verhalten im Sozial- oder Fortpflanzungsbereich können daher sehr feinfühlige Indikatoren für Belastung mit Schadstoffen längst vor der Schwelle organpathologischer Veränderungen sein. Verringerte Wachsamkeit, geänderte Nahrungsselektivität oder weniger Investition in Nachwuchs werden von Walker et al. ebenso als trade-offs, als „Ausgleichshandel" zwischen dem gestiegenen Energiebedarf durch Detoxifikation und anderen lebensgeschichtlichen Bereichen genannt. Leider gibt es zu diesem Thema wenig detaillierte Studien an Säugern. Daher sei ein Vogelbeispiel nur Illustration erlaubt. Stare unter Acetylcholinesterase (häufig in Insektiziden) zeigen als Reaktion signifikant geänderte Körperpositionen (z.B. Häufigkeit von Ruhen auf einem Bein fällt ab) und Haussperlinge lassen in ähnliches Situationen signifikant mehr Körner fallen.

Diese wenigen Studien zeigen bereits, daß solche Verhaltensschädigungen zwar sehr früh auftreten aber nur durch detaillierte Studien erkennbar sind.

Anhang I – Methodischer Kurzabriß

Die Verhaltensbiologie hat, wie jede biologische Disziplin, ein eigenes Spektrum an Methoden und Arbeitstechniken. Sie leidet aber, im Vergleich zu vielen anderen biologischen Disziplinen, unter dem Vorurteil, daß jeder „Tiere anschauen" könnte. Tiere anschauen ist aber genauso wenig wissenschaftliche Verhaltensbiologie, wie das einfache Zusammenpantschen von Farblösungen Chemie wäre. Wie also geht man vor? Es gibt viele gute, ausführliche Methodenbücher. Die besten sind Martin & Bateson (^{2}1993) sowie Lehner (1979). Jedoch finden sich einige wichtige methodische und arbeitstechnische Dinge verstreut in der Einzelliteratur. Und auf diese soll im Folgenden auch hingewiesen werden.

Wegen des o. g. Vorurteils ist es in der Verhaltensbiologie schon besonders wichtig, mit klaren Konzepten und davon abgeleiteten Hypothesen zu starten. Reyer (1992) hat mit Recht den „Wenig-ist-bekannt-über-Ansatz" kritisiert, den er so charakterisierte: „Man beginnt ohne jede Hypothese, verwendet zweifelhafte Methoden und kommt oft auch zu keinem vernünftigen Ergebnis ... Danach folgt die Beschreibung oder Messung von irgendwelchen Verhaltensweisen A, B, C von Tierart x, y, z in Situation 1, 2, 3 ... Die Tatsache, daß irgendein Detail nicht bekannt ist, darf keine ausreichende Rechtfertigung sein, es zu messen ... Genaue Kenntnisse einer Tierart ... sind die Voraussetzungen für jede gute Forschung ... [sind aber] nur Weg, nicht das Ziel selbst. ... Konzepte sollten vorhanden sein und formuliert werden ... je umfangreicher das Einzelwissen, desto größer wird die Notwendigkeit für übergreifende Konzepte. Das gilt auch und gerade für Probleme aus dem Bereich der angewandten Forschung ..." Diese sehr spitzfedrig formulierte Kritik gilt sicher auch für andere und keineswegs nur klassisch-organismisch orientierte Gebiete der Naturwissenschaften. Aber uns interessiert eben die Verhaltensbiologie. Hat man nun ein Konzept und seine Hypothesen so ist als nächstes die möglichen Vorgehensweisen auszuwählen. In der Verhaltensbiologie hat man da vier generelle Möglichkeiten:

1. Langzeitbeobachtungen, möglichst in natürlichen Situationen

2. Versuche als sog. Real-Simulationen (Kötter in Vorb.) bei denen "Alltagssituationen" kontrolliert nachgestellt werden, um zu erkennen, was der Organismus in seiner natürlichen Umwelt leisten kann; diese Versuche müssen daher in einer gewissen Ähnlichkeit zur natürlichen Situation stehen.

3. Nur selten werden Experimente im strengen Sinn der Physik und Chemie gemacht, die eine abstrakte Beschreibung, in streng wiederholbarer Weise, konkretisieren sollen. Beispiele dafür im weiteren Verhaltensbereich wären evtl. die streng definierten Lernversuche der Experimentalpsychologen.

4. Sehr selten, aber z.T. sehr aufschlußreich werden Computersimulationen angewandt (z.B. Spieltheorie, Kap 7.4)

Egal für welches Vorgehen oder eine Kombination man sich entscheidet, es folgt wieder ein wichtiger methodischer Schritt danach: Das Erstellen des Verhaltenskataloges.

Der erste und bereits entscheidende Schritt ist die Festlegung und Beschreibung der Elemente des Verhaltenskataloges, den man benutzen will. Durch die Art und Detailgetreue der einzelnen Verhaltensmuster legt man fest, was man später wie genau erfassen kann. (Bezeichnet man z. B. Lecken, Kratzen, Beknabbern und Scheuern alles als Körperpflege, oder trennt man es in die verschiedenen Tätigkeiten?). Nachträglich lassen sich Verhaltensweisen nur noch zusammenfassen, auftrennen geht dann nicht mehr. Selbst wenn ein Verhaltenskatalog für die betreffende Tierart bereits vorliegt oder veröffentlicht ist, muß jeder Beobachter längere Zeit die Tiere genau und aufmerksam studieren, deren Verhalten genau beschreiben und diese Notizen immer wieder verbessern bis sie genau das darstellen, was das Tier beim nächsten Mal zeigt. Dazu sollte man jedes beobachtete Verhaltenselement kurz und prägnant schildern und ein eingängiges Kürzel dazu erfinden. Arbeiten mehrere Beobachter an einem Projekt, so werden diese zweckmäßigerweise nicht nur die Definitionen der Elemente abstimmen, sondern auch die Kürzel. Andernfalls zeigt die Erfahrung, daß man die Kürzel, die man selbst erfunden hat, am besten auswendig behält – bei manchmal fast 100 einzeln zu beherrschenden Abkürzungen eine echte Erleichterung!

Unter Verhaltenselement wollen wir hier praktischerweise einfach kleine, wiedererkennbare Einheiten verstehen. Das Wiedererkennen ist wichtig: Es nützt nichts, z. B. viele verschiedene Gesichtsausdrucksarten von Affen zu definieren, die man nur dann sieht, wenn das Tier direkt an der Scheibe sitzt, nicht aber auf der großen Freianlage.

Es muß in jedem Fall eine eindeutige Zuordnung jeder Beobachtung zu einem bestimmten Element des Verhaltenskataloges möglich sein.

Hat man den Verhaltenskatalog, werden als nächstes die Methoden der Datenaufnahme ausgewählt und zwar so, daß die vorher formulierten Hypothesen hinterher mit den Daten getestet werden können:

Sammlung nach Belieben oder Auffälligkeit = Ad libitum Sammlung

Bei jedem bemerkten Auftreten einer auffälligen Verhaltensweise wird diese protokolliert. Nachteil: Werden die zu beobachteten Tier oder Verhaltensweisen nach dieser Methode der „Auffälligkeit" gewählt, so können am Ende der Arbeit, auch bei Freilandstudien, Besonderheiten oder auch sehr aktive oder in großen Gehegen außergewöhnlich zahme Individuen überrepräsentiert sein, weil sie uns besonders oft „ins Auge stechen".

Soziogramm-Tabelle

Hier wird in einer Tabelle als Strichliste festgehalten, wer was wie oft mit wem macht.

	Rezipient 1	Rezipient 2	Rezipient 3
Aktor 1			
Aktor 2			
Aktor 3			

Der Vorteil dieser Methode ist, daß in kleinen Gruppen, unter übersichtlichen Bedingungen (d. h. alle Tiere sind stets gleichzeitig zu sehen) ein schneller Überblick über die Kontaktverteilung möglich ist. Nachteilig ist, neben der oft nicht möglichen gleichzeitigen Beobachtung, daß zeitliche Strukturen überhaupt nicht, räumliche Abhängigkeiten nur schwer erfaßbar sind.

Focal-Animal-Sampling:

Hier erfolgt Konzentration der Beobachtung auf ein bestimmtes Tier für eine bestimmte Zeitdauer während der alle Verhaltensweisen des Tieres protokolliert werden. Hier werden in einer Art Kurzschriftprotokoll alle Verläufe notiert – was macht das Fokustier wo, wie lange, mit wem etc. Nach einer vorher festgelegten Zeit wird das Fokustier gewechselt. Um wieder unvoreingenommen in der Auswahl des jeweils nächsten Tieres zu sein, muß die Reihenfolge der Beobachtung vorher festgelegt sein. Auch ist das Protokollschema so festzulegen, daß am Ende der Studie bzw jeden Abschnittes der Studie jedes Tier zu jeder Zeit gleich lang Fokustier war.

Vorteil dieser Methode: Es geht fast keine Information verloren. Der Nachteil: Mit Abstand das zeitaufwendigste Verfahren bei Datensammlung wie Auswertung.

Aufzeichnung jedes Auftretens eines bestimmten Verhaltens in der Gruppe (All-occurrence-Sampling):

Beispiel: Alle Balzaktivitäten, alle Brutablösungen am Nest etc. Voraussetzungen: gute Beobachtungsbedingungen sind hier besonders wichtig. Es muß das ganze Gehege bzw Untersuchungsgelände gut von einer Stelle einsehbar sein, leicht unterscheidbare Tiere sind nötig, und leicht erkennbares Verhalten, auffällige Verhaltensweisen, nicht zu häufiges Auftreten des Verhaltens sind weitere Voraussetzungen.
Vorteil ist, ähnlich dem Matrix-Protokoll, daß in recht kurzer Zeit über einen begrenzte Frage recht viel Daten zusammengetragen werden. Auch besonders seltene Ereignisse, z.B. Rangwechsel, sind fast nur so zu erfassen.

Nachteil: Die Fragestellung ist zwangsläufig auf wenige Aspekte festgelegt. Unübersichtliche Gelände, große Gruppen etc können so nicht bearbeitet werden, und ein Rest an Unsicherheit bleibt, ob man nicht doch was übersehen hat. All-occurence-sampling liefert beispielsweise Daten über Synchronisierung eines Verhaltens, wenn jeweils die Uhrzeit mit notiert wird (Wer bricht als erster vom Schlafplatz auf? In welchem Abstand folgt die Gruppe? usw.).

Sequence-Sampling:

Aufeinanderfolgende Verhaltensweisen und Interaktionen eines bestimmten Typs werden aufgezeichnet (beispielsweise alle Balzabläufe, egal wer in der Gruppe sie zeigt). Vorteil: wenn in einer Studie nicht das Verhalten der Individuen, sondern das Verhalten in Situationen interessiert, ist das sequence sampling sozusagen das Gegenstück zum Fokusprotokoll, mit allen dort genannten Vor- und Nachteilen. Auswertung: Verhaltensabfolgen werden verdeutlicht, z.B. Balz (welche Verhaltensweisen sind daran beteiligt, was folgt auf was?).

One-Zero-Sampling:

Registriert wird für jedes, möglichst kurze Zeitintervall nur: Zustand 1 (Verhalten tritt auf), oder Zustand 0 (Verhalten tritt nicht auf). Hier werden Zustände (keine Ereignisse) in festen Beobachtungsintervallen erfaßt, es ergeben sich jedoch bei der Auswertung keine Hinweise auf Abfolge oder Dauer einer Verhaltensweise.

Instantaneous and scan sampling:

Alle, auftretenden Aktivitäten werden gleichzeitig erfaßt (nur möglich bei nicht zu großer Individuenzahl, sonst besser: Focal-Animal Sampling, mit häufig wechselnden Focus-Tieren). Mit technischen Hilfsmitteln können vielfach größere Datensätze gesammelt werden. Aber der Einsatz von Computerprogrammen (z.B. *Observer* von Noldus) erfordert noch genauere Vorplanung als die Protokollierung von Hand, was aber bei etwas chaotisch veranlagten Beobachtern auch Vorteile haben kann. Videoaufzeichnungen benötigen zur Auswertung etwa zehnmal soviel Zeit wie Handprotokolle, Tonbandprotokolle etwa dreimal soviel.

Welche Beobachtungsmethode man wählt, muß anhand der vor Ort herrschenden Bedingungen sowie der Fragestellung entschieden werden. Für Voruntersuchungen, Momentaufnahmen von Beziehungsnetzen, aber auch schnell sich ändernde Situationen wird man Matrix oder All-occurence wählen, für Gehegenutzung, Ortsabhängigkeiten oder Aktivitätsstudien den Scan. Sozialbeziehungen detailliert, mit allem vorangehenden, unauffälligen „Geplänkel" kann fast nur das Fokusprotokoll erfassen.

Bei einigen Methoden muß nun als Nächstes entschieden werden, welches Zeitraster man wählen möchte. Wie lang soll ein Fokus-Intervall sein, bevor ein neues Tier dran ist, oder in welchen Abständen sollen Scans durchgeführt werden? Ohne Weiteres ist klar, daß dies u. a. von der Länge der beobachteten Verhaltensweisen abhängt. Wählt man Fokusperioden zu lang, ändert sich u. U. in dieser Zeit die Umweltsituation oder die Handlungsbereitschaft des Tieres zu sehr. Dagegen kann man sich schützen indem man eine lange Fokusperiode in mehrere kurze unterteilt (statt 30 Min. z.B. 3x10 Min.) und diese kurzen für jeden aufzunehmenden Parameter untereinander vergleicht. Sind die kurzen Teilperioden voneinander signifikant verschieden, war die Periode zu lang. Für den umgekehrten Fall, wie weit sollten Scanzeiten auseinanderliegen, hat Engel (1996) ein Verfahren entwickelt: Hier wird aus einem längeren Fokusprotokoll in kurzen dann in immer längeren Abständen eine Serie von „Pseudoprotokollen" gebildet, d.h. man schafft sich „Scan-Daten", z.B. im 10 Sekunden-, dann im 30 Sekunden-, dann im 60 Sekundenabstand etc. aus dem Fokusprotokoll. Diese „Pseudoscans" werden dann auf Spearmans Korrelationen mit dem Fokus und auf statistische Unabhängigkeit voneinander getestet. Jener Scanabstand mit der höchsten Korrelation zu dem Fokusdaten und der größten Wahrscheinlichkeit für statistische Unabhängigkeit ist der zu wählende. Zinner et al. (1997) haben an einem großen Datensatz vergleichend die Aussagekraft von all-occurrence, scan- und one-zero sampling in Abhängigkeit vom Zeitraster getestete. Ihre wichtigsten Empfehlungen (näheres dort) sind :

• Für Ereignishäufigkeiten ist eigentlich nur all - occurrence sampling geeignet.

• Für die Aufzeichnung von Zeitdauern ist scan, im Abstand von 5–60 sec, oder all-occurrence geeignet.

• Bei all-occurrence sampling steigt die Genauigkeit, wenn eine lange Gesamtbeobachtungszeit vorliegt, diese aber in möglichst viele kurze Intervalle unterteilt wird.

Im Folgenden werden noch einige ausgewählte, oft benötigte Methoden kurz angesprochen, die in methodischen Einführungen bisher selten zu finden sind:

Sequenzanalyse

Die Methoden der Sequenzanalyse gehen von der Annahme aus, daß die Elemente eines Verhaltensrepertoires in ihrem zeitlichen Auftreten nicht zufällig angeordnet sind, sondern daß bestimmte Kombinationen von Elementen häufiger auftreten als andere. Diese Abhängigkeiten sind in der Regel nicht deterministisch sondern probabilistisch, d. h. zwei Elemente treten nicht immer sondern nur mit einer bestimmten Wahrscheinlichkeit gekoppelt auf. Die Anordnung der Verhaltenselemente kann durch Sequenzanalysen dargelegt werden. Im Wesentlichen sind in der ethologischen Literatur zwei Arten von Sequenzdarstellungen üblich (s. z.B. Fagen & Young 1978, Lehner 1979, Slater 1973):

a. Einfache Fließdiagramme geben nur die Übergangshäufigkeiten an (wie häufig folgt Element B auf Element A) und setzen diese in Beziehung zum Gesamtauftreten der beiden Elemente während der Beobachtungszeit.

b. Analysen mit Hilfe von Markov-Ketten testen die tatsächlich beobachtete Häufigkeit des Überganges von A nach B gegen ein Zufallsmodell d.h. gegen einen Erwartungswert, der angibt wie häufig die Kopplung auftreten müßte, wenn alle Elemente des Verhaltensrepertoires mit gleicher Wahrscheinlichkeit aufeinander folgen würden.

c. Die Analyse einer Markovkette prüft die Abhängigkeit eines Zustandes von einem vorangehenden Zustand wobei (im Falle von Verhaltenselementen) Markovketten erster Ordnung nur die Abhängigkeit eines Elementes vom unmittelbar vorhergenden testen, Ketten zweiter, dritter etc. Ordnung auch Abhängigkeiten vom vorvorhergehenden etc. Element.

Im Falle von intra-individuellen Verhaltensketten können mehrere wahrscheinliche Ursachen für das gekoppelte Auftreten zweier Elemente (Engel & Lamprecht 1997, Slater 1973) verantwortlich sein, z.B.:

a. gemeinsame Kausalfaktoren (Motivation z.B. „Paarungsstimmung")

b. direkter Einfluß durch Stimulierung, wenn A ausgeführt wird, wird die HB für B angeregt

c. Anwesenheit externer auslösender Situationen

Zwei Einschränkungen für die Anwendung von Sequenzanalysen sind nötig:

a. streng genommen sind sie nur bei stationären Zuständen erlaubt, d. h. wenn die zugrundeliegende HB sich nicht ändert – allerdings liefern nach Slater (1973) zumindest Ketten 1. Ordnung auch unter sich ändernden Kausalfaktoren noch gute Näherungswerte.

b. Übergänge eines Elements auf sich selbst (putzt folgt auf putzt) sind problematisch. Eine teilweise praktikable Lösung bietet die Unterscheidung in Ereigniselemente (*events*) und Zeitelemente (*states*), wobei events jedesmal gezählt werden, states nur dann als neues Auftreten gelten, wenn sie von einem anderen Element unterbrochen wurden.

Für die Interpretation der Daten sind jedoch stets, wie auch Slater und andere Übersichten betonen, sowohl intra- als auch interindividuelle Abhängigkeiten zu berücksichtigen, d.h. ob ein Tier selbst mehrere Elemente in Folge zeigt, oder zwei Individuen abwechselnd. Die Anwendung der Sequenzanalyse kann folgende Fragen beantworten:

1. Welche Elementgruppen des Verhaltensrepertoires treten gekoppelt, d.h. in ähnlichem Kontext auf? Daraus können Rückschlüsse auf Funktion und Motivation gezogen werden.

2. Wie ändert sich die Starrheit der Koppelungen einzelner Elementgruppen in Abhängigkeit von sozio-ökologischen und phylogenetischen Faktoren?

3. Gibt es, ebenfalls in Abhängigkeit von diesen Faktoren, Veränderungen im Auftreten ganzer Elementgruppen, oder in der Differenziertheit des Verhaltens in bestimmten Situationen z.B. durch Auftreten zusätzlicher, neuer Interaktionsmuster oder durch Abwandlung bestehender, etwa durch Ritualisierungsprozesse?

4. Sind die interindividuellen Elementkoppelungen ebenfalls abhängig von den unter 2. genannten Faktoren?

Für die Verhaltenselemente des Individualverhaltens werden oft Sammelelemente gebildet, deren Umfang jedoch nicht durch Sequenzanalyse, sondern subjektiv festgelegt wurde: Nahrungsaufnahme, Laufen, Ruhen, Sich-Putzen usw. Bei der Berechnung der C-Werte (s.u.) werden sie nur berücksichtigt, wenn sie einer sozialen Interaktion vorangingen oder folgten. Ansonsten besteht die Gefahr daß diese viel häufiger auftretenden Elemente die Erwartungswerte sostark beeinflussen, daß seltenere Elemente keine signifikanten Werte von Koppelungen mehr erreichen.

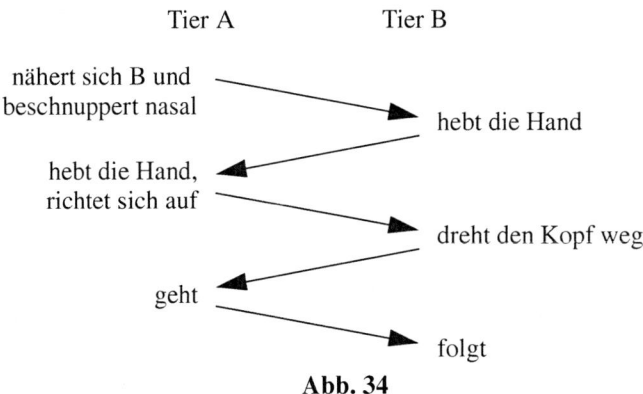

Abb. 34

Analyse der Sequenzdaten

Mit Hilfe von Sequenzanalysen können zeitliche Koppelungen bestimmter Verhaltenselemente aneinander aufgedeckt werden. Unter der Annahme daß die Verhaltenselemente nicht in willkürlicher Reihenfolge aneinander gekoppelt auftreten, sondern daß sie, je nach der ihnen zu Grunde liegenden Handlungsbereitschaft, oder auch der Funktion, die sie erfüllen, in bestimmten Gruppen aufeinander folgen, können Übergangsmatrizen für alle gezeigten Verhaltenselemente erstellt, und die Übergangshäufigkeiten zwischen den Elementen der Matrix mit den statistisch in Abhängigkeit von den relativen Häufigkeiten zu erwartenden Werten verglichen werden (s.o.). Abb. 34 kann den ersten Analyseschritt beispielhaft verdeutlichen.

Die Übergangsmatrix X–X würde folgende Ereignisse enthalten: Nasal-beschnuppern folgt Annähern, Aufrichten folgt Handheben. Die X–Y Matrix enthielte: Handheben auf Nasalbeschnuppern, Handheben auf Handheben, Kopfwegdrehen auf Aufrichten, weggehen auf Kopf wegdrehen, folgen auf weggehen.

Die Erwartungswerte, die ohne jede funktionale oder motivationale Koppelung von Elementen aneinander, auftreten würden, errechnen sich für jede Zelle der Übergangsmatrix aus (Zeilensumme x Spaltensumme) / Gesamtsumme.

Übergangsmatrizen liefern dann aussagekräftige Ergebnisse, wenn die Gesamtsumme mindestens das 5 bis 10fache des Quadrates der eingetragenen Elemente, im folgenden Beispiel also mindestens $5 \times 3^2 = 45$ Eintragungen enthält.

Beispiel (nach Lehner 1979): Verhaltenselemente a, b, c/B = Beobachtete Häufigkeit des folgenden Elementes /E = Erwartete Häufigkeit des folgenden Elementes

Vorangegangenes Element	folgendes Element			
	a	b	c	
a	B = 10	20	5	35
	E = 15,3	11,4	8,3	
b	B = 15	4	6	25
	E = 10,9	8,1	8,3	
c	B = 10	2	8	20
	E = 8,8	6,5	4,7	
	35	26	19	80

E für a folgt a wäre (35 x 35) / 80 = 15,3.

Grundsätzlich wäre jede Differenz $B - E \neq 0$ ein Hinweis auf eine Nichtgleichverteilung der Elemente. Um die einzelnen, derart gekoppelten Elementpaare zu finden, müssen Beobachtungs- und Erwartungswert jeder Zelle verglichen werden. Die einfachste Methode, solche Kopplungen festzustellen, wäre demnach die Bildung eines Quotienten $C_1 = B/E$, wobei $C_1 > 1$ eine Kopplung der Elemente aneinander, $C_1 < 1$ ein Angehören der Elemente zu verschiedenen Verhaltenskreisen (s.u.) bedeuten würde. Da diese einfachen Quotienten jedoch keine brauchbaren Ergebnisse liefer, werden nach einem von Gerber (1976) in der Züricher Abteilung für Ethologie und Wildforschung entwickelten Verfahren zwei höhere Vertrauensschranken gesetzt:

$$C_3 = \frac{B}{E + 2\sqrt{E}}$$

$$C_3 = \frac{B}{E + 10\sqrt{E}}$$

wobei $\sqrt{E}$ als Maß für die Streuung von E eingesetzt wurde. Im obigen Beispiel wäre der Übergang a → b mit einem $C_3 = 20 / 11,4 + 10\sqrt{11,4} = 0,44$ und $C_2 = 1,10$ auf dem zweiten Niveau signifikant, nicht auf dem dritten und höchsten.

Elemente, die C_3-Werte >1 aufweisen, werden dann in einem Fließdiagramm mit ihren Bindungen dargestellt. Aus diesem Fließdiagramm lassen sich durch Abgrenzung Gruppen von Verhaltenselementen bestimmen, die untereinander weniger als erwartet, in sich jedoch jeweils mehr als erwartet gebunden sind. Diese Gruppen umfassen Motivations- oder Funktionskreise.

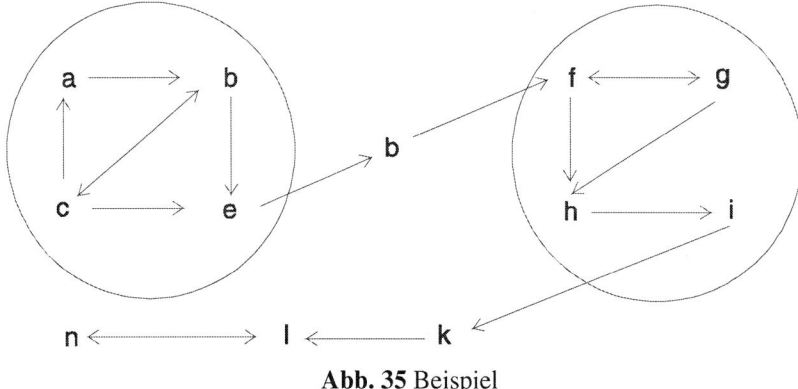

Abb. 35 Beispiel

Die beiden Verhaltenskreise sind durch das Übergangselement *b* verbunden, die Gruppe l *kn* bildet evtl. einen weiteren Verhaltenskreis, dessen Einordnung auf der Basis der C_3-Werte nicht eindeutig ist. In solchen Fällen, sowie zur Klärung der Koppelungen von Elementen innerhalb der Verhaltenskreise, werden die C_2-Werte mit herangezogen.

Synchronie

Die Feststellung, daß zwei (oder mehr) Individuen etwas zugleich tun, ist auf der rein beschreibenden Ebene recht einfach, so scheint es. Es wird allerdings äußerst schwierig, dies auch analytisch-statistisch nachzuweisen. Engel & Lamprecht (1997) haben dazu ein Verfahren beschrieben, das allerdings einen gewissen rechnerischen Aufwand erfordert. Es muß zunächst festgestellt werden, wie hoch überhaupt innerhalb eines Individuums die Wahrscheinlichkeit ist, daß das betreffende Verhalten in aufeinander folgenden Scans auftritt. Nur, wenn dies nicht signifikant der Fall ist, die scans also unabhängig sind, kann weiter gemacht werden. Im nächsten Schritt ist festzustellen, wieviel Prozent der Gruppengenossen das Verhalten gleichzeitig zeigen. Dann werden die Daten der aufeinanderfolgenden Scans des Fokustieres nach dem Zufallsprinzip gemischt, und das gleichzeitige Auftreten dieser „durchgemischten Verhaltensereignisse" mit denen der „nicht gemischten" Artgenossen verglichen. Ist nun die Wahrscheinlichkeit des gleichzeitigen Auftretens geringer als im Original oder nicht signifikant, so kann von einem gewissen Grad an Synchronie ausgegangen werden. Das gleiche Spielchen kann auch zum Thema Anachronie, also gezielt nicht gleichzeitiges Auftreten gemacht werden. Zur genauen Statistik s. Engel & Lamprecht (1997). Voraussetzungen für Synchronieberechnungen sind

a. Auswahl des geeigneten Zeitfensters, abhängig vom untersuchten Verhalten

b. homogene Daten, d.h. keine Änderungen der unterliegenden Kausalfaktoren – der Test geht hier ähnlich wie oben für die optimale Länge der Fokusintervalle beschrieben,

c. keine unvollständigen Scans – es müssen stets alle Individuen erfaßt werden.

Ähnlich wie bei Sequenzanalysen ist auch bei Synchronie mit der statistischen Absicherung noch nichts über die zugrundeliegenden Mechanismen oder Funktionen gesagt – diese müssen erklärt werden, will man nicht dem „Wenig-ist-bekannt-über-Ansatz" erliegen.

Frequenzanalyse sozialer Interaktionen – Sozialbeziehungen

Soziale Beziehungen zwischen Individuen, oder sozialen Kategorien (Alters/Geschlechtsklassen) einer Art, stellen die zweite Analyseebene sozialen Verhaltens nach Hinde (s. Kap. 6) dar. "To describe a relationship we must … (describe) how these interactions are patterned; that is, their absolute and relative frequencies, and how interactions of one type are related to interactions of other types … Somehow we must abstract from these empirical instances (of single interactions) to make generalizations valid for the individuals, age/sex categories, or species which are concerned" (Hinde 1981).

Der erste Schritt zur Charakterisierung sozialer Beziehungen, nach genauer Erfassung der Interaktionsmuster, besteht also in einer Darstellung der Frequenzen, mit denen verschiedene Interaktionen auftreten, wobei zunächst Beziehungen zwischen Alters/Geschlechtsklassen dargelegt werden müssen, um einen Artvergleich zu ermöglichen.

Der erste Analyseschritt besteht in einer Charakterisierung der Geschlechts/Alterskategorien durch bestimmte, für sie spezifische (d.h. nur von ihnen gezeigte) oder typische (d.h. von ihnen signifikant häufiger als erwartet gezeigte) Verhaltensmuster.

Im zweiten Analyseschritt können sodann Beziehungen zwischen den Kategorien beschrieben werden. Hierbei wird untersucht, welche Verhaltensmuster von Angehörigen einer Kategorie signifikant häufiger als erwartet auf die Empfängerkategorie gerichtet werden.

Beide Schritte testen also wiederum gegen ein Zufallsmodell, d.h. gegen hypothetische Erwartungswerte bei Nullhypothese einer Verteilung aller Elemente auf alle Alters/Geschlechtsklassen die wieder nur abhängig von der relativen Frquenz wäre . Die Schwierigkeit der Berechnung der Erwartungswerte liegt in der Tatsache daß nicht alle sozialen Kategorien stets mit gleicher Individuenzahl vorhanden sind, häufig auch die Gruppenzusammensetzungen im Laufe der Datensammlung wechselt. Altmann und Altmann (1977) stellen der methodischen Arbeit, die Berechnungsverfahren für solche Änderungen liefert, folgendes Zitat voran: "Why do white sheep eat more than black sheep? Because there are more of them!"

Vorgehen bei der Frequenzanalyse

Altmann & Altmann (1977) liefern ein Verfahren, mit dem beobachtete Frequenzen von Verhaltenselementen auf ihre Abhängigkeit oder Unabhängigkeit von der sozialen Kategorie des Senders wie des Empfängers getestet werden können. Beispiel (nach Lehner 1979):

In einer Herde von 50 Hirschen (15 Weibchen, 20 Männchen, 15 Subadulte) wird ein bestimmtes Drohverhaltenselement 80 mal von den Weibchen, 15 mal von den

Männchen und 5 mal von Subadulten gezeigt. Ist dieses Element also typisch für Männchen?

Ein Erwartungswert für adulte Männchen berechnet sich als

$$E_{\text{Männchen}} = \frac{\text{Gesamtverhaltenshäufigkeit } N \cdot \text{Gesamtzahl der Männchen}}{\text{Gesamtzahl der Tiere}} = \frac{100 \cdot 15}{50} = 30$$

D.h. würden alle Individuen das Element mit gleicher Häufigkeit zeigen, so müßte es 30 mal von einem männlichen Tier gezeigt worden sein.

Ist die Abweichung 80 von 30 signifikant?

In ähnlicher Weise wird der Erwartungswert für die weiblichen Tiere und der Subadulten berechnet. Die Abweichungen der Beobachtungen von den Erwartungswerten werden dann statistisch geprüft (s. Engel 1997).

In ähnlicher Weise können bei wechselnder Gruppenzusammensetzung die Erwartungswerte berechnet werden:

$$E_a = N \cdot \frac{\sum (\text{Dauer der Periode} \cdot \text{Anzahl der Tiere der Klasse } a)}{\sum (\text{Dauer der Periode} \cdot \text{Anzahl aller Tiere in der Periode})}$$

Auch für Interaktionen können ähnliche Erwartungswerte berechnet werden (s. Altmann & Altmann 1977) und auf signifikante Abweichungen der Beobachtungs- von den Erwartungswerten geprüft werden („Drohen Männchen signifikant häufiger gegen Weibchen als gegen Männchen? D.h. ist Drohen ein typisches Element für die Beziehung adulter männlicher Individuen untereinander?").

Die graphische Darstellung sozialer Beziehungen in einer Gruppe erfolgt normalerweise durch ein Soziogramm: Die Interaktionsrate (Häufigkeit pro Tier pro Stunde oder 100 Stunden) wird für jede soziale Kategorie durch die Stärke eines Pfeiles angegeben, der von der Kategorie des Senders zu der des Empfängers zeigt. Männchen werden als Δ, Weibchen als O dargestellt, unterschiedliche Altersklassen durch unterschiedlich große Symbole:

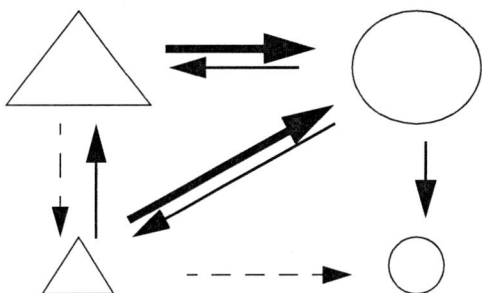

Das betrachtete Verhaltenselement wäre in diesem Fall typisch für Männchen und würde besonders häufig auf adulte Weibchen gerichtet.

Reziproke Beziehungen

Insbesondere bei Untersuchungen an Arten mit komplexen, dauerhaften sozialen Beziehungen, z.B. Primaten, spielen Gegenseitigkeit und Austausch von Verhaltenselementen eine wichtige Rolle, wenn die Qualität von Beziehungen beschrieben und verglichen werden soll (s. Kap. 6). Hemelrijk (1990) hat hierfür einige statistische Verfahren entwickelt. Um Ungenauigkeiten bei der Analyse zu vermeiden unterscheidet sie „Gegenseitigkeit" = Reziprocity (ich putze Dich, Du putzt mich) von „Austausch" = Interchange (ich putze Dich, Du hilfst mir im Kampf). Eine weitere Klassifkationsstufe betrifft die Häufigkeit: Erfolgt die Gegenseitigkeit qualitativ, d.h. wenn A nur irgendwann einmal B geholfen hat, hilft B dann A, oder relativ (wer A am meisten hilft, dem hilft A am meisten), oder absolut (A hilft B genauso oft wie B dem A geholfen hat)? Diese Festlegungen sind wegen der folgenden statistischen Berechnungen wichtig. Das statistische Problem bei den dann folgenden Analyseschritten besteht darin, daß die verwendeten Daten, die ja i.d.R. aus längeren Studien an den gleichen Individuen stammen müssen, nicht unabähngig sein können. Daher müssen spezielle Tests (s. Hemelrijk 1990) verwendet werden, z.B. Permutationstests, Manteltest o.ä. Weitere Komplikationen entstehen, wenn manche Dyaden nie oder ganz selten interagierten, oder wenn nicht jeder gegen jeden der Gruppe als mögliche Dyade gepaart wird, sondern (z.B. bei der Frage: Helfen Männchen den Weibchen öfter von denen sie am häufigsten gegroomt werden) die Zahl der möglichen Aktoren und der möglichen Rezipienten nicht gleich ist. Im letzteren Fall schlägt Hemelrijk eine Aufteilung der Matrix (s.o.) in Submatrizen vor.

Männchen gegen Männchen, Weibchen gegen Männchen, Weibchen gegen Weibchen, Männchen gegen Weibchen, wobei die intrasexuellen Matrizen dann quadratisch, d.h. gleich viele Aktoren wie Rezipienten, die intersexuellen rechteckig sein können.

Ebenfalls aus statistischen Gründen kämen die Hemelrijkschen Berechnungsmöglichkeiten nur mit Gruppen von mindestens vier Individuen für quadratische Matrizen, und mit mindestens 4 Spalten und 2 Zeilen für rechtieckige Matrizen also mindestens 2 Akteure und 4 mögliche Empfänger durchgeführt werden (hat man nur einen Akteur, wird von ihr eine Kendall-Rangkorreklation vorgeschlagen).

Neuerdings wird ein exakteres und zeitsparendes Berechnungsverfahren in einem speziellen Statistikpaket (SSS, Rubisoft) angeboten, das z.B. bei kleinen Matrizen Permutationen sinnvoller durchführt.

Gruppengröße

Ein häufig in Freilandstudien verglichener Wert betrifft die Gruppengröße, in der die betreffenden Tiere bei Zählungen oder auch längeren Beobachtungen angetroffen werden. So einfach dieser Wert scheint, so schwer ist er in der Praxis zu bestimmen. Das beginnt schon mit der Abgrenzung – wenn eine größere Zahl Tiere auf einer mehrere Hektar großen Wiese grast, sind dann alle in einer Gruppe? Gerade bei ökologisch ausgerichteten Studien oder bei Bestandszählungen hat man oft nicht die Zeit, um individuelle Beziehungen zu erkennen, oder überhaupt alle Individuen zu unterscheiden. Viele Untersuchungen behelfen sich dann mit einem Entfernungskriterium, z.B.

alle Tiere deren nächster Nachbar nicht mehr als x m entfernt ist, gehören zu einer Gruppe (Jarman & Coulson 1989). Das ermöglicht natürlich Vergleiche mit Studien anderer nur wenn diese genau das gleicher Kriterium haben (was selten ist).

Eine zweite Schwierigkeit tritt dann bei der Datenanalyse auf – wie bildet nman aus den verschiedenen Einzelwerten einen repräsentativen Gesamtwert? Die einfachste Methode, nämlich den Durchschnittswert zu bilden ist meist unbrauchbar – so wie Mittelwertbildungen bei nicht normal verteilten Daten eben immer problematisch sind. Jarman & Coulson (1989) diskutieren daher drei Werte :

a. die durchschnittliche Gruppengröße, das arithmetische Mittel aller gefundenen Werte

b. die modale Gruppengröße, das ist die Kategorie in der wir die meisten Tiere finden (s. u. Beispiel)

c. die typische Gruppengröße (Jarman 1974) ist diejenige Gruppengröße in der sich das „durchschnittliche Tier" am öftesten findet.

Die typische Gruppengröße ist

$$\sum_{i=1}^{N} x_i^2 \div \sum_{i=i}^{N} x_i$$

oder anders ausgedrückt:

$$\frac{n_1^2 + n_2^2 + n_3^2 + \ldots + n_i^2}{N}$$

mit x_i = Anzahl der Tiere in jeder i-ten Gruppe, N = Anzahl der Gruppen, n_1 bis n_i = gefundene Gruppengrößen.

Ein Beispiel zeigt den unterschiedlichen Wert der von den genannten Methoden errechnet wird:

Bei einer Beobachtung von Känguruhs wurden folgende Gruppengrößen gefunden:
Wiese A : 2, 2, 2, 14
Wiese B: 4, 4, 6, 6
Die durchschnittliche Gruppengröße ist jedesmal 5, die modale ist auf A 2, auf B nicht eindeutig bestimmbar.
Die typische Gruppengröße ist

$$\text{auf A:} \quad \frac{2^2 + 2^2 + 2^2 + 14^2}{20} = 10,4$$

$$\text{auf B:} \quad \frac{4^2 + 4^2 + 6^2 + 6^2}{20} = 5,2$$

Nach Jarman (1974) sagt die typische Gruppengröße am meisten über die sozialen Erfahrungen und Möglichkeiten des Individums aus.

Anhang II

IUCN / Rote Liste Kategorien

Wie oben (Kap. 12.4) ausgeführt, spielen Verhaltensaspekte, insbesondere bei langlebigeren Wirbeltieren, eine wichtige Rolle in Naturschutzplanungen (oder sollten, da ihre Auswirkungen sehr weitreichend sind). Zur Beurteilung des Schutzstatus einer Tier- oder Pflanzenart werden meist zwei Klassifikationen erstellt, die in ihren Inhalten ergänzend und leicht unterschiedlich in der Betonung verschiedener Faktoren sind:

  a. Die sog. Mace-Lande Skala (s. Gansloßer 1996, Tab. S. 30).
  Die starke Bewertung der Werte für N_e zeigt, im Zusammenhang mit den o. g. Verhaltenseinflüssen auf die effektive Populationsgröße schon, wie sehr eine genaue Kenntnis des Verhaltens nötig ist, um eine Mace-Lande Klassifikation sinnvoll zu erstellen.

  b. Die Rote-Liste Kategorien der IUCN, seit 1994 in neuer Fassung.
  Das neue System soll bessere Standartisierung in Anwendung und Interpretation ermöglichen als die früher übliche weniger scharf definierte Version. Dadurch soll sowohl der Vergleich zwischen Taxa als auch zwischen Bearbeitern verbessert werden. Die Tabelle beschreibt die wichtigsten Kategorien und ihre Einstufungskriterien. Wenn auch die Verhaltensdaten hier nicht so offenkundig zur Einschätzung nötig scheinen wie bei den Mace-Lande Kategorien, so ist doch die Betonung „maturer" Individuen wiederum wichtig, da eben bei komplexen Sozialsystemen nicht alle potentiell geschlechtsreifen auch schon matur, also voll sozial reif sind. Außerdem stecken im möglichen Kriterium „Aussterbewahrscheinlichkeit" doch wieder die Mace-Lande-Kategorien, da die meisten einschlägigen Computersimulation, z.B. VORTEX, zumindest mit N_e arbeiten.

Übersicht: Rote Liste Kategorien seit 1994

· · · · · · Kategorie

Ausgestorben (Extinct, Ex)

⋮ Subkategorie

–

Beschreibung:

–

Kriterium:

Wenn ohne Zweifel (no reasonable doubt) kein Individuum mehr lebt.

· · · · · · Kategorie

Im Freiland ausgestorben (Extinct in the Wild EW)

⋮ Subkategorie

–

Beschreibung:

lebt nur noch in Kultur/Gefangenschaft oder als eingeführte Population außerhalb des natürlichen Verbreitungsgebietes.

Kriterium:

Wenn ausführliche Bestandskontrollen, die der Lebensweise und dem Lebenszyklus der Art, deren Tages-/Jahresrhythmik etc. angepaßt waren, keinen Beweis für ein lebendes Tier liefern.

· · · · · · Kategorie

Kritisch gefährdet (Critically endangered CR)

⋮ Subkategorie

–

Beschreibung:

Hohes Risiko der Ausrottung in unmittelbarer Zukunft

Kriterium:

A. Populationsrückgang entweder

1.um 80% über die letzten 10 Jahre oder 3 Generationen (was immer davon länger ist), festgestellt durch

   a.direkte Beobachtung

   b.passenden Abundanzindex

   c.Rückgang in Habitat/Verbreitungsgebietsgröße

   d.derzeitige oder mögliche menschl. Nutzung

   e.Wirkung eingeführter Konkurrenten, Feinde, Parasiten, Verschutzung o.ä.

2.Berechneter / vermuteter Rückgang um 80% in den nächsten 10 Jahren oder 3 Generationen durch Kriterium b, c, d oder e.

B. Verbreitungsgebiet unter 100 km^2 oder Vorkommen auf <10 km^2 und 2 der folgenden Kriterien:

1.Stark fragmentiert oder nur 1 Gebiet

2. Andauernder Rückgang von

    a. Verbreitungsgebiet

    b. genutztem Areal

    c. Habitatgröße oder -qualität

    d. Zahl der Orte oder Subpopulationen

    e. Zahl der geschlechtsreifen Tiere

3. Extreme Fluktuation im Krit. 2a, b, c oder e

C. Bestandsschätzung von <250 maturen Tieren und entweder:

1. Geschätzter weiterer Rückgang um mind. 25% über die nächsten 3 Jahre oder 1 Generation

2. Weiterer geschätzter oder berechneter Rückgang der Individuenzahl oder Populationsstruktur, weil

    a. stark fragmentiert (keine Subpopulation hat >50 mature Individuen)

    b. alle Individuen mindestens einer Subpopulation

D. Populationsschätzung unter 50 mature Individuen

E. Durch quantitative Analyse bestimmtes Aussterberisiko im Freiland mindestens 50% in den nächsten 10 Jahren oder 3 Generationen.

······ Kategorie

Bedroht (Endangered EN)

⋮ Subkategorie

—

Beschreibung:

sehr hohes Risiko des Aussterbens, ohne daß die Kriterien für CR zutreffen

Kriterium:

A. Populationsrückgang durch entweder

1. Rückgang um mind. 50% in den letzten 10 Jahren oder 3 Generationen; bestimmt durch die Kriterium A 1a–e wie bei CR

2. Erwarteter Rückgang um 50% in den nächsten 10 Jahren oder 3 Generationen durch Kriterien b–e obiger Liste

B. Verbreitungsgebiete < 5000 km^2 oder genutztes Areal < 500 km^2 und mindestens 2 der folgenden Kriterien:

1. Stark fragmentiert oder nur bis 5 Subpopulationen

2. Anhaltender Rückgang vgl. B 2 a–e wie CR

3.Extreme Fluktuation von 2a, b, d oder e

C. Populationsschätzung weniger als 2500 mature Individuen und entweder:

1.Weiterer geschätzter Rückgang um mindestens 20% über 5 Jahre oder 2 Generationen

2.Anhaltender Rückgang der Individuenzahl oder Population durch

a.starke Fragmentierung (keine Subpopulation hat mehr als 250 mature Tiere)

b.alle Individuen in einer Subpopulation

D. Populationsschätzung weniger als 250 mature Individuen

E. Aussterberisiko mindestens 20% in 20 Jahren oder 5 Generationen (Kriterien wie bei CR)

······ Kategorie

Anfällig (Vulnerable VU)

⋮ Subkategorie

—

Beschreibung:

Hohes Aussterberisiko mittelfristig

Kriterium:

A.

1.Rückgang über 20% in den letzten 10 Jahren oder 3 Generationen durch Kriterium 1 a–e oben

2.Weiterer erwarteter Rückgang von mehr als 20% in den nächsten 10 Jahren oder 3 Generationen auf Basis von 1b, c, d oder e

B. Verbreitungsgebiet kleiner als 20000 km^2 oder genutztes Areal kleiner als 2000 km^2; Kriterien wie bei CR, EN: B 1–3

C. Population kleiner als 10000 mature Individuen und entweder

1.Weiterer Rückgang um mindestens 10% in den nächsten 10 Jahren oder 3 Generationen

2.wie oben bei

a.keine Subpopulation ist größer als 1000 mature Tiere

b.wie oben

D. Kleine oder begrenzte Population, weil entweder

1.die geschätzte Gesamtzahl kleiner als 1000 mature Individuen ist oder

2.die Population auf ein kleines Areal mit weniger als 100 km^2 begrenzt oder auf weniger als 5 Vorkommen aufgeteilt ist, da solche Taxa stark zufälligen oder menschlichen Einflüssen ausgesetzt sind und dann schnell CR oder EW werden können

E. Aussterberisiko 10% in den nächsten 100 a

Kategorie

Geringes Risiko (Lower Risk LR)

Subkategorie

Schutzabhängig (Conservation dependant cd)

Beschreibung:

Wenn eine Beendigung derzeitiger Schutzaktivitäten die Art innerhalb von 5 Jahren in eine der höheren Kategorien brächte.

Subkategorie

Nahezu bedroht (Near threatened nt)

Beschreibung:

Taxa, die nahe an Klasse VU sind

Subkategorie

Geringe Bedenken (Least concern lc)

Beschreibung:

Solche, die nicht cd oder nt sind

Kategorie

Daten fehlen (Data deficient DD)

Subkategorie

—

Beschreibung:

Keine Schutzkategorie, sondern es besteht irgendwo Handlungsbedarf zu Informationsbeschaffung.

· · · · · · Kategorie

Nicht eingestuft (Not evaluated NE)

⋮ Subkategorie

—

Beschreibung:

Noch keine Abschätzung erfolgt.

Anhang III

Das deutsche Tierschutzgesetz (Fassung vom 26.02.1993) bezieht sich in mehreren Paragraphen auf Verhaltensaspekte (Auszüge):

§2 Wer ein Tier hält, betreut oder zu betreuen hat,

1. muß das Tier seiner Art und seinen Bedürfnissen entsprechend angemessen ernähren, pflegen und verhaltensgerecht unterbringen,

2. darf die Möglichkeit des Tieres zu artgemäßer Bewegung nicht so einschränken, daß ihm Schmerzen oder vermeidbare Leiden oder Schäden zugefügt werden.

§2a Der Bundesminister für Ernährung, Landwirtschaft und Forsten (Bundesminister) wird ermächtigt, …, soweit es zum Schutz der Tiere erforderlich ist, die Anforderungen an die Haltung von Tieren nach §2 näher zu bestimmen und dabei insbesondere Vorschriften zu erlassen über Anforderungen

1. hinsichtlich der Bewegungsmöglichkeit oder der Gemeinschaftsbedürfnisse der Tiere,

2. an Räume, Käfige, andere Behältnisse und sonstige Einrichtungen zur Unterbringung von Tieren sowie an die Beschaffenheit von Anbinde-, Fütterungs- und Tränkevorrichtung,

3. hinsichtlich der Lichtverhältnisse und des Raumklimas bei der Unterbringung der Tiere, …

§3 Es ist verboten,

1. einem Tier außer in Notfällen Leistungen abzuverlangen, denen es wegen seines Zustandes offensichtlich nicht gewachsen ist oder die offensichtlich seine Kräfte übersteigen,

4. ein gezüchtetes oder aufgezogenes Tier einer wildlebenden Art in der freien Natur auszusetzen oder anzusiedeln, das nicht auf die zum Überleben in dem vorgesehenen Lebensraum erforderliche artgemäße Nahrungsaufnahme vorbereitet und an das Klima angepaßt ist; die Vorschriften des Jagdrechts und des Naturschutzrechts bleiben unberührt,

5. ein Tier auszubilden, sofern damit erhebliche Schmerzen, Leiden oder Schäden für das Tier verbunden sind,

6. ein Tier zu einer Filmaufnahme, Schaustellung, Werbung oder ähnlichen Veranstaltung heranzuziehen, sofern damit Schmerzen, Leiden oder Schäden für das Tier verbunden sind,

7. ein Tier an einem anderen lebenden Tier auf Schärfe abzurichten oder zu prüfen,

8. ein Tier auf ein anderes Tier zu hetzen, soweit dies nicht die Grundsätze weidgerechter Jagdausübung erfordern, …

Tierversuche

§7

(1) Tierversuche im Sinne dieses Gesetzes sind Eingriffe oder Behandlungen zu Versuchszwecken

2. an Tieren, wenn sie mit Schmerzen, Leiden oder Schäden für diese Tiere oder

(4) Tierversuche dürfen nur durchgeführt werden, soweit sie zu einem der folgenden Zwecke unerläßlich sind:

5. Vorbeugen, Erkennen oder Behandeln von Krankheiten, Leiden, Körperschäden oder körperlichen Beschwerden oder Erkennen oder Beeinflussen physiologischer Zustände oder Funktionen bei Mensch oder Tier,

6. Erkennen von Umweltgefährdungen,

7. Prüfung von Stoffen oder Produkten auf ihre Unbedenklichkeit für die Gesundheit von Mensch oder Tier oder auf ihre Wirksamkeit gegen tierische Schädlinge,

8. Grundlagenforschung.

Bei der Entscheidung, ob Tierversuche unerläßlich sind, ist insbesondere der jeweilige Stand der wissenschaftlichen Erkenntnisse zugrunde zu legen und zu prüfen, ob der verfolgte Zweck nicht durch andere Methoden oder Verfahren erreicht werden kann.

(3) Versuche an Wirbeltieren dürfen nur durchgeführt werden, wenn die zu erwartenden Schmerzen, Leiden oder Schäden der Versuchstiere im Hinblick auf den Versuchszweck ethisch vertretbar sind. Versuche an Wirbeltieren, die zu länger anhaltenden oder sich wiederholenden erheblichen Schmerzen oder Leiden führen, dürfen nur durchgeführt werden, wenn die angestrebten Ergebnisse vermuten lassen, daß sie für wesentliche Bedürfnisse von Mensch oder Tier einschließlich der Lösung wissenschaftlicher Probleme von hervorragender Bedeutung sein werden.

Zur Beurteilung der Schwere der Belastung wird heute meist der vom Schweizerischen Bundesamt für das Veterinärwesen erarbeitete Katalog („Schweizer Belastungskatalog") verwendet. Dieser führt als Beispiele für Verhaltensexperimente unterschiedliche Schwere etwa an:

Grad 0: keine Belastung, Verhaltensbeobachtungen z. B. zum Orientierungsverhalten; Futterentzug bei Ratten > 200 g KGW und < 24 h, < 200 g KGW und < 18 h; bei Mäusen < 15 h; Einzelhaltung von weibl. Ratten oder Mäusen mit reichlich täglichem Handling durch Personal; Wahlversuche mit verschiedener Einstreu; Beobachtungen in angereichertem Gehege, Test verschiedener physiologischer Diäten

Grad 1: Geringe Belastung, Studien in deren Rahmen die Minimalanforderungen der Tierschutzgesetzgebung geringfügig unterschritten werden: Z. B. Haltung von Hunden 2 Wochen ohne Auslauf, von einer Ratte im Stoffwechselkäfig unter 7 Tage, Einzelhaltung von Hund, Katze, Affe für einige Tage; Studien mit unphysiologischer Diät ohne erkennbare Krankheitsbilder; Prüfung von Stubstanzen in nichttoxischen Dosen im Open-Field oder Labyrinth; passive Vermeidungstests,

Futterentzug 24 - 48 h bei Ratten > 200 g, 15 - 24 h bei Mäusen > 30 g oder Wasserentzug unter 12 h; Separation von paargebundenen Tieren; Einzelhaltung weiblicher Ratten und Mäuse ohne Handling; chronisch milder Streß durch Reizflut

Grad 2: Mittlere Belastung, Minimalanforderungen werden deutlich oder leicht aber über lange Zeit unterschritten, z. B. Ratte im Stoffwechselkäfig über 7 Tage, Hund in Hängegurt für einige Tage, Shuttle-Box, Entzug von Sozialpartnern: Kontaktrufstudien bei Kücken, Futterentzug für 48 bis 72 h bei Ratten über 200 g, Wasserentzug bei Ratten und Mäusen für 12–23 h, Dauerlicht bei Ratten für zwei Wochen bei mehr als 50 Lux, Modelle mit häufig wechselndem sozialem Umfeld bei Ratte oder Maus, Ableitung mit chronisch implantierten Elektroden im Schädel

Grad 3: Schwere Belastung, wenn schwere Einschränkungen in mehreren Verhaltensbereichen auftreten. Z. B.: Gelernte Hilflosigkeit, vollumfängliche soziale Isolation (auch akustisch/olfaktorisch) von sozial lebenden Tieren, Einzelhaltung von Jungtieren sozial lebender Wildtierhaltung bis zur Entwöhnung; chronische, häufig und ohne für das Tier erkennbaren Rhythmus wechselnde starke Stressoren z. B. Lärm, Fußschock o. ä. über 3 Wochen

Ausführungen zur Haltung und den dafür nötigen Mindestanforderungen finden sich in mehreren Expertengutachten. Für Säugetiere beonders relevant sind:

- Mindestanforderungen an die tierschutzgerechte Haltung von Säugetieren (Fassung von 1996)
- Leitlinien für die tierschutzgerechte Haltung von Wild in Gehegen (1995)
- Gutachten über tierschutzgerechte Haltung von Damwild in Gehegen zum Zwecke der Fleischproduktion … (Nutztierartige Damwildhaltung, 1979)
- Leitlinien für die Haltung, Ausbildung und Nutzung von Tieren in Zirkusbetrieben und ähnlichen Einrichtungen (1990).

Einige verhaltensbezogene Passagen daraus seien zur Verdeutlichung der Problematik zitiert:

1. Zirkusgutachten:

Bei der Haltung von Zirkustieren ist insbesondere folgendes zu beachten:

- Die auf das Tierschutzgesetz gestützten Anforderungen an die Tierhaltung gelten uneingeschränkt auch für Zirkustiere.
- Grundsätzlich sollen nur Tiere im Zirkus mitgeführt werden, mit denen auch häufig und regelmäßig gearbeitet wird. Für Menschenaffen, Tümmler und Delphine ist eine Haltung in Zirkussen oder ähnlichen Einrichtungen grundsätzlich abzulehnen.
- Bei der Haltung von Säugetieren, mit denen nicht häufig und regelmäßig gearbeitet wird, sind die Anforderungen des Gutachtens „Mindestanforderungen an die tierschutzgerechte Haltung von Säugetieren" voll zu erfüllen.
- Säugetiere und Vögel, die im allgemeinen gesellig oder paarweise leben, dürfen

nur dann einzeln im Zirkus gehalten werden, wenn mit ihnen häufig und regelmäßig gearbeitet wird und der fehlende Artgenosse insoweit durch eine Bezugsperson ersetzt wird.

- Neben Zirkuswagen und Manege sollen für alle Großraubtiere und Affen Einrichtungen vorhanden sein, die zusätzliche Fläche sowie zusätzliche Reize wie Sonne, Regen, unterschiedliche Bodenstruktur usw. anbieten (Veranden oder Außengehege). Diese müssen von den Tieren benutzt werden können, sobald der Zirkus seinen Standplatz bezogen hat.

- Sofern nach dem Gutachten „Mindestanforderungen an die tierschutzgerechte Haltung von Säugetieren" ein Schwimmbecken vorgesehen ist, muß eine Bademöglichkeit auch bei mobilen Tierhaltungen vorhanden sein. Die Badeeinrichtung darf für Tiere, mit denen häufig und regelmäßig gearbeitet wird, etwas kleiner sein, als im Gutachten empfohlen. Es muß gewährleistet sein, daß jedes Tier seiner Art und seinen Bedürfnissen entsprechend täglich baden kann.

2. Säugetiergutachten: Präambel:

- Tiere haben artspezifisch und teilweise auch in Abhängigkeit von individuellen Faktoren in unterschiedlichem Maße die Fähigkeit der Anpassung an äußere Bedingungen, die vom Optimum abweichen. Diese Fähigkeit ist in Menschenobhut ebenso eine normale Funktion des Lebens wie in natürlichen Ökosystemen; sie ist im Einzelfall zu berücksichtigen, gegebenenfalls unter Einbeziehung eines Sachverständigen auch bezüglich Ernährung und Sozialgefüge (zum Beispiel Bestandsveränderung).

- Es ist stets zu beachten, daß jede rasche Veränderung der Lebensumstände in Menschenobhut zu kritischen Situationen bis zu Leidenszuständen und Gefährdung des Lebens führen kann. Dies ist auch beim Fang und Transport zu beachten. Es wird empfohlen, die Maße der IATA-Richtlinien anzuwenden.
Besonders sorgfältig ist das individuelle Risiko einer abrupten Veränderung der Haltungsumstände bei älteren Tieren abzuwägen, die einen großen Teil ihrer Lebensspanne unter anderen Bedingungen verbracht haben.

- Bei der Bewertung eines Haltungssystems kommt neben dem Raumbedarf seiner Einrichtung eine selbständige Bedeutung zu. Bei ihr sind auch nicht einfach quantifizierbare Faktoren wie die biologisch sinnvolle Anordnung des Inventars und seiner Strukturelemente sowie die Reizspektren von Bedeutung. Sie müssen den gehaltenen Tieren sowohl artgemäße Aktivitäten/Beschäftigungsmöglichkeiten wie Ruheverhalten garantieren.

3. Gehegeleitlinien:

Gestaltung der Gehege und ähnlicher Einrichtungen

Berücksichtigung der ethologisch-ökologischen Haltungssystematik

a. Bei der Gestaltung der Gehege müssen im Sinne des Tierschutzgesetzes §1 zur Vermeidung von Schmerzen, Leiden und Schäden die Besonderheiten der artspezifischen Lebensansprüche der gehaltenen Tiere berücksichtigt werden. Haltungstechnik (Funktionsbereiche) und artspezifisches Verhalten der Tiere

(Funktionskreise) müssen gemäß Anlage 1 des „Gutachtens über tierschutzgerechte Haltung sonst freilebender Tiere – Wild – in Gehegen oder ähnlichen Einrichtungen" vom 10.12.1974 als funktionsfähige Einheit aufeinander abgestimmt
werden. Die Forderung, dem Tier artgemäße Nahrung, Pflege und verhaltensgerechte Unterbringung zu gewähren, schließt eine Veränderung des Landschafts-
bildes nicht aus. Aus den unter Umständen unterschiedlichen Zielsetzungen von
Tierschutz und Landschaftsschutz ergeben sich Konsequenzen, die eine gewisse
Beeinträchtigung der Lebensgewohnheiten der Tiere unvermeidbar werden lassen. Je nach Zweckbestinnung eines Geheges muß bei seiner Gestaltung versucht
werden, diese Beeinflussungen soweit wie möglich zu mindern. Daraus folgt aus
der Sicht des Tierschutzes die Notwendigkeit, die Gehegehaltung von Tieren zu
beschränken. Deshalb ist die Errichtung von Gehegen auch als eine Funktion der
Raumplanung zu sehen … Die Gestaltung der Gehege muß den Ernährungs-,
Bewegungs-, Ruhe- und Schutzbedürfnissen sowie sonstigen speziellen Verhal-
tensansprüchen der Tiere Rechnung tragen. Deshalb sind insbesondere Einrichtungen für die artgemäße Ernährung sowie Schutzzonen anzulegen (Schutzhütten,
durch Sichtschutzmatten abgegrenzte Flächen, gegebenenfalls Suhlen u. a., die
eine verhaltensgerechte Unterbringung gewährleisten) …

b. Haltungssysteme ohne trennenden Zaun zwischen Mensch und Tier sind so zu
gestalten, daß kritische Situationen wie Angriffe des Gehegewildes infolge von
Zahmheit, hormoneller Konstellation oder Prägung ausgeschlossen bleiben.
Befindet sich in Gehegenähe artgleiches Wild in freier Wildbahn, sind im Außen-
bereich wegen möglicher Brunstkämpfe Doppelzäunungen erforderlich …

c. Jeder Wildart muß artgemäßes Futter auf tiergerechte Weise angeboten werden.
Darus ergeben sich jeweils spezielle Anforderungen für die Bauausführung der
Fütterungsplätze und Fütterungen. Die Futterstellen müssen fest, leicht zu reini-
gen, zu desinfizieren und versetzbar sein. Ist bei Tierarten ein Schalenauswachsen
zu erwarten, sind Einrichtungen zu schaffen, die einen ausreichenden Schalenab-
rieb gewährleisten (z. B. rauhe Betonstreifen um Fütterungen). In jedem Gehege
muß eine ausreichende Tränkmöglichkeit sichergestellt sein. Bei der Anlage eines
Jagdgeheges oder Wildparks ist ein fließendes oder größeres Gewässer zu fordern. Suhlenden Wildarten müssen Suhlen, ggf. künstliche, zur Verfügung stehen....

d. Zu den unabdingbaren Grundbedürfnissen und Lebensansprüchen der gegatterten
Tiere zählen neben einer ausreichenden, artgemäßen Fütterung die Haltung in
Gehegen angepaßter Größe und - bei sozial lebenden Tieren - die Haltung einer
Mindestindividuenzahl in einem Gatter. Nur artspezifisch strukturierte Gehege,
die auf Grund ihrer Größe keine nennenswerten Beschränkungen für die Tiere in
den Funktionskreisen "Fortbewegung" und "Ruhen" aufweisen sind als tiergerecht einzustufen.

Die Zahl der zu haltenden Tiere soll dem artspezifischen Sozialverhalten der Tiere
entsprechen. Dabei ist die Einhaltung des Mindestbesatzes zur Erfüllung des jeweiligen Zweckes erforderlich. Eine artspezifische Geschlechterverteilung muß gegeben
sein. Die Haltung eines Paares ist wegen innerartspezifischer Bedürfnisse in der Regel
unabdingbar.

Je nach der Zweckbestimmung eines Geheges ergeben sich für den Mindestflächenbedarf unterschiedliche Werte. In Forschungsgehegen beispielsweise wird die Haltung von Wild für Versuchszwecke oftmals auf sehr engem Raum erfolgen müssen. In Schaugehegen hingegen erfordert das für den Besucher angestrebte Naturerlebnis in der Regel die Einbeziehung eines größeren Areals als sich nach dem Mindestflächenbedarf ergibt.

In Jagdgehegen und Wildparks sind wegen der Haltung unter Bedingungen, die denen der freien Wildbahn sehr nahe kommen, kaum Beschränkungen in den Funktionkreisen der Fortbewegung und des Ruhens zu unterstellen. Zu beachten ist bei dieser Art der Wildhaltung die optimale Populationsdichte einer jeden Wildart in Abhängigkeit von der Gehegestruktur.

Im folgenden [Teil des Gutachtens, hier nicht abgedruckt] sind für die Wild- und Haustierarten, die für gewöhnlich in Wildgehegen präsentiert werden, die Lebensansprüche niedergelegt. Die Auflistung umfaßt die in der Gehegehaltung wesentlichen Tierarten ohne den Anspruch auf Vollständigkeit erheben zu können und zu wollen. Die angegebenen Größen und Maße sind als Richtwerte zu betrachten. Um eine „Bandmaßbiologie" zu vermeiden, sei hier herausgestellt, daß die Strukturierung eines Geheges wesentlicher als die absolute Größe ist. Tierzahlenangaben beziehen sich immer auf adulte Tiere, der jeweilige Nachwuchs des Jahres ist damit eingeschlossen.

Literaturverzeichnis

Alberts, J., R. & C. P. Cramer: Ecology and experience: Sources of means and meaning of developmental changes. pp. 1–40, in: Blass 1988

Altmann, J.: Abservational study of behaviour – sampling methods. Behaviour 49, 227–267. 1974

Altmann, J. & St. Altmann: On the analysis of rates of behaviour. Anim Behav. 25, 364–372. 1977

Anderson, P. K., Dispersal in rodents: a resident fitness hypothesis, Spec.-Publ. No. 9, The Am.Soc.of Mammalogists, Lawrence Kansas. 1989

Anzenberger, G., Mendoza, S., P., Mason, W., A.: Comparative Studies of Social Behaviour in Callicebus and Saimiri: Behavioural and Physiological Responses of established pairs to unfamiliar pairs. Am. J. Primatol. 11, 37–51. 1986

Anzenberger, G.: Monogamous Social systems and paternity in primates. 203–224 in: R. O. Martin et al. (eds.): Paternity in Primates. Basel (Karger), 1992

Appleby, M. C.: The probability of linearity in hierarchies. Anim. Behav. 41, 600–608. 1983

Archer, J.: The Behavioural Biology of Aggression. Cambridge (Univ. Press). 1988

Armitage, K. B., Recruitment in Yellow-bellied Marmot populations: kinship, philopatry, and individual varaiability, pp. 377–403, in: The biology of Ground-dwelling Squirrels (J. O. Murie and G. R. Michener, eds.), University Press, Lincoln, London 1984

Asa, C. S. : Hormonal and experiental factors in the expression of social and parental behavior in Canids. In: Solomon & French, pp. 129–149. 1997

Asa, Cheryl: Reproduktive Physiology, 390–417 in: Kleiman et al.

Aschoff, J.: Temporal orientation: circadian clocks in animals & humans. Anim. Behav. 37, 881–896. 1989

Baerends, G.: An evaluation of the conflict hypothesis pp. 187–228. In: Baerends, H., G., C.Beer, A.Manning (eds): Function and Evolution in Behaviour. Oxford (Univ. Press) 1975

Baldwin, J. D. & J. I. Baldwin: The role of learning phenomena in the ontogeny of exploration and play. pp. 343–406 in: Poirier & Chevalier-Sknolnikoff.

Barnard, C. J. & T. Burk: Dominance hierarchies and the evolution of Individual Recognition. J. theor. Biol. 81, 65–73

Bateson, P. P. G.: The dynamics of parent-offspring relationships in mammals. TREE 9, 399–403. 1994

Bazely, D. R.: Carnivorous herbivores: mineral nutrition and the balanced diet. TREE 4 (6), 155–156. 1989

Beauchamp, G. K., K. Yamazaki, J. Bard, E. Boyse: Diversity: Olfactory and immunological. Ms in prep.

Bekoff, M., Mammalian dispersal and the ontogeny of individual phenotypes, Amer. Natur. 111, 1977, pp. 715–732

Bekoff, M.: Socialization in mammals with an emphasis on non-human primates. 603–636, in: F. Poirier & S. Chevalier-Skolnikoff (eds.): Primate Bio-Social Development. Garland New York. 1977

Bekoff, M. & J. A. Byers: Time energy and play. Anim. Behav. 44, 981–982. 1992

Bekoff, M., & M. C. Wells: Social ecology and behaviour of coyotes. Adv. Study Behav., 16, 251–338. 1986

Belovsky, G., E. et al.: How spines and thorns retard herbivory by herbivores of different body mann. Oecologia (in press).

Bernstein, I. S.: Dominance: the baby and the bathwater. Behav. Brain Sci. 4, 419–457. 1981

Bernstein, J. S., R. M. Rose, T. P. Gordon: Behavioural and environmental events influencing primate testosterone levels. J. Human. Evol. 3, 517–525. 1974

Berthold, P.: Bird Migration. Oxford (UP) 1993

Bertram, D. C. R.: Serengeti Predators and their Social Systems. pp. 221–248 in Sinclair, A.R.E. & M. Norton-Griffiths (eds). Serengeti, Chicago (Univ. Press). 1979

Bildstein, K. L.: Why White-tailed deer flag their tails. Am. Nat. 121, 709–715. 1983

Birkhead, T. & A. Møller: Female control of paternity. TREE 8, 100–104. 1993

Birkhead, T. & G. M. Hunter: Mechanisms of sperm competition. TREE 5, 48–52. 1990

Bischof, N.: Das Rätsel Ödipus. Kindler Verlag, München 1985

Blackburn, D., G., Hayssen, V., Murphy, C. J.: The origins of lactation and the evolution of milk: a review with new hypotheses. Mammal Rev., 19, 1–26. 1989

Blass, E., M. (eds.): Handbook of Behavioural Neurobiology 9: Developmental Psychobiology and Behavioural Ecology. Plenum Press, N. Y./London. 1988

Boesch, Ch.: Teaching among wild chimpansees. Anim. Behav., 41, 530–532. 1991

Box, H.O. (ed.): Social Learning among mammals. Abstr. of Symposium of Zool. Soc. of London 1996

Heimlich-Boran, J.R. & S. L. Heimlich-Boran: Social learning in cetaceans, p. 2

Gilbert, B.: Idiosyncratic Social learning in bears: an eco-cultural hypothesis, p. 7

Klein, D.P.: Comparative Social learning among Arctic herbivores: the caribou, muskox and Arctic hare, pp. 7–8.

Nel, J.A.J.: Social learning in canides, p. 9.

Kitchener, A.C.: Watch with Mother: a review of social learning in Felidae, pp. 9–10.

Boyce, Mark S. (ed.): Evolution of Life Histories of Ammals. Yale Univ. Press, New Haven & London 1988

– M.S. Boyce: Evolution of life histories: Theory & Patterns from Mammals, pp. 3–31.

– S.L. Lindstedt & S.D. Swain: Body size as a constraint of design & function, pp. 93–105.

– S.T. Zeveloff & M.S. Boyce: Body size Patterns in North American mammal faunas, pp. 123–147.

Bronson, F.H.: Mammalian Reproductive Biology. Chicago (Univ. Press). 1989

Buchholtz, Chr. et al.: Leiden und Verhaltensstörungen bei Tieren. Birkhäuser, Basel etc. 1993

Darin speziell:

Buchholtz, Chr.: Das Handlungsbereitschaftsmodell – ein Konzept zur Beurteilung und Bewertung von Verhaltensstörungen. pp. 93–169

Hassenstein, B.: Zur Erkennbarkeit des Leidens von Tieren. pp. 85–92

Loeffler, K.: Zur Erfaßbarkeit von Schmerzen und Leiden unter Berücksichtigung neurophysiologischer Grundlagen. pp. 77–84

Tschanz, B.: Erkennen und Beurteilen von Verhaltensstörungen mit Bezugnahme auf das Bedarfs-Konzept. pp. 65–76

Büttner, D. & U. Gansloßer: Endogenous rhythms and captive propagation. In: U. Gansloßer et al. 1995, pp. 237–247.

Bugnyar, T. & L. Huber: Push or pull: an experimental study of initation in marmosets. Animl Behav., 54, 817–831. 1997

Bundesamt für Veterinärwesen, Schweiz: Einteilung von Tierversuchen nach Belastungsgraden. Bern 1994

Bundesministerium für Ernährung, Landwirtschaft und Forsten:
– Tierschutzbericht der Bundesregierung. 1997 (Bundestagsdrucksache 13/7016)
– Gutachten über Mindestanforderungen an die Haltung von Säugetieren. 1995
– Leitlinien für eine tierschutzgerechte Haltung von Wild in Gehegen. 1995

Bützler, W.: Kampf- und Paarungsverhalten beim Rothirsch. Fortschr. Verhaltensforschung 4. 1974

Cairns, R.B.: Attachment behaviour of mammals. Psychol. Rev., 73, 409–426. 1966

Caro, T.M. et al.: Tail-flagging and other antipredator signals in White-tailed deer: new data and synthesis. Behav. Ecol. Sociobiol. 6, 442–450. 1995

Caro, T.M.: Missing links in predator and antipredator behaviour. TREE 4, 333–334. 1989

Caro, T.M.: The functions of stotting in Thomson's gazelles: some tests of the predictions. Anim. Behav. 34, 663–684. 1986b

Caro, T.: Ungulate anti-predator behaviour: preliminary and comparative data from African bovids. Behaviour, 128, 189–229. 1994

Carter, S.C.: Hormonal influences on human behaviour. In: A. Schmitt et al. (eds): New Aspects of Human Ethology. Plenum Press, New York-London 1997, pp. 42–162.

Carter, S.C. et al.: Oxytocin and social bonding. Annals N. Y. Acad. Sci., 204–211. 1992

Carter, S.C., A.C. de Vries, L.L.Getz: Physiological substrates of mammalian monogamy: the Prairie vole model. Neurosci. biobehav. Rev. 19, 303–314. 1995

Castles, J.D.L., F.Aureli, F.B.M. de Waal: Variation in conciliatory tendencies and relationship quality across groups of Pigtail macaques, Anim. Behav. 52, 389–403. 1996

Chance, M.: Attention strucure, the basis of primate rank order. Man 2, 4

Chance, M.: The social structure of attention. 1967–1987. Primate report 18, 17–19. 1987

Chase, I.0.: Dynamics of hierarchy formation – the sequential development of dominance relationships. Behaviour 80, 218–240.

Cheney, D.L. & R.M. Seyfarth: Précis of How Monkeys see the world. Behav. Brain Sci. 15, 135–182. 1992

Chepko-Sade, B.D. and Tang-Halpin, Z., eds, Mammalian dispersal patterns, Univ. of Chicago Press, Chicago. 1987

Chitty, D., The natural selection of self-regulatory behaviour in animal populations, Proc. Ecol. Soc. Australia 2, 51–78. 1967

Christian, J.J., Social subordination, population density and mammalian evolution, Science 168, 84–90. 1970

Churchfield, S.: Ecology of very small terrestrial mammals. 259–275.

Clemmons, J.R. & R. Buchholtz (eds.): Behavioural Approaches to conservation in the wild. Cambridge Univ. Press. 1997
darin:
Komdeur, J. & Ch. Deerenberg: The importance of social behaviour studies for conservation. 262–276.

Clutton-Brock, T.H. & G.A. Parker: Punishment in Animal Societies. Nature 373, pp. 209–215. 1970

Clutton-Brock, T.H. & S.D.. Albon: Red Deer in the Highlands. BSP Professional Books, Oxford 1989

Clutton-Brock, T.H. et al.: Population fluctuations, reproductive costs and life history tactics in female Soay sheep. J. Anim. Ecol. 65, 1996, pp. 675–689.

Clutton-Brock, T.H.: The Evolution of Parental Care. Princeton (Univ. Press). 1991

Cobb, S.: Social support as a moderator of life stress. Psychosomatic Med., 38, 300–314. 1976

Cockburn, A.: Evolutionsökologie. Stuttgart (G. Fischer) 1996

Coe, C.L., D. Franklin, E.R. Smith & S. Levine: Hormonal responses accompanying fear and agitiation in the Squirrel monkey. Physiol. Behav. 29, 1051–1057. 1982

Conner, R.O. et al.: Dolphin coalitions and alliances. 415–443.

Cooper, S.M. & N. Owen-Smith: Effects of plant spinescence on large mammalian herbivores. Oecologia (Berlin), 68, 446–455. 1986

Cowan, D.P. & P.J. Garson: Variations in the social strucure of rabbit populations: causes and demographic consequences. pp. 537–556, Sibly/Smith.

Cowlishaw, G. & R.I.M. Dunbar: Dominance rank and mating success in male primates. Anim.Behav. 41, 1045–1056. 1991

Cowlishaw, G.: Refuge use and predator risk in a desert baboon population. Anim Behav., 54, 241–253. 1997

Craighead, D.J. & J.J. Craighead: Tracking caribou using satellite telemetry. Nat. Geogr. Res. 3, pp. 462–479. 1987

Creel, S., C. Creel, G. Monford: Social stress and dominance. Nature 379, 212. 1996

Croft, D.B. & Snaith, F.: Boxing in Red kangaroos, Macropus rufus. Aggression or play? Int. J. Comp. Psychol. 4, 221–236.

Croft, D. & U. Gansloßer (eds.): Comparison of Marsupial and Placental Behaviour. Fürth (Filander) 1996, darin:
Coulson, G.: Anti-predator behaviour in marsupials, pp. 158–186.
Croft, D.B.: Locomotion, Foraging Competition and Group Size, pp. 134–157.
Jarman, P.J. & H. Kruuk: Phylogeny and Spatial Organisation in Mammals, pp. 80–101.
Lissowsky, M.: The occurence of play behaviour in Marsupials, pp. 187–207.
Righetti, J.: A Comparison of the Behavioural Mechanisms of Competition in Shrews (Soricidae) and Small Dasyrid Marsupials (Dasyridae), pp. 294–300.
Walker, L.: Female Mate-Choice, pp. 208–225.
Winter, J.W.: Australasian Possums and Madagascan Lemurs, pp. 263–293.

Crows, D. (ed.): Psychobiology of Reproduction. Prentice Hall, Eaglewood Cliffs, 1987.

Curio, E.: Conservation needs ethology. TREE 11 (6), 260–264. 1996

Dagg, A. J. & B. Foster: The Giraffe. New York (Van Nostrand) 1976

Davenport, R.K.: Some Behavioural Disturbances of Great Apes in Captivity. In: D. Hamburg & M. McCown: The Great Apes. Benjamin/Cummings Publ., Menlo Park. 1979

de Waal, F.B.M.: The integration of dominance and social bonding in primates. Quart. Rev. Biol. 61, pp. 459–479. 1970

de Waal, F.B.M.: Frieden durch Sex. Geo 6/93, pp. 14–30. 1993

Desportes, J.-P., F. Cézilly, A. Gallo: Modeling and analysing vigilance behaviour. Acta Oecologica 12, 227–236. 1991

di Biteti, M.S.: Evidence for an important social role of allogrooming in a plytyrhine primate. Snim. Behav., 54, 199–211. 1997

Dickman, C.R.: Body size, prey size and community structure in insectivorous mammals. Ecology 69, 569–580. 1988

Dickman, C.R.: Mechanisms of competition among insectivorous mammals. Oecologia 85, 464–471. 1991

Distel, H. & R. Hudson: Nipple-search performance by rabbit pups: Changes with age and time of day. Anim.Behav. 32, 501–507. 1984

Dubost, G. & F. Feer: The behaviour of male Antilope cervicapa L, its development according to age and social rank. Behaviour 76, 62, 127. 1981

Duncan, P.: Horses & Grasses. Springer New York etc.. 1992

Eaton, R.L.: Interference competition among carnivores. Carnivore 2, 9–16. 1979

Eberhard, J.: Ecology of the Koala, Phascolarctos cinereus, in Australia. in Montgomery, G. Ced: Arboreal Folivores. Washington DC (Smithsonian Press). 1978

Eisenberg, J. F.: The Mammalian Radiations. Chicago (Univ. Press). 1981

Elgar, M.A.: Predator vigilance and group size in mammals and birds. Biolog. Rev. 64, 13–33.

Emmons, L. & A. Biun: Maternal behaviour of a wild tree-shrew, Tupaia tana, in Malaysia. Nat. Geogr. Res. 7, 70–81. 1991

Engel, J.: Choosing an appropriate sample interval for instantaneous sampling. Behav. Processes 38, 11–17

Engel, J.: Signifikante Schule der schlichten Statistik. Filander Verlag, Fürth. 1997a

Engel, J.: Verhaltensstudien an Säbelantilopen, Dissertation Erlangen. 1997b

Engel, J. & J. Lamprecht: Doing what everybody does? A procedure for investigating behavioural synchronization. J. theor. Biol. 185, 255–262. 1997

Enquist, M. et al.: A test of the sequential assessment game: fighting in the cichlid fish Nannacara anomala. Anim. Behav. 40, 1–14. 1990

Estes, R.D.: The role of the vomeronasal organ in mammalian reproduction. Mammalia, 36, 315–341. 1972

Fagen, R.: Exercise, play and physical training in animals. pp. 189–219, in: Bateson, P.P.G. & P. Klopfer (eds.): Perspectives in Ethology 2, New York London, Plenum Press. 1976

Fanning, D.: Nests of the Feather tail glider Acrobates pygmaeus from Sydrey, NSW. Austr. Mammal, 3, 55–56. 1980

Feddersen-Petersen, D. & E. Ohl: Ausdrucksverhalten beim Hund. Jena/Stuttgart, G. Fischer. 1995

Feddersen-Petersen, D.: Zur Ethologie des Haushundes (Canis lupus familiaris). Acta Biol. Beurodis, Suppl. 3, 7–20. 1996

Feh, C. & J. de Mazibres: Grooming at a prefered site reduces heart rate in horses, Anim.Behav. 46, 1191–1194. 1993

Fenzlein, U.: Abwanderung aus der Familiengruppe beim Kowari, Dasyuroides byrnei Spencer 1896. Diplomarbeit Erlangen. 1991

Feuerriegel, K.: Kindergarten groups in Oryx. Gnusletter 14 (2–3), 12–14. 1995

Firestone, K.B., K. V. Thompson & C. S. Carter: Female-female interactions and social stress in prairie-voles. Behav. Neural. Biol. 55, 31–41. 1991

Fischbacher, M.: Resolution of social conflicts in Banded mongoose (Mungos mungo) with a game theoretical model for the evolution of agalitorian relationships. Diss. Universität Zürich 1993

Francis, R.C.: On the relationship between aggression and social dominance. Ethology 78, 223–237. 1988

Frederick, H. & C.N. Johnson: Social organization in the Rufuous Bettong Aepyprymnus rufescens. Anst. J. Zool. 44, 9–17. 1996

Fryxell, J.M., J. Greever & A.R.E. Sinclair: Why are migratory ungulates so abundant? Am. Nat. 131, 781–798.

Gansloßer, U.: Zur Carnivorie bei einigen Känguruhs im Vergleich mit Literaturangaben über Huftiere speziell Wiederkäuer. Zool. Garten N. 51, 216–224, 1981

Gansloßer, U.: Agonistic behaviour in Macropodoids – a review. pp. 475–503 in: G. Grigg et al. (eds.): Kangaroos, Wallabies/Rat-kangaroos 2, Surrey Beatty, Chipping Norten NSW. 1989

Gansloßer, U., K. Hodges, W. Kaumanns (eds.): Research & Captive Propagation, Fürth (Filander) 1995

Gansloßer, U. & B. Krettinger: Fighting of male macropods- some game-theoretical considerations and a case study of Wallaroos. Mammal Rev. (subm.)

Gaulin, L.J.C. & R.W. Fitz Gerald: Sexual ralation for spatial-learning ability. Anim. Behav. 37, 322–331. 1989

Gautier-Hion, A.: Seasonal variation of diet related to species and sex in a community of Cercopithecus monkeys. J. Anim. Ecol. 49, 237–269. 1980

Geidezis, L.: Food availability and food utilization by others (Lutra lutra L.) in the Oberlausitz Pondland in Saxony. IUCN Otter Spec. Group Bull. 13 (2), 58–70. 1996

Ginsberg, J.R. & D.I. Rubenstein: Sperm competition and variation in zebra mating behaviour. Behav. Ecol. Sociobiol. 26, 427–434. 1990

Glander, K.E.: Feeding patterns in Mantled Howling Monkeys. pp. 231–258, in: Kamil/Sargent. 1981

Godfrey, D., J.N. Lythgoe & D.A. Rumball: Zebra stripes and tiger stripes: the spatial frequency distributions of the pattern compared to that of the background is significant in display and crypsis. Biol. J. Linn. Soc. 32, 437–433. 1987

Gomendio, M. & E. R. S. Roldan: Mechanisms of sperm competition: linking physiology and behavioural ecology. TREE 8, 95–11. 1993

Gosling, L.M. & M.V. McKay: Competitor assessment by scent-matching: an experimental test. Behav. Ecol. Sociobiol. 26, 415–420. 1990

Gouzoules, S. & H. Gouzoules: Kinship. pp. 299–305, in: B. Smuts et al. (eds.): Primate Societies, Chicago (Univ. Press). 1986

Grafen, A.: Biological signals as handicaps. J. theor. Biol. 144, 517–546.

Grammer, K.: Signale der Liebe. München (dtv) 1996

Grammer, K.: Stangers meet: Laughter and nonverbal signals of interest in opposite–sex encounters. J. nonverb. Behav. 14, 209–136. 1990

Gray, L. & R.R. Tardiff: Development of feeding diversity in deer mice. J. Comp. Physiol. Psychol. 93, pp. 1127–1135. 1979

Greenwood, P.J.: Mating systems, philopatry and dispersal in birds and mammals, Anim.Behav. 28, 1140–1162. 1980

Griffin, D.R. (ed): Animal Mind, Human Mind. Springer Berlin. 1982, darin:
Gillan, D.J.: Ascent of Apes, 177–200
Dawkins, M. et al.: Evolutionary Ecology of Thinking, 355–373
Kintsch, W. et al.: Comparative Approaches to Animal Cognition, 375–389

Gubernick, D. & P. Klopfer (ed.): Parental Care in Mammals. London (Acad. Press) 1980

Gubler, H. & N. Bischof: Untersuchungen zur Systemanalyse der sozialen Motivation II: Computerspiele als Werkzeug der motivationspsychologischen Grundlagenforschung. Z. Psychol. 201, 287–315. 1993

Gubler, H., Paffrath, M. & N. Bischof: Untersuchungen zur Systemamalyse der sozialen Motivation III: Eine Ästinationsstudie zur Sicherheits- und Erregungsregulation während der Adoleszenz. Z. Psychol. 202, 95–132. 1994

Guilford, T. & M. St. Dawkins: What are conventional signals? Anim. Behav. 49, 1689–1695

Halle, S., Andreassen, H.-P., Ims, R., A.: Kleinnager als Modellorganismen in EMS-Studien. Z. Säugetierkunde, 62, Suppl., 20

Hanby, J.P. & J.D. Bygott: Emigration of subadult lions. Anim Behav. 359, 161–169. 1987

Hand, J.L.: Resolution of social conflicts: Dominance, egalitarianism, spheres of dominance, and game theory. Quart. Rev. Biol. 61, 201–220. 1986

Hanski, J.: What does a shrew do in an energy crises?, pp. 247–252 in Sibly/Smith

Harcourt, A.H. & F.B.M. de Waal (eds.): Coalitions & Alliances in Humans & Other Animals. Oxford (Science Publ.) 1992, darin:
Harcourt, A.H.: darin: Coalitions and alliances: are primates more complex than non-primates? pp. 445–472

Harcourt, A.H. & J.K. Stewart: Gorillas male relationships: Can differences during immaturity lead to c-ontrasting reproductive tactics in adulthood? Anim. Behav. 29, 206–210. 1981

Harrer, L.V.: Offspring effects upon parents. pp. 117–165 in Gubenick/Klopfer

Hart, B.L.: Behavioural Adaptations to Pathogens & Parasites: five strategies Neurosci. Biobehav. Rev. 14, 273–294. 1990

Hart, B.L.: Behavioural adaptations to parasites: an ethological approach. J. Parasitol. 78, 256–265. 1992

Hart, B.L. & L.A. Hart: Fly switching by Asian elephants: tool use to control parasites. Anim. Behav. 48, 35–45.

Hart, B.L. et al.: Biological basis of grooming behaviour in antelope: the body-size, vigilance and habitat principle. Anim. Behav. 44, 615–631. 1992

Hart, H.L. & L.A. Hart: Reciprocal allogrooming in impala, Aepyceros melampus. Anim. Behav. 44, 1073–1083. 1992

Hart, L.B.: Roles of the olfactory and vomeronasal systems in behaviour. Farm. Nim. Behav., 3, 463–475. 1987

Hayes, N.: Principles of Comparative Psychology. Hove (L. Erlbaum Ass.) 1994

Hayssen, V.: Empirical and theoretical constraints on the evolution of lactation. J. Dairy Sci., 76, 3213–3233. 1993

Hediger, H.: Tierpsychologie im Zoo und Zirkus. Basel (C. F. Reinhardt) 1961

Hemelryk, Ch.K.: Models of and tests for reciprocity undirectionality and other social interaction patterns at a group level. Anim. Behav. 39, 1013–1029. 1990

Henry, J.P., Stephens, P.M.: Stress, Health and the Social Environment. New York etc., Springer. 1977

Herre, W. & M. Röhrs: Haustiere – Zoologisch gesehen. G. Fischer Stuttgart. 1990

Hestbeck, J.B.: Population regulation if cycle mammals: The social fence hypothesis, Oikos, 39, 157–163. 1982

Hodges, J.K.: Determining and manipulating female reproductive parameters. pp. 418–428, in: D. G. Kleiman et al. (eds.): Wild Mammals in Captivity. Chicago (Univ. Press). 1996

Hodges, J.K.: Reproductive Biology and Captive Propagation – An overview, pp. 29–35, in: Gansloßer et al. 1995

Hofmann, R.R.: Evolutionary steps of ecophysiological adaptation and diversification of ruminants: a comparative view of the digestive system. Oecologia 78, 443–457.

Holekamp, K.E.: Dispersal in Ground-dwelling Sciurids, pp. 297–320, in: The biology of Ground-dwelling Sqirrels (Spermophilus beldingi), pp. 399–408, (M. A. Rankin ed.), Contr. Mar. Sci Suppl. 27. 1984

Höller, P., L. Pörtner & U. Schmidt: Winkel- und Distanzeinschätzug bei der Path-Integration-Orientierung der Hausmaus. Z. Säugetierkunde, 62, Suppl., 22–23.

Holmes, W.G.: Kinship and the development of social preferences. pp. 389–414, in: Blass

Holst von, D.: Auswirkungen sozialer Kontakte bei Säugetieren. BiUZ 24, 169–174.

Holst von, D.: Physiologie sozialer Interaktionen – Sozialkontakte und ihre Auswirkungen auf Verhalten sowie Feritlität und Vitalität von Tupaias. Physiologie aktuell 3, 189–208. 1987

Holtgrewe, S.: Female Mate Choice: Experiment in Red-necked Pademelons. Staatsexamensarbeit Univ. Bonn. 1996

Hudson, B.B.: One trial learning in the domestic rat. Genetic Psychology Monographs 41, 99–145. 1950

Hudson, R., A. Bilko & V. Altbäcker: Nursing, weaning and the development of independant feeding in the rabbit (Oryctolagus cuniculus). Z. Säugetierkunde, 61, 39–48. 1996

248

Hughes, R.N. (ed.): Diet Selection. Oxford (Blackwell). 1993
    darin:
    Provenza, F.D. & R.P. Cincotta: Foraging as a self-organizational learning process: Accepting adaptability at the expense of predictability, 78–101
    Shettleworth, S.L., P.J. Reid & C.M.S. Plowright: The psychology of diet selection. 56–77
    Illius, A.W. & I. J. Gordon: Diet Selection in mammalian herbivores. 157–181
    Sih, A.: Effects of ecological interactions on forager diets: competition, predation risk, parasitism and prey behaviour, 182–212

Hume, I.D.: Digestive physiology & nutrition of marsupials. Cambridge (Univ. Press). 1982

Hume, I.D.: Nutrition of marsupial herbivores. Proc. Nutr. Soc., 48, 69–79. 1989

Hurly, T.A. & S.A. Lourie: Scatterhoarding and larderhoarding by Red squirrels: Size, dispersion and allocation of hoards. J. Mammal, 78, 529–537. 1997

Illius, A.W. & C. Fitzgibbon: Costs of vigilance in foraging ungulates. Anim. Behav. 47, 481–484. 1994

Imanishi, K. & S. A. Altmann (eds.): Japanese Monkeys. Atlanta (Emory Univ. Press). 1965

IUCN: Red List Categories. Gland. 1994

Jarman, P. J.: The social behaviour of antelope and its relation to ecology. Behaviour 1974.

Jarman, P. J.: Sexual Dimorphism in large, terrestrial herbivores. Biol. Rev. 58, 485–520. 1983

Johnson, C. N., 1986, Sex-biased philopatry and dispersal in mammals, Oecologia 69, 626 – 627

Johnson, C. N.: Relationships between mother and infant Rednecked wallabies. Ethology Z4, 1–20, 1987

Johnstone, R. A.: The evolution of animal signals. pp.155–178 in: J. Krebs & N. Davies (eds.). Behavioural Ethology. Oxford (Blackwell) 1997

Jones, St., R. Martin & D. Pilbeam (eds.): The Cambridge Encyclopedia of Humen Evolution. Cambridge (Univ. Press). 1992

Kaplan, J.R. et al.: Social status, environment and atherosclerosis in Cynomolgus monkeys. Arteriosclerosis 2, 359–368. 1982

Kataoka, Y. et al.: Basic studies on labor division between rats: A re-evaluation. Behav. Neur. Biol. 34, 89–97. 1982

Kötter, R.: Ms. in Vorb.

Kawai, M.: Precultural Behaviour of the Japanese Monkey. pp. 32–55 in: G. Kurth & I. Eibl-Eibesfeldt (eds): Hominisation und Verhalten. Stuttgart (G. Fischer) 1975

Kenward, R.E.: Ranging behaviour and population dynamics in Grey squirrels. pp. 319–330, Sibly/Smith

Kiley-Worthington, M.: The tail movements of ungulates, canids and felids with particular reference to their causation and function as displays. Behaviour 56, 69–115. 1976

Kirkwood, T.B.L. & M.R. Rose: Evolution of Senescence: late survival sacrificed for reproduction. Phil. Trans. R. Soc. Land. B 332, 15–24. 1991

Kleiman, D.G.: Monogamy in Mammals. Quart. Rev. Biol. 52, 39–69. 1977

Kleiman, D. et al.: Wild Mammals in Captivity. Chicago (Univ. Press) 1996

Kleinknecht, S.: Lack of social entrainment of free-running circadian activity rhythms in the Australian Sugar glider (Petaurus breviceps: Massupialia). Behav. Ecol. Sociobiol, 16, 189–193. 1985

Krasnegor, N.A. & R.S. Bridges (eds.): Mammalian Parenting. Oxford Univ. Press, New-York-Oxford. 1990, darin:

Bridges, R.S.: Endocrine Regulation of Parental Behaviour in rodents, 93–117

Poindron, P. & F. Lévy: Physiological, sensory and experiental determinants of maternal behaviour in sheep. 133–156

Warren, W.P. & B. Shortle: Endocrine correlates of human parenting: a clinical perspective. 209–226

Alberts, J.R. & D.J. Gubernick: Functional Organization of dyadic and triadic parent-offspring systems. 416–440

Krebs, C.J.: Do changes in spacing behaviour drive population cycles in small mammals? p 295–312 in: Sibly / Smith

Krebs, J.R. & N.B. Davies (eds.): Behavioural Ecology. 4, Oxford-Blackell. 1997 darin:

Hewitt, G.M. & R.K. Butlin: Causes and consequences of population structure. pp. 350–372

Goss-Custard, J.D. & W.J. Sutherland: Individual behaviour, populations and conservation. pp. 373–395.

Krebs, C.J.: A review of the Chitty hypothesis of population regulation, Can. J. Zool. 56, 2463–2480. 1978

Kretzschmar, P.: Untersuchungen zur Streifgebietsgröße, Habitatselektion und Gruppengröße von weiblichen Ostlichen Grauen Riesenkänguruhs. Diplomarbeit Biologie FU Berlin. 1995

Kruuk, H.: The Spotted Hyena. Chicago (University Press). 1972

Kühme, W.: Freilandstudien zur Soziologie des Hyänenhundes. Z. Tierpsychol. 22, 495–541. 1965

Kummer, H.: Gruppenführung bei Tier und Mensch in evolutionärer Sicht. pp. 173–192 in: H. Meier (Hrsg.): Die Herausforderung der Evolutionsbiologie. München (Piper) 1988

Kummer, H.: Weiße Affen am Roten Meer. München (Kindler) 1992

Kummer, H. & Goodall, J.: Conditions of innovative behaviour in primates. Phil. Trans. R. Soc. Land. B 308, 203–214. 1985

Kummer, H. & M. Cords: Cues of ownership in Long-tailed macaques, Macaca fascicularis. Anim. Behav. 42, 539–549. 1991

Kummer, H., Dasser, V., v. Hoyningen-Huene, P.: Exploring Primate Social Cognition: some critical remarks. Behaviour 112, 84–98. 1990

Kummer, H., W.Götz, W.Angst: Triadic differentation: an inhibitory process protecting pair bonds in baboons. Behaviour 49, 62 – 88, 1974

Künzl, Chr. & N. Sachser: Verhaltensbiologische Untersuchungen zur Domestikation des Meerschweinchens. in: Aktuelle Arbeiten zur artgemäßen Tierhaltung. 1996, KTBL-Schrift (im Druck)

Kurt, F., G.B. Hartl & F. Völk: Bredding strategies and genetic variation in European roe deer Capreolus capreolus populations. Acta Theriol., 38, Suppl 2, 187–194. 1993

Lamprecht, J.: Measuring the strenghs of social bonds: Experiments with hand-reared goslings. Behaviour 91, 115–128. 1984

Lampecht, J.: What makes an individual the leader of its group? Social Science Information 35, 595–617. 1996

Lee, A.K. & A. Cockburn: Evolutionary Ecology of Marsupials. Cambridge etc. (Univ. Press). 1985

Leimar, O. & M. Enguist: Effects of asymmetries in owner-intruder conflicts. J. theor. Biol. 111, 475–492. 1984

Lethmate, J.: Problemlöseverhalten von Orang-Utans (Pango pygmeaus). Fortschr. Verhaltensforschung 10 (1977)

Lewis, S.E. & A.E. Pusey: Factors influencing the occurrence of communal care in plural breeding mammals. pp. 335–363.

Liberg, 0. & T.V. v. Schantz: Sex-biased philopatry and dispersal in birds and mammals: The oedipus hypothesis, Am. Nat. 126, 129–135.1986

Lidicker, W.Z. Jr. & J.L. Patton: Patterns of dispersal and genetic structure in populations of small rodents, pp. 144–151, in: Mammalian dispersal patterns, (B.D. Chepko-Sade and Z. Tang-Halpin eds.), Chicago (Univ. of Chicago Press) 1987

Lidicker, W.Z. Jr.: Dispersal, pp. 420–454, In: Biology of new world Microtus (R.H. Tamarin ed.), Special publication of the Am. Soc. of Mammalogists 8. 1985a

Lidicker, W.Z. Jr.: An overview of dispersal in non-volant small mammalsm pp. 369–385, in: Migration machanisms and adaptive significance, (M. A.Rahkin ed.) Contr. Mar. Sci. Suppl. 27. 1985b

Macdonald, I.M.V.: Fild experiments on duration and precision of Grey and Red squirrel spatial memory. Anim. Behav. 54, 879–891. 1997

Manaster, B.J.: Locomoter Adaptations within the Cercopithecus Genus: A multivarate approach. Am. J. Phys. Anthropl 50, 169–182.

Manning, A. & M. S. Dawkins: Animal Behaviour. Cambridge (Univ. Press), 4. 1992

Marks, J.S. & R. Redmond: Parent-offspring-conflict and natal dispersal in birds and mammals:comments on the oedipushypothesism. Am. Nat. 129, 158–164. 1987

Marler, P. & J. G. Vandenbergh (eds.): Handbook of Behavioural Neurobiology. Vol. 3: Social Behaviour and Communication. Plenum Press. N. Y. & London. 1979: Green, St. & P. Marler: The analysis of animal communication. pp. 73–158 Waser, P.M. & R. H. Wiley: Mechanisms and evolution of spacing in animals. pp. 159–270.

Martin, P. & P. Bateson: Masuring Behaviour. Cambridge UP [2]1993

Martin, P. & T. M Caro: On the functions of play and its role in behavioural development. pp. 59–104, in: Rosenblatt et al.

Mayr, E.: Die Entwicklung der biologischen Gedankenwelt. Berlin (Springer) 1982

McClintock, Martha K.: A functional approach to the Behavioural Endocrinology of Rodents. pp. 176–203 in: Crews, D.

McNab, B.K.: Laboratory & field Studies of the energy expenditure of endotherms: a comparison. TREE 4 (4), 111–112. 1989

McNab, B.K.: Laboratory and field studies of the energy expenditure of endotherms: a comparison. TREE, 4, 111–112. 1989

McNab, B.K.: Physiological convergence amongst ant-eating & termite-eating mammals. J. Zool. 203, 485–510.

Meaney, M., J. Stewart & W.W. Beatty: Sex Differences in Social Play: The socialization of sex roles. pp. 2–58 in: J. S. Rosenblatt et al.: Advances in the Study of Behaviour 15, Orlando etc., Academic Press. 1985

Meder, A.: Die Rolle von Vertrautheit, Alter, Dominanz und Aufzuchtsweise bei der Fortpflanzung von Gorillas in Zoos. Zool. Garten NF 65, 153–164. 1995

Melnick, D.J. & C. Pearl: Cercopithecines in Multimale Groups. pp. 121–135 in: Smith et al.

Mesterton-Gibbons M.& L. A. Dugatkin: Toward a theory of dominance hierarchies: effects of assessment, group size, and variation in fighting abilities. Behav. Ecol. 6, 416 v 423.1995

Meyer-Holzapfel, M.: Das Spiel bei Säugetieren. Handbuch Zool. VIII, 2, 10 (5), 1–36, 1956

Mineka, S., M. Gunnar & M. Champoux: The effects of control in early social and emotional development. Abstr. Am. Prim. Soc. Meeting. 1992

Moehlmann, P.D.: Ecology of cooperation in canids. pp. 64–86, in: D. I. Rubenstein, R. W. Wrangham (eds.): Ecological Aspects of Social Evolution. Princeton (Univ. Press). 1986

Moore, J. & Ali, R.: Are dispersal and inbreeding related? Anim.Behav. 32, 94–112, 1984

Morse, D. H.: Behavioural Mechanisms in Ecology. Harvard Univ. Press, Cambridge Mass.. 1980

Müller, E.: Säugetiere in der Wüste
de Lamo, D.: Leben im Hochgebirge
Geiser, F.: Anpassung an Kältezustände
alle in: Spitzenleistungen – Was Tiere alles können. Filander Verlag, Fürth im Druck. 1997

Die Nashörner, Fürth (Filander) 1997, darin:
Laurie, A.: Das Indische Panzernashorn, pp. 95–114.
Meister, J.: Die Nashörner – Verhalten im Vergleich, pp. 39–56.
Adcock, K. & R. H. Emslie: Biologie, Verhalten und Ökologie des Spitzmaul-Nashorns, pp. 115–137.

Nelson, R.J.: An Introduction to Behavioural Endocrinology. Sinauer, Sunderland. 1995

Neuweiler, G.: Echoortende Fledermäuse. BiUZ 20 (3), 169–176. 1990

Neuweiler, G.: Foraging ecology and audition in echolocating bats. TREE 4, 160–167. 1989

Niethammer, J.: Säugetiere. Ulmer UTB 732. Stuttgart 1979

Nishida, T.: Local traditions and cultural transmission. 462–474, in: B. Smuts et al. Primate Societies. Chicago (Univ. Press). 1986

Norris, K.S. & T.P. Dohl: The structure and function of Cetacean Schools. pp. 211–262, in: C. M. Herman (ed.) Cetacean Behaviour. New York etc. (Wiley). 1980

Oliver, W.L.R.: Monographie des Zwergschweines (Sus salvanius). Bongo Sonderband 18, 21–38. 1991

Owen-Smith, N.: Foraging responses of Kudus to seasonal changes in food resources: elesticity in contraints. Ecology 75, 1050–1062. 1994

Owings, D.H. & R.G. Coss: Snake mobbing by California Ground squirrels: adaptive variation and ontogeny. Behaviour 62, 50–69. 1977

Parr, L.A. et al.: Grooming down the hierarchy: allogrooming in capture Brown capuchin monkey, Cebus apella. Anim. Behav., 54, 361–367

Partridge, L. & P. Green: Intraspecific feeding specializations and population dynamics. pp. 207–226, in: Sibly/Smith

Paul, A.: Von Affen und Menschen. Wiss.Buchgesellschaft, Darmstadt 1998.

Payne, R.H.J. & M. Pagel: Why do animals repeat displays? Anim. Beh. 54, 109–119. 1997

Pearce, H.M.: An Introduction to Animal Cognition. Hove & London (L. Erlbaum) 1987

Pearce, J.M.: Animal Learning and Cognition. Psychology Press, Hove. 1997

Penry, D.L.: Digestive constraints on diet selection. pp. 32–55 in Hughes 1993

Peters, R. & L.D. Mech: Behavioural and intellectual adaptations of selected mammalian predators to the problem of hunting large animals. pp. 279–300 in: R. Tuttle (ed): Socioecology and Psychology of Primates. Den Haag-Paris (Mouton). 1975

Petzold-Dorn, E.: Individuelle Partnerpräferenzen bei der Paarbildung des Spitzhörnchens Tupaia belangen. Diss. Univ. Bayreuth

Poirier, F.E.: Socialization. 1–42, in: Poirier/Chevalier Skolnikoff

Poole, T.: An analysis of social play in polecats. Anim Beh. 26, 36–49. 1978

Preuschoft, S. & J.A.R.A.M. van Hooff: The social function of "smile" and "laughter": Variation across primate species and societies. pp. 171–190, in: U. Segerstråle & P. Molnar (eds): Nonverbal,1 Communication: where Nature meets culture. Mahmah, N.J. (Lawrence Erlbaum). 1997

Preuschoft, S. & J.A.R.A.M. van Hooff: The social function of smile and 'laughter': variation across primate species and societies. 171–190, in: Segerstråle, U. & P. Molnár (eds): Nonverbal communication. Nahwah, A.J. (L. Erlbaum) 1997

Prins, H.H.T.: Ecology and Behaviour of the African Buffalo. London etc. (Chapman & Hall) 1987

Pryce, C.R.: A comparative system model of the regulation of maternal motivation in mammals. Anim. Behav. 43, 417–441. 1992

Purvis, A. & P.H. Harvey: Miniature mammals: life-history strategies and macroevolution. 159–173 in: P.J. Miller (ed): Miniature Vertebrates. Oxford (Univ. Press). 1996

Quenette, P.-Y.: Functions of vigilance behaviour in mammals: a review. Acta Oecologica 11, 801–818. 1990

Rasa, O.A.E.: Eine perfekte Familie.

Rathbun, G.B.: The Social Structure and Ecology of Elephant shrews. Fortschr. Verh. 20, 1979

Raudall, J.A.: Behavioural Adaptations of desert rodents (Heteromyidae). Anim. Behav. 45, 263–287. 1993

Reichholf, J.: Funktion und Evolution des Streifenmusters bei den Zebras. Säugetierkundl. Mitt. 32, 89–95. 1985

Reinhardt, V.: Movement orders and leadership in a semiwild cattle herd. Behaviour 83, 251–264. 1983

Rensch, B.: Gedächtnis, Begriffsbildung und Planhandlungen bei Tieren. Hamburg. (Parcy) 1973

Richardson, P.R.K.: The Aardwolf Mating system: overt cuckoldry in an apparently monogamous mammal. S. Afr. J. Sci. 83, 405–410. 1987

Riedmann, M.L.: The evolution of alloparental care and adoption in birds and mammals. Quart. Rev. Biol. 57, 405–435. 1982

Roff, D.A.: The evolution of life histories. Chapman & Hall, New York, Londen 1992

Rood, J.P.: Dispersal and intergroup transfer in the Dwarf Mongoose, pp. 85–103, in: Mammalian dispersal patterns (B.D. Chepko-Sade and Z. Tang-Halpin eds.), Chicago (Univ.of Chicago Press) 1987

Rosenblatt, J.S.: Stages in the early behavioural development of altricial young of selected species of non-primate mammals. pp. 345–377 in: P. Bateson & R. A. Hinde (eds.): Growing Points in Ethology. Cambridge (Univ. Press). 1976

Rowell, T.E.: The concept of social dominance. Behav. Biol. 11, 131–154. 1974

Sachser, N. & S. Kaiser: Prenatal social stress masculinizes the females behaviour in Guinea Pigs. Physiol. & Behav. 60, 589–594. 1996

Sachser, N. & S.-V. Renninger: Coping with new social situations: the role of social rearing in guinea pigs. Ethol. Ecol. Evol. 5. 65–74. 1993

Sachser, N., Dürschlag, M., Hirzel, D.: Social relationships and the management of stress. Psychoneuroendocrinology (in press)

Salamon, B.S.: The consequences of social dominance in terms of behaviour, physiology and inheritance in the Sugar glider (*Petaurus breviceps*) in captivity and in the field. Diss. Universität Erlangen/Nürnberg, 1997

Salamon, M.: Olfactory Communication in Brush-tailed Possums. Diss. Univ. Erlangen. 1998

Sambraus, H.H.: Das soziale Lecken des Rindes. 2. Tierpsychol. 26, 805–810. 1964

Sambraus, H.H.: Zum Mutter-Kind-Verhalten der Wiederkäuer. Berl. Mchn, Tierärztl. Wochenschr. 84, 24–27. 1971

Sambraus, H.H.: Fremdprägung von Haustieren. Tierärztl Praxis 2, 159–164. 1974

Sambraus, H.H.: Der Einfluß der Kontakt-Intensität auf das Verhalten von Nutztieren gegenüber Menschen. Fortschr. Vet. 25, 42–48. 1976

Sambraus, H.H.: Das Deckvermögen von Stieren nach Aufzucht in optischer Isolation von Artgenossen. Zuchthyg. 13, 133–138. 1978

Sambraus, H.H.: Nutztierkunde. UTB 1622, Stuttgart (Ulmer). 1991

Sapolsky, R.M.: Stress, social status and reproductive physiology in free-living baboons. pp. 291–322. in: D. Crews (ed.): The Psychobiology of Reproducive Behaviour. Englewood Cliffs, N.J. (Prentice-Hall). 1987

Schaffner, C.M. & J-A. French: Group size and Aggression: recruitment incentives' in a cooperatively breeding primate. Anim. Behav. 54, 171–180. 1997

Schaller, G.B.: Mountain Monarchs. Chicago (Univ. Press) 1977

Schaller, G.B. & P.G. Crawshaw: Social organization in a Capybara population. Säugetierkundl.Mitt. 29, 3–16. 1981

Schenkel, R.: Submission: its features and function in wolf and dog. Am. Zool. 7, 319–329. 1967

Schilder, M.B.H.: Dominance relationships between adult Plains zebra stallions in semi-captivity. Behaviour 104, 300–319. 1988

Schine, G., S. Scucchi, D. Maestripierim & P.G. Turillazzi: Allogrooming as a tension-reduction mechanism: A behavioural approach. Am. J. Prim. 16, 43–50. 1988

Schmid, J.: Keeping circus elephants temporarily in paddocks – the effects on their behaviour. Anim. Welfare 4, 87–101. 1995

Schmidt-Pauly, W. & H. H. Sambraus: Die Auswirkung der Handaufzucht auf das Verhalten von Rehen (Capreolus capreolus L.). Der prakt. Tierarzt 61, 771–773. 1978

Schoener, T.W.: The ecological niche, pp. 79–113, in: J.M. Cherrett et al. (eds): Ecological Concepts. Blackwell, Oxford etc. 1989

Seyfarth, R.: Grooming and social competition in Primates. pp. 182–190, in: R.A. Hinde (ed.): Primate Social Relationships. Blackwell / Oxford. 1983

Shine, R.: Ecological causes for the evolution of sexual dimorphisms: a review of the evidence. J. theor.Biol. 69, 419–461. 1989

Sigg, H. & J. Fallet: Experiments on respect of possession and property in Hamadryas baboons (Papio hamadryas). Anim. Behav. 33, 978–984. 1985

Silk, J.B., D.L. Cheney & R.M. Seyfarth: Form and function of post-conflict interactions between female baboons. Anim Beh. 52, 259–268. 1996

Singer, A.G., G.K. Beauchamp & K.Yamazaki: Volatile signals of the major histocompatibility complex in male mouse urine. Proc. Nath. Acad. Sci. USA 94, 2210–2214. 1997

Smith, A.T. & M.E. Gilpin: Spatially correlated dynamics in a Pika metapopulation. pp. 407–428 in: J.A. Hanski & M.E. Gilpin (eds.): Metapopulation Biology. San Diego etc. (Academic Press). 1997

Smith, P.K. (ed.): Play in Animals and Humans. Basil Blackwell, Oxford. 1984, darin:
Byers, J.A.: Play in ungulates. pp. 43–70
Hole, G.J. & D. F. Einon: Play in rodents. pp. 95–118
Chalmers, N.: Social play in monkeys: theories and data. pp. 119–146

Smotherman, W.P. & S. R. Robinson: The uterus as environment. pp. 149–169, in: Blass

Smythe, N.: On the existence of "Pursuit invitation" signals in mammals. Am. Nat. 104, 491–494. 1970

Smythe, N.: The natural history of the Central American Agouti (Dasyprocta punctata). Smiths. Contr. Zool. 157. 1978

Solomon, N.G. & J.A. French (eds): Cooperative Breeding in Mammals. Cambridge (Univ.Press) 1997, darin:
Möehlmann, P.D. & H. Hofer: Cooperative breeding, reproductive suppression, and body mass in canids. pp. 76–128

Stahncke, A.: Zur Sozialisation männlicher Hausmeerschweinchen. Diss. Bielefeld. 1983

Stockley, P.: Sexual conflict resulting from adaptations to sperm competition. TREE 12, 154–159

Sutherland, W.J.: From Individual Behaviour to Population Ecology. Oxford (UP). 1992

Svendson, G.E.: Pair formation, duration of pair-bonds, and mate replacement in a population of beavers (Castor canadensis) Can. J. Zool. 67, 336–340. 1989

Tardif, R.R. & L. Gray: Feeding diversity of resident and immigrant Peromyscus leucopus. J. Mammal. 59, 559–562. 1978

Tenbrock, G.: Biokommunikation. Braunschweig (Vieweg) 1975

Thenius, E.: Die Evolution der Säugetiere. Stuttgart (Fischer-Verlag) 1979

Thompson, S.N.: Physiological alterations during parasitism and their effects on host behaviour. pp. 64–94, in: Barnard, C.J. & J.M. Behnke: Parasitism and Host Behaviour. London etc. (Taylor & Francis). 1990

Underwood, R.: Vigilance behaviour in grazing African antelopes. Behaviour 79, 81–107. 1982

Vestal, B.M., A.K. Lee & M.J. Saxon: Interactions between adult female and juvenile Antechinus stuarti (Marsupialia: Dasyuroidae) at the time of juvenile dispersal, Aust. Mamm. 9, No. 1, 27–33. 1986

Wacker, St.: Animal Learning, London (Routledge & Vegan) 1987

Wade, T.D.: Complementarity and symmetry in social relationships of nonhuman primates. Primates 18, 835–847

Walters, J.: Interventions and development of dominance relationships in female baboons. Folia primatol. 34, 61–89.

Walther, F.R.: Verhaltensstudien an der Gattung Tragelaphus in Gefangenschaft. Z. Tierpsychol. 21, 292–367. 1964

Walther, F.R.: Das Verhalten der Hornträger (Bovidae) Handbuch Zool. 8, 10 (30), 1–284. 1979

Waser, P.M.: Resources, philopatry and social interactions among mammals, pp. 109–130, In: The ecology of social behaviour, (C. N. Slobodchikoff, ed.), London (Academic Pressm New York) 1988

West, M.J., A.P. King & A.A. Arberg: The inheritance of niches. pp. 41–62, in: Blass

Whiten, A. & R.W. Byrne: Tactical deception in primates. Behav. Brain Sci. 11, 233–273. 1988

Wilkinson, G.S.: Soziales Blutspenden bei Vampiren. Spektrum der Wissenschaften. April 1990

Wirtz, P.: Territory holders satellite males and bachelor males in a high density population of Waterbuck (Kobus ellipsiprymnus) Z. Tierpsychol. 58, 277–300. 1982

Wittenberger, J.F. & R. L. Tilson: The evolution of monogamy. Ann. Rev. Ecol. Syst. 11, 197–232. 1980

Wöhrmann-Repenning, A.: Functional aspects of the vomero nasal complex in mammals. Zool. Jb. Anat., 121, 71–80. 1991

Wöhrmann-Repenning, A.: The vomeronasal complex – a dual sensory system for olfaction and taste. Zool. Jb. Anat., 123, 337–345. 1993

Wolf, J.O., K.I. Lundy & R. Baccus: Dispersal, inbreeding avoidance and reproductive success in white-footed mice, Anim. Behav. 36, 456–465. 1988

Wosegien, A. & J. Lamprecht: Nodding: an appeasement behaviour of Pigeons (Columba livia). Behaviour 108, 44–56. 1989

Wrangham, R.W.: An ecological model of female-bonded primate groups. Behaviour 75, 262–299. 1980

Yahr, P.: Sexual differentiation of behaviour in the context of developmental psycho-biology. pp. 197–244 in: Blass

Zabel, C.J. et al.: Coalition forming in a colony of prepubertal spotted hyenas. 113–136, in: Harcourt & de Waal 1992

Zahavi, A.: Mate Selection – a selection for a handicap. J. theor. Biol. 67, 603–605

Zeeb, K,: Verhaltensgerechte Einwirkung des Menschen bei der Ausbildung und Nutzung von Elefanten. Bongo 22 (Sonderband), 81–90. 1993

Zeeb, K.: Ethologische Grundregeln für die Ausbildung von Tieren. Dtsch. tierärztl. Wochenschrift 95, 41–96. 1988a

Zeeb, K.: Ethologische Grundregeln der Ausbildung und Nutzung von Tieren im Zirkus. Tierärztliche Umschau 43, 628–630. 1988b

Zinner, D., J. Hindahl & M. Schwibbe: Effects of Tenporal Sampling of All-occurrende Recording in Behavioural studies: Many short sampling periods are better than a few long ones. Ethology 193, 236–246. 1997

Index